Hilbert

空间上的广义框架

刘爱芳　李亮◎著

吉林大学出版社

· 长春 ·

图书在版编目（CIP）数据

Hilbert 空间上的广义框架 / 刘爱芳，李亮著. --
长春：吉林大学出版社，2021.10
ISBN 978-7-5692-9383-8

Ⅰ．①H… Ⅱ．①刘… ②李… Ⅲ．①泛函分析 Ⅳ.
①O177

中国版本图书馆 CIP 数据核字 (2021) 第 224781 号

书　　名	Hilbert 空间上的广义框架
	Hilbert KONGJIAN SHANG DE GUANGYI KUANGJIA
作　　者	刘爱芳　李　亮　著
策划编辑	许海生
责任编辑	冀　洋
责任校对	张文涛
装帧设计	丁　岩
出版发行	吉林大学出版社
社　　址	长春市人民大街 4059 号
邮政编码	130021
发行电话	0431-89580028/29/21
网　　址	http://www.jlup.com.cn
电子邮箱	jldxcbs@sina.com
印　　刷	北京楠萍印刷有限公司
开　　本	787mm×1092mm　1/16
印　　张	15.25
字　　数	220 千字
版　　次	2021 年 10 月　第 1 版
印　　次	2021 年 10 月　第 1 次
书　　号	ISBN 978-7-5692-9383-8
定　　价	58.00 元

内容简介

本书是为泛函分析专业课程的后续课程设计的, 主要介绍框架的相关理论. 内容包括经典基础理论以及 Hilbert 空间中带有结构的框架、融合框架、K-框架、g-框架、X_d- 框架及其对偶等的最新研究成果.

本书的读者对象为数学专业高年级本科生、研究生, 可作为泛函分析方向研究生的专业教材或参考书, 也可供相关专业技术工作者参考.

前　言

　　泛函分析是分析数学中最"年轻"的分支, 半个多世纪来,形成了自己的许多重要分支, 例如算子理论、巴拿赫代数、拓扑线性空间理论、广义函数论等,这些对于从事数学、现代物理学等的工作者是一个有力的工具. 近三十年来, 小波分析理论迅速发展起来, 其中框架理论与泛函分析的密切关系, 引起了许多学者的极大兴趣,并取得了重大的研究进展.

　　本书就是为算子理论和框架理论方向的研究生提供的一本专业性教材, 它不仅涵盖了经典的内容, 还包含了作者在这个领域内的最新工作. 本书共分 8 章: 第 1 章介绍了框架的研究背景及相关概念; 第 2 章介绍了局部交换子、完全游荡子空间的概念及性质; 第 3 章介绍了框架序列和框架向量斜对偶的提升性质; 第 4 章讨论了酉系统融合框架生成子及其提升性质; 第 5 章中对融合框架进行了推广,介绍了 K-融合框架和酉系统的 K-融合框架生成子的概念, 并探讨了它们的相关性质; 第 6 章主要研究抽象小波系统的 g-框架生成子的提升及 g-框架生成子对偶对的提升; 第 7 章介绍了 Hilbert 空间上由 g-框架和连续框架所确定的一类 Banach 子空间的一般性质; 第 8 章主要介绍 g-框架的对偶原理.

　　本书由刘爱芳负责整体编写, 李亮负责修改校对排版等工作. 在本书的写作过程中, 得到了国家自然科学基金(No.11801397)的资助. 同时, 要感谢太原理工大学和南京审计大学的大力支持.

　　由于编者水平有限, 不妥甚至谬误之处在所难免, 恳请读者批评指正.

目 录

第 1 章　　绪论

1.1　框架的研究背景和基本概念

在 Hilbert 空间中, 基的主要特征是空间中的每一个元素都可以由基中元素的线性组合来表示, 并且该表示是唯一的. 然而, 基的限制条件比较严格, 通常不可能构造出一个具有特别要求的基. 基的另一个缺点是在算子的作用下, 它的稳定性欠缺. 例如, 若 $\{e_i\}_{i=1}^{\infty}$ 是标准正交基, 则仅有非常特别的算子 T (酉算子) 才能使 $\{Te_i\}_{i=1}^{\infty}$ 是标准正交基. 若 $\{e_i\}_{i=1}^{\infty}$ 是基, 要使 $\{Te_i\}_{i=1}^{\infty}$ 也是基, 则要求 T 是有界双射算子.

1952 年, Duffin R. J. 和 Schaeffer A. C. [43] 在研究非调和 Fourier 级数时引入了 Hilbert 空间上框架的概念. 1986 年, Daubechies 等对框架的研究起了极大的推动作用, 参见文献 [37]. 框架概念的引入, 提供了一个解决上述基所存在的问题的途径. 框架是具有类似于基的性质的序列, 但不一定是基. 如同基表示空间中的任意元素一样, 我们可以用框架元素的线性组合来表示 Hilbert 空间中的每个元素. 但是框架元素可能是线性相关的, 使得对元素的表示不必是唯一的, 失去了基对元素的表示具有唯一性的特征. 正是由于框架的这种性质使得它在信号和图像处理中有着重要的应用. 例如, 在信号的传输过程中, 用正交基分析信号时, 由于正交基没有冗余, 是一组线性无关的数据, 如果这组数据在传输过程中受到噪声或者传输方式的影响而发生变形, 那么我们就无法恢复出原始信号. 但是, 对于框架来说, 由于它具有冗余性, 就有可能恢复出原始信号. 换句话说, 框架的这种冗余性使得在低精度下获得的小波系数可以在相对高的精度下重构信号. 另一方面, 框架比基更加稳定: 仅一个有界满射算子的作用就能保持框架的性质. 有关框架的性质及其应用, 参见文献 [10, 13, 23].

一般来讲, 框架的研究分为以下几种类型: 一种是研究具有特殊形式的框

1

架, 例如 $L^2(\mathbb{R})$ 上的 Gabor 框架 (其中 $\mathbb{R}$ 表示实数集)、小波 (仿射) 框架等; 另一种是研究抽象 Hilbert 空间上的框架, 主要有四个研究主题, 即有限维空间上的框架 [17]、抽象 Hilbert 空间上的框架、Gabor 分析中的框架、小波分析中的框架. 时至今日, 与框架相关的文献数以千计, 涌现出大量重要的研究成果. 下面我们回顾一些经典框架的基本概念.

设 $\{x_i\}_{i\in\mathbb{J}}$ 是可分 Hilbert 空间 H 上的点列, 其中 $\mathbb{J}$ 是有限或可数指标集. 如果存在常数 $A, B > 0$, 使得对任意的 $x \in H$ 有

$$A\|x\|^2 \leqslant \sum_{i\in\mathbb{J}} |\langle x, x_i \rangle|^2 \leqslant B\|x\|^2, \tag{1.1.1}$$

则称 $\{x_i\}_{i\in\mathbb{J}}$ 是 H 上的框架, A, B 分别称为框架 $\{x_i\}_{i\in\mathbb{J}}$ 的下界和上界. 如果式 (1.1.1) 中只有右边的不等式成立, 则称 $\{x_i\}_{i\in\mathbb{J}}$ 是 H 上的 Bessel 序列. 如果式 (1.1.1) 中 $A = B$, 则称 $\{x_i\}_{i\in\mathbb{J}}$ 为 H 上的紧框架; 如果 $A = B = 1$, 则称 $\{x_i\}_{i\in\mathbb{J}}$ 为 H 上的 Parseval 框架. 如果式 (1.1.1) 中只对 $\overline{\mathrm{span}}\{x_i\}_{i\in\mathbb{J}}$ 中的元素成立, 则称 $\{x_i\}_{i\in\mathbb{J}}$ 是 H 上的框架序列. 此外, 如果存在常数 $A, B > 0$, 使得对任意的 $\{c_i\}_{i\in\mathbb{J}} \in l^2(\mathbb{J})$ 有

$$A\|\{c_i\}_{i\in\mathbb{J}}\|^2 \leqslant \|\sum_{i\in\mathbb{J}} c_i x_i\|^2 \leqslant B\|\{c_i\}_{i\in\mathbb{J}}\|^2, \tag{1.1.2}$$

则称 $\{x_i\}_{i\in\mathbb{J}}$ 为 H 上的 Riesz 序列. 如果 $\{x_i\}_{i\in\mathbb{J}}$ 在 H 上是完备的, 即 $\overline{\mathrm{span}}\{x_i\}_{i\in\mathbb{J}} = H$, 且满足式 (1.1.2), 则称 $\{x_i\}_{i\in\mathbb{J}}$ 为 H 上的 Riesz 基; 而且 H 上的标准正交基等价于 Parseval Riesz 基 [23].

设 $\{x_i\}_{i\in\mathbb{J}}$ 是 H 的 Bessel 序列, 则称有界线性算子

$$\theta\colon H \to l^2(\mathbb{J}), \quad \theta x = \sum_{i\in\mathbb{J}} \langle x, x_i \rangle\, e_i$$

为 $\{x_i\}_{i\in\mathbb{J}}$ 的分析算子, 其中 $\{e_i\}_{i\in\mathbb{J}}$ 是 $l^2(\mathbb{J})$ 上的标准正交基; 并称其共轭算子

$$\theta^*\colon l^2(\mathbb{J}) \to H, \quad \theta^*\{c_i\}_{i\in\mathbb{J}} = \sum_{i\in\mathbb{J}} c_i x_i$$

为 $\{x_i\}_{i\in\mathbb{J}}$ 的合成算子. 由此可定义 $\{x_i\}_{i\in\mathbb{J}}$ 的框架算子:

$$S\colon H \to H, \quad Sx = \theta^*\theta x = \sum_{i\in\mathbb{J}} \langle x, x_i \rangle\, x_i. \tag{1.1.3}$$

进一步, 如果 $\{x_i\}_{i \in \mathbb{J}}$ 是 H 上的框架, 得到重构公式:

$$x = \sum_{i \in \mathbb{J}} \langle x, S^{-1}x_i \rangle x_i = \sum_{i \in \mathbb{J}} \langle x, x_i \rangle S^{-1}x_i, \ \forall\, x \in H, \qquad (1.1.4)$$

称 $\{S^{-1}x_i\}_{i \in \mathbb{J}}$ 是 $\{x_i\}_{i \in \mathbb{J}}$ 的典则对偶框架. 更一般地, 如果 H 上的 Bessel 序列 $\{y_i\}_{i \in \mathbb{J}}$ 满足

$$x = \sum_{i \in \mathbb{J}} \langle x, y_i \rangle x_i = \sum_{i \in \mathbb{J}} \langle x, x_i \rangle y_i, \ \forall\, x \in H, \qquad (1.1.5)$$

则称 $\{y_i\}_{i \in \mathbb{J}}$ 是 $\{x_i\}_{i \in \mathbb{J}}$ 的对偶框架.

　　框架理论的许多重要问题都与重构公式有关系. 由上可以看出, 互为对偶的两族向量序列满足重构公式. 但是满足重构公式的两族向量序列 (即使是有界序列), 却不一定是框架. 例如, 设 H 是可分 Hilbert 空间, $\{e_i\}_{i \in \mathbb{J}}$ 是 H 上的标准正交基. 令

$$\{x_i\}_{i \in \mathbb{J}} = \{e_1, e_2, e_2, e_3, e_3, e_3, \cdots\}$$

且

$$\{y_i\}_{i \in \mathbb{J}} = \{e_1, \frac{1}{2}e_2, \frac{1}{2}e_2, \frac{1}{3}e_3, \frac{1}{3}e_3, \frac{1}{3}e_3, \cdots\}.$$

易验证 $\{x_i\}_{i \in \mathbb{J}}$ 不是 Bessel 序列, 但 $\{y_i\}_{i \in \mathbb{J}}$ 是, 并且满足重构公式. 此外, $\|x_i\| \leqslant 1$, $\|y_i\| \leqslant 1$, 任意 $i \in \mathbb{J}$. 进一步, O. Christensen 在文献 [23, 引理 5.6.2] 给出, 两组序列互为对偶框架的充要条件是它们均为 Bessel 序列且满足重构公式.

　　对于经典框架, 提升性质是重要的研究内容.

　　定理 1.1.1 [16]　设 $\{x_i\}_{i \in \mathbb{J}}$, $\{y_i\}_{i \in \mathbb{J}}$ 是 Hilbert 空间 H 上的框架, 则 $\{x_i\}_{i \in \mathbb{J}}$, $\{y_i\}_{i \in \mathbb{J}}$ 是框架对偶对当且仅当存在 Hilbert 空间 $K \supset H$ 和 K 上的 Riesz 基 $\{u_i\}_{i \in \mathbb{J}}$, 使得 $x_i = Pu_i, y_i = Pu_i^*, \forall\, i \in \mathbb{J}$, 其中 $P\colon K \to H$ 是正交投影, $\{u_i^*\}_{i \in \mathbb{J}}$ 是 $\{u_i\}_{i \in \mathbb{J}}$ 的唯一的对偶.

　　这一提升定理已被许多学者进一步研究推广 [65, 67, 78], 并得到重要的研究成果. 目前, 框架理论的研究相对成熟, 但对于子空间上序列的框架性质的研

究却相对较少. S. Li [101, 100] 研究了限制在闭子空间上的框架, 即伪框架与伪对偶的性质, 并在应用上获得一定的成果. 许多学者又对斜对偶进行了研究, 把经典框架的对偶结果推广到了框架序列斜对偶上 [24, 82, 90, 91, 92]. D. Han 探讨了 Gabor 系统子空间上的框架的提升 [70]. 而对于更一般的框架序列斜对偶的提升, 目前结果较少. 对于 Gabor 框架, 对偶性是重要的性质. 下面是著名的 Ron-Shen 对偶原理.

定理 1.1.2   设 $g \in L^2(\mathbb{R})$, $a, b > 0$, 则 Gabor 系统 $\mathcal{G}(g, a, b)$ 是 $L^2(\mathbb{R})$ 上的框架当且仅当 $\mathcal{G}(g, \frac{1}{b}, \frac{1}{a})$ 是 $L^2(\mathbb{R})$ 上的 Riesz 序列.

对偶原理表明, 一个序列成为框架的条件与另一个序列成为 Riesz 基的条件是相同的. 从而, 提供了验证框架条件的更简单的途径. 这一思想可以推广到抽象 Hilbert 空间上的一般序列. P. Cassaza 在抽象 Hilbert 空间上利用两组标准正交基提出序列 R-对偶的概念, 并研究了经典框架的对偶原理 [20]. 结果表明, 一般的向量序列成为框架的条件亦可以通过验证另一个相应的序列成为 Riesz 基的条件来实现. 学者们相继对抽象空间上框架的 R-对偶进行研究刻画, 并定义了不同类型的 R-对偶序列, 结果表明, 对于紧框架来说, I, II, III-型 R-对偶是等价的. 并且验证了对于 Gabor 系统, 当参数取整数集时, II-型 R-对偶可以看成是一般对偶原理的推广, 其余情况难以验证.

此外, III-型 R-对偶是一般对偶原理的推广 [25, 30, 128, 129, 130]. D. Han 从另一个方面出发, 用算子代数的方法将 Gabor 系统的对偶原理推广到了一般的酉表示框架上 [45]. 随后, Banach 空间上的 p-框架的对偶原理被提出并获得有意义的研究成果 [29, 134].

2006 年, W. Sun 首先在文献 [131] 中提出 g-框架的概念, 与 V. Kaftal 等定义的算子值框架 [88] 是等价的. 即序列 $\{A_i \in B(H, H_i)\}_{i \in \mathbb{J}}$ 称为 H 上的相应于 $\{H_i\}_{i \in \mathbb{J}}$ 的 g-框架, 如果存在两个正常数 a_A, b_A 使得

$$a_A\|f\|^2 \leqslant \sum_{i \in \mathbb{J}} \|A_i f\|^2 \leqslant b_A\|f\|^2, \forall f \in H, \tag{1.1.6}$$

其中, $\mathbb{J}$ 是有限或可数指标集, $\{H_i\}_{i \in \mathbb{J}}$ 是 Hilbert 空间 K 的闭子空间列, 则称序

列 $\{A_i \in B(H, H_i): i \in \mathbb{J}\}$ 为 H 上的相应于 $\{H_i: i \in \mathbb{J}\}$ 的算子值框架. 如果

$$a_A I \leqslant \sum_{i \in \mathbb{J}} A_i^* A_i \leqslant b_A I, \tag{1.1.7}$$

其中, 级数是强算子拓扑收敛的, $\{H_i: i \in \mathbb{J}\}$ 是 K 上的一列闭子空间列. 由定义可知, 算子值框架显然是 g-框架. 如果上面 (或式 (1.1.6)) 只有右面的不等式成立, 则称 $\{A_i \in B(H, H_i): i \in \mathbb{J}\}$ 为 g-Bessel 序列或者算子值 Bessel 序列. 如果式 (1.1.6) 中 $a_A = b_A$, 则称 $\{A_i\}_{i \in \mathbb{J}}$ 是 H 上的紧 g-框架. 特别地, 若 $a_A = b_A = 1$, 则称 $\{A_i\}_{i \in \mathbb{J}}$ 为 H 上的 Parseval g-框架. 如果只对 $f \in \overline{\text{span}}\{A_i^* H_i\}_{i \in \mathbb{J}}$ 成立, 则称 $\{A_i\}_{i \in \mathbb{J}}$ 是 H 上的 g-框架序列. 若只满足 $\overline{\text{span}}\{A_i^* H_i\}_{i \in \mathbb{J}} = H$, 则称 $\{A_i\}_{i \in \mathbb{J}}$ 在 H 中是 g-完备的. 如果 $\{A_i\}_{i \in \mathbb{J}}$ 在 H 中是 g-完备的, 且满足

$$a\|\{g_i\}_{i \in \mathbb{J}}\|^2 \leqslant \|\sum_{i \in \mathbb{J}} A_i^* g_i\|^2 \leqslant b\|\{g_i\}_{i \in \mathbb{J}}\|^2, \forall \{g_i\}_{i \in \mathbb{J}} \in \underset{i \in \mathbb{J}}{\oplus} H_i, \tag{1.1.8}$$

则称 $\{A_i\}_{i \in \mathbb{J}}$ 是 H 上的 g-Riesz 基. 众所周知, 如果 $\{A_i\}_{i \in \mathbb{J}}$ 是 H 上的 g-框架, 定义

$$S_A f = \sum_{i \in \mathbb{J}} A_i^* A_i f, \forall f \in H, \tag{1.1.9}$$

则 S_A 是有意义的、有界、正可逆算子[131]. 称 S_A 为 $\{A_i\}_{i \in \mathbb{J}}$ 的框架算子. 此外, $\{\widetilde{A_i}: \widetilde{A_i} = A_i S_A^{-1}\}_{i \in \mathbb{J}}$ 也是 H 上的 g-框架, 称其为 $\{A_i\}_{i \in \mathbb{J}}$ 的典则对偶 g-框架. 更多地, 由文献 [88] 可知, 如果 H 上的 g-框架 $\{B_i \in B(H, H_i)\}_{i \in \mathbb{J}}$ 满足 $f = \sum_{i \in \mathbb{J}} B_i^* A_i f, \forall f \in H$, 则称其为 $\{A_i\}_{i \in \mathbb{J}}$ 的对偶 g-框架. 如果 $A = \{A_i\}_{i \in \mathbb{N}}$ 是 H 上的 g-Bessel 序列, 定义

$$\theta_A: H \to l^2(\underset{i \in \mathbb{J}}{\oplus} H_i), \theta_A f = \{A_i f\}_{i \in \mathbb{J}}, \forall f \in H, \tag{1.1.10}$$

则由文献 [131] 可知, θ_A 是有意义的, 且是有界的. 称 θ_A 是 $A = \{A_i\}_{i \in \mathbb{J}}$ 的分析算子. 最近, Hilbert 空间上的 g-框架被广泛研究, 参见文献 [88, 116, 131].

如果 $H_i = \mathbb{C}, \forall i \in \mathbb{J}$, 则 g-框架与一般的向量框架具有一一对应的关系. 事实上, 在这种情况下, 对于 g-框架 $\{A_i \in B(H, H_i)\}_{i \in \mathbb{J}}$, 由 Riesz 表示定理可

知, 存在 $\{x_i\}_{i\in\mathbb{J}}$ 使得 $A_i x = \langle x, x_i \rangle, \forall\, i \in \mathbb{J}, x \in H$. 显然, $\{x_i\}_{i\in\mathbb{J}}$ 是 H 上的框架并且与 $\{A_i \in B(H, H_i)\}_{i\in\mathbb{J}}$ 有相同的框架界和框架算子. 反过来, 如果 $\{x_i\}_{i\in\mathbb{J}}$ 是 H 上的框架, 令 $A_i = x_i \otimes x_i, \forall\, i \in \mathbb{J}$, 则 $\{A_i \in B(H, H_i)\}_{i\in\mathbb{J}}$ 是 H 上的 g-框架.

此外, 随着一些新应用的出现, 人们发现这些应用通常包含大量数据, 很难通过一个框架系统来处理. 这种情况下, 把一个大的框架系统拆分成许多小的系统, 在每个子系统中局部处理, 最后将这些局部的数据 "融合" 在一起, 是一种十分有效的方法. 这样就产生了融合框架 (子空间框架) 的概念. 我们知道, "框架" 是空间中满足某种性质的一列 "向量" 组成的集合; 而 "融合框架" 是空间中满足某种性质的一列 "子空间" 组成的集合, 这就决定了它们有各自不同的性质, 并且可以看出融合框架是框架概念的推广. 融合框架也有很多应用, 例如它们可以用来模拟传感器网络、改善信息处理算法和数据传输的稳定性等 [17, 19]. 此外, 融合框架也出现在一些理论问题中, 如 Kadison-Singer 问题和最优填充问题等 [21, 95].

除了 g-框架和融合框架 [17, 18] 以外, 近些年来, 框架还有多种形式的推广, 如 K-框架 [57]、连续框架 [53, 120, 121]、Banach 空间上的框架 [15, 16, 28, 111, 127] 等. 其中, 融合框架和 K-融合框架我们将在第 4 章和第 5 章中进一步讨论. 另外, 近些年许多学者对 g-框架、g-基 [61, 63, 64] 的研究产生了兴趣, 涌现出大量丰富的研究成果. M. Abdollahpour 最近讨论了 g-框架的提升性质 [2, 3], 而带群结构的 g-框架 [79, 88, 116] 的提升性质结果却较少. 最近, F. Enayati 提出了 g-框架的对偶原理 [46], 并得到一些重要结论.

1.2　主要工作及安排

本书的主要工作及安排如下:

第 2 章, 我们主要介绍与带结构的框架密切相关的游荡子空间的相关内容. 首先给出了算子集合在一个子空间处的局部交换子的概念, 并研究了其相关性质. 其次, 结合局部交换子研究了酉系统的完全游荡子空间的结构及性质. 然后得到了一类特殊酉系统 (类小波酉系统) 中的完全游荡子空间的一些进一步的结果. 最后举例说明了相关的主要结果.

第 3 章, 我们将一般框架理论的提升性质推广到斜对偶对的提升. 证明了一个框架序列斜对偶对可以提升为 Riesz 序列斜对偶对, 并研究了酉表示的框架向量斜对偶对的提升. 此外, 将 $L^2(\mathbb{R}^d)$ 的闭子空间上的 Gabor 框架的一些性质推广到一般的抽象 Hilbert 空间酉表示的框架向量. 研究了 Hilbert 空间酉表示的不变子空间上的框架向量的伪对偶存在性问题, 得到框架向量的紧对偶存在的充要条件.

第 4 章, 受酉系统的框架向量的启发, 引入了酉系统融合框架生成子和 Parseval 融合框架生成子的概念. 对一个具有完全游荡子空间的酉系统, 我们给出了一个闭子空间成为 Parseval 融合框架生成子的充要条件. 然后给出了 Parseval 融合框架和酉群的 Parseval 融合框架生成子的膨胀定理. 最后考虑了酉表示的等价问题.

第 5 章, 对融合框架进行了推广, 引入 K-融合框架和酉系统的 K-融合框架生成子的概念. 通过 K-融合框架的算子 K、合成算子以及商算子得到了 K-融合框架的一些等价刻画. 然后讨论了紧 K-融合框架成为紧融合框架的条件. 最后给出了酉系统的 K-融合框架生成子的一个算子参数化定理, 并得到了通过给定的 K-融合框架生成子构造出新的 K-融合框架生成子的一些结果.

第 6 章, 主要研究抽象小波系统的 g-框架生成子的提升及 g-框架生成子对偶对的提升. 利用特殊小波系统的半正交性, 证明了 g-框架生成子对偶对可以提升为更大空间上的酉系统的 g-Riesz 基生成子对偶对. 给出了酉系统的 g-框架生成子的对偶 g-框架生成子的存在性证明. 讨论了酉群在子空间上 g-框架生成子的紧对偶存在的充分必要条件. 此外, 用"补 g-框架"和"联合补 g-框架"来讨论 g-框架对偶对的提升. 给出 g-框架对偶对联合相似的概念. 说明在联合相似的情况下, g-框架对偶对的提升是唯一的. 进而, 讨论了"补 g- 框架"相似的充要条件. 通过特殊的算子, 用 g-框架典则对偶对的提升来刻画 g-框架交错对偶对的提升. 相应地研究了 Hilbert 空间上群表示的 g-框架生成子对偶对的类似的提升问题. 此外, 还研究了 g-框架序列的扰动性质, 说明在一定条件下, 扰动后的 g-框架序列与原 g-框架序列所生成的闭子空间是同构的.

第 7 章, 定义了 Hilbert 空间上由 g-框架和连续框架所确定的一类 Banach 子空间, 利用 g-框架和连续框架的性质研究这样的 Banach 空间的一般性质、存在性、提升等问题. 特别地, 我们得到: 当 H 的有限维子空间 M 存在 g-正交基时, 存在 g-框架诱导的 Banach 空间是 M. 此外, 同样研究了相应于有限测度空间的连续框架所确定的 Banach 空间的类似性质, 主要通过构造两个 "二重积分" 的广义连续框架的例子来探讨对 H_F^p 的理解, 最后利用连续框架的提升性质来研究广义连续框架与其相应的 Banach 空间的提升.

第 8 章, 主要研究 g-框架的对偶原理. 文献 [46] 中, 作者给出了 g-框架的简称 "g-R-对偶" 的定义, 分析了一些给定算子与其 g-R-对偶的相关性质. 给出给定算子序列的 g-R-对偶的定义, 定义的条件比文献 [46] 中更弱一些, 并且用分析算子来刻画其相关的框架性质. 讨论了关于 g-R-对偶的 Schauder 基性质, 即 g-完备性、g-w-线性无关性、g-极小性. 此外, 我们用另一种思路, 即用给定的算子列和一 g-Riesz 序列来构造另一个具有 g-R-对偶性质的序列. 还研究了 Banach 空间上的 X_d-框架的 R-对偶性. 我们通过主要定义 Banach 空间上的新的序列来刻画 R-对偶序列, 并且构造了具有 R-对偶性质的序列.

在本书中, $\mathbb{R}$ 表示实数集, $\mathbb{Z}$ 表示整数集, H, K 表示可分 Hilbert 空间. 令 $B(H, K)$ 表示 H 到 K 的有界线性算子全体, 记 $B(H) := B(H, H)$. 用 I 表示单位算子. 对于 $A \in B(H, K)$, $\ker A$ 表示 A 的零空间, $\operatorname{ran} A$ 表示 A 的值域空间. 如果 $P^2 = P, P \in B(H)$ 称为投影. 设 U, V 是 H 的闭子空间, $H = U \dotplus V$ 表示 $U + V = H$ 且 $U \bigcap V = \{0\}$. $U^\perp$ 或 $H \ominus U$ 表示 U 在 H 中的正交补. $P_{U,V}$ 表示一个投影满足 $\operatorname{ran} P_{U,V} = U$ 且 $\ker P_{U,V} = V$, 记 $P_U := P_{U,U^\perp}$. 用 $\{H_i\}_{i \in \mathbb{J}}$ 表示一列可分 Hilbert 空间, 其中 $\mathbb{J}$ 表示有限或可数指标集. $\underset{i \in \mathbb{J}}{\oplus} H_i$

或 $l^2(\underset{i\in\mathbb{J}}{\oplus} H_i)$ 表示 $\{H_i\}_{i\in\mathbb{J}}$ 的直和 Hilbert 空间. $\{A_i \in B(H, H_i)\}_{i\in\mathbb{J}}$ 简记为 $\{A_i \in B(H, H_i)\}$, 或 $\{A_i\}$. 类似地, 记 $\{g_i\} := \{g_i\}_{i\in\mathbb{J}}, \forall \{g_i\}_{i\in\mathbb{J}} \in \underset{i\in\mathbb{J}}{\oplus} H_i$. 如果 $T \in B(H, K)$ 是闭值域的, 用 $T^\dagger$ 表示 T 的伪逆, 满足 $TT^\dagger = P_{\mathrm{ran}T}$. 用 $\mathrm{ess\,sup}f$ 表示 f 的本性上确界.

第 2 章　游荡子空间

2.1　预备知识

酉系统是作用在 H 上包含单位算子 I 的酉算子全体构成的集合[35]. 因此, 酉群是酉系统的一种特殊情形. 对于酉系统 $\mathcal{U}$, 如果元素 $\psi \in H$ 满足

$$\mathcal{U}\psi = \{U\psi \colon U \in \mathcal{U}\}$$

是一个标准正交集 (即对 $U, V \in \mathcal{U}$ 且 $U \neq V$, 有 $\langle U\psi, V\psi \rangle = 0$), 则 ψ 称为 $\mathcal{U}$ 的游荡向量. 如果 $\mathcal{U}\psi$ 是 H 的标准正交基, 则 ψ 称为 $\mathcal{U}$ 的完全游荡向量. $\mathcal{U}$ 的完全游荡向量全体构成的集合记为 $\mathcal{W}(\mathcal{U})$. 若 $\mathcal{W}(\mathcal{U})$ 非空, 则 $\mathcal{U}$ 一定非常特殊. 它在强算子拓扑下是不连续的, 因为如果 $U, V \in \mathcal{U}$ 且 ψ 是 $\mathcal{U}$ 的游荡向量, 那么 $\|U - V\| \geqslant \|U\psi - V\psi\| = \sqrt{2}$.

在算子理论中, 已经研究了酉系统和等距系统的游荡向量[35, 73, 76]. 对酉系统的游荡向量的研究也是小波理论所需要的. 在过去的几十年, 小波理论有了很大的发展, 它的很多方面已被广泛地研究, 其中最常被研究和使用的方面是正交小波. 正交小波[31] 是 $L^2(\mathbb{R}, \mu)$ 中的一个单位向量 $\varphi(t)$, 使得 $\{2^{\frac{n}{2}}\varphi(2^n t - l)\colon n, l \in \mathbb{Z}\}$ 构成 $L^2(\mathbb{R})$ 的标准正交基, 其中 μ 表示 Lebesgue 测度. 满足这个的最简单的函数是 Haar 小波 $\psi_H = \chi_{[0, \frac{1}{2})} - \chi_{[\frac{1}{2}, 1)}$. 文献 [35] 中指出, 可以将正交小波看成膨胀-平移酉系统的游荡向量. 它们在数学和理论物理的许多领域以及实际应用 (如图像和信号处理) 中很有用[113, 114]. 另外, 我们知道多分辨分析在小波理论中也起着非常重要的作用. 事实上, 经典小波就是通过多分辨分析构造出来的. 文献 [59] 指出了多分辨分析和游荡子空间之间是有联系的. 因此, 这一章中我们主要研究酉系统和类小波酉系统中完全游荡子空间的结构和性质.

定义 2.1.1　设 $\mathcal{U}$ 是 Hilbert 空间 H 上的酉系统, W 是 H 的闭子空间. 若

对任意的 $U, V \in \mathcal{U}$ 且 $U \neq V$ 有 UW 和 VW 是正交的, 则称 W 是 $\mathcal{U}$ 的游荡子空间. 若 W 还满足 $\text{span}\{UW: U \in \mathcal{U}\}$ 在 H 中稠密, 则称 W 是 $\mathcal{U}$ 的完全游荡子空间. 完全游荡子空间的全体记为 $\mathcal{S}(\mathcal{U})$.

很容易看出, 如果 $\{e_i: i \in \mathbb{I}\}$ 是 W 的标准正交基, 那么 W 是 $\mathcal{U}$ 的完全游荡子空间, 当且仅当 $\{Ue_i: U \in \mathcal{U}, i \in \mathbb{I}\}$ 是 H 的标准正交基.

下面是一些记号.

对于子集 $W \subseteq H$ 及 $\mathcal{R} \subseteq B(H)$, 令 $[W]$ 是 W 的闭线性张, $w^*(\mathcal{R})$ 是由 $\mathcal{R}$ 生成的 von Neumann 代数, 用符号 $\mathbb{U}(\mathcal{R})$ 表示 $\mathcal{R}$ 中酉算子全体构成的集合. 若 W 是 H 的一个闭子空间, 除特别说明外, 我们用 π_W 表示 W 上的正交投影.

2.2　局部交换子与游荡子空间

本节我们首先给出局部交换子的一些结果, 然后利用局部交换子给出完全游荡子空间的一些性质及其结构刻画. 本节我们首先给出局部交换子的一些结果, 然后利用局部交换子给出完全游荡子空间的一些性质及其结构刻画.

定义 2.2.1　设 $\mathcal{R} \subseteq B(H)$ 且 W 是 H 的子空间.

(1) 若 $[\mathcal{R}W] = H$, 则称 W 是 $\mathcal{R}$ 的循环子空间.

(2) 若当 $AW = \{0\}$ 时有 $A = 0$, 则称 W 是 $\mathcal{R}$ 的分离子空间.

(3) $\mathcal{R}$ 的交换子 $\mathcal{R}'$ 定义为: $\mathcal{R}' = \{T \in B(H): TR = RT, R \in \mathcal{R}\}$.

(4) $\mathcal{R}$ 在 W 处的局部交换子定义为

$$C_W(\mathcal{R}) = \{T \in B(H): (TR - RT)W = \{0\}, R \in \mathcal{R}\}.$$

需要指出的是, 由 $(TR - RT)W = \{0\}$ 可以推出 $TRW = RTW$, 但反之不成立. 显然, $C_W(\mathcal{R})$ 包含 $\mathcal{R}'$, 因此局部交换子可以看作交换子的推广. 另外, $C_W(\mathcal{R})$ 是 $B(H)$ 的线性子空间并且它是强算子拓扑闭的. 事实上, 设 $T_n \in C_W(\mathcal{R})$ 且 T_n 强收敛于 T. 那么对任意的 $R \in \mathcal{R}, x \in W$, 我们有 $(T_n R - RT_n)x = 0$ 且 $T_n Rx$ 收敛于 TRx, $RT_n x$ 收敛于 RTx. 因

此, $(T_nR - RT_n)x$ 收敛于 $(TR - RT)x$. 故对任意的 $R \in \mathcal{R}$ 及 $x \in W$, 有 $(TR - RT)x = 0$. 这说明对任意的 $R \in \mathcal{R}$, $(TR - RT)W = \{0\}$, 即 $T \in C_W(\mathcal{R})$. 所以 $C_W(\mathcal{R})$ 是强算子拓扑闭的.

下面先给出局部交换子的一些性质.

命题 2.2.1 设 $\mathcal{R} \subseteq B(H)$ 且 $W \subseteq H$ 是 $\mathcal{R}$ 的循环子空间, 则:

(1) W 是 $C_W(\mathcal{R})$ 的分离子空间.

(2) 如果 $\mathcal{R}$ 是一个半群, 那么 $C_W(\mathcal{R}) = \mathcal{R}'$.

(3) 如果 $A \in C_W(\mathcal{R})$ 且有稠值域, 那么 AW 是 $\mathcal{R}$ 的循环子空间.

(4) 设 W 是 $\mathcal{R}$ 的分离子空间. 如果 $R_1, R_2 \in \mathcal{R}$ 满足 $R_1R_2, R_2R_1 \in \mathcal{R}$ 及 $R_1R_2 \neq R_2R_1$, 那么 R_1 和 R_2 都不属于 $C_W(\mathcal{R})$.

(5) 设 $\mathcal{R} = \mathcal{R}_1\mathcal{R}_2$, 其中 $\mathcal{R}_1$ 是一个半群, 那么 $C_W(\mathcal{R}) \subseteq \mathcal{R}_1'$.

(6) 如果 $T \in C_W(\mathcal{R})$ 是可逆的, 那么 $C_{TW}(\mathcal{R}) = C_W(\mathcal{R})T^{-1}$.

(7) 对任意的 $A \in \mathcal{R}'$ 及 $B \in C_W(\mathcal{R})$, 我们有 $AB \in C_W(\mathcal{R})$.

(8) 设 $\mathcal{R}$ 是一个半群, 集合 $\widetilde{\mathcal{R}} \subseteq B(H)$ 使得 $\mathcal{R} \subseteq \widetilde{\mathcal{R}}$ 且 $\mathcal{R}' = \widetilde{\mathcal{R}}'$, 那么 $C_W(\widetilde{\mathcal{R}}) = C_W(\mathcal{R}) = \mathcal{R}'$.

证明: (1) 若 $A \in C_W(\mathcal{R})$ 且 $AW = \{0\}$, 则对任意的 $R \in \mathcal{R}$, 有 $ARW = RAW = \{0\}$. 因此 $A[\mathcal{R}W] = AH = \{0\}$, 进而有 $A = 0$. 所以 W 是 $C_W(\mathcal{R})$ 的分离子空间.

(2) 只需证 $C_W(\mathcal{R}) \subseteq \mathcal{R}'$. 设 $A \in C_W(\mathcal{R})$, 那么对任意的 $R, T \in \mathcal{R}$, 有 $RT \in \mathcal{R}$. 从而对任意的 $x \in W$,

$$AR(Tx) = A(RT)x = (RT)Ax$$
$$= R(TA)x = RA(Tx).$$

故由 $[\mathcal{R}W] = H$ 知, $AR = RA$, 即 $A \in \mathcal{R}'$.

(3) 因为 $A \in C_W(\mathcal{R})$, 所以对任意的 $R \in \mathcal{R}, x \in W$ 有 $ARx = RAx$. 又 $[\mathcal{R}W] = H$ 且 A 有稠值域, 所以 $[\mathcal{R}AW] = [AH] = H$. 于是 AW 是 $\mathcal{R}$ 的循环

子空间.

(4) 假设 $R_1 \in C_W(\mathcal{R})$. 由于 $R_2 \in \mathcal{R}$, 故有 $(R_1 R_2 - R_2 R_1)W = \{0\}$. 又因为 $R_1 R_2, R_2 R_1 \in \mathcal{R}$, 且 W 是 $\mathcal{R}$ 的分离子空间, 所以 $R_1 R_2 = R_2 R_1$, 这与 $R_1 R_2 \neq R_2 R_1$ 矛盾, 因此 $R_1 \notin C_W(\mathcal{R})$. 类似地, 可以证明 $R_2 \notin C_W(\mathcal{R})$.

(5) 由已知, 显然有 $\mathcal{R}_1 \mathcal{R} \subseteq \mathcal{R}$. 设 $A \in C_W(\mathcal{R})$ 且 $B \in \mathcal{R}_1$, 则对任意的 $R \in \mathcal{R}$ 及 $x \in W$, 有 $ARx = RAx$.

又 $BR \in \mathcal{R}$, 所以

$$A(BR)x = (BR)Ax = B(RA)x = B(AR)x,$$

即对任意的 $R \in \mathcal{R}, x \in W$, 有 $(AB)Rx = (BA)Rx$. 因为 $[\mathcal{R}W] = H$, 所以 $AB = BA$. 于是 $A \in \mathcal{R}_1'$. 这表明 $C_W(\mathcal{R}) \subseteq \mathcal{R}_1'$.

(6) 由 $C_{TW}(\mathcal{R})$ 定义有:

$$C_{TW}(\mathcal{R}) = \{A \in B(H) : (AR - RA)TW = \{0\}, R \in \mathcal{R}\}$$

$$= \{A \in B(H) : (ART - RAT)W = \{0\}, R \in \mathcal{R}\}$$

$$= \{A \in B(H) : (ATR - RAT)W = \{0\}, R \in \mathcal{R}\}$$

$$= \{A \in B(H) : AT \in C_W(\mathcal{R})\}$$

$$= C_W(\mathcal{R})T^{-1},$$

其中第三个等号是利用 $T \in C_W(\mathcal{R})$ 得到的.

(7) 对任意的 $A \in \mathcal{R}', B \in C_W(\mathcal{R}), R \in \mathcal{R}$ 以及 $x \in W$, 有

$$(AB)Rx = A(BR)x = A(RB)x$$

$$= (RA)Bx = R(AB)x.$$

因此 $(ABR - RAB)W = \{0\}$, 从而 $AB \in C_W(\mathcal{R})$.

(8) 由条件以及 (2), 可以得到 $C_W(\mathcal{R}) = \mathcal{R}' = \widetilde{\mathcal{R}}'$. 然而易知 $\widetilde{\mathcal{R}}' \subseteq C_W(\widetilde{\mathcal{R}}) \subseteq C_W(\mathcal{R})$, 因此 $C_W(\widetilde{\mathcal{R}}) = C_W(\mathcal{R}) = \mathcal{R}'$.

推论 2.2.1 设 $\mathcal{R}, \mathcal{R}_0 \subseteq B(H)$ 是两个算子集合且 $\mathcal{R}_0$ 按乘法是闭的. 若 $\mathcal{R}$ 包含 $\mathcal{R}_0$, $\mathcal{R}' = \mathcal{R}_0'$, 并且 $W \subseteq H$ 是 $\mathcal{R}_0$ 的循环子空间, 则 $C_W(\mathcal{R}) = C_W(\mathcal{R}_0) = \mathcal{R}'$.

证明: 因为 $\mathcal{R}_0$ 按乘法是闭的并且 $[\mathcal{R}_0 W] = H$, 所以由命题 2.2.1 (2) 可知 $C_W(\mathcal{R}_0) = \mathcal{R}_0'$. 又 $\mathcal{R}' = \mathcal{R}_0'$, 所以 $C_W(\mathcal{R}_0) = \mathcal{R}'$. 易知 $\mathcal{R}' \subseteq C_W(\mathcal{R}) \subseteq C_W(\mathcal{R}_0)$, 因此 $C_W(\mathcal{R}) = C_W(\mathcal{R}_0) = \mathcal{R}'$.

记 $C_1(H)$ 为迹类算子全体构成的集合, $\mathrm{tr}(\cdot)$ 表示迹类算子的迹. 众所周知, 设 $S \in B(H), T \in C_1(H)$, 按 $(T, S) = \mathrm{tr}(TS)$, 有 $B(H) = C_1(H)^*$, 其中 $C_1(H)^*$ 表示 $C_1(H)$ 的对偶. 对 $B(H)$ 的一个子空间 $\mathcal{R}$, 若

$$\mathcal{R} = \{T \in B(H) : Tx \in [\mathcal{R}x], x \in H\},$$

则称 $\mathcal{R}$ 是自反的. 若 $\mathcal{R}^{(n)} := \{T^{(n)} : T \in \mathcal{R}\}$ 是 $B(H^{(n)})$ 的自反子空间, 则称 $\mathcal{R}$ 是 n-自反的. 有一个著名的结果: $B(H)$ 的一个弱闭子空间是 n-自反的当且仅当 $C_1(H)$ 中的预零化子 $\mathcal{R}_\perp$ 是秩至多为 n 的算子按迹类范数 $\|\cdot\|_1$ 的闭线性张, 详见文献 [94].

命题 2.2.2 设 $\mathcal{R} \subseteq B(H)$ 且 W 是 H 的子空间, 则有

$$(C_W(\mathcal{R}))_\perp = \overline{\mathrm{span}}^{\|\cdot\|_1}\{[R, x \otimes y] : R \in \mathcal{R}, x \in W, y \in H\},$$

其中 $x \otimes y$ 表示秩 1 算子, 定义为 $(x \otimes y)z = \langle z, y \rangle x, z \in H$ 并且 $[R, x \otimes y] = R(x \otimes y) - (x \otimes y)R$. 从而 $C_W(\mathcal{R})$ 是 2-自反的.

证明: 对任意的 $A \in B(H)$, 我们有

$$
\begin{aligned}
\mathrm{tr}(A[R, x \otimes y]) &= \mathrm{tr}(A(Rx \otimes y - x \otimes R^*y)) \\
&= \mathrm{tr}(ARx \otimes y) - \mathrm{tr}(Ax \otimes R^*y) \\
&= \langle ARx, y \rangle - \langle Ax, R^*y \rangle \\
&= \langle ARx, y \rangle - \langle RAx, y \rangle \\
&= \langle (AR - RA)x, y \rangle.
\end{aligned}
$$

这表明 $A \in C_W(\mathcal{R})$ 当且仅当 A 被所有形如 $[R, x \otimes y]$ 的迹类算子零化, 其中 $R \in \mathcal{R}, x \in W, y \in H$. 因此 $(C_W(\mathcal{R}))_\perp = \overline{\mathrm{span}}^{\|\cdot\|_1}\{[R, x \otimes y] : R \in \mathcal{R}, x \in W, y \in H\}$.

下面我们想要给出酉半群的完全游荡子空间全体组成的集合的一个刻画, 为此需要下面两个引理.

引理 2.2.1　设 $\mathcal{U}$ 是 H 上的酉系统且 $W \in \mathcal{S}(\mathcal{U})$.

(1) 若 $\Omega \in \mathcal{S}(\mathcal{U})$ 且 $\dim\Omega = \dim W$, 则存在酉算子 $T \in C_W(\mathcal{U})$ 使得 $\Omega = TW$.

(2) 若 T 是 $C_W(\mathcal{U})$ 中的酉算子, 则 $TW \in \mathcal{S}(\mathcal{U})$.

证明: (1) 设 $\Omega \in \mathcal{S}(\mathcal{U})$ 且 $\dim\Omega = \dim W$. 令 $\{e_i\}_{i\in\mathbb{I}}$ 和 $\{f_i\}_{i\in\mathbb{I}}$ 分别是 W 和 Ω 的标准正交基, 其中 $\mathbb{I}$ 是以 W 的维数为基数的指标集, 则 $\{Ue_i: i \in \mathbb{I}, U \in \mathcal{U}\}$ 和 $\{Uf_i: i \in \mathbb{I}, U \in \mathcal{U}\}$ 均构成 H 的标准正交基. 因此我们可以定义一个酉算子 $T\colon H \to H$, $TUe_i = Uf_i$, 对任意的 $i \in \mathbb{I}$ 及 $U \in \mathcal{U}$. 从而显然有 $TW = \Omega$. 因为单位算子 $I \in \mathcal{U}$, 所以 $TIe_i = If_i$, 即 $Te_i = f_i$. 进而, 对任意的 $U \in \mathcal{U}, i \in \mathbb{I}$, 有 $TUe_i = Uf_i = UTe_i$. 于是 $T \in C_W(\mathcal{U})$.

(2) 设 T 是 $C_W(\mathcal{U})$ 中的酉算子, 下面首先证明对任意的 $U, V \in \mathcal{U}$ 且 $U \neq V$ 有 $UTW \perp VTW$. 事实上, 因为 $W \in \mathcal{S}(\mathcal{U})$, 所以对任意的 $U, V \in \mathcal{U}$ 且 $U \neq V$ 以及 $x, y \in W$, 有

$$\langle UTx, VTy\rangle = \langle TUx, TVy\rangle = \langle Ux, Vy\rangle = 0.$$

这说明对任意的 $U \neq V, UTW \perp VTW$.

下面再证明 $\overline{\operatorname{span}}\{UTW: U \in \mathcal{U}\} = H$.

设 $y \perp \operatorname{span}\{UTW: U \in \mathcal{U}\}$, 则对任意的 $U \in \mathcal{U}, x \in W$, 有

$$\langle T^{-1}y, Ux\rangle = \langle y, TUx\rangle = \langle y, UTx\rangle = 0.$$

因为 $\overline{\operatorname{span}}\{UW: U \in \mathcal{U}\} = H$, 所以 $T^{-1}y = 0$, 从而 $y = 0$. 于是可得 $\overline{\operatorname{span}}\{UTW: U \in \mathcal{U}\} = H$. 这样便有 $TW \in \mathcal{S}(\mathcal{U})$.

引理 2.2.2 [76, 推论 1.2]　设 $\mathcal{U}$ 是 H 上的酉群且 W 是 $\mathcal{U}$ 的完全游荡子空间, 那么 $\mathcal{U}$ 的每个完全游荡子空间的维数与 W 的维数相同.

下面这个定理是本章的一个主要结果, 它在本章起着很重要的作用.

定理 2.2.1　设 $\mathcal{U}$ 是 $B(H)$ 上的酉算子构成的酉半群并且存在 $W \in \mathcal{S}(\mathcal{U})$, 那么

$$\mathcal{S}(\mathcal{U}) = \{TW: T \in \mathbb{U}(\mathcal{U}')\}.$$

证明: 我们断言 $\mathcal{U}$ 是一个群. 否则, 存在 $A \in \mathcal{U}$ 使得 $A^{-1} \notin \mathcal{U}$. 因为 $\mathcal{U}$ 是一个半群, 所以对任意的 $B \in \mathcal{U}$ 有 $AB \in \mathcal{U}$ 且 $AB \neq I$. 固定一个非零向量 $x \in W$, 那么对任意的 $y \in W$ 可得 $\langle A^{-1}x, By \rangle = \langle x, ABy \rangle = 0$. 于是对任意的 $B \in \mathcal{U}$ 有 $A^{-1}x \perp BW$, 这与 $[\mathcal{U}W] = H$ 矛盾. 因此 $\mathcal{U}$ 是一个群.

设 $\Omega \in \mathcal{S}(\mathcal{U})$, 利用引理 2.2.2 可知 $\dim \Omega = \dim W$. 从而由引理 2.2.1 易知结论成立.

下面这个结论将说明局部交换子的交换性.

命题 2.2.3 设 $\mathcal{U}$ 是 H 上的酉系统且 $W \in \mathcal{S}(\mathcal{U})$ 使得 $C_W(\mathcal{U})$ 是交换的, 那么对任意的 $\Omega \in \mathcal{S}(\mathcal{U})$ 并且 $\dim \Omega = \dim W$ 有 $C_\Omega(\mathcal{U})$ 是交换的.

证明: 设 $W \in \mathcal{S}(\mathcal{U})$ 使得 $C_W(\mathcal{U})$ 是交换的并且 $\Omega \in \mathcal{S}(\mathcal{U})$ 满足 $\dim \Omega = \dim W$. 利用引理 2.2.1 (1) 可知, 存在 $T \in \mathbb{U}(C_\Omega(\mathcal{U}))$ 使得 $W = T\Omega$. 从而由命题 2.2.1 (6) 有

$$C_W(\mathcal{U}) = C_{T\Omega}(\mathcal{U}) = C_\Omega(\mathcal{U})T^*.$$

显然 $T^* \in C_W(\mathcal{U})$ 且 $T^* \in (C_W(\mathcal{U}))'$. 因为 T 是正规的, 所以由 Putnam-Fuglede 定理 [42] 知 $T \in (C_W(\mathcal{U}))'$. 从而 $C_\Omega(\mathcal{U}) = C_W(\mathcal{U})T$ 是交换的.

2.3 类小波酉系统的游荡子空间

我们先来回顾一个有关酉系统的重要例子. 令 T 和 D 是 Hilbert 空间 $L^2(\mathbb{R})$ 上的算子, 定义如下:

$$(Tf)(t) = f(t-1), (Df)(t) = \sqrt{2}f(2t), \quad f \in L^2(\mathbb{R}).$$

显然它们都是酉算子且游荡子空间分别为 $L^2([0,1])$ 及 $L^2([-2,-1] \bigcup [1,2])$. 它们是不可交换的, 但我们可以证明 $TD = DT^2$. 因此

$$\mathcal{U}_{D,T} = \{D^n T^l : n, l \in \mathbb{Z}\}$$

是由非交换酉算子构成的可数酉系统. 但是它不能形成一个群, 详细内容可看文献 [13, 38]. 通常把 $\mathcal{U}_{D,T}$ 称为小波系统. 众所周知, 由 $\{D, T\}$ 生成的群为

$\{D^n T_\beta: n \in \mathbb{Z}, \beta \in \mathcal{D}\}$, 其中 $\mathcal{D}$ 表示二进制有理数, β 是实数, T_β 表示平移酉算子 $(T_\beta f)(t) = f(t - \beta)$.

本节中除特别说明外, 我们总设 $\mathcal{U}$ 是 H 上的酉系统, $\mathcal{U}_0$ 是一个群且 $\mathcal{U}_0 \subseteq \mathcal{U}$ 使得 $\mathcal{U}\mathcal{U}_0 = \mathcal{U}$. 很容易看出, 我们熟悉的小波系统 $\mathcal{U}_{D,T} = \{D^n T^l: n, l \in \mathbb{Z}\}$ 满足上述要求, 其中 $\mathcal{U}_0 = \{T^l: l \in \mathbb{Z}\}$. 因此 $\mathcal{U}$ 称为类小波酉系统.

引理 2.3.1 设 $W \in \mathcal{S}(\mathcal{U})$ 且 $U \in \mathcal{U}_0$, 那么 $UW \in \mathcal{S}(\mathcal{U})$ 且存在唯一的酉算子 $T_U \in C_W(\mathcal{U})$ 使得对任意的 $x \in W$ 有 $T_U x = Ux$.

证明: 由已知, 显然有 $UW \in \mathcal{S}(\mathcal{U})$ 且 $\dim W = \dim UW$. 设 $\{e_i\}_{i \in \mathbb{I}}$ 是 W 的标准正交基, 类似于引理 2.2.1 (1) 的证明, 我们可以定义 $T_U: H \to H$ 为 $Ve_i \to VUe_i$, 对任意的 $i \in \mathbb{I}$, $V \in \mathcal{U}$. 因此 $T_U \in C_W(\mathcal{U})$ 且 T_U 是酉算子, 对任意的 $x \in W$ 满足 $T_U x = Ux$. 从而对任意的 $V \in \mathcal{U}$, $x \in W$, 有 $T_1 Vx = VT_1 x = VUx = VT_2 x = T_2 Vx$. 又 $[\mathcal{U}W] = H$, 所以 T_U 是唯一的.

由上述引理, 对给定的 $W \in \mathcal{S}(\mathcal{U})$, 我们可以定义映射:

$$K_W: \mathcal{U}_0 \to \mathbb{U}(C_W(\mathcal{U})), \quad U \to T_U.$$

注意: $\mathcal{U}_0$ 通常并不属于 $C_W(\mathcal{U})$.

下面我们将讨论这个映射的性质, 并利用该映射给出类小波酉系统中游荡子空间的一些性质.

定理 2.3.1 设 $W \in \mathcal{S}(\mathcal{U})$, 那么 $K_W(\mathcal{U}_0)$ 是一个群并且 K_W 是一个群反同构. 进而, 如果将 $\mathcal{S}(\mathcal{U})$ 中的元素看作正交投影, 那么集合 $\mathcal{U}_0 W$ 按照范数拓扑包含在 $\mathcal{S}(\mathcal{U})$ 的一个连通子集中.

证明: 对任意的 $U_1, U_2 \in \mathcal{U}_0$, $T \in \mathcal{U}$ 以及 $x \in W$, 有

$$K_W(U_2) K_W(U_1) Tx = K_W(U_2) T K_W(U_1) x = K_W(U_2) TU_1 x$$

$$= TU_1 K_W(U_2) x = TU_1 U_2 x$$

$$= T K_W(U_1 U_2) x = K_W(U_1 U_2) Tx.$$

因为 $[\mathcal{U}W] = H$, 所以 $K_W(U_2) K_W(U_1) = K_W(U_1 U_2)$. 取 $U_1 = U_2 = I$, 则有 $K_W(I) = I$. 故显然有 $K_W(\mathcal{U}_0)$ 是一个群并且 K_W 是一个反同态.

下证 K_W 是单的.

若 $U_1, U_2 \in \mathcal{U}_0$ 且 $U_1 \neq U_2$, 则由 $U_1 W \perp U_2 W$ 可推出 $U_1 W \neq U_2 W$. 从而 $K_W(U_1) \neq K_W(U_2)$, 这样便有 K_W 是单的.

注意到 $\mathrm{span}\{K_W(\mathcal{U}_0)\}$ 在强算子拓扑下的闭包是 von Neumann 代数 $w^*(K_W(\mathcal{U}_0))$, 且包含在 $C_W(\mathcal{U})$ 中. 定义映射:

$$\mathbb{U}(w^*(K_W(\mathcal{U}_0))) \to B(H), U \to \pi_{UW}.$$

因为 U 是酉算子, 所以 $\pi_{UW} = U\pi_W U^*$. 从而易证映射 $U \to \pi_{UW}$ 是范数连续的. 于是由定理 2.2.1 以及 von Neumann 代数的酉群是范数连通的 [86] 可知, $\{\pi_{UW}\colon U \in \mathbb{U}(w^*(K_W(\mathcal{U}_0)))\}$ 在 $\{\pi_\Omega\colon \Omega \in \mathcal{S}(\mathcal{U})\}$ 中是范数连通的. 令 $U \in \mathcal{U}_0$, $x \in W$, 因为 $Ux = T_U x = K_W(U)x$, 所以 $UW = K_W(U)W$. 因此

$$\{\pi_{UW}\colon U \in \mathcal{U}_0\} \subseteq \{\pi_{UW}\colon U \in \mathbb{U}(w^*(K_W(\mathcal{U}_0)))\}.$$

这表明 $\mathcal{U}_0 W$ 按照范数拓扑包含在 $\mathcal{S}(\mathcal{U})$ 的一个连通子集中.

如果 $\mathcal{U}_0$ 是交换的, 那么映射 K_W 的定义域可有如下扩张.

定理 2.3.2 设 $\mathcal{U}$ 是一个类小波酉系统使得 $\mathcal{U}_0$ 是交换的.

(1) 若 $U \in \mathbb{U}(w^*(\mathcal{U}_0))$, 则 $U\mathcal{S}(\mathcal{U}) \subseteq \mathcal{S}(\mathcal{U})$.

(2) 对 $W \in \mathcal{S}(\mathcal{U})$, 映射 K_W 可延拓成从 $\mathbb{U}(w^*(\mathcal{U}_0))$ 到 $\mathbb{U}(C_W(\mathcal{U}))$ 的同态.

证明: (1) 设 $U \in \mathbb{U}(w^*(\mathcal{U}_0))$, $W \in \mathcal{S}(\mathcal{U})$ 且记 $\Omega = UW$. 下证 $\Omega \in \mathcal{S}(\mathcal{U})$, 为此记

$$E_W = [\mathcal{U}_0 W] = [w^*(\mathcal{U}_0)W].$$

则显然有 $UE_W \subseteq E_W$ 和 $U^*E_W \subseteq E_W$, 从而 $UE_W = E_W$. 令 $T \in \mathcal{U}$ 但 $T \notin \mathcal{U}_0$, 则对任意 $S \in \mathcal{U}_0$ 有 $TS \notin \mathcal{U}_0$. 由于 $W \in \mathcal{S}(\mathcal{U})$, 故对任意的 $S_1, S_2 \in \mathcal{U}_0$ 有 $TS_1 W \perp S_2 W$, 于是 $TE_W \perp E_W$.

更一般地, 若 $T_1, T_2 \in \mathcal{U}$ 使得 $T_1\mathcal{U}_0 \neq T_2\mathcal{U}_0$, 则 $T_1\mathcal{U}_0 \bigcap T_2\mathcal{U}_0 = \varnothing$. 因此对任意的 $U_1, U_2 \in \mathcal{U}_0$ 有 $T_1 U_1 W \perp T_2 U_2 W$, 从而 $T_1 E_W \perp T_2 E_W$. 又 $\Omega = UW \subseteq E_W$, 所以 $T_1 \Omega \perp T_2 \Omega$. 另一方面, 设 $T_1, T_2 \in \mathcal{U}$ 使得 $T_1 \neq T_2$, 但 $T_1\mathcal{U}_0 = T_2\mathcal{U}_0$, 那么

存在 $U_1 \in \mathcal{U}_0$ 使得 $U_1 \neq I$ 且 $T_1 U_1 = T_2$. 注意到 $\mathcal{U}_0$ 是交换的, 于是 $w^*(\mathcal{U}_0)$ 也是交换的, 并且 $U U_1 = U_1 U$. 由 $U_1 W \perp W$ 可得对任意的 $x, y \in W$,

$$\langle U_1 U x, U y \rangle = \langle U U_1 x, U y \rangle = \langle U_1 x, y \rangle = 0,$$

因此 $U_1 \Omega \perp \Omega$, 从而 $T_1 \Omega \perp T_2 \Omega (= T_1 U_1 \Omega)$. 又

$$[\mathcal{U}_0 \Omega] = [\mathcal{U}_0 U W] = [w^*(\mathcal{U}_0) U W] = [w^*(\mathcal{U}_0) W] = E_W,$$

故

$$[\mathcal{U}\Omega] = [\mathcal{U}\mathcal{U}_0 \Omega] = [\mathcal{U} E_W] \supseteq [\mathcal{U}W] = H.$$

于是 $\Omega \in \mathcal{S}(\mathcal{U})$.

(2) 设 $W \in \mathcal{S}(\mathcal{U})$ 且 $U \in \mathbb{U}(w^*(\mathcal{U}_0))$, 则由 (1) 可知 $UW \in \mathcal{S}(\mathcal{U})$. 类似于引理 2.3.1, 可知存在唯一的酉算子 $T_U \in C_W(\mathcal{U})$ 使得对所有的 $x \in W, T_U x = U x$ 成立. 定义一个映射:

$$K_W \colon \mathbb{U}(w^*(\mathcal{U}_0)) \to \mathbb{U}(C_W(\mathcal{U})), \quad U \to T_U.$$

令 $U_1, U_2 \in \mathbb{U}(w^*(\mathcal{U}_0))$, $x \in W$ 且 $T \in \mathcal{U}$. 注意到 TU_1 在 $\mathcal{U}$ 的强拓扑闭线性张中, 从而类似于定理 2.3.1 的证明, 我们有

$$K_W(U_2) K_W(U_1) T x = K_W(U_2) T K_W(U_1) x = K_W(U_2) T U_1 x$$
$$= T U_1 K_W(U_2) x = T U_1 U_2 x$$
$$= T K_W(U_1 U_2) x = K_W(U_1 U_2) T x.$$

又 $[\mathcal{U}W] = H$ 且 $\mathcal{U}_0$ 是交换的, 所以 $K_W(U_2) K_W(U_1) = K_W(U_1 U_2) = K_W(U_2 U_1)$.

下面设 $\mathcal{U}, \mathcal{U}_0$ 如定理 2.3.1 中所示, 记 $E_W = [\mathcal{U}_0 W]$ 且用 P_W 表示从 H 到 E_W 的正交投影, 那么我们有:

命题 2.3.1 $T \in C_W(\mathcal{U})$ 当且仅当对任意的 $U \in \mathcal{U}$ 有 $(TU - UT)P_W = 0$.

证明: 对任意的 $U \in \mathcal{U}$, 设 $(TU - UT)P_W = 0$, 由 $W \subseteq E_W$ 知 $(TU - UT)W = \{0\}$. 故 $T \in C_W(\mathcal{U})$.

反之, 设 $T \in C_W(\mathcal{U})$, 即对任意的 $U \in \mathcal{U}$ 有 $(TU - UT)W = \{0\}$. 因此对任意的 $A \in \mathcal{U}_0$ 及 $x \in W$, 可得

$$(TU - UT)Ax = T(UA)x - U(TAx)$$

$$= (UA)Tx - U(ATx)$$

$$= 0.$$

这表明 $(TU - UT)\mathcal{U}_0 W = \{0\}$, 于是 $(TU - UT)P_W = 0$.

命题 2.3.2 设 $W \in \mathcal{S}(\mathcal{U}), \Omega \subseteq H$ 且 $T \in \mathbb{U}(C_W(\mathcal{U}))$ 使得 $TW = \Omega$, 那么 $P_\Omega = TP_W T^*$.

证明: 对任意的 $A \in \mathcal{U}_0$, 由假设可得 $Ay = ATx = TAx$, 其中 $x \in W, y \in \Omega$. 于是 $[\mathcal{U}_0 \Omega] = T[\mathcal{U}_0 W]$, 从而显然有 $P_\Omega = TP_W T^*$.

命题 2.3.3 若 $W \in \mathcal{S}(\mathcal{U}), T \in \mathbb{U}(C_W(\mathcal{U}))$ 使得 $TW \subseteq E_W$, 则 $P_{TW} = P_W$, $C_W(\mathcal{U}) = C_{TW}(\mathcal{U})$, 并且 $P_W T = TP_W$.

证明: 对任意的 $A \in \mathcal{U}_0$ 及 $x \in W$, 因为 $T \in \mathbb{U}(C_W(\mathcal{U}))$ 并且 $TW \subseteq E_W$, 所以

$$TAx = ATx \subseteq AP_W H \subseteq P_W H.$$

这说明 $TE_W \subseteq E_W$. 令 $\Omega = TW$, 那么由命题 2.3.2 可知 $P_\Omega = TP_W T^*$. 设 $\{U_n\} \subseteq \mathcal{U}$ 使得当 $n \neq m$ 时有 $U_n \mathcal{U}_0 \bigcap U_m \mathcal{U}_0 = \varnothing$ 并且 $\bigcup_n U_n \mathcal{U}_0 = \mathcal{U}$. 那么当 $n \neq m$ 时有 $U_n E_W \perp U_m E_W$ 且 $\overline{\mathrm{span}}\{U_n E_W : n \in \mathbb{Z}\} = H$, 其中 $\overline{\mathrm{span}}\{U_n E_W\}$ 表示 $U_n E_W$ 的闭线性张. 子空间 E_Ω 有相同的性质, 又 $E_\Omega \subseteq E_W$, 所以一定有 $E_\Omega = E_W$. 从而 $P_\Omega = P_W$, 即 $P_{TW} = P_W$. 于是由命题 2.3.1 易知 $C_W(\mathcal{U}) = C_{TW}(\mathcal{U})$. 因为 $P_\Omega = TP_W T^*$, 所以 $P_W T = TP_W$.

定义集合 $C_W^P(\mathcal{U}) = C_W(\mathcal{U}) \bigcap \{P_W\}'$, 于是有下面的结论.

命题 2.3.4 $C_W(\mathcal{U})$ 是 $\mathcal{U}'$ 的左模并且是 $C_W^P(\mathcal{U})$ 的右模. 特别地, $C_W^P(\mathcal{U})$ 是一个代数.

证明: 令 $A \in C_W(\mathcal{U})$. 如果 $B \in \mathcal{U}'$, 那么对任意的 $T \in \mathcal{U}$ 及 $x \in W$ 有

$$BATx = BTAx = TBAx.$$

因此 $BA \in C_W(\mathcal{U})$. 设 $C \in C_W^P(\mathcal{U})$, 则对任意的 $T \in \mathcal{U}$ 及 $x \in W$ 有

$$(AC)Tx = A(CTx) = ATCx$$
$$= ATCP_Wx = ATP_WCx$$
$$= TAP_WCx = T(AC)x,$$

这说明 $AC \in C_W(\mathcal{U})$.

下面研究当 $\mathcal{U}_0$ 是交换群时映射 K_W 的性质.

命题 2.3.5　若 $\mathcal{U}_0$ 是交换群, 则对任意的 $U \in \mathcal{U}_0$ 有 $K_W(U)P_W = UP_W$.

证明: 注意到对任意的 $U, S \in \mathcal{U}_0$ 以及 $x \in W$,

$$K_W(U)Sx = SK_W(U)x = SUx = USx.$$

因为 $E_W = [\mathcal{U}_0 W]$, 所以

$$K_W(U)|_{E_W} = U|_{E_W}.$$

于是对任意的 $U \in \mathcal{U}_0$, $K_W(U)P_W = UP_W$.

注解　如果 $\mathcal{U}_0$ 是非交换的, 那么上面命题可能不成立. 例如: 设 $\mathcal{U} = \mathcal{U}_0$ 是非交换群, 则有 $P_W = I$ 及 $C_W(\mathcal{U}) = \mathcal{U}' \not\supseteq \mathcal{U}$.

推论 2.3.1　若 $\mathcal{U}_0$ 是交换群, 则对任意的 $U \in \mathcal{U}_0$ 及 $A \in C_W^P(\mathcal{U})$ 有 $AK_W(U) = K_W(U)A$.

证明: 设 $U \in \mathcal{U}_0, A \in C_W^P(\mathcal{U})$, 那么对任意的 $x \in W$, 我们可得到

$$AK_W(U)x = AUx = UAx$$
$$= UAP_Wx = UP_WAx$$
$$= K_W(U)P_WAx$$
$$= K_W(U)Ax,$$

因为 $A, K_W(U) \in C_W^P(U)$ 并且 $C_W^P(U)$ 是一个代数, W 分离 $C_W^P(U)$, 所以对任意的 $A \in C_W^P(\mathcal{U})$ 以及 $U \in \mathcal{U}_0$ 有 $AK_W(U) = K_W(U)A$, 即结论成立.

对小波系统 $\mathcal{U} = \{D^nT^l: n, l \in \mathbb{Z}\}$, 如果令 $\mathcal{U}_1 = \{D^n: n \in \mathbb{Z}\}$ 并且 $\mathcal{U}_0 = \{T^l: l \in \mathbb{Z}\}$, 那么 $\mathcal{U}_1$ 和 $\mathcal{U}_0$ 是酉群且 $\mathcal{U} = \mathcal{U}_1\mathcal{U}_0$.

最后讨论上述特殊的类小波酉系统中局部交换子的结构.

定理 2.3.3 设 $\mathcal{U}_1$ 和 $\mathcal{U}_0$ 是 $B(H)$ 中的酉群, $\mathcal{U}$ 是酉系统使得 $\mathcal{U} = \mathcal{U}_1\mathcal{U}_0 = \{UV : U \in \mathcal{U}_1, V \in \mathcal{U}_0\}$. 如果 $W \in \mathcal{S}(\mathcal{U})$, 那么 $C_W(\mathcal{U}) = \mathcal{U}_1' \bigcap \{\mathcal{U}_0' + B(H)P_W^\perp\}$.

证明: 首先我们断言

$$\mathcal{U}_0' + B(H)P_W^\perp = \{A \in B(H) : AP_W \in \mathcal{U}_0'P_W\}.$$

事实上, 若 $AP_W \in \mathcal{U}_0'P_W$, 则对 $R \in \mathcal{U}_0'$ 有 $AP_W = RP_W$, 从而

$$A = R + (A - R)P_W^\perp \in \mathcal{U}_0' + B(H)P_W^\perp.$$

反之, 若 $A \in \mathcal{U}_0' + B(H)P_W^\perp$, 可设 $A = B + CP_W^\perp$, 其中 $B \in \mathcal{U}_0'$, 则 $AP_W = BP_W \in \mathcal{U}_0'P_W$. 于是

$$\mathcal{U}_0' + B(H)P_W^\perp = \{A \in B(H) : AP_W \in \mathcal{U}_0'P_W\}.$$

现在设 $A \in C_W(\mathcal{U})$, 那么由命题 2.2.1 (5) 知 $A \in \mathcal{U}_1'$. 又因为对任意的 $U \in \mathcal{U}_0$ 有 $UAP_W = AUP_W = AP_WU$, 所以 $AP_W \in \mathcal{U}_0'$. 进而 $AP_W \in \mathcal{U}_0'P_W$. 由断言知 $A \in \mathcal{U}_0' + B(H)P_W^\perp$, 于是 $A \in \mathcal{U}_1' \bigcap \{\mathcal{U}_0' + B(H)P_W^\perp\}$. 反之, 如果 $A \in \mathcal{U}_1'$ 并且 $A \in \mathcal{U}_0' + B(H)P_W^\perp$, 那么对 $B \in \mathcal{U}_0'$ 有 $A = B + CP_W^\perp$. 对任意的 $U \in \mathcal{U}_0$, 我们有 $P_W^\perp UW = 0$. 从而对任意的 $T \in \mathcal{U}_1, U \in \mathcal{U}_0$ 及 $x \in W$, 可以得到

$$ATUx = TAUx = T(B + CP_W^\perp)Ux$$

$$= TBUx = TUBx = TUAx,$$

即 $A \in C_W(\mathcal{U})$. 这样就证明了 $C_W(\mathcal{U}) = \mathcal{U}_1' \bigcap \{\mathcal{U}_0' + B(H)P_W^\perp\}$.

2.4 例子

这节将举例说明本章的一些主要结论.

例 2.4.1 设 $\{e_n\}_{n=-\infty}^{+\infty}$ 是可分 Hilbert 空间 H 的标准正交基, S 是重数为 1 的双边移位算子, 即对任意的 $n \in \mathbb{Z}$ 有 $Se_n = e_{n+1}$, 并且令 $\mathcal{U} = \{S^{2n} : n \in \mathbb{Z}\}$

是由 S^2 生成的群, $W = \mathrm{span}\{e_0, e_1\}$, 那么易证 $W \in \mathcal{S}(\mathcal{U})$. 由命题 2.2.1 及定理 2.2.1 有

$$\mathcal{S}(\mathcal{U}) = \{TW\colon T \in \mathbb{U}(\{S^2\}')\}.$$

更一般地, 给定一个正数 k, 令 $\mathcal{U}_k = \{S^{kn}\colon n \in \mathbb{Z}\}$ 是由 S^k 生成的群, 并且令 $W_k = \mathrm{span}\{e_0, e_1, \cdots, e_{k-1}\}$, 那么 $W_k \in \mathcal{S}(\mathcal{U}_k)$ 且

$$\mathcal{S}(\mathcal{U}_k) = \{TW_k\colon T \in \mathbb{U}(\{S^k\}')\}.$$

例 2.4.2　令 D, T 分别是 $L^2(\mathbb{R})$ 上的膨胀和平移算子 (其定义见 2.3 节). $L^2(\mathbb{R})$ 的一族闭子空间 $\{\Omega_j\colon j \in \mathbb{Z}\}$ 称为多分辨分析, 如果它满足下述条件 [13, 59, 115]:

(1) 对每个 $j \in \mathbb{Z}$, $\Omega_j \subset \Omega_{j+1}$;

(2) $D(\Omega_j) = \Omega_{j+1}$ 且 $T(\Omega_0) = \Omega_0$;

(3) $\overline{\bigcup_j \Omega_j} = L^2(\mathbb{R})$ 且 $\bigcap_j \Omega_j = \{0\}$;

(4) 存在一个尺度函数 $\varphi \in \Omega_0$, 使得 $\{T^k\varphi\colon k \in \mathbb{Z}\}$ 是 Ω_0 的标准正交基.

对每个 $j \in \mathbb{Z}$, 令 W_j 是 Ω_j 在 Ω_{j+1} 中的正交补. 由文献 [115] 可知, 存在 $\psi \in W_0$ 使得 $\{T^k\psi\colon k \in \mathbb{Z}\}$ 是 W_0 的标准正交基. 因此, 我们可得到 $j \in \mathbb{Z}$ 的标准正交基 $\{D^jT^k\psi\colon j, k \in \mathbb{Z}\}$. 从而 W_0 分别是小波系统 $\mathcal{U}_{D,T} = \{D^nT^l\colon n, l \in \mathbb{Z}\}$ 和酉群 $\mathcal{U}_1 = \{D^n\colon n \in \mathbb{Z}\}$ 的完全游荡子空间. 进而利用命题 2.2.1, 我们有:

(1) $C_{W_0}(\mathcal{U}_1) = \{D\}'$.

(2) $C_{W_0}(\mathcal{U}_{D,T}) \subseteq \{D\}' \bigcap \{T\}'$.

(3) 设 $\widetilde{W} \subseteq H$ 并且 $A \in \mathbb{U}(C_{W_0}(\mathcal{U}_{D,T}))$ 使得 $AW_0 = \widetilde{W}$, 那么

$$C_{\widetilde{W}}(\mathcal{U}_{D,T}) = C_{W_0}(\mathcal{U}_{D,T})A^*.$$

例 2.4.3　设 $H, \mathcal{U}_{D,T}, W_0$ 如例 2.4.2 所示且 $\mathcal{U}_0 = \{T^l\colon l \in \mathbb{Z}\}$, 那么:

(1) $A \in C_{W_0}(\mathcal{U}_{D,T})$ 当且仅当对任意的 $n, l \in \mathbb{Z}$, $(AD^nT^l - D^nT^lA)P_{W_0} = 0$.

(2) 若 $\Omega \subseteq H$ 且 $A \in \mathbb{U}(C_{W_0}(\mathcal{U}_{D,T}))$ 使得 $AW_0 = \Omega$, 则 $P_\Omega = AP_{W_0}A^*$.

(3) 若 $A \in \mathbb{U}(C_{W_0}^p(\mathcal{U}_{D,T}))$, 则 $P_{AW} = P_W$.

(4) $C_{W_0}(\mathcal{U}_{D,\,T})$ 是 $C_{W_0}^p(\mathcal{U}_{D,T})$ 的右模.

注: 上面提到的"左模"和"右模"的概念就是指代数中通常所用的关于左模和右模的定义.

第 3 章　框架序列的提升与框架向量的伪对偶

3.1　框架序列的提升

对于框架的对偶理论, 其中对偶原理已有大量的研究成果, 而子空间上的框架的对偶序列比较复杂, 结果相对较少. 近些年来, 许多专家学者都对子空间上满足重构公式的序列产生了广泛兴趣. O. Christensen 在文献 [24] 中对框架序列的斜对偶做了详细的刻画, 并得到一些在平移不变子空间上的应用结果. 在文献 [82] 中, 作者定义了各种类型的对偶并分别做了研究. 在文献 [70, 75] 中, D. Han 研究了子空间上 Gabor 框架对偶对的提升性质, 在文献 [82] 中, 这种类型的对偶被称为 I- 型对偶. 在本章中, 我们把这些提升结果推广到框架序列的斜对偶对上, 也得到一些相应于酉表示的框架向量的一些相似的性质.

对于 Bessel 序列 $X = \{x_i\}_{i \in \mathbb{J}} \subset H$, 其中 $\mathbb{J}$ 是有限或可数指标集. 本节我们用 θ_X, S_X 分别表示 X 的分析算子和框架算子. 主要讨论 $\{x_i\}_{i \in \mathbb{J}}$ 是框架序列, 即 $\mathrm{ran}\theta_X$ 是闭的情况 [82, 23].

在 Gabor 理论中, $L^2(\mathbb{R})$ 上的平移算子 (traslation) 和调制算子 (modulation) 定义为:

$$T_{na}f(x) = f(x - na),\ E_{mb}f(x) = \mathrm{e}^{2\pi imbx}, \forall f \in L^2(\mathbb{R}), x \in \mathbb{R},$$

其中 $0 < a, b \in \mathbb{R}, m, n \in \mathbb{Z}$. Gaobor 分析的稠密性定理说明存在 $f \in L^2(\mathbb{R})$ 使得 $\{E_{mb}T_{na}f\}_{m,n \in \mathbb{Z}}$ 是 $L^2(\mathbb{R})$ 上的框架当且仅当 $ab \leqslant 1$ [23, 定理 8.6.1]. 由文献 [23, 定理 7.4.1] 知, 可能存在 $f \in L^2(\mathbb{R})$ 使得 $\{T_{na}f\}_{n \in \mathbb{Z}}$ 是 $L^2(\mathbb{R})$ 上的框架序列, 但是不能是 $L^2(\mathbb{R})$ 上的框架. 如果存在 $f \in L^2(\mathbb{R})$ 使得 $\{T_{na}f\}_{n \in \mathbb{Z}}$ 是 $L^2(\mathbb{R})$ 上的框架序列, 称 $\overline{\mathrm{span}}\{T_{na}f\}_{n \in \mathbb{Z}}$ 为平移不变子空间. 平移不变子空间上的框架序列的斜对偶结论及各种形式的斜对偶已经被广泛研究 [24, 82]. 本节主要研究在抽象 Hilbert 空间上的斜对偶对的提升问题.

设 $X = \{x_i\}_{i\in\mathbb{J}}$ 是 H 上的框架序列, 记 $U = \overline{\text{span}}\{x_i\}_{i\in\mathbb{J}}$. 如果存在 H 上的序列 $Y = \{y_i\}_{i\in\mathbb{J}}$ 满足:

$$x = \sum_{i\in\mathbb{J}} \langle x, y_i\rangle x_i, \forall\, x \in U,$$

则称 Y 为 X 的伪对偶 [100, 101]. 令 $V = \overline{\text{span}}\{y_i\}_{i\in\mathbb{J}}$. 从定义可以看出, Y 不一定是 Bessel 序列. 即使 Y 是一个闭子空间 M 上的 Bessel 序列, 也不能保证 Y 是 H 上的 Bessel 序列, 除非 $M = V$. 如果 $Y = \{y_i\}_{i\in\mathbb{J}}$ 是 H 上的 Bessel 序列, 在文献 [82, 定义 2.1] 中称为 X 的对偶.

L. Găvruta 在文献 [57] 中提出算子框架的概念. 设 $T \in B(H)$, 如果 H 上的 Bessel 序列 $X = \{x_i\}_{i\in\mathbb{J}}, Y = \{y_i\}_{i\in\mathbb{J}}$ 满足:

$$Tx = \sum_{i\in\mathbb{J}} \langle x, y_i\rangle x_i, \forall\, x \in H,$$

则称 X 是 T-框架, Y 是 T-对偶. 特别地, 令 $U = \overline{\text{span}}\{x_i\}_{i\in\mathbb{J}}, V = \overline{\text{span}}\{y_i\}_{i\in\mathbb{J}}$. 同上, 如果再满足 X 是框架序列, 且 $T = P_{U,V^\perp}$, 这时, T-对偶等价于文献 [82, 定义 2.1] 中定义的框架序列的斜对偶. T-对偶比斜对偶更为复杂.

综合以上框架序列几种不同的对偶序列的定义可知, 由于 U, V 的关系导致了 X, Y 的不同的性质. 因此, 研究框架序列的斜对偶是非常有意义的.

下面是文献 [82, 24, 83] 中给出的有关框架序列的一些定义和结论.

定义 3.1.1 [24, 82, 90]   设 $X = \{x_i\}_{i\in\mathbb{J}}$ 是 H 上的框架序列, $Y = \{y_i\}_{i\in\mathbb{J}}$ 是 H 上的 Bessel 序列. 记 $U = \overline{\text{span}}\{x_i\}_{i\in\mathbb{J}}, V = \overline{\text{span}}\{y_i\}_{i\in\mathbb{J}}$.

(1) Y 称为 X 的对偶, 如果 $x = \sum_{i\in\mathbb{J}} \langle x, y_i\rangle x_i, \forall\, x \in U$, 即有下式 $(\theta_X^*\theta_Y)|_U = I|_U$.

(2) Y 称为 X 的 I-型对偶, 如果 Y 是 X 的对偶, 且 $\text{ran}\theta_Y^* \subset \text{ran}\theta_X^*$.

(3) Y 称为 X 的 II-型对偶, 如果 Y 是 X 的对偶, 且 $\text{ran}\theta_Y \subset \text{ran}\theta_X$.

(4) Y 称为 X 的斜对偶, 如果 Y 是 X 的框架序列, 并且 Y 是 X 的对偶, X 也是 Y 的对偶, 即 X, Y 是框架序列, 并且满足 $P_{U,V^\perp} = \theta_X^*\theta_Y$.

由定义可知: (1) 如果 Y 是 X 的对偶, 则 Y 可能不是框架序列; (2) 如果 Y 是 X 的 I-型对偶, 则 $\mathrm{ran}\theta_Y^* = \mathrm{ran}\theta_X^*$ [82, 定理 1.2 (1)]; (3) 如果 Y 是 X 的 II-型对偶, 则 $\mathrm{ran}\theta_Y = \mathrm{ran}\theta_X$ [82, 定理 1.2 (2)]; (4) 由定义可知, I-型对偶和 II-型对偶都是斜对偶的特殊情况 [82, 定理 1.2, 定理 1.3]; (5) 由斜对偶的定义可知, 如果 Y 是 X 的斜对偶, 则 X 是 Y 的斜对偶, 这种情况下, 称 (X, Y) 是 H 上的斜对偶对.

投影的存在对研究斜对偶非常重要, 下面给出一个有关投影存在的引理.

引理 3.1.1 [32, 命题 3.2]　设 U, V 是 H 的闭子空间, 则 $H = U \dotplus V^\perp$ 当且仅当存在投影 $P_{U,V^\perp}$.

下面的几个等价条件在不同的文献中给出了证明, 文献 [82] 把这些结论归结到了一起.

引理 3.1.2 [82, 命题 2.1]　设 U, V 是 H 的闭子空间, 且至少一个是非平凡的, 则下列结论是等价的:

(1) $H = U \dotplus V^\perp$.

(2) $H = V \dotplus U^\perp$.

(3) $P_U|_V : V \to U$ 是可逆的.

(4) $P_V|_U : U \to V$ 是可逆的.

更多地, 如果以上结论成立, 则 $U \cong V, U^\perp \cong V^\perp$.

在斜对偶的研究中, H 的直和分解很重要, 下面引理说明了闭子空间的补空间 (不是正交补空间) 总是存在的.

引理 3.1.3 [82, 引理 2.2]　设 U 是 H 的真子空间, 则存在闭子空间 V 使得 $V \neq U$, 且 $H = U \dotplus V^\perp$.

引理 3.1.4 [82, 定理 1.4]　设 U, V 是 H 的闭子空间, 且 $X = \{x_i\}_{i \in \mathbb{J}}$ 是 U 上的框架, 则下列结论是等价的:

(1) $H = U \dotplus V^\perp$.

(2) 存在 V 上的框架 $Y = \{y_i\}_{i \in \mathbb{J}}$ 是 X 的 II-型对偶.

(3) 存在 V 上的框架 $Y = \{y_i\}_{i \in \mathbb{J}}$ 是 X 的斜对偶.

下面的引理在文献 [24, 引理 3.1] 中有相似的刻画, 我们用另一种形式表达, 并给出简单的证明.

引理 3.1.5   设 U, V 是 H 的闭子空间, $X = \{x_i\}_{i \in \mathbb{J}}$, $Y = \{y_i\}_{i \in \mathbb{J}}$ 是 H 上的 Bessel 序列, 并且满足 $X \subset U, Y \subset V$, 则下列结论等价:

(1) $H = U \dotplus V^{\perp}$ 且 $f = \sum\limits_{i \in \mathbb{J}} \langle f, y_i \rangle x_i, \forall f \in U$.

(2) $H = V \dotplus U^{\perp}$ 且 $g = \sum\limits_{i \in \mathbb{J}} \langle g, x_i \rangle y_i, \forall g \in V$.

(3) $H = V \dotplus U^{\perp}$ 且 $\langle f, g \rangle = \sum\limits_{i \in \mathbb{J}} \langle f, y_i \rangle \langle x_i, g \rangle, \forall f \in U, g \in V$.

(4) $H = V \dotplus U^{\perp}$ 且 $\langle g, f \rangle = \sum\limits_{i \in \mathbb{J}} \langle f, x_i \rangle \langle y_i, g \rangle, \forall f \in U, g \in V$.

(5) X 是 U 上的框架, Y 是 V 上的框架, 且 (X, Y) 是 H 上的斜对偶对.

证明: (1) $\Rightarrow$ (2). $\forall f \in H$, 令 $f = f_1 + f_2$, 其中 $f_1 \in U, f_2 \in V^{\perp}$, 则

$$P_{U, V^{\perp}} f = f_1 = \sum_{i \in \mathbb{J}} \langle f_1, y_i \rangle x_i = \sum_{i \in \mathbb{J}} \langle f, y_i \rangle x_i,$$

得 $P_{U, V^{\perp}} = \theta_X^* \theta_Y$, 等价于 $P_{V, U^{\perp}} = \theta_Y^* \theta_X$. $\forall g \in H$, 令 $g = g_1 + g_2$, 其中 $g_1 \in V, g_2 \in U^{\perp}$. 从而

$$g_1 = P_{V, U^{\perp}} g = \sum_{i \in \mathbb{J}} \langle g, x_i \rangle y_i = \sum_{i \in \mathbb{J}} \langle g_1, x_i \rangle y_i,$$

即 (2) 成立. 由 (2) 得到 (1) 的方法类似.

(3) $\Rightarrow$ (1). $\forall g \in H, f \in U$, 令 $g = g_1 + g_2$, 其中 $g_1 \in V, g_2 \in U^{\perp}$. 则

$$\langle f, g \rangle = \langle f, g_1 \rangle = \sum_{i \in \mathbb{J}} \langle f, y_i \rangle \langle x_i, g_1 \rangle = \sum_{i \in \mathbb{J}} \langle f, y_i \rangle \langle x_i, g \rangle,$$

即 (1) 成立.

(1) $\Rightarrow$ (3) 是显然的.

(2) (4) 的等价性是相似的.

(5) $\Rightarrow$ (1). 由引理 3.1.4 (3) $\Rightarrow$ (1) 可得. 只需说明 (1) $\Rightarrow$ (5). 事实上, $\forall f \in U$,

得

$$||f||^2 = \sum_{i \in \mathbb{J}} \langle f, y_i \rangle \langle x_i, f \rangle \leqslant \left(\sum_{i \in \mathbb{J}} |\langle f, y_i \rangle|^2 \right)^{\frac{1}{2}} \left(\sum_{i \in \mathbb{J}} |\langle f, x_i \rangle|^2 \right)^{\frac{1}{2}}.$$

从而由 Y 是 H 上的 Bessel 序列可知, X 是 U 上的框架. 再由 (1) (2) 的等价性得 Y 是 V 上的框架. 进而, (X, Y) 是 H 上的斜对偶对.

推论 3.1.1 设 $X = \{x_i\}_{i \in \mathbb{J}}$ 是 H 上的框架序列, $Y = \{y_i\}_{i \in \mathbb{J}}$ 是 H 上的 Bessel 序列. 记 $U = \overline{\text{span}}\{x_i\}_{i \in \mathbb{J}}, V = \overline{\text{span}}\{y_i\}_{i \in \mathbb{J}}$. 如果 Y 是 X 的对偶, 则 Y 是 X 的斜对偶当且仅当 $H = V \dotplus U^\perp$.

推论 3.1.2 设 U, V 是 H 的闭子空间, 则 $H = U \dotplus V^\perp$ 当且仅当存在 $U,$ V 上的框架 $X = \{x_i\}_{i \in \mathbb{J}}, Y = \{y_i\}_{i \in \mathbb{J}}$ 使得 (X, Y) 是 H 上的斜对偶对.

引理 3.1.6 [82, 命题 7.3] 设 U, V 是 H 的闭子空间, 满足 $H = U \dotplus V^\perp$, $X = \{x_i\}_{i \in \mathbb{J}}$ 是 U 上的框架, 则下列结论是等价的:

(1) 在 V 上存在唯一的框架是 X 的斜对偶.

(2) X 是 H 上的 Riesz 序列.

下面我们给出几个刻画框架序列的斜对偶的引理, 说明给定的空间分解, II-型对偶是唯一的, 斜对偶可以通过 II-型对偶来刻画.

引理 3.1.7 [90, 命题 3.3, 命题 3.5] 设 U, V 是 H 的闭子空间, 满足 $H = U \dotplus V^\perp$. 如果 $X = \{x_i\}_{i \in \mathbb{J}}$ 是 U 上的框架, 则:

(1) $Y = \{y_i\}_{i \in \mathbb{J}}$ 是 V 上的框架并且是 X 的 II-型对偶当且仅当 $\theta_Y = (\theta_X^*)^\dagger P_{U, V^\perp}$.

(2) $Y = \{y_i\}_{i \in \mathbb{J}}$ 是 V 上的框架并且是 X 的斜对偶当且仅当存在 $T \in B(l^2(\mathbb{J}), V)$ 使得 $\theta_Y = (\theta_X^*)^\dagger P_{U, V^\perp} + P_{(\text{ran}\theta_X)^\perp} T^*$.

斜对偶也可以用序列来刻画.

推论 3.1.3 设 U, V 是 H 的闭子空间, 满足 $H = U \dotplus V^\perp$. 如果 $X = \{x_i\}_{i \in \mathbb{J}}$ 是 U 上的框架, 则:

(1) $Y = \{y_i\}_{i\in\mathbb{J}}$ 是 V 上的框架并且是 X 的 II-型对偶当且仅当 $y_i = P_{V,U^\perp}\theta_X^\dagger e_i, \forall\, i \in \mathbb{J}$.

(2) $Y = \{y_i\}_{i\in\mathbb{J}}$ 是 V 上的框架并且是 X 的斜对偶当且仅当存在 H 上的 Bessel 序列 $Z = \{z_i\}_{i\in\mathbb{J}} \subset V$ 使得 $\mathrm{ran}\theta_X\perp\mathrm{ran}\theta_Z$, 且 $y_i = P_{V,U^\perp}\theta_X^\dagger e_i + z_i$, $\forall\, i \in \mathbb{J}$.

II-型对偶 $Y = \{y_i\}_{i\in\mathbb{J}}$ 有不同的表达形式, 如 $y_i = P_{V,U^\perp}S_X^\dagger x_i, \forall\, i \in \mathbb{J}$. 由文献 [82, 定理 1.4] 的构造可知, $y_i = S_{P_V x_i}^\dagger P_V x_i, \forall\, i \in \mathbb{J}$.

一个斜对偶对也对应 $l^2(\mathbb{J})$ 的一个直和分解.

命题 3.1.1 设 U 是 H 的闭子空间, $X = \{x_i\}_{i\in\mathbb{J}}$ 是 U 上的框架. 如果 $Y = \{y_i\}_{i\in\mathbb{J}}$ 是 X 的斜对偶, 则 $l^2(\mathbb{J}) = \mathrm{ran}\theta_X \dotplus (\mathrm{ran}\theta_Y)^\perp$.

证明: 令 $P = \theta_X\theta_Y^*$, 则 $P^2 = (\theta_X\theta_Y^*)(\theta_X\theta_Y^*) = P$. 由命题 3.1.4 可知, $H = \mathrm{ran}\theta_Y^* \dotplus (\mathrm{ran}\theta_X^*)^\perp$. 从而 $\mathrm{ran}P = \mathrm{ran}\theta_X$, 且

$$\ker P = \ker(\theta_X\theta_Y^*) = \ker\theta_Y^* = (\mathrm{ran}\theta_Y)^\perp.$$

3.1.1 斜对偶对的提升

这一小节, 我们探讨相应于框架序列的斜对偶对的提升性质. 需要用下面几个简单的结论来证明我们的主要结果.

引理 3.1.8 设 $X = \{x_i\}_{i\in\mathbb{J}}$ 是 H 上的框架序列, $Y = \{y_i\}_{i\in\mathbb{J}}$ 是 X 的斜对偶. 若 X 是 H 上的 Riesz 序列, 则 Y 也是.

证明: 由于 X 是 H 上的 Riesz 序列, 即 $\mathrm{ran}\theta_X = l^2(\mathbb{J})$ [23, 定理 6.1.1]. 因此, 由命题 3.1.1 可知, Y 也是 Riesz 序列.

引理 3.1.8 说明 Parseval Riesz 序列 (标准正交序列) 的斜对偶是 Riesz 序列, 但可能不是 Parseval 的框架序列 (如果不考虑 I-型对偶). 一般的框架序列的 Parseval 斜对偶的存在性, 在文献 [91] 中做了详细的讨论.

引理 3.1.9 设 $X = \{x_i\}_{i\in\mathbb{J}}$ 是 H 上的框架序列, $Y = \{y_i\}_{i\in\mathbb{J}}$ 是 X 的斜对偶. 记 $U := \mathrm{ran}\theta_X$, $M := \mathrm{ran}\theta_Y$ 且 $Z := \{z_i\colon z_i = Q^\perp e_i\}_{i\in\mathbb{J}}$, 其中

Q: $l^2(\mathbb{J}) \to M$ 是正交投影, 则 $\{x_i \oplus z_i\}_{i \in \mathbb{J}}$ 是 $U \oplus M$ 上的 Riesz 基. 进而, $\overline{\mathrm{span}}\{x_i \oplus z_i\}_{i \in \mathbb{J}} = U \oplus M$.

证明: 记 $u_i = x_i \oplus z_i, \forall\, i \in \mathbb{J}$, 且 $\mathcal{U} = \{u_i\}_{i \in \mathbb{J}}$, 则

$$\theta_{\mathcal{U}}(x \oplus y) = \theta_X x + \theta_Z y, \forall\, x \in H, y \in M^{\perp}.$$

由命题 3.1.1 知, $\theta_{\mathcal{U}}$: $U \oplus M^{\perp} \to l^2(\mathbb{J})$ 是满射.

下面说明 $\theta_{\mathcal{U}}$ 在 $U \oplus M$ 是上单射.

事实上, 设 $\theta_{\mathcal{U}}(x \oplus y) = \theta_X x + \theta_{Q^{\perp}e} y = 0, \forall\, x \in U, y \in M$. 由命题 3.1.1 得

$$l^2(\mathbb{J}) = \mathrm{ran}\theta_X \dotplus (\mathrm{ran}\theta_Y)^{\perp},$$

从而 $x = y = 0$, 得 $\theta_{\mathcal{U}}$ 可逆. 因此, $\{x_i \oplus z_i\}_{i \in \mathbb{J}}$ 是 $U \oplus M^{\perp}$ 上的 Riesz 基.

引理 3.1.10　设 U, V 是 H 的闭子空间, 满足 $H = U \dotplus V^{\perp}$. 记 $K = H \oplus M$, 其中 M 是任意可分 Hilbert 空间, 则 $K = (U \oplus M) \dotplus (V^{\perp} \oplus 0)$.

证明: 令 $P = P_{U, V^{\perp}}, Q = P \oplus I_M$. 显然有 $Q^2 = Q$, 且 $\mathrm{ran}Q = \mathrm{ran}P \oplus M = U \oplus M$. 又

$$\ker Q = \mathrm{ran}(I_K - Q) = \mathrm{ran}((I - P) \oplus 0) = V^{\perp} \oplus 0.$$

定理 3.1.1　设 $X = \{x_i\}_{i \in \mathbb{J}}, Y = \{y_i\}_{i \in \mathbb{J}}$ 是 Hilbert 空间 H 上的序列, 则下列结论是等价的:

(1) Y 是 X 的斜对偶.

(2) 存在 Hilbert 空间 $K \supset H$ 和 K 上的 Riesz 序列 $\mathcal{U} = \{u_i\}_{i \in \mathbb{J}}$, 满足 $x_i = Pu_i, y_i = Pu_i^*, \forall\, i \in \mathbb{J}$, 并且 $\overline{\mathrm{span}}\{x_i\}_{i \in \mathbb{J}} \subset \overline{\mathrm{span}}\{u_i\}_{i \in \mathbb{J}}, \overline{\mathrm{span}}\{y_i\}_{i \in \mathbb{J}} \subset \overline{\mathrm{span}}\{u_i^*\}_{i \in \mathbb{J}}$, 其中 $\mathcal{U}^* = \{u_i^*\}_{i \in \mathbb{J}} \subset K$ 是 $\mathcal{U}$ 的斜对偶 (Riesz 序列), 且 P: $K \to H$ 是正交投影.

证明: (2)$\Rightarrow$(1). 由于 $\overline{\mathrm{span}}\{x_i\}_{i \in \mathbb{J}} \subset \overline{\mathrm{span}}\{u_i\}_{i \in \mathbb{J}}$, 且 $\mathcal{U}^*$ 是 $\mathcal{U}$ 的斜对偶, $\forall\, x \in \overline{\mathrm{span}}\{x_i\}_{i \in \mathbb{J}}$, 得

$$x = Px = P\left(\sum_{i \in \mathbb{J}} \langle x, u_i^* \rangle u_i\right) = \sum_{i \in \mathbb{J}} \langle Px, u_i^* \rangle Pu_i = \sum_{i \in \mathbb{J}} \langle x, y_i \rangle x_i.$$

同理可得, $y = \sum_{i \in \mathbb{J}} \langle y, x_i \rangle y_i, \forall\, y \in \overline{\text{span}}\{y_i\}_{i \in \mathbb{J}}$. 显然, X, Y 是框架序列. 从而, Y 是 X 的斜对偶.

(1)$\Rightarrow$ (2). 设 Y 是 X 的斜对偶, 则 X, Y 是框架序列且分析算子 θ_X, θ_Y 的值域是闭的. 令 $K = H \oplus (\text{ran}\theta_Y)^\perp$, $u_i = x_i \oplus Q^\perp e_i, \forall\, i \in \mathbb{J}$, 其中 $Q: l^2(\mathbb{J}) \to \text{ran}\theta_Y$ 是正交投影, $\{e_i\}_{i \in \mathbb{J}}$ 是 $l^2(\mathbb{J})$ 上的标准正交基. 记 $U = \text{ran}\theta_X^* \subset H$, $M = \text{ran}\theta_Y \subset l^2(\mathbb{J})$, 则由引理 3.1.9 可得, $\mathcal{U} := \{u_i\}_{i \in \mathbb{J}}$ 是 $U \oplus M^\perp$ 上的 Riesz 基. 即 $\mathcal{U}$ 是 K 上的 Riesz 序列.

记 $V = \text{ran}\theta_Y^* \subset H$. 由引理 3.1.4 可得 $H = U \dotplus V^\perp$, 所以

$$K = H \oplus M^\perp = (U \oplus M^\perp) \dotplus (V^\perp \oplus \{0\})$$
$$= (U \oplus M^\perp) \dotplus (V \oplus M^\perp)^\perp.$$

由引理 3.1.6 可得, 存在 $V \oplus M^\perp$ 上的唯一的框架 $\mathcal{U}^* = \{u_i^*\}_{i \in \mathbb{J}}$, 是 $\mathcal{U}$ 的斜对偶. 更多地, 由引理 3.1.8 可知, $\mathcal{U}^*$ 是 K 上的 Riesz 序列.

我们把 H 与 $H \oplus \{0\}$ 等同, 令 $P: K \to H$ 是正交投影. 显然有 $Pu_i = x_i$, $\forall\, i \in \mathbb{J}$, 并且 $Z = \{z_i : z_i = Pu_i^*\}_{i \in \mathbb{J}}$ 是 V 上的框架. 从而 $\text{ran}\theta_Z^* = V$.

此外,

$$\overline{\text{span}}\{x_i\}_{i \in \mathbb{J}} = \text{ran}\theta_X^* = U \subset U \oplus M^\perp = \overline{\text{span}}\{u_i\}_{i \in \mathbb{J}},$$
$$\overline{\text{span}}\{z_i\}_{i \in \mathbb{J}} = \text{ran}\theta_Z^* = V \subset V \oplus M^\perp = \overline{\text{span}}\{u_i^*\}_{i \in \mathbb{J}}.$$

我们需要说明 $z_i = y_i, \forall\, i \in \mathbb{J}$. 事实上, $\forall\, x \in U$, 由斜对偶的定义, 一方面有

$$x = Px = \sum_{i \in \mathbb{J}} \langle Px, u_i^* \rangle u_i = \sum_{i \in \mathbb{J}} \langle x, Pu_i^* \rangle x_i \oplus Q^\perp e_i$$
$$= \sum_{i \in \mathbb{J}} \langle x, Pu_i^* \rangle x_i \oplus \sum_{i \in \mathbb{J}} \langle x, z_i \rangle Q^\perp e_i.$$

另一方面, 有

$$x = Px = \sum_{i \in \mathbb{J}} \langle x, u_i^* \rangle Pu_i = \sum_{i \in \mathbb{J}} \langle x, Pu_i^* \rangle x_i.$$

32

因此, $\sum\limits_{i\in\mathbb{J}}\langle x,z_i\rangle Q^\perp e_i = 0$, 从而 $\theta_Z x \in \mathrm{ran}\theta_Y$. 进而 $\theta_Z(U) \subset \mathrm{ran}\theta_Y$. 由于 $\mathrm{ran}\theta_Z^* = V = \mathrm{ran}\theta_Y^*$, 可得 $\theta_Z|_{V^\perp} = \theta_Y|_{V^\perp} = 0$. 又 $H = U \dotplus V^\perp$, 从而 $\forall\, x \in U$, 存在 $y \in U$ 使得 $\theta_Z x = \theta_Y y$, 则

$$x = \theta_X^* \theta_Z x = \theta_X^* \theta_Y y = y.$$

因此, $\theta_Z x = \theta_Y x, \forall\, x \in H$. 进而, $z_i = y_i, \forall\, i \in \mathbb{J}$.

容易看出, 定理 3.1.1 包含了定理 1.1.1 的结果.

推论 3.1.4 [75]　设 $X = \{x_i\}_{i\in\mathbb{J}}$ 是 H 上的 Praseval 框架, 则存在 Hilbert 空间 $K \supseteq H$ 和 K 上的标准正交基 $u = \{u_i\}_{i\in\mathbb{J}}$ 使得 $Pu_i = x_i, \forall\, i \in \mathbb{J}$, 其中 $P\colon K \to H$ 是正交投影.

下面我们考虑相应于框架序列的斜对偶对的另一种形式的提升结论. 我们知道, 如果 $H = U \dotplus V^\perp, l^2(\mathbb{J}) = M \dotplus N^\perp$, 其中 $U, V \subset H, M, N \subset l^2(\mathbb{J})$ 且 U 与 M 同构, 则 $V^\perp$ 与 $N^\perp$ 不一定有同构关系. 例如, 设 $X = \{x_i\}_{i\in\mathbb{J}}$ 是 U 上的 Riesz 基且 $\mathrm{ran}\theta_X = M$, 则 $N^\perp = 0$, 但 $V^\perp \neq 0$.

定理 3.1.2　设 $X = \{x_i\}_{i\in\mathbb{J}}, Y = \{y_i\}_{i\in\mathbb{J}}$ 是 Hilbert 空间 H 上的框架序列, 且满足 $H = U \dotplus V^\perp$, 其中 $U = \overline{\mathrm{span}}\{x_i\}_{i\in\mathbb{J}}, V = \overline{\mathrm{span}}\{y_i\}_{i\in\mathbb{J}}$. 如果 $\dim(\mathrm{ran}\theta_Y)^\perp = \dim V^\perp$, 则 Y 是 X 的斜对偶当且仅当存在 H 上的 Riesz 基 $\mathcal{U} = \{u_i\}_{i\in\mathbb{J}}$ 使得 $x_i = P_{U,V^\perp} u_i, y_i = P_{V,U^\perp} u_i^*, \forall\, i \in \mathbb{J}$, 其中 $\mathcal{U} = \{u_i^*\}_{i\in\mathbb{J}}$ 是 $\mathcal{U}$ 的 (唯一) 对偶框架 (Riesz 基), $P_{U,V^\perp}$ 是投影.

证明: 充分性显然, 只需说明必要性. 设 $Z = \{z_i\}_{i\in\mathbb{J}}$ 是 H 上的任意的 Bessel 序列. 定义

$$\widetilde{\theta}_Z f = \sum_{i\in\mathbb{J}} \langle f, z_i\rangle \widetilde{e}_i, \forall\, f \in H,$$

其中 $\{\widetilde{e}_i\}_{i\in\mathbb{J}}$ 是 H 上的标准正交基.

首先说明 $\dim(\mathrm{ran}\widetilde{\theta}_Z)^\perp = \dim(\mathrm{ran}\theta_Z)^\perp$.

事实上, 令 $T\widetilde{e}_i = e_i, \forall\, i \in \mathbb{J}$, 则 T 是酉算子. $\forall\, g \in H$, 有

$$\langle g, \widetilde{\theta}_Z\rangle = \sum_{i\in\mathbb{J}} \langle g, T^*e_i\rangle\langle z_i, f\rangle = \langle Tg, \theta f\rangle.$$

因此, $g \in (\mathrm{ran}\widetilde{\theta}_Z)^\perp$ 当且仅当 $Tg \in \mathrm{ran}\theta_Z)^\perp$. 即可得 $\dim(\mathrm{ran}\widetilde{\theta}_Z)^\perp = \dim(\mathrm{ran}\theta_Z)^\perp$.

由于 $\dim(\mathrm{ran}\widetilde{\theta}_Y)^\perp = \dim(\mathrm{ran}\theta_Y)^\perp = \dim V^\perp$, 则存在酉算子 $W \in B((\mathrm{ran}\widetilde{\theta}_Y)^\perp, \mathrm{V}^\perp)$. 令 $Wf = 0, \forall f \in \mathrm{ran}\widetilde{\theta}_Y$. 这样, W 延拓为 $B(H)$ 中的算子. 令 $u_i = x_i + W\widetilde{e}_i, \forall i \in \mathbb{J}$. 显然, $\mathcal{U} = \{u_i\}_{i\in\mathbb{J}}$ 是 H 上的 Bessel 序列, 且 $\widetilde{\theta}_\mathcal{U} = \widetilde{\theta}_X + W^*$. 下证 $\mathcal{U}$ 是 H 上的 Riesz 基.

因为 $H = U \dotplus V^\perp = \mathrm{ran}\widetilde{\theta}_X^* \dotplus \mathrm{ran}W$, 从而 $\forall f \in H$, 存在 $g, h \in H$ 使得

$$f = \widetilde{\theta}_X^* g + Wh.$$

又 Y 是 X 的斜对偶, 则由命题 3.1.1 可得,

$$H = \mathrm{ran}\widetilde{\theta}_X \dotplus (\mathrm{ran}\widetilde{\theta}_Y)^\perp = \mathrm{ran}\widetilde{\theta}_Y \dotplus (\mathrm{ran}\widetilde{\theta}_X)^\perp.$$

令 $g = g_1 + g_2, h = h_1 + h_2$, 其中 $g_1, h_1 \in \mathrm{ran}\widetilde{\theta}_Y, g_2, h_2 \in (\mathrm{ran}\widetilde{\theta}_X)^\perp$, 从而

$$f = \widetilde{\theta}_X^* g_1 + Wh_2.$$

令 $z = g_1 + h_2$, 则 $f = \widetilde{\theta}_X^* z + Wz = \widetilde{\theta}_\mathcal{U}^* z$. 即 $\widetilde{\theta}_\mathcal{U}^*$ 是满射.

为了说明 $\mathcal{U}$ 是 H 上的 Riesz 基, 只需证明 $\theta_\mathcal{U}$ 是满射.

由 Y 是 X 的斜对偶, 同上, $\forall f \in H$, 存在 $g, h \in H$ 使得 $f = \widetilde{\theta}_X g + W^* h$. 令 $g = g_1 + g_2, h = h_1 + h_2$ 满足 $g_1, h_1 \in V, g_2, h_2 \in U^\perp$, 得 $f = \widetilde{\theta}_X g_1 + W^* h_2$. 令 $z = g_1 + h_2$, 则 $\widetilde{\theta}_u z = \widetilde{\theta}_X z + W^* z = f$. 即 $\widetilde{\theta}_\mathcal{U}$ 是满射.

设 $\mathcal{U}^* = \{u_i^*\}_{i\in\mathbb{J}}$ 是 $\mathcal{U} = \{u_i\}_{i\in\mathbb{J}}$ 的对偶 Riesz 基. 令 $v_i = P_{V,U^\perp} u_i^* \in V$, $\forall i \in \mathbb{J}$. 由于 $x_i = P_{U,V^\perp} u_i, \forall i \in \mathbb{J}$, 则

$$f = \sum_{i\in\mathbb{J}} \langle f, u_i\rangle u_i^* = \sum_{i\in\mathbb{J}} \langle P_{V,U^\perp} f, u_i\rangle P_{V,U^\perp} u_i^* = \sum_{i\in\mathbb{J}} \langle f, x_i\rangle v_i, \forall f \in V.$$

因为 X 是 H 上的 Bessel 序列, 由 Cauchy-Schwarz 不等式, 易得 $\mathcal{V} := \{v_i\}_{i\in\mathbb{J}}$ 是 V 上的框架. 又

$$f = P_{U,V^\perp} f = \sum_{i\in\mathbb{J}} \langle f, P_{V,U^\perp} u_i^*\rangle P_{U,V^\perp} u_i = \sum_{i\in\mathbb{J}} \langle f, v_i\rangle x_i, \forall f \in U,$$

则 $\mathcal{V}$ 是 X 的斜对偶 (也可以由引理 3.1.5 直接得到).

下面只需说明 $y_i = v_i, \forall\, i \in \mathbb{J}$.

事实上,

$$f = \sum_{i \in \mathbb{J}} \langle f, P_{V,U^\perp} u_i^* \rangle u_i = \sum_{i \in \mathbb{J}} \langle f, v_i \rangle (x_i + W\widetilde{e}_i), \forall\, f \in U.$$

因此, $W\widetilde{\theta}_{\mathcal{V}}|_U = 0$. 由 $H = U \dotplus V^\perp$ 得 $W\widetilde{\theta}_{\mathcal{V}}f = 0, \forall\, f \in H$, 则 $\mathrm{ran}\widetilde{\theta}_{\mathcal{V}} \subset \mathrm{ker}W = \mathrm{ran}\widetilde{\theta}_Y$. 又 $\widetilde{\theta}_Y|_{V^\perp} = \widetilde{\theta}_Y|_{V^\perp} = 0$, 则存在 $g \in U$ 使得 $\widetilde{\theta}_Y g = \widetilde{\theta}_{\mathcal{V}}f, \forall\, f \in U$. 从而 $g = \widetilde{\theta}_X^* \widetilde{\theta}_Y g = \widetilde{\theta}_X^* \widetilde{\theta}_{\mathcal{V}}f = f$. 因此 $\widetilde{\theta}_Y f = \widetilde{\theta}_{\mathcal{V}}f, \forall\, f \in H$. 进而 $v_i = y_i, \forall\, i \in \mathbb{J}$.

在相对弱一些的条件下, 我们可以将框架序列提升为 H 上的框架.

定理 3.1.3 设 $X = \{x_i\}_{i \in \mathbb{J}}, Y = \{y_i\}_{i \in \mathbb{J}}$ 是 H 上的斜对偶对. 记 $U = \overline{\mathrm{span}}\{x_i\}_{i \in \mathbb{J}}, V = \overline{\mathrm{span}}\{y_i\}_{i \in \mathbb{J}}$. 如果 $\dim(\mathrm{ran}\theta_Y)^\perp \geqslant \dim V^\perp$, 则存在 H 上的框架 $\mathcal{U} = \{u_i\}_{i \in \mathbb{J}}$ 使得 $P_{U,V^\perp} u_i = x_i, \forall\, i \in \mathbb{J}$.

证明: 对于 H 上的任意 Bessel 序列 $Z = \{z_i\}_{i \in \mathbb{J}}$, 定义

$$\widetilde{\theta}_Z f = \sum_{i \in \mathbb{J}} \langle f, z_i \rangle \widetilde{e}_i, \forall\, f \in H, \tag{3.1.1}$$

其中 $\{\widetilde{e}_i\}_{i \in \mathbb{J}}$ 是 H 上的标准正交基.

由于 $\dim(\mathrm{ran}\widetilde{\theta}_Y)^\perp \geqslant \dim V^\perp$, 则存在 $W\colon (\widetilde{\theta}_Y H)^\perp \to V^\perp$ 是有界满射线性算子 ($V^\perp$ 与 $(\mathrm{ran}\widetilde{\theta}_Y)^\perp$ 的闭子空间同构). 令 $u_i = x_i + We_i, \forall\, i \in \mathbb{J}$. 显然, $\mathcal{U} = \{u_i\}_{i \in \mathbb{J}}$ 是 H 上的 Bessel 序列, 且 $\widetilde{\theta}_{\mathcal{U}} = \widetilde{\theta}_X + W^*$. 下证 $\mathcal{U}$ 是 H 上的框架.

事实上, 因为 X, Y 是斜对偶对, 由命题 3.1.1 可知,

$$H = \mathrm{ran}\widetilde{\theta}_X \dotplus (\mathrm{ran}\widetilde{\theta}_Y)^\perp.$$

从而, $\widetilde{\theta}_{\mathcal{U}}$ 是闭值域的. $\forall\, f \in H$, 若 $\widetilde{\theta}_{\mathcal{U}}f = \widetilde{\theta}_X f + W^* f = 0$, 则 $\widetilde{\theta}_X f = 0$, $W^* f = 0$. 又由引理 3.1.4 知, $H = V \dotplus U^\perp$. 从而可令 $f = f_1 + f_2$, 其中 $f_1 \in V$, $f_2 \in U^\perp$, 则

$$\widetilde{\theta}_X f = \widetilde{\theta}_X f_1 = 0,$$

得 $f_1 \in \mathrm{ker}\widetilde{\theta}_X = U^\perp$. 从而 $f_1 = 0$. 进而,

$$W^* f = W^* f_2 = 0,$$

35

则 $f_2 \in \ker W^* = V$, 得 $f_2 = 0$. 因此 $\widetilde{\theta}_{\mathcal{U}}$ 是单射. 进而, $\widetilde{\theta}_{\mathcal{U}}$ 是下有界的, 即 $\mathcal{U}$ 是 H 上的框架. 显然有 $P_{U,V^\perp} u_i = x_i, \forall i \in \mathbb{J}$.

在框架基本理论中, Parseval 对偶的存在性是一个重要的问题. 在文献 [91, 定理 5.2] 中已经给出了一个框架序列的斜对偶是 Parseval 的框架序列的等价条件. 下面说明这一问题等价于另一种形式的提升问题. 先给出一个直接的引理.

引理 3.1.11 设 $X = \{x_i\}_{i \in \mathbb{J}}$ 是 H 上的 Riesz 序列, $Y = \{y_i\}_{i \in \mathbb{J}} \subset H$ 是其斜对偶, 则 $\langle x_i, y_i \rangle = \delta_{ij}, \forall i, j \in \mathbb{J}$ (双正交).

证明: 事实上, $\forall f \in U := \overline{\mathrm{span}}\{x_i\}_{i \in \mathbb{J}}$, 由于 $f = \sum_{i \in \mathbb{J}} \langle f, y_i \rangle x_i$, 则

$$x_j = \sum_{i \in \mathbb{J}} \langle x_j, y_i \rangle x_i, \forall j \in \mathbb{J}.$$

又 $x_j = \sum_{i \in \mathbb{J}} \delta_{ij} x_i$, 由 X 是 Riesz 序列, θ_X^* 单射, 所以 $\langle x_j, y_i \rangle = \delta_{ij}, \forall i, j \in \mathbb{J}$.

在文献 [91, 定理 5.2] 中给出了一个 Parseval 斜对偶存在的等价条件, 我们在这里用不同的方法证明这一结论, 给出另一个等价条件.

定理 3.1.4 设 $X = \{x_i\}_{i \in \mathbb{J}}$ 是 H 上的框架序列. 如果 $H = U \dotplus V^\perp$, 其中 $U = \overline{\mathrm{span}}\{x_i\}_{i \in \mathbb{J}}$, V 是 H 的闭子空间, 则下列结论等价:

(1) 在 V 上存在 Parseval 框架 $Y = \{y_i\}_{i \in \mathbb{J}}$ 使得 Y 是 X 的斜对偶.

(2) $\|\theta_Z\| \leqslant 1$, 且 $\dim \overline{\mathrm{ran}}(S_Z - P_V) \leqslant \dim (\mathrm{ran}\theta_X)^\perp$, 其中 $Z = \{z_i\}_{i \in \mathbb{J}}$ 是 V 上的框架, 是 X 的 II-型对偶.

(3) 存在 $K \supset H$ 和标准正交序列 (或 Parseval Riesz 序列) $\mathcal{U} = \{u_i\}_{i \in \mathbb{J}} \subset K$, 满足 $Q u_i^* = x_i \in \overline{\mathrm{span}}\{u_i^*\}_{i \in \mathbb{J}}$, $P u_i \in V \subset \overline{\mathrm{span}}\{u_i\}_{i \in \mathbb{J}}, \forall i \in \mathbb{J}$, 其中 $\mathcal{U}^* = \{u_i^*\}_{i \in \mathbb{J}}$ 是 $\mathcal{U}$ 的斜对偶, $Q \in B(K, H)$ 是投影且满足 $\mathrm{ran}Q = U$, $P \colon K \to H$ 是正交投影.

证明: (1)$\Rightarrow$(2). 由推论 3.1.3, 存在 H 上的 Bessel 序列 $\mathcal{M} = \{m_i\}_{i \in \mathbb{J}} \subset V$ 使得 $\mathrm{ran}\theta_X \perp \mathrm{ran}\theta_{\mathcal{M}}$ 且 $y_i = z_i + m_i$, 其中 $z_i = P_{V,U^\perp} \theta_X^\dagger e_i$ 是 V 上的框架, 是

X 的 II-型对偶, $\forall\, i \in \mathbb{J}$, $\{e_i\}_{i \in \mathbb{J}}$ 是 $l^2(\mathbb{J})$ 上的标准正交基. 由文献 [82, 定理 1.2 (2)], $\mathrm{ran}\theta_Z = \mathrm{ran}\theta_X$. 显然 $\theta_Y = \theta_Z + \theta_{\mathcal{M}}$, 从而

$$\|\theta_Y f\| = \|\theta_Z f + \theta_{\mathcal{M}} f\| = \|\theta_Z f\| + \|\theta_{\mathcal{M}} f\| \geqslant \|\theta_Z f\|, \forall\, f \in H.$$

由于 Y 是 V 上的 Parseval 框架, 得 $\|\theta_Y\| = 1$. 进而 $\|\theta_Z\| \leqslant \|\theta_Y\| = 1$.

易得 $S_{\mathcal{M}} = S_Y - S_Z = P_V - S_Z$. 从而 $M := \overline{\mathrm{span}}\{m_i\}_{i \in \mathbb{J}} = \overline{\mathrm{ran}}(P_V - S_Z)$. 将 $\theta_{\mathcal{M}}$ 极分解, 即 $\theta_{\mathcal{M}} = T S_{\mathcal{M}}^{\frac{1}{2}}$, 其中 $T\colon M \to \mathrm{ran}\theta_{\mathcal{M}}$ 是满等距. 由于 $\mathrm{ran}\theta_{\mathcal{M}} \subset (\mathrm{ran}\theta_X)^{\perp}$, 则

$$\dim \mathrm{ran}(P_V - S_Z) = \dim M = \dim \mathrm{ran}\theta_{\mathcal{M}} \leqslant \dim (\mathrm{ran}\theta_X)^{\perp}.$$

(2)$\Rightarrow$(1). 由于 $\|S_Z\| = \|\theta_Z\|^2 \leqslant 1$, 则 $P_V - S_Z \geqslant 0$. 记 $T = (P_V - S_Z)^{\frac{1}{2}}$, 则

$$M := \overline{\mathrm{ran}}(P_V - S_Z) = \overline{\mathrm{ran}}T.$$

由于 $\dim \mathrm{ran}(S_Z - P_V) \leqslant \dim (\mathrm{ran}\theta_X)^{\perp}$, 则存在算子 $A\colon M \to (\mathrm{ran}\theta_X)^{\perp}$ 是等距 (嵌入) 的. 令 $m_i = T A^* e_i, \forall\, i \in \mathbb{J}$, $\{e_i\}_{i \in \mathbb{J}}$ 是 $l^2(\mathbb{J})$ 上的标准正交基. 显然 $\mathcal{M} := \{m_i\}_{i \in \mathbb{J}} \subset V$ 是 H 上的 Bessel 序列. 由于 $\theta_{\mathcal{M}} = AT$, 则

$$\mathrm{ran}\theta_{\mathcal{M}} \perp \mathrm{ran}\theta_X.$$

令 $y_i = z_i + m_i, \forall\, i \in \mathbb{J}$. 由推论 3.1.3 可知,

$$\theta_Y^* \theta_Y = (T A^* + \theta_Z^*)(AT + \theta_Z) = P_V.$$

从而 Y 是 V 上的 Parseval 框架. 又因为 $\mathrm{ran}\theta_Z = \mathrm{ran}\theta_Z$, 则

$$\theta_Y^* \theta_X = \theta_Z^* \theta_X = P_{V, U^{\perp}}.$$

从而 Y 是 X 的斜对偶.

(3)$\Rightarrow$(1). 令 $y_i = P u_i, \forall\, i \in \mathbb{J}$. 由于 $Q u_i^* = x_i, \forall\, i \in \mathbb{J}$, 且 $\mathrm{ran}Q = U \subset \overline{\mathrm{span}}\{u_i^*\}_{i \in \mathbb{J}}$, $Q^2 = Q$, 则对任意 $f \in U$, 有

$$\sum_{i \in \mathbb{J}} \langle f, y_i \rangle x_i = \sum_{i \in \mathbb{J}} \langle f, P u_i \rangle Q u_i^*$$

$$= Q \sum_{i \in \mathbb{J}} \langle Pf, u_i \rangle u_i^* = f.$$

因为 $H = U \dotplus V^\perp$, 则由引理 3.1.5 可得, Y 是 X 的斜对偶.

又由于 $Y := \{y_i\}_{i \in \mathbb{J}} \subset V \subset \overline{\operatorname{span}}\{u_i\}_{i \in \mathbb{J}}$, 则对任意 $f \in V$, 有

$$\sum_{i \in \mathbb{J}} |\langle f, y_i \rangle|^2 = \sum_{i \in \mathbb{J}} |\langle f, Pu_i \rangle|^2 = \|f\|^2.$$

从而, Y 是 V 上的 Parseval 框架.

(1)$\Rightarrow$ (3). 令 $K = H \oplus M$, 其中 $M = (\operatorname{ran}\theta_Y)^\perp$. 已知 $H = U \dotplus V^\perp$, 则由引理 3.1.10 得, $K = (V \oplus M) \dotplus (U^\perp \oplus \{0\})$. 因为 Y 是 V 上的 Parseval 框架, 易证 $\mathcal{U} = \{u_i : u_i = y_i \oplus P_1 e_i\}_{i \in \mathbb{J}}$ 是 $V \oplus M$ 的标准正交基, 其中 $P_1 : l^2(\mathbb{J}) \to M$ 是正交投影. 则由引理 3.1.1 的证明知, 存在 $U \oplus M$ 上的 Riesz 基 $\mathcal{U}^* = \{u_i^*\}_{i \in \mathbb{J}}$ 使得 $\mathcal{U}^*$ 是 $\mathcal{U}$ 的斜对偶, 并且 $Pu_i^* = x_i, \forall\, i \in \mathbb{J}$, 其中 $P: K \to H$ 是正交投影. 显然, $y_i = Pu_i \in V \subset \overline{\operatorname{span}}\{u_i\}_{i \in \mathbb{J}}, \forall\, i \in \mathbb{J}$.

定义 $Qf = \sum_{i \in \mathbb{J}} \langle f, u_i \rangle x_i, \forall\, f \in K$ (显然有意义). 由引理 3.1.11 可知, $Qu_i^* = x_i, \forall\, i \in \mathbb{J}$. 又因为 Y 是 X 的斜对偶, 则对任意 $f \in U$, 有

$$f = \sum_{i \in \mathbb{J}} \langle f, y_i \rangle x_i = \sum_{i \in \mathbb{J}} \langle f, Pu_i \rangle Qu_i^* = Qf.$$

从而

$$U \subset \operatorname{ran}Q \subset U \subset \overline{\operatorname{span}}\{u_i^*\}_{i \in \mathbb{J}}.$$

即 $\operatorname{ran}Q = U$, 即 $Q^2 = Q$.

3.1.2 框架向量的斜对偶对的提升

在这一小节, 我们将讨论带群结构的框架序列的斜对偶对的提升. 我们记 (π, G, H) 为可数群 G 在 H 上的酉表示, 其中 $\pi: g \to \pi(g)$ 是群 G 到 Hilbert 空间 H 上的酉算子集合的映射, 并且满足 $\pi(g)\pi(h) = \pi(gh), \forall\, g, h \in G$. 设 (π, G, H) 是酉表示, 向量 $\xi \in H$ 被称为框架向量 (Parseval 框架向量、Bessel 向量、Riesz 向量、游荡向量), 如果 $\pi(G)\xi := \{\pi(g)\xi\}_{g \in G}$ 是 $[\pi(G)\xi]$ 上的框架 (Parseval 框架、Bessel 向量、Riesz 基、标准正交基), 等价于 $\pi(G)\xi$ 是 H 上的框架序列 (Parseval 框架序列、Bessel 序列、Riesz 序列、标准正交序列), 其中

$[\pi(G)\xi]$ 表示 $\pi(G)\xi$ 的闭线性张. 如果满足 $[\pi(G)\xi] = H$, 则框架向量 (Parseval 框架向量、Riesz 向量、游荡向量) 称为是完全的. 如果 (π, G, H) 存在完全框架向量, 则称 (π, G, H) 为框架表示.

在下文中, 如果 $\pi(G)\xi$ 是 H 上的 Bessel 序列, 用 θ_ξ 表示 $\pi(G)\xi$ 的分析算子. 用 $\pi(G)'$ 表示 $\pi(G)$ 的交换子, $(\lambda, G, l^2(G))$ 表示群 G 的左正则表示, $\lambda(G)\chi_e = \{\chi_g\}_{g \in G}$ 表示 $l^2(G)$ 上的标准正交基. 更多地, 如果 H 上的框架 $\pi(G)\eta, \pi(G)\xi$ 是对偶框架对, 也称 ξ 是 η 的对偶 (向量), (ξ, η) 是完全框架向量对偶对. 同理, 如果 H 上的框架序列 $\pi(G)\eta, \pi(G)\xi$ 是斜对偶对, 也称 ξ 是 η 的斜对偶 (向量), (ξ, η) 是框架向量斜对偶对.

我们先给出几个关于左正则表示的直接的等价刻画.

引理 3.1.12 [75]　　设 (π, G, H) 是酉表示, $(\lambda, G, l^2(G))$ 是左正则表示, $\chi_e \in l^2(G)$ 是 $\lambda(G)$ 的完全游荡向量, 则:

(1) $\eta \in H$ 是 $\pi(G)$ 的 Bessel 向量当且仅当存在 $T \in B(l^2(G), H)$ 使得 $\eta = T\chi_e$ 且 $T\lambda(g) = \pi(g)T, \forall\, g \in G$.

(2) $\eta \in H$ 是 $\pi(G)$ 的框架向量当且仅当存在闭值域算子 $T \in B(l^2(G), H)$ 使得 $\eta = T\chi_e, T\lambda(g) = \pi(g)T, \forall\, g \in G$.

(3) $\eta \in H$ 是 $\pi(G)$ 的完全框架向量当且仅当存在满射算子 $T \in B(l^2(G), H)$ 使得 $\eta = T\chi_e, T\lambda(g) = \pi(g)T, \forall\, g \in G$.

(4) $\eta \in H$ 是 $\pi(G)$ 的 Riesz 向量当且仅当存在单射闭值域算子 $T \in B(l^2(G), H)$ 使得 $\eta = T\chi_e, T\lambda(g) = \pi(g)T, \forall\, g \in G$.

(5) $\eta \in H$ 是 $\pi(G)$ 的完全 Riesz 向量当且仅当存在可逆算子 $T \in B(l^2(G), H)$ 使得 $\eta = T\chi_e, T\lambda(g) = \pi(g)T, \forall\, g \in G$.

(6) $\eta \in H$ 是 $\pi(G)$ 的游荡向量当且仅当存在等距算子 $T \in B(l^2(G), H)$ 使得 $\eta = T\chi_e, T\lambda(g) = \pi(g)T, \forall\, g \in G$.

(7) $\eta \in H$ 是 $\pi(G)$ 的完全游荡向量当且仅当存在酉算子 $T \in B(l^2(G), H)$

使得 $\eta = T\chi_e, T\lambda(g) = \pi(g)T, \forall g \in G$.

下面给出在给定直和分解的条件下, V 上斜对偶的刻画.

特别地, 设 (G, π, H) 是酉表示, $H = U \dotplus V^\perp$, 满足 U, V 都是 π-不变的, 这样的空间是存在的. 例如, 设 (G, π, H) 是框架表示, (ξ, η) 是对偶完全框架向量对, 则由命题 3.1.1, $l^2(G) = \mathrm{ran}\theta_\xi \dotplus (\mathrm{ran}\theta_\eta)^\perp$. 令 $\mathrm{ran}\theta_\xi = M, \mathrm{ran}\theta_\eta = N$, 显然 M 和 N 都是 λ-不变的. 如果 H 上存在完全游荡向量, 用同样的方法也可以将 H 分解为两个 π-不变子空间的直和. 在文献 [24, 命题 4.8] 和文献 [82, 定理 1.5] 中都给出了 $L^2(\mathbb{R})$ 分解为两个平移不变子空间直和的等价条件.

引理 3.1.13   设 U, V 是 H 的闭子空间, 满足 $H = U \dotplus V^\perp$. 设 (π, G, H) 是酉表示, $\xi \in U, \eta \in V$ 分别是 U, V 上的 $\pi(G)$ 的完全框架向量, 则 η 是 ξ 的斜对偶当且仅当 $P_{U,V^\perp} = \theta_\xi^* \theta_\eta$. 进而, $P_{U,V^\perp}, P_U, P_V \in \pi(G)'$.

证明: 由于 $\pi(G)\xi, \pi(G)\eta$ 分别是 U, V 上的框架, 易得 U, V 是 π-不变的, 即 $P_U, P_V \in \pi(G)'$. 又由于 $\pi(G)\eta, \pi(G)\xi$ 是斜对偶对, 由引理 3.1.5, $P_{U,V^\perp} = \theta_\xi^* \theta_\eta \in \pi(G)'$. 反过来, 同样由引理 3.1.5, 显然.

推论 3.1.5   设 U, V 是 H 的闭子空间, 满足 $H = U \dotplus V^\perp$. 设 (π, G, H) 是酉表示, $\xi \in U$ 是 U 上的 $\pi(G)$ 的完全框架向量, 则存在 V 上的 $\pi(G)$ 的完全框架向量 η 是 ξ 的斜对偶当且仅当 $P_V|_U \in C_\xi(\pi(G))$ (局部交换子).

证明: 充分性. 令 $P = P_V|_U \in C_\xi(\pi(G)), P\xi = \widetilde{\eta}$, 则

$$P\pi(g)\xi = \pi(g)\widetilde{\eta}, \forall g \in G.$$

从而, $\pi(G)\widetilde{\eta}$ 是 V 上的框架. 设 $\pi(G)\eta$ 是 $\pi(G)\widetilde{\eta}$ 在 V 上的典则对偶 (一定存在). 由引理 3.1.2, $P_V|_U \colon U \to V$ 是可逆的, $\forall f \in U$, 有

$$\sum_{g \in G} \langle f, \pi(g)\eta \rangle \pi(g)\xi = P^{-1} \sum_{g \in G} \langle f, \pi(g)\eta \rangle P\pi(g)\xi$$

$$= P^{-1} \sum_{g \in G} \langle P_V f, \pi(g)\eta \rangle \pi(g)\widetilde{\eta} = f.$$

因此, $\pi(G)\eta$ 是 $\pi(G)\xi$ 的斜对偶. 又因为 $\pi(G)\xi, \pi(G)\widetilde{\eta}, \pi(G)\eta$ 是相似的, 得 $\pi(G)\eta$ 是 $\pi(G)\xi$ 的 II-型对偶.

必要性. 可以由引理 3.1.13 直接得到.

由引理 3.1.13 和推论 3.1.5 可知, $P_V|_U \pi(g)\xi = \pi(g)P_V|_U \xi, \forall g \in \mathcal{G}$, 当且仅当 $P_V \in \pi(G)'$, 即 V 是 π-不变的. 另外, 由推论 3.1.5 的证明可知, $S_{P_V\xi}^\dagger P_V \xi$ 是 ξ 的 II-型对偶.

从而我们得到一个与引理 3.1.4 类似的结果.

引理 3.1.14　设 U, V 是 H 的闭子空间, (π, G, H) 是酉表示. 如果 $\xi \in U$ 是 U 上的 $\pi(G)$ 的完全框架向量, 则下列结论等价:

(1) $H = U \dotplus V^\perp$ 且 V 是 π-不变的.

(2) 存在 V 上的 $\pi(G)$ 的完全框架向量 $\eta \in V$ 使得它是 ξ 的 II-型对偶.

(3) 存在 V 上的 $\pi(G)$ 的完全框架向量 $\eta \in V$ 使得它是 ξ 的斜对偶.

类似于引理 3.1.7, 在 H 的一个直和分解下, 我们用 II-型对偶来刻画所有的斜对偶.

引理 3.1.15　设 U, V 是 H 的闭子空间, 满足 $H = U \dotplus V^\perp$. 设 (π, G, H) 是酉表示, $\xi \in U$ 是 U 上的 $\pi(G)$ 的完全框架向量, 则下列结论等价:

(1) $\varphi \in V$ 是 V 上的 $\pi(G)$ 的完全框架向量, 并且是 $\xi \in U$ 的斜对偶.

(2) $\varphi = \eta + \psi$, 其中 $\eta \in V$ 是 $\pi(G)$ 在 V 上的完全框架向量, 并且是 ξ 的 II-型对偶, $\psi \in V$ 是 $\pi(G)$ 在 H 上的 Bessel 向量且满足 $\mathrm{ran}\theta_\psi \perp \mathrm{ran}\theta_\xi$.

证明:　(1)$\Rightarrow$(2). 令 $\psi = \varphi - \eta$, 其中 $\pi(G)\eta$ 是 V 上的框架, 并且是 $\pi(G)\xi$ 的 II-型对偶. 显然, $\psi \in V$ 是 $\pi(G)$ 在 H 上的 Bessel 向量. 从而

$$\theta_\xi^* \theta_\psi f = \theta_\xi^* \theta_\varphi f - \theta_\xi^* \theta_\eta f = 0, \forall f \in U.$$

则由 $H = U \dotplus V^\perp$, 可得 $\theta_\xi^* \theta_\psi = 0$.

(2)$\Rightarrow$(1). 由 $\mathrm{ran}\theta_\psi \perp \mathrm{ran}\theta_\xi$, 易得 $\varphi \in V$ 是 $\pi(G)$ 在 V 上的完全框架向量. 进而, 显然是 $\xi \in U$ 的斜对偶.

下面的结果将刻画相应于框架向量的斜对偶对的提升性质, 与定理 3.1.1 相似.

定理 3.1.5 设 U, V 是 H 的闭子空间, 满足 $H = U \dotplus V^\perp$. 设 (π, G, H) 是酉表示, $\xi \in U, \eta \in V$ 分别是 $\pi(G)$ 在 U, V 上的完全框架向量, 则下列结论是等价的:

(1) (ξ, η) 是 $\pi(G)$ 在 H 上的框架向量斜对偶对.

(2) 存在 Hilbert 空间 $K \supset H$ 和 K 上的酉表示 (σ, G, K), $\sigma(G)$ 在 K 上的 Riesz 向量斜对偶对 (φ, φ^*), 满足 $P\varphi = \xi, P\varphi^* = \eta, [\pi(G)\xi] \subset [\sigma(G)\varphi]$, $[\pi(G)\eta] \subset [\sigma(G)\varphi^*]$, H 是 σ 不变的, 并且 $P\sigma P = \pi$, 其中 $P: K \to H$ 是正交投影.

证明: (2)⇒(1). 因为 $[\pi(G)\xi] \subset [\sigma(G)\varphi]$, $P \in \sigma(G)'$ 且 $P\sigma(g)P = \pi(g)$, $\forall g \in G$, 则对任意 $x \in [\pi(G)\xi]$, 有

$$x = Px = \sum_{g \in G} \langle Px, \sigma(g)\varphi^* \rangle P\sigma(g)\varphi$$
$$= \sum_{g \in G} \langle x, \pi(g)\eta \rangle \pi(g)\xi.$$

从而, 由引理 3.1.5 得 (η, ξ) 是 $\pi(G)$ 在 H 上的斜对偶对.

(1)⇒(2). 令 $K = H \oplus (\mathrm{ran}\theta_\eta)^\perp$. 显然, $\sigma = \pi \oplus \lambda$ 是 K 上的酉表示, 其中 $(\lambda, G, l^2(G))$ 是左正则表示. 令 $\varphi = \xi \oplus Q^\perp \chi_e$, 其中 $Q: l^2(G) \to \mathrm{ran}\theta_\eta$ 是正交投影, $\chi_e \in l^2(G)$ 是 $\lambda(G)$ 在 $l^2(G)$ 上的完全游荡向量. 从而得到 $\varphi \in K$ 是 $\sigma(G)$ 在 K 上的 Bessel 向量, 且 $P\varphi = \xi$, 其中 $P: K \to H$ 是正交投影. 已知条件 (ξ, η) 是 $\pi(G)$ 在 H 上的框架向量斜对偶对, 由命题 3.1.1 可得 $l^2(G) = \mathrm{ran}\theta_\xi \dotplus (\mathrm{ran}\theta_\eta)^\perp$. 又因为 $\theta_\varphi(x \oplus y) = \theta_\xi x + Q^\perp y, \forall x, y \in H$, 则 θ_φ 是满的. 进而, 由引理 3.1.12 可知 $\varphi \in K$ 是 $\sigma(G)$ 在 K 上的 Riesz 向量.

令 $M = U \oplus (\theta_\eta H)^\perp, N = V \oplus (\theta_\eta H)^\perp$, 则 $K = M \dotplus N^\perp$. 由于 $\varphi \in M$ 是 $\sigma(G)$ 在 M 上的完全 Riesz 向量, 我们需要验证 $\sigma(G)$ 是 N 上的完全框架向量, 并且是 φ 的斜对偶的存在性. 由引理 3.1.14, 等价于要说明 $P_N \in \sigma(G)'$. 由于 $\sigma(G)N \subset N$, 从而存在性是显然的. 令 $\varphi^* \in N$ 是 $\sigma(G)$ 在 N 上的完全框架向量, 是 φ 的 II-型对偶. 从而由引理 3.1.8 得, $\varphi^* \in N$ 是 $\sigma(G)$ 在 N 上的完全

Riesz 向量. 显然, $[\pi(G)\xi] \subset [\sigma(G)\varphi]$, $[\pi(G)\eta] \subset [\sigma(G)\varphi^*]$, H 是 σ 不变的, 并且 $P\sigma P = \pi$.

进而, $\forall\, f \in U$, 有

$$
\begin{aligned}
f &= \sum_{g \in G} \langle f, \sigma(g)\varphi^* \rangle \sigma(g)\varphi \\
&= \sum_{g \in G} \langle f, P\sigma(g)\varphi^* \rangle \pi(g)\xi \oplus \lambda(g)Q^\perp \chi_e \\
&= \sum_{g \in G} \langle f, P\sigma(g)\varphi^* \rangle \pi(g)\xi \oplus \sum_{g \in G} \langle f, P\sigma(g)\varphi^* \rangle \lambda(g)Q^\perp \chi_e.
\end{aligned}
$$

另一方面,

$$
\begin{aligned}
f = Pf &= \sum_{g \in G} \langle f, \sigma(g)\varphi^* \rangle P\sigma(g)\varphi \\
&= \sum_{g \in G} \langle f, P\sigma(g)\varphi^* \rangle \pi(g)\xi.
\end{aligned}
$$

从而,

$$
\sum_{g \in G} \langle f, P\sigma(g)\varphi^* \rangle \lambda(g)Q^\perp \chi_e = \sum_{g \in G} \langle f, \sigma(g)P\varphi^* \rangle \lambda(g)Q^\perp \chi_e = 0,
$$

则 $\sigma(G)P\varphi^* = \pi(G)P\varphi^*$ 是 V 上的框架, 是 $\pi(G)\xi$ 的斜对偶. 令 $\widetilde{\eta} = P\varphi^*$, 得 $\mathrm{ran}\theta_{\widetilde{\eta}} \subset \mathrm{ran}\theta_\eta$. 因此, $\forall\, f \in H$, 存在 $f' \in H$ 使得 $\theta_{\widetilde{\eta}}f = \theta_\eta f'$. 由 $\theta_{\widetilde{\eta}}|_{V^\perp} = \theta_\eta|_{V^\perp} = 0$ 且 $H = U \dotplus V^\perp$, 有对任意 $f \in U$, 存在 $f' \in U$ 使得 $\theta_{\widetilde{\eta}}f = \theta_\eta f'$. 进而, 由斜对偶性质得

$$
f = \theta_\xi^* \theta_{\widetilde{\eta}}f = \theta_\xi^* \theta_\eta f' = f',
$$

则 $\theta_{\widetilde{\eta}}f = \theta_\eta f$, $\forall\, f \in H$. 进而 $\widetilde{\eta} = \eta$.

如果完全游荡向量的集合 $\mathcal{W}(\pi(G)) \neq \varnothing$, 我们可以得到一个 H 上的关于框架向量的斜对偶对的提升结果. 与定理 3.1.2 的结果相似.

定理 3.1.6　设 U, V 是 H 上的闭子空间, 满足 $H = U \dotplus V^\perp$, (π, G, H) 是酉表示. $\xi \in U$, $\eta \in V$ 分别是 $\pi(G)$ 在 U, V 上的完全框架向量. 如果 $\psi \in \mathcal{W}(\pi(G))$ 且 $\psi \neq 0$, 则下列结论是等价的:

(1) (ξ, η) 是 $\pi(G)$ 在 H 上的框架向量斜对偶对.

(2) 存在 $\pi(G)$ 在 H 上的 Riesz 向量斜对偶对 (φ, φ^*) 使得 $P_{U,V^\perp}\varphi = \xi$, $P_{V,U^\perp}\varphi^* = \eta$.

证明: (1)$\Rightarrow$(2). 对于 $\pi(G)$ 在 H 上的任意 Bessel 向量 $z \in H$, 定义

$$\widetilde{\theta}_z f = \sum_{g \in G} \langle f, \pi(g)z \rangle \pi(g)\psi, \forall\, f \in H.$$

令 Q_ξ, Q_η 分别是 H 到 $\mathrm{ran}\widetilde{\theta}_\xi, \mathrm{ran}\widetilde{\theta}_\eta$ 的正交投影. 易证 $Q_\xi, Q_\eta \in \pi(G)'$. 由于 (ξ, η) 是 $\pi(G)$ 在 H 上的框架向量斜对偶对, 由引理 3.1.13 可得 P_U, P_V, $P_{U,V^\perp} \in \pi(G)'$. 此外, 由 $\widetilde{\theta}_\xi, \widetilde{\theta}_\eta$ 的极分解, 可得 $P_U \sim Q_\xi, P_V \sim Q_\eta$. 由于 $\mathcal{W}(\pi(G)) \neq \varnothing$, 则由文献 [75, 命题 6.2.3] 可知 $\pi(G)'$ 是有限 von Neumann 代数. 进而, $P_U^\perp \sim Q_\xi^\perp, P_V^\perp \sim Q_\eta^\perp$. 因此, 存在部分等距 $W_1, W_2 \in \pi(G)'$ 使得

$$P_U^\perp = W_1 W_1^*, Q_\xi^\perp = W_1^* W_1, P_V^\perp = W_2 W_2^*, Q_\eta^\perp = W_2^* W_2.$$

令 $\varphi = \xi + W_2\psi$, 则 $\widetilde{\theta}_\varphi = \widetilde{\theta}_\xi + W_2^*$. 我们先说明 $\varphi \in H$ 是 $\pi(G)$ 在 H 上的完全 Riesz 向量.

事实上, 由引理 3.1.5 可得 $P_{U,V^\perp} = \widetilde{\theta}_\xi^* \widetilde{\theta}_\eta$. 进而

$$\widetilde{\theta}_\eta^* \widetilde{\theta}_\xi \widetilde{\theta}_\eta^* f = \widetilde{\theta}_\eta^* f, \forall\, f \in H.$$

进而, $f - \widetilde{\theta}_\xi \widetilde{\theta}_\eta^* f \in \mathrm{ran}W_2^*$. 因此, 存在 $x \in H$ 使得 $W_2^* x = f - \widetilde{\theta}_\xi \widetilde{\theta}_\eta^* f$. 从而

$$f = \widetilde{\theta}_\xi \widetilde{\theta}_\eta^* f + W_2^* x.$$

令 $x = x_1 + x_2$, 其中 $x_1 \in V, x_2 \in U^\perp$, 则 $f = \widetilde{\theta}_\xi \widetilde{\theta}_\eta^* f + W_2^* x_2$. 由于 $\mathrm{ran}\widetilde{\theta}_\xi \widetilde{\theta}_\eta^* \subset \mathrm{ran}\widetilde{\theta}_\xi$, 则存在 $y \in H$ 使得 $\widetilde{\theta}_\xi y = \widetilde{\theta}_\xi \widetilde{\theta}_\eta^* f$. 令 $y = y_1 + y_2$, 其中 $y_1 \in V, y_2 \in U^\perp$, 从而 $f = \widetilde{\theta}_\xi y_1 + W_2^* x_2$. 令 $z = y_1 + x_2$, 则

$$f = \widetilde{\theta}_\xi z + W_2^* z = \widetilde{\theta}_\varphi z.$$

因此, $\widetilde{\theta}_\varphi$ 是满射. 另一方面, 任意 $f \in H$, 如果 $\widetilde{\theta}_\varphi f = \widetilde{\theta}_\xi f + W_2^* f = 0$, 则由命题 3.1.1 得

$$\widetilde{\theta}_\xi f = 0, W_2^* f = 0.$$

令 $f = f_1 + f_2$, 其中 $f_1 \in V, f_2 \in U^\perp$, 则 $\widetilde{\theta}_\xi f = \widetilde{\theta}_\xi f_1 = 0$. 进而 $f_1 \in \ker\widetilde{\theta}_\xi = U^\perp$, 则 $f_1 = 0$. 且 $W_2^* f = W_2^* f_2 = 0$, 则 $f_2 \in V$, 从而 $f_2 = 0$. 因此 $f = 0$, 进而 $\widetilde{\theta}_\varphi$ 是单射. 所以, $\varphi \in H$ 是 $\pi(G)$ 在 H 上的完全 Riesz 向量.

令 $\pi(G)\varphi^*$ 是 $\pi(G)\varphi$ 的对偶 Riesz 基, 且 $\varphi^* = m + n$, 其中 $m \in V, n \in U^\perp$, 则显然 $P_{U,V^\perp}\varphi = \xi, P_{V,U^\perp}\varphi^* = m$. 下面说明 $m = \eta$.

事实上, $\forall f \in U$,
$$f = P_{U,V^\perp} f = \sum_{g \in G} \langle f, P_{V,U^\perp}\pi(g)\varphi^* \rangle P_{U,V^\perp}\pi(g)\varphi = \sum_{g \in G} \langle f, \pi(g)m \rangle \pi(g)\xi,$$
则由引理 3.1.5 可得, $\pi(G)m$ 是 $\pi(G)\xi$ 的斜对偶. 另一方面, $\forall f \in U$,
$$f = \sum_{g \in G} \langle f, P_{V,U^\perp}\pi(g)\varphi^* \rangle \pi(g)\varphi$$
$$= \sum_{g \in G} \langle f, \pi(g)m \rangle \pi(g)(\xi + W_2\varphi)$$
$$= f + W_2\widetilde{\theta}_m f,$$
则 $W_2\widetilde{\theta}_m f = 0$. 由于 $\ker\widetilde{\theta}_m = V^\perp$, 则 $W_2\widetilde{\theta}_m f = 0, \forall f \in H$. 因此,
$$\operatorname{ran}\widetilde{\theta}_m \subset \ker W_2 = \operatorname{ran}\widetilde{\theta}_\eta,$$
则 $\forall f \in H$, 存在 $f' \in H$ 使得 $\widetilde{\theta}_m f = \widetilde{\theta}_\eta f'$. 从而 $\widetilde{\theta}_m = \widetilde{\theta}_\eta$, 进而 $m = \eta$.

(2)$\Rightarrow$(1). 由引理 3.1.13 和推论 3.1.5, 显然.

注解 3.1.1　　在上述证明中, 也可以直接证明 $\widetilde{\theta}_\varphi = \widetilde{\theta}_\xi + W_2^*$ 是可逆的, 从而 $\pi(G)\varphi$ 是 H 上的 Riesz 基.

事实上, 由命题 3.1.1 得,
$$H = \operatorname{ran}\widetilde{\theta}_\xi \dotplus (\operatorname{ran}\widetilde{\theta}_\eta)^\perp = \operatorname{ran}\widetilde{\theta}_\xi \dotplus \operatorname{ran}W_2^*,$$
则 $\forall f \in H$, 存在 $x, y \in H$ 使得
$$f = \widetilde{\theta}_\xi x + W_2^* y = \widetilde{\theta}_\xi x_1 + W_2^* y_2,$$
其中 $x = x_1 + x_2, y = y_1 + y_2$ 满足 $x_1, y_1 \in V, x_2, y_2 \in U^\perp$. 令 $z = x_1 + y_2$, 则 $f = \widetilde{\theta}_\varphi z$. 从而, 可以直接说明 $\widetilde{\theta}_\varphi$ 是满射.

同理, $\forall f \in H$, 若 $\widetilde{\theta}_\varphi f = \widetilde{\theta}_\xi f + W_2^* f = 0$, 则 $\widetilde{\theta}_\xi f = 0$, $W_2^* f = 0$. 令 $f = f_1 + f_2$, 其中 $f_1 \in V$, $f_2 \in U^\perp$, 则 $\widetilde{\theta}_\xi f = \widetilde{\theta}_\xi f_1 = 0$, $f_1 \in \ker\widetilde{\theta}_\xi = U^\perp$. 从而 $f_1 = 0$, 并且 $W_2^* f = W_2^* f_2 = 0$, $f_2 \in V$, $f_2 = 0$. 可得 $f = 0$, $\widetilde{\theta}_\varphi$ 是单射.

注解 3.1.2　还存在其他的 Riesz 基满足其正交压缩是已知斜对偶对. 例如, 在上述证明中, 令 $\varphi_2 = \eta + W_1\psi$, $\widetilde{\varphi}_1 = \xi + W_1\psi$, $\widetilde{\varphi}_2 = \eta + W_2\psi$, 都是 Riesz 基向量, 但是相互之间不能构成斜对偶对. 也可以说斜对偶对提升不唯一.

注解 3.1.3　$U = V$ 时, 斜对偶对为 II-型对偶. 即文献 [70, 引理 2.5] 中的结果.

推论 3.1.6　设 $(\pi, \mathcal{G}, H)$ 是框架表示, 满足 $H = U \dotplus V^\perp$. 如果 $\xi \in U$, $\eta \in V$ 分别是 $\pi(G)$ 在 U, V 上的框架, 并且满足 (ξ, η) 是框架向量斜对偶对, 则存在 $\pi(G)$ 在 H 上的完全框架向量对偶对 (u, v) 使得 $P_{U,V^\perp} u = \xi$, $P_{V,U^\perp} v = \eta$.

证明: 由于 (π, G, H) 是框架表示, 则由文献 [75], 存在 Hilbert 空间 $K \supset H$ 和酉表示 (σ, G, K) 使得 $\mathcal{W}(\sigma(\mathcal{G})) \neq \varnothing$, 满足 H 是 σ-不变的, $P_H\sigma P_H = \pi$, 其中 $P_H: K \to H$ 是正交投影. 把 $P_{U,V^\perp}$ 看做 K 上的算子, 即 $P_{U,V^\perp} f = 0$, $\forall f \in K \ominus H$. 因此, 由定理 3.1.6, 存在 $\pi(G)$ 在 K 上的完全 Riesz 向量对偶对 (φ, φ^*) 使得 $P_{U,V^\perp}\varphi = \xi$, $P_{V,U^\perp}\varphi^* = \eta$. 令 $u = P_H\varphi$, $v = P_H\varphi^*$, 则 (u, v) 是 $\pi(G)$ 在 H 上的框架向量斜对偶对. 因此,

$$P_{U,V^\perp} u = P_{U,V^\perp} P_H\varphi = P_{U,V^\perp}\varphi = \xi,$$

且

$$P_{U,V^\perp}^* v = P_{U,V^\perp}^* P_H\varphi^* = P_{U,V^\perp}\varphi^* = \eta.$$

定理 3.1.7　设 U, V 是 H 上的闭子空间, 满足 $H = U \dotplus V^\perp$, (π, G, H) 是酉表示. 如果 $\xi \in U$ 是 $\pi(G)$ 在 U 上的完全框架向量且 V 是 π-不变的, 则下列结论是等价的:

(1) 在 V 上存在 $\pi(G)$ 的完全 Parseval 框架向量 $\eta \in V$ 使得 (ξ, η) 是框架向量斜对偶对.

(2) $||\theta_\varphi|| \leqslant 1$, 且 $P_\phi \leqslant P_\varphi^\perp$, 其中 φ 是 $\pi(G)$ 在 V 上的完全框架向量, 且是 ξ 的 II-型对偶, ϕ 是 $\pi(G)$ 在 $N = \overline{\text{ran}}(P_V - S_\varphi^{-1})$ 上的任意的完全 Parseval 框架向量, $P_{\varphi}: l^2(G) \to \text{ran}\theta_\varphi$, $P_{\phi}: l^2(G) \to \text{ran}\theta_\phi$ 是正交投影.

(3) 存在 Hilbert 空间 $K \supset H$ 和酉表示 (σ, G, K), K 上 $\sigma(G)$ 的 Riesz 向量斜对偶对 (u, u^*), 满足 u 是 $\sigma(G)$ 在 K 上的 Parseval Riesz 向量, $Qu^* = \xi \in [\sigma(G)u^*]$, $Pu \in V \subset [\sigma(G)u]$, 且 H 是 σ-不变的, $P\sigma P = \pi$, 其中 $Q \in B(K, H)$ 是投影, 满足 $\text{ran}Q = U$ 且 $Q\sigma(g) = \pi(g)Q, \forall\, g \in G$, $P\colon K \to H$ 是正交投影.

证明: (1)$\Rightarrow$ (2). 由引理 3.1.15, 存在 H 上 $\pi(G)$ 的 Bessel 向量 $\omega \in V$ 使得 $\text{ran}\theta_\xi \perp \text{ran}\theta_\omega$ 且 $\eta = \varphi + \omega$, 其中 $\varphi \in V$ 是 V 上 $\pi(G)$ 的完全框架向量, 是 ξ 的 II-型对偶. 由文献 [82, 定理 1.2 (2)], $\text{ran}\theta_\varphi = \text{ran}\theta_\xi$. 显然 $\theta_\eta = \theta_\varphi + \theta_\omega$, 从而

$$||\theta_\eta f|| = ||\theta_\varphi f + \theta_\omega f|| = ||\theta_\varphi f|| + ||\theta_\omega f|| \geqslant ||\theta_\varphi f||, \forall\, f \in H.$$

由于 η 是 V 上 $\pi(G)$ 的完全 Parseval 框架向量, 得 $||\theta_\eta|| = 1$. 进而 $||\theta_\varphi|| \leqslant ||\theta_\eta|| = 1$.

易得 $S_\omega = S_\eta - S_\varphi = P_V - S_\varphi \geqslant 0$. 从而 $N = [\pi(G)\omega] = \overline{\text{ran}}(P_V - S_\varphi)$. 将 θ_ω 极分解, 即 $\theta_\omega = TS_\omega^{\frac{1}{2}}$, 其中 $T\colon N \to \text{ran}\theta_\omega$ 是满等距. 显然有 $T\pi(g) = \sigma(g)T$, $\forall\, g \in G$. 令 $\phi = T^*\chi_e$, 其中 $e \in G$ 是单位元. 容易验证 ϕ 是 $\pi(G)$ 在 N 上的完全 Parseval 框架向量且 $\text{ran}\theta_\phi = \text{ran}\theta_\omega$. 由于 $\text{ran}\theta_\omega \subset (\text{ran}\theta_\varphi)^\perp$, 则 $P_\phi \leqslant P_\varphi^\perp$.

下面我们说明 $\pi(G)$ 在 N 上的完全 Parseval 框架向量 $\phi_1, \phi_2 \in N$ 有 $P_{\phi_1} \sim P_{\phi_2}$.

事实上, 显然 $P_{\phi_1} = \theta_{\phi_1}\theta_{\phi_1}^*$, $P_{\phi_2} = \theta_{\phi_2}\theta_{\phi_2}^*$. 令 $A = \theta_{\phi_1}\theta_{\phi_2}^*$. 显然 $A\colon \text{ran}\theta_{\phi_2} \to \text{ran}\theta_{\phi_1}$ 是等距, 且 $P_{\phi_1} = AA^*$, $P_{\phi_2} = A^*A$. 从而 $P_{\phi_1} \sim P_{\phi_2}$.

从而 $\pi(G)$ 在 N 上的任意的完全 Parseval 框架向量 $\phi \in N$, 有 $P_\phi \leqslant P_\varphi^\perp$.

(2)$\Rightarrow$ (1). 由于 $||S_\varphi|| = ||\theta_\varphi||^2 \leqslant 1$, 则 $P_V - S_\varphi \geqslant 0$. 记 $T = (P_V - S_\varphi)^{\frac{1}{2}} \in \pi(G)'$.

下面来构造 Parseval 斜对偶框架向量.

首先说明 N 上存在 $\pi(G)$ 的完全 Parseval 框架向量 ϕ.

事实上, 由于 $T \in \pi(G)'$, $N \subset V$ 是 $\pi(G)$ 不变的. 令 $P_1 \colon V \to N$ 是正交投影, 显然 $P_1 \in \pi(G)'$. 则 $\phi_1 = P_1 S_\varphi^{-\frac{1}{2}} \varphi$ 是 $\pi(G)$ 在 N 上的完全 Parseval 框架向量.

已知条件 $P_\phi \leqslant P_\varphi^\perp$, 由于 $\lambda(G)'$ 是 von Neumann 代数, 则存在子投影 $Q \leqslant P_\varphi^\perp$ 使得 $P_\phi \sim Q$. 从而存在部分等距 $V \in \lambda(G)'$, 使得 $P_\phi = VV^*$, $Q = V^*V$. 令 $\psi = \theta_\phi^* V \chi_e \in N$, 则

$$\pi(g)\psi = \pi(g)\theta_\phi^* V \chi_e = \theta_\phi^* \lambda(g) V \chi_e = \theta_\phi^* V \lambda(g)\chi_e, \forall\, g \in G.$$

从而 ψ 是 $\pi(G)$ 在 N 上的完全 Parseval 框架向量, 并且

$$\mathrm{ran}\theta_\psi = \mathrm{ran}V^*\theta_\phi = Ql^2(G) \subset (\mathrm{ran}\theta_\varphi)^\perp.$$

令 $\omega = T\psi \in N$, 则显然 ω 是 $\pi(G)$ 在 N 上的 Bessel 向量 (因为 $T \in \pi(G)'$), 且对于任意 $f \in H$, $\theta_\omega f = \theta_\psi T f$. 进而 $\theta_\varphi^* \theta_\omega f = \theta_\varphi^* \theta_\psi T f = 0$.

再令 $\eta = \omega + \varphi \in H$. 显然 η 是 $\pi(G)$ 在 H 上的 Bessel 向量. 有

$$\theta_\eta^* \theta_\eta f = (\theta_\omega + \theta_\varphi)^*(\theta_\omega + \theta_\varphi) = T^2 + S_\varphi = P_V.$$

从而 η 是 $\pi(G)$ 在 V 上的完全 Parseval 框架向量. 又

$$\theta_\eta^* \theta_\xi = (\theta_\omega + \theta_\varphi)^* \theta_\xi = P_{V,U^\perp},$$

因此, 由引理 3.1.5, (ξ, η) 是 $\pi(G)$ 在 H 上的框架向量斜对偶对.

(3)$\Rightarrow$(1). 令 $\eta = Pu \in V$. 由于

$$Qu^* = \xi \in [\sigma(G)u^*], \quad Q\sigma(g) = \pi(g)Q,$$

$\forall\, g \in G$, 且 $\mathrm{ran}Q = U \subset [\sigma(G)u^*]$, $Q^2 = Q$, 则对任意 $f \in U$, 有

$$\sum_{g \in G} \langle f, \pi(g)\eta \rangle \pi(g)\xi = \sum_{g \in G} \langle f, P\sigma(g)u \rangle Q\sigma(g)u^*$$
$$= Q\sum_{g \in G} \langle Pf, \sigma(g)u \rangle \sigma(g)u^* = f.$$

因为 $H = U \dotplus V^\perp$, 则由引理 3.1.5 可得, η 是 ξ 的斜对偶.

又由于 V 是 π-不变的, $[\pi(G)\eta] \subset V \subset [\sigma(G)u]$, 则对任意 $f \in V$, 有

$$\sum_{g \in G} |\langle f, \pi(g)\eta \rangle|^2 = \sum_{g \in G} |\langle f, P\sigma(g)u \rangle|^2 = \|f\|^2.$$

从而, η 是 $\pi(G)$ 在 V 上的完全 Parseval 框架向量.

(1)$\Rightarrow$(3). 令 $K = H \oplus M$, $\sigma(g) = \pi(g) \oplus \lambda(g), \forall g \in G$, 其中 $M = (\mathrm{ran}\theta_\eta)^\perp$. 已知条件 $H = U \dotplus V^\perp$, 则由引理 3.1.10 得,

$$K = (V \oplus M) \dotplus (U^\perp \oplus \{0\}).$$

因为 η 是 $\pi(G)$ 在 V 上的完全 Parseval 框架向量, 易证 $u = \eta \oplus P_1 \chi_e$ 是 $\sigma(G)$ 在 $V \oplus M$ 上的完全 Parseval Riesz 向量, 其中 $P_1 \colon l^2(G) \to M$ 是正交投影, $e \in G$ 是单位元. 则由引理 3.1.5 的证明知, 存在 $\sigma(G)$ 在 $U \oplus M$ 上的完全 Riesz 向量 $u^* \in U \oplus M$ 使得 u^* 是 u 的斜对偶, 并且 $Pu^* = \xi$, 其中 $P \colon K \to H$ 是正交投影. 显然, $\eta = Pu \in V \subset [\sigma(G)u]$, 且 H 是 σ-不变的, $P\sigma P = \pi$,

定义 $Qf = \sum\limits_{g \in G} \langle f, \sigma(g)u \rangle \pi(g)\xi, \forall f \in K$ (显然有意义). 由引理 3.1.11 可知, $Qu^* = \xi$. 显然 $Q\sigma(g) = \pi(g)Q, \forall g \in G$. 又因为 η 是 ξ 的斜对偶, 则对任意 $f \in U$, 有

$$f = \sum_{g \in G} \langle f, \pi(g)\eta \rangle \pi(g)\xi = \sum_{g \in G} \langle f, P\sigma(g)u \rangle Q\sigma(g)u^* = Qf.$$

从而 $U \subset \mathrm{ran}Q \subset U \subset [\sigma(G)u^*]$. 即 $\mathrm{ran}Q = U$, 即 $Q^2 = Q$.

3.2　框架向量的伪对偶的构造

对于 Bessel 序列, 在文献 [98, 推论 4.1.4, 推论 4.1.5, 定理 4.1.8] 中有这样的等价刻画:

设 $\{f_i\}_{i \in \mathbb{J}}$ 是 H 上序列, 则下列结论等价:

(1) $\{f_i\}_{i \in \mathbb{J}}$ 是 Bessel 序列.

(2) $\sum\limits_{i \in \mathbb{J}} |\langle f, f_i \rangle|^2 < \infty, \forall f \in H$.

(3) $\|\sum\limits_{i \in \mathbb{J}} c_i f_i\|^2 < \infty, \forall \{c_i\}_{i \in \mathbb{J}} \in l^2(\mathbb{J})$.

但是如果结论 (2) 在稠密子集上成立 (如 $M = \mathrm{span}\{e_i\}_{i \in \mathbb{J}}$), 不能推出 $\{f_i\}_{i \in \mathbb{J}}$ 是 Bessel 序列. 即 $\sum\limits_{i \in \mathbb{J}} |\langle e_k, f_i \rangle|^2 < \infty$ 对任意 e_k 成立不能推出 $\{f_i\}_{i \in \mathbb{J}}$ 是 Bessel

序列. P. Casazza 等在文献 [20, 命题 21] 中证明了 Gabor 系统 $\{E_{mb}T_{na}\}_{m,n\in\mathbb{Z}}$ 满足 $\sum_{m,n\in\mathbb{Z}}|\langle f, E_{mb}T_{na}g\rangle|^2 < \infty, \forall\, g \in L^2(\mathbb{R}), f \in M.$ M 是 $L^2(\mathbb{R})$ 上有界紧支集函数全体, 显然在 $L^2(\mathbb{R})$ 上稠密. 但是对于任意 $g \in L^2(\mathbb{R})$, 不能保证 $\{E_{mb}T_{na}g\}_{m,n\in\mathbb{Z}}$ 是 Bessel 序列. 原因是一致有界原理只在 Banach 空间成立, 在不完备的稠密子集上不成立.

同上, 一个序列 $\{f_i\}_{i\in\mathbb{J}}$ 在闭子空间 M 上是 Bessel 序列, 不一定在 H 上是 Bessel 序列. 限制在一个闭子空间上的框架称为伪框架, 在文献 [101] 中, 作者对伪框架进行了探讨, 并得到一些有意义的结果. 同样, 对于一个框架, 满足对偶重构公式的序列有无穷多个, 这些序列可能不是框架. 例如: 设 $H = \mathbb{C}$. $\{x_i\}_{i\in\mathbb{J}}, \{y_i\}_{i\in\mathbb{J}}$ 是 H 上的序列, 满足

$$\sum_{i\in\mathbb{J}}|x_i|^2 = 1, \quad \sum_i x_i\overline{y}_i = 1, \quad \sum_{i\in\mathbb{J}}|y_i|^2 = \infty,$$

则

$$\sum_{i\in\mathbb{J}}\langle x, x_i\rangle x_i = x, \quad \sum_{i\in\mathbb{J}}\langle x, y_i\rangle x_i = x, \forall\, x \in H.$$

即 $\{x_i\}_{i\in\mathbb{J}}$ 是 H 上的框架, $\{y_i\}_{i\in\mathbb{J}}$ 与 $\{x_i\}_{i\in\mathbb{J}}$ 满足对偶重构公式, 但是

$$\sum_{i\in\mathbb{J}}|\langle x, y_i\rangle|^2 = |x|^2\sum_{i\in\mathbb{J}}|y_i|^2 = \infty.$$

即 $\{y_i\}_{i\in\mathbb{J}}$ 不是 Bessel 序列, 进而不是框架. 类似于 $\{y_i\}_{i\in\mathbb{J}}$ 的性质的序列, 称为伪对偶. 文献 [100] 对伪对偶做了一定的研究并得到一些在应用上的结论.

文献 [72] 中, 作者探讨了满秩格生成的 $L^2(\mathbb{R}^d)$ 的闭子空间上的 Gabor 伪对偶, 本章把其中的一些结论推广到一般的可数群上.

3.2.1 完全框架向量的紧对偶的存在性

下面是相应于文献 [72, 定理 2.2] 中关于框架向量的 Parseval 对偶框架向量存在性的结论, 是 $L^2(\mathbb{R})$ 上 Gabor 框架在 $ab \leqslant 1$ 时的情形.

定理 3.2.1 设 (π, G, H) 是 H 上的框架表示, $\xi \in H$ 是 $\pi(G)$ 的完全框架向量, 则下列结论等价:

(1) 存在 $\pi(G)$ 在 H 上的完全 Parseval 框架向量 $\eta \in H$, 是 ξ 的对偶.

(2) $P_\varphi \leqslant P_\xi^\perp$, 且 $a_\xi \geqslant 1$. 其中 $P_\xi\colon l^2(G) \to \mathrm{ran}\theta_\xi$, $P_\varphi\colon l^2(G) \to \mathrm{ran}\theta_\varphi$ 是正交投影, $\varphi \in H$ 是 $\pi(G)$ 在 $N = \overline{\mathrm{ran}}(I - S_\xi^{-1})$ 上的完全 Parseval 框架向量.

证明: 设 $\pi(G)$ 在 H 上的完全 Parseval 框架向量 $\eta \in H$, 是 ξ 的对偶. 因为对任意 $f \in H$, $\|f\|^2 = \|\theta_\eta^*\theta_\xi f\|^2 \leqslant \|\theta_\xi f\|^2$, 即完全框架向量 ξ 的框架下界 $a_\xi \geqslant 1$. 令 $\psi = \eta - S_\xi^{-1}\xi \in H$, 其中 S_ξ 是 ξ 的框架算子. 显然, ψ 是 $\pi(G)$ 在 H 上的 Bessel 向量. 并且, 由于 $S_\xi^{-1} \in \pi(G)'$, 则 $\theta_\psi^*\theta_\psi = I - S_\xi^{-1}$. 因此, $[\pi(G)\psi] = N$ 是 $\pi(G)$ 的不变子空间.

首先构造 N 上 $\pi(G)$ 的完全 Parseval 框架向量.

事实上, 将 θ_ψ 极分解, 即 $\theta_\psi = TS_\psi^{\frac{1}{2}}$, 其中 $T \in B(N, \overline{\mathrm{ran}}\theta_\psi)$ 是等距. 由于 $\lambda(g)\theta_\psi = \theta_\psi\pi(g)$, 得

$$\lambda(g)TS_\psi^{\frac{1}{2}} = TS_\psi^{\frac{1}{2}}\pi(g) = T\pi(g)S_\psi^{\frac{1}{2}}.$$

$\forall f \in N$, 有 $\lambda(g)Tf = T\pi(G)f$. 令 $\varphi = T^*\chi_e$. 由于 $\pi(G)$ 是群, 有

$$\pi(g)\varphi = \pi(g)T^*\chi_e = T^*\lambda(g)\chi_e,$$

从而 $\varphi \in N$ 是 $\pi(G)$ 在 N 上的完全 Parseval 框架向量, 且 $\theta_\varphi = T$, $\mathrm{ran}\theta_\varphi = \overline{\mathrm{ran}}\theta_\psi$.

又因为 $\theta_\psi^*\theta_\xi = (\theta_\eta^* - S_\xi^{-1}\theta_\xi^*)\theta_\xi = 0$, 即 $\mathrm{ran}\theta_\varphi \perp \mathrm{ran}\theta_\xi$, $\mathrm{ran}\theta_\varphi \subset (\mathrm{ran}\theta_\xi)^\perp$, 得 $P_\varphi \leqslant P_\xi^\perp$.

反过来, 设完全框架向量 ξ 的框架下界 $a_\xi \geqslant 1$, 则 $0 \leqslant I - S_\xi^{-1}$. 令 $A = (I - S_\xi^{-1})^{\frac{1}{2}}$, 则 $A \in \pi(G)'$ 且 $N = \overline{\mathrm{ran}}(I - S_\xi^{-1}) = \overline{\mathrm{ran}}A$. 下面来构造 Parseval 对偶框架向量.

首先说明 N 上存在 $\pi(G)$ 的完全 Parseval 框架向量 φ.

事实上, 由于 $A \in \pi(G)'$, $N \subset H$ 是 $\pi(G)$ 不变的. 令 $P\colon H \to N$ 是正交投影, 显然 $P \in \pi(G)'$, 则 $\varphi = PS_\xi^{-\frac{1}{2}}\xi$ 是 $\pi(G)$ 在 N 上的完全 Parseval 框架向量.

已知条件 $P_\varphi \leqslant P_\xi^\perp$, 由于 $\lambda(G)'$ 是 von Neumann 代数, 则存在子投影 $Q \leqslant P_\xi^\perp$ 使得 $P_\varphi \sim Q$. 从而存在部分等距 $V \in \lambda(G)'$, 使得 $P_\varphi = VV^*$,

$Q = V^*V$, 令 $\psi = \theta_\varphi^* V \chi_e$, 则

$$\pi(g)\psi = \pi(g)\theta_\varphi^* V \chi_e = \theta_\varphi^* \lambda(g) V \chi_e = \theta_\varphi^* V \lambda(g) \chi_e.$$

从而 ψ 是 $\pi(G)$ 在 N 上的完全 Parseval 框架向量, 并且 $\mathrm{ran}\theta_\psi = \mathrm{ran}V^*\theta_\varphi = Q l^2(G) \subset (\mathrm{ran}\theta_\xi)^\perp$.

令 $\phi = A\psi \in N$, 则显然 ϕ 是 $\pi(G)$ 在 N 上的 Bessel 向量 (因为 $A \in \pi(G)'$), 且对于任意 $f \in H$, $\theta_\phi f = \theta_\psi A f$. 进而 $\theta_\xi^* \theta_\phi f = \theta_\xi^* \theta_\psi A f = 0$. 再令 $\eta = \phi + S_\xi^{-1}\xi \in H$, 显然 η 是 $\pi(G)\xi$ 在 H 上的 Bessel 向量.

有

$$\theta_\eta^* \theta_\eta f = (\theta_\phi + \theta_\xi S_\xi^{-1})^*(\theta_\phi + \theta_\xi S_\xi^{-1}) = A^2 + S_\xi^{-1} = I,$$

从而 η 是 $\pi(G)$ 在 H 上的完全 Parseval 框架向量. 又

$$\theta_\eta^* \theta_\xi = (\theta_\phi + \theta_\xi S_\xi^{-1})^* \theta_\xi = I,$$

因此, $\pi(G)\eta$ 是 $\pi(G)\xi$ 在 H 上的对偶框架.

下面是相应于文献 [72, 定理 2.3] 的结论, 是 $L^2(\mathbb{R})$ 上 Gabor 框架在 $ab \ (\leqslant 1)$ 是无理数时的情形.

推论 3.2.1   设 (π, G, H) 是 H 上的框架表示, $\lambda(G)'$ 是因子 von Neumann 代数 [40]. 设 ξ 是 $\pi(G)$ 在 H 上的完全框架向量. 存在 H 上完全 Parseval 框架向量 η 是 ξ 的对偶当且仅当 $||\eta||^2 \leqslant 1 - ||S_\xi^{-\frac{1}{2}}\xi||^2$, 且 $a_\xi^{-1} \geqslant 1$. 其中 $\eta \in N$ 是 $\pi(G)$ 在 N 上的完全 Parseval 框架向量, 且 $N = \overline{\mathrm{ran}}(I - S_\xi^{-1})$.

证明: $\forall\, T \in \lambda(G)'$, 定义 $\mathrm{tr}(T)$: $\lambda(G)' \to \mathbb{C}$, $\mathrm{tr}(T) = \langle T\chi_e, \chi_e \rangle$. 由于 (π, G, H) 是框架表示, 由文献 [54, 命题 3.1], $\mathrm{tr}(\cdot)$ 是 $\lambda(G)'$ 上忠实的迹. 定义中心值迹 (线性映射) τ: $\lambda(G)' \to \lambda(G)' \bigcap \lambda(G)'' = \mathbb{C}I_{l^2(G)}$ (因子 von Neumann 代数). 而二者关系为: $\mathrm{tr}(T) = \mathrm{tr}(\tau(T))$.

从而, 设 $\tau(T) = aI$, $a \in \mathbb{C}$, 则 $\mathrm{tr}(T) = \mathrm{tr}(\tau(T)) = \mathrm{tr}(aI) = a$. 从而 $\tau(T) = aI = \mathrm{tr}(T)I$.

设 $u \in H$ 是满足 $N = [\pi(G)u]$ 的任意 Parseval 框架向量. P_u: $l^2(G) \to \mathrm{ran}\theta_u$ 是正交投影. 显然 $P_u = \theta_u \theta_u^* \in \lambda(G)'$, 从而 $\mathrm{tr}(P_u) = ||\theta_u^* \chi_e||^2 = ||u||^2$. 并

且如果 $v \in H$ 也是 N 上的完全 Parseval 框架向量, 令 $V = \theta_v \theta_u^* \in \lambda(G)'$, 则由 Parseval 性质, $P_v = VV^*$, $P_u = V^*V$, 从而 $P_v \sim P_u \in \lambda(G)'$. 又由忠实迹的交换性, 可得

$$||u||^2 = ||\theta_u^* \chi_e||^2 = \mathrm{tr}(P_u) = \mathrm{tr}(V^*V) = \mathrm{tr}(VV^*) = \mathrm{tr}(P_v) = ||\theta_v^* \chi_e||^2 = ||v||^2.$$

即同一空间上完全 Parseval 框架向量的范数总是相等的.

从而由条件 $\mathrm{tr}(P_\eta) = ||\eta||^2 \leqslant 1 - ||S_\xi^{-\frac{1}{2}}\xi||^2 = \mathrm{tr}(I) - \mathrm{tr}(P_\xi) = \mathrm{tr}(P_\xi^\perp)$, 可得 $P_\eta \leqslant P_\xi^\perp$. 满足定理 3.2.1, 从而 ξ 存在 Parseval 对偶框架向量. 反过来, 显然.

下面是比定理 3.2.1 更广义的结论, 阐述了框架向量的紧的对偶框架向量存在性的等价条件, 是文献 [72, 推论 1.3] 的推广.

定理 3.2.2　设 (π, G, H) 是 H 上的框架表示, $\xi \in H$ 是 $\pi(G)$ 的完全框架向量, 则下列结论等价:

(1) 存在 $\pi(G)$ 的完全的紧的框架向量 $\eta \in H$, 是 ξ 的对偶.

(2) $P_\varphi \leqslant P_\xi^\perp$, 其中 $P_\xi \colon l^2(G) \to \mathrm{ran}\theta_\xi$, $P_\varphi \colon l^2(G) \to \mathrm{ran}\theta_\varphi$ 是正交投影, $\varphi \in N$ 是 $\pi(G)$ 在 $N = \overline{\mathrm{ran}}(a_\xi^{-1}I - S_\xi^{-1})$ 上的完全框架向量.

证明: (1) $\Rightarrow$ (2). 设 $\pi(G)$ 在 H 上的完全的紧的框架向量 $\eta \in H$, 是 ξ 的对偶, 界为 a_η, 则 $\psi = a_\eta^{-\frac{1}{2}}\eta \in H$ 是 $\pi(G)$ 在 H 上的完全 Parseval 框架向量, 是 $\phi = a_\eta^{\frac{1}{2}}\xi \in H$ 的对偶. 则由定理 3.2.1, $P_u \leqslant P_\phi^\perp = P_\xi^\perp$, 且 $a_\phi \geqslant 1$, 其中 $P_\phi \colon l^2(G) \to \mathrm{ran}\theta_\phi = \mathrm{ran}\theta_\xi$, $P_u \colon l^2(G) \to \mathrm{ran}\theta_u$ 是正交投影, u 是 $\pi(G)$ 在 $\overline{\mathrm{ran}}(I - S_\phi^{-1})$ 上的完全 Parseval 框架向量. 而 $S_\phi = a_\eta S_\xi$, 则

$$\overline{\mathrm{ran}}(I - S_\phi^{-1}) = \overline{\mathrm{ran}}(I - a_\eta^{-1}S_\xi^{-1}) = \overline{\mathrm{ran}}(a_\eta I - S_\xi^{-1}).$$

先说明 $a_\eta \geqslant a_\xi^{-1}$. 事实上,

$$||f||^2 = \sum_{g \in G} \langle f, \pi(g)\eta \rangle \langle \pi(g)\xi, f \rangle$$

$$\leqslant \left(\sum_{g \in G} |\langle f, \pi(g)\eta \rangle|^2 \right)^{\frac{1}{2}} \left(\sum_{g \in G} |\langle \pi(g)\xi, f \rangle|^2 \right)^{\frac{1}{2}}$$

$$= a_\eta^{\frac{1}{2}} ||f|| \left(\sum_{g \in G} |\langle \pi(g)\xi, f \rangle|^2 \right)^{\frac{1}{2}}.$$

由于 a_ξ 是最大下界, 则 $a_\eta^{-1} \leqslant a_\xi$.

如果 $a_\eta > \|S_\xi^{-1}\| = a_\xi^{-1}$, 则 $S_\phi^{-1} = a_\eta^{-1} S_\xi^{-1} < 1, I - S_\phi^{-1}$ 可逆. 从而

$$\overline{\mathrm{ran}}(a_\xi^{-1}I - S_\xi^{-1}) \subset H = \overline{\mathrm{ran}}(a_\eta I - S_\xi^{-1}).$$

如果 $a_\eta = \|S_\xi^{-1}\| = a_\xi^{-1}$, 则 $\overline{\mathrm{ran}}(a_\xi^{-1}I - S_\xi^{-1}) = \overline{\mathrm{ran}}(a_\eta I - S_\xi^{-1})$. 从而 $\overline{\mathrm{ran}}(a_\xi^{-1}I - S_\xi^{-1}) \subset \overline{\mathrm{ran}}(a_\eta I - S_\xi^{-1})$ 总是成立的.

下面说明 $\pi(G)$ 的不变子空间 $M \subset H$ 上的两个完全框架向量 $u_1, u_2 \in M$, 有 $P_{u_1} \sim P_{u_2}$, 其中 $P_{u_1}\colon l^2(G) \to \mathrm{ran}\theta_{u_1}$, $P_{u_2}\colon l^2(G) \to \mathrm{ran}\theta_{u_2}$ 是正交投影.

事实上, $u_1, S_{u_1}^{-\frac{1}{2}}u_1$ 相似 (分析算子值域相同). 从而只需设 $u_1, u_2 \in M$ 是 M 上的两个完全 Parseval 框架向量.

令 $V = \theta_{u_1}\theta_{u_2}^* \in \lambda(G)'$, 显然是 $l^2(G)$ 上的部分等距, 则 $P_{u_1} = VV^*$, $P_{u_2} = V^*V$.

现在我们来说明, 对于 $\pi(G)$ 两个不变子空间 $N_1 \subset N_2 \subset H$ 上的两个完全 Parseval 框架向量 $u_1 \in N_1, u_2 \in N_2$, 满足 $P_{u_1} \leqslant P_{u_2}$.

事实上, 令 $P = \theta_{u_1}\theta_{u_1}^* = I_{N_1}$, 则 $P\colon H \to N_1$ 是正交投影. 即 $P \in \pi(G)'$. 令 $v = Pu_2$, 从而 v 是 N_1 上完全 Parseval 框架向量. 有

$$\overline{\mathrm{ran}}\theta_v = \overline{\mathrm{ran}}\theta_{u_2}P \subset \overline{\mathrm{ran}}\theta_{u_2}.$$

综上, $P_\varphi \leqslant P_u \leqslant P_\xi^\perp$, 其中 $P_\varphi\colon l^2(G) \to \mathrm{ran}\theta_\varphi$ 是正交投影, φ 是 $N = \overline{\mathrm{ran}}(a_\xi^{-1}I - S_\xi^{-1})$ 上的 $\pi(G)$ 的完全框架向量.

(2) $\Rightarrow$ (1). 设 $P_\varphi \leqslant P_\xi^\perp$, 其中 $P_\xi\colon l^2(G) \to \mathrm{ran}\theta_\xi$, $P_\varphi\colon l^2(G) \to \mathrm{ran}\theta_\varphi$ 是正交投影, $\varphi \in N$ 是 $\pi(G)$ 在 $N = \overline{\mathrm{ran}}(a_\xi^{-1}I - S_\xi^{-1})$ 上的完全框架向量. 由于

$$\overline{\mathrm{ran}}(a_\xi^{-1}I - S_\xi^{-1}) = \overline{\mathrm{ran}}(I - a_\xi S_\xi^{-1}),$$

且 $a_\xi^{-1}S_\xi$ 是完全框架向量 $a_\xi^{-\frac{1}{2}}\xi$ 的框架算子 (显然 $a_\xi^{-\frac{1}{2}}\xi$ 满足下界等于 1), 从而由定理 3.2.1, 存在完全 Parseval 框架向量 η 是完全框架向量 $a_\xi^{-\frac{1}{2}}\xi$ 的对偶. 进而, $a_\xi^{-\frac{1}{2}}\eta$ 是 ξ 的对偶, 是完全紧的框架向量.

下面是推论 3.2.1 的推广.

推论 3.2.2　　设 (π, G, H) 是 H 上的框架表示, G 是 ICC (即无限共轭类) 群 [44], ξ 是 $\pi(G)$ 的完全框架向量, 则 $\xi \in H$ 存在对偶是 $\pi(G)$ 的紧的完全框架向量当且仅当 $\|\eta\|^2 \leqslant 1 - \|S_\xi^{-\frac{1}{2}}\xi\|^2$, 其中 $\eta \in N$ 是 $\pi(G)$ 在 N 上的完全 Parseval 框架向量, 且 $N = \overline{\mathrm{ran}}(a_\xi^{-1}I - S_\xi^{-1})$.

证明:　由条件可知 $\lambda(G)'$ 是因子 von Neumann 代数. 与推论 3.2.1 的证明类似. $\forall T \in \lambda(G)'$, 定义

$$\mathrm{tr}(T): \lambda(G)' \to \mathbb{C}, \ \mathrm{tr}(T) = \langle T\chi_e, \chi_e \rangle.$$

由于 (π, G, H) 是框架表示, 由文献 [54, 命题 3.1], $\mathrm{tr}(\cdot)$ 是 $\lambda(G)'$ 上忠实的迹. 定义中心值迹 (线性映射):

$$\tau: \lambda(G)' \to \lambda(G)' \bigcap \lambda(G)'' = \mathbb{C}I_{l^2(G)} \ (\text{因子 von Neumann 代数}).$$

而二者关系为: $\mathrm{tr}(T) = \mathrm{tr}(\tau(T))$. 从而, 设 $\tau(T) = aI$, $a \in \mathbb{C}$, 则 $\mathrm{tr}(T) = \mathrm{tr}(\tau(T)) = \mathrm{tr}(aI) = a$. 进而 $\tau(T) = aI = \mathrm{tr}(T)I$.

设任意 Parseval 框架向量 $u \in H$, 满足 $N = [\pi(G)u]$. $P_u: l^2(G) \to \mathrm{ran}\theta_u$ 是正交投影. 显然 $P_u = \theta_u \theta_u^* \in \lambda(G)'$, 从而 $\mathrm{tr}(P_u) = \|\theta_u^* \chi_e\|^2 = \|u\|^2$. 并且如果 $v \in H$ 也是 N 上的完全 Parseval 框架向量, 令 $V = \theta_v \theta_u^* \in \lambda(G)'$, 则由 Parseval 性质, $P_v = VV^*$, $P_u = V^*V$, 从而 $P_v \sim P_u \in \lambda(G)'$. 又由忠实迹的交换性 [117], 可得

$$\|u\|^2 = \|\theta_u^* \chi_e\|^2 = \mathrm{tr}(P_u)$$

$$= \mathrm{tr}(V^*V) = \mathrm{tr}(VV^*)$$

$$= \mathrm{tr}(P_v) = \|\theta_v^* \chi_e\|^2$$

$$= \|v\|^2.$$

即同一空间上完全 Parseval 框架向量的范数总是相等的.

从而由条件

$$\mathrm{tr}(P_\eta) = \|\eta\|^2 \leqslant 1 - \|S_\xi^{-\frac{1}{2}}\xi\|^2$$

$$= \mathrm{tr}(I) - \mathrm{tr}(P_\xi) = \mathrm{tr}(P_\xi^\perp),$$

可得 $P_\eta \leqslant P_\xi^\perp$. 满足定理 3.2.2, 从而 ξ 存在紧对偶框架向量. 反过来, 显然.

3.2.2 框架向量的伪对偶

命题 3.2.1 设 (π, G, H) 是 H 上的框架表示, $M \subset H$ 是 $\pi(G)$ 的不变子空间, $\xi \in M$ 是 M 上的完全框架向量.

(1) 存在 H 上的完全框架向量 $\eta \in H$ 使得 $\xi = P\eta$, 其中 $P: H \to M$ 是正交投影.

(2) 特别地, η 可以选取为与 ξ 有相同的下界.

证明: (1) 因为 (π, G, H) 是 H 上的框架表示, 设 $h \in H$ 是 $\pi(G)$ 在 H 上的完全 Parseval 框架向量, 令 $K = H \oplus (\operatorname{ran}\theta_h)^\perp$, $\phi = h \oplus P_T^\perp \chi_e$, $\sigma(g) = \pi(g) \oplus \lambda(g)$, 其中 $P_h^\perp: l^2(G) \to (\operatorname{ran}\theta_h)^\perp$ 是正交投影, $\{\chi_g\}_{g \in G}$ 是 $l^2(G)$ 的标准正交基, $\lambda(G)$ 是 $l^2(G)$ 上的左正则表示, 则 ϕ 是 $\sigma(G)$ 在 K 上的完全游荡向量. 对任意 $\sigma(G)$ 的 Bessel 向量 $x \in K$, 定义

$$\widetilde{\theta}_x: K \to K, \quad \widetilde{\theta}_x f = \sum_{g \in G} \langle f, \sigma(g)x \rangle \sigma(g)\phi.$$

由于 ξ 是 $\pi(G)$ 在 M 上的完全框架向量, 则 $P \sim P_\xi \in \sigma(G)'$, 其中 $P_\xi: K \to \operatorname{ran}\widetilde{\theta}_\xi$ 是正交投影. 因为 $\sigma(G)'$ 是有限 von Neumann 代数, 进而 $P^\perp \sim P_\xi^\perp \in \sigma(G)'$ (文献 [70, 引理 2.6]). 于是存在部分等距 $V \in \sigma(G)'$, 使得 $V: M^\perp \to (\operatorname{ran}\widetilde{\theta}_\xi)^\perp$ 是满等距, 满足 $P^\perp = V^*V$, $P_\xi^\perp = V^*V$. 令 $\varphi = \xi + V^*\phi$, 从而

$$\widetilde{\theta}_\varphi = \widetilde{\theta}_\xi + \widetilde{\theta}_\phi V = \widetilde{\theta}_\xi + V.$$

显然, $\widetilde{\theta}_\varphi \in B(K)$ 可逆, 从而 φ 是 $\sigma(G)$ 在 K 上的完全 Riesz 基向量, 且满足 $\xi = P\varphi$. 令 $\eta = P_H\varphi$, 其中 $P_H: K \to H$ 是正交投影, 则 $\eta \in H$ 是 H 上 $\pi(G)$ 的完全框架向量, 且 $\xi = PP_H\varphi = P\eta$ (与文献 [52, 引理 5] 和 [70, 推论 2.8] 的证明方法类似).

(2) 下证 η 可选取为与 ξ 有相同的下界.

事实上, 由 (1) 可得, 对于 M 上的完全 Parseval 框架向量 $S_\xi^{-\frac{1}{2}}\xi$, 可以提升为 H 上的完全 Parseval 框架向量 $\widetilde{\eta} \in H$, 满足 $S_\xi^{-\frac{1}{2}}\xi = P\widetilde{\eta}$. 令 $\zeta = \xi + bP^\perp\widetilde{\eta}$, $b > 0$, 从而 $\xi = P\zeta$.

下证 $\zeta \in H$ 是 $\pi(G)$ 在 H 上的完全框架向量.

事实上, $\forall f \in H$, 由 $P \in \pi(G)'$, 可得

$$\sum_{g \in G} \langle f, \pi(g)\zeta \rangle \pi(g)\zeta = \sum_{g \in G} \langle f, \pi(g)(\xi + bP^\perp \widetilde{\eta}) \rangle \pi(g)(\xi + bP^\perp \widetilde{\eta})$$

$$= \sum_{g \in G} \langle f, \pi(g)\xi + bP^\perp \pi(g)\widetilde{\eta} \rangle (\pi(g)\xi + bP^\perp \pi(g)\widetilde{\eta})$$

$$= \sum_{g \in G} \langle f, \pi(g)\xi \rangle \pi(g)\xi + \sum_{g \in G} \langle f, bP^\perp \pi(g)\widetilde{\eta} \rangle \pi(g) S_\xi^{\frac{1}{2}} P\widetilde{\eta} +$$

$$\sum_{g \in G} \langle f, \pi(g) S_\xi^{\frac{1}{2}} P\widetilde{\eta} \rangle bP^\perp \pi(g)\widetilde{\eta} + \sum_{g \in G} \langle f, bP^\perp \pi(g)\widetilde{\eta} \rangle bP^\perp \pi(g)\widetilde{\eta}$$

$$= S_\xi f + bS_\xi^{\frac{1}{2}} PP^\perp f + bP^\perp P S_\xi^{\frac{1}{2}} f + b^2 P^\perp f$$

$$= S_\xi f + b^2 P^\perp f.$$

$S_\zeta = \begin{pmatrix} S_\xi & 0 \\ 0 & b^2 P^\perp \end{pmatrix} : \begin{pmatrix} M \\ M^\perp \end{pmatrix} \rightarrow \begin{pmatrix} M \\ M^\perp \end{pmatrix}$ 可逆. 所以 $\zeta \in H$ 是 $\pi(G)$ 在 H

上的完全框架向量. $\|S_\zeta^{-1}\| = \left\| \begin{pmatrix} S_\xi^{-1} & 0 \\ 0 & b^{-2} P^\perp \end{pmatrix} \right\| = \max\{\|S_\xi^{-1}\|, b^{-2}\}$, 从而

$$a_\zeta = \|S_\zeta^{-1}\|^{-1} = \frac{1}{\max\{\|S_\xi^{-1}\|, b^{-2}\}}.$$

进而, 如果取 $b^{-2} \leqslant \|S_\xi^{-1}\|$, 可满足 η 与 ξ 下界相同.

下面的结论是子空间上框架的对偶落在子空间上, 即内对偶的情况. 这个结论的条件用到了框架重数, 有关框架重数的定义可见文献 [74, P95, 第六章].

推论 3.2.3 (内对偶)　设 (π, G, H) 是 H 上的框架表示. 如果框架重数 $\geqslant 2$, 则任意框架向量 $\xi \in H$ 在 H 上存在 (内) 对偶.

证明: 设 $M \subset H$ 是 $\pi(G)$ 的不变子空间, 且 $\xi \in M$ 是 M 上的完全框架向量. 由命题 3.2.1, 存在 H 上的完全框架向量 η, 使得 $\xi = P\eta$, 其中 $P: H \rightarrow M$ 是正交投影. 由于框架重数 $\geqslant 2$, 即 $P_\eta \leqslant P_\eta^\perp$, 由引理 3.2.2, 存在 H 上紧的完全框架向量 $\psi \in H$, 是 η 的对偶 ($P_x \leqslant P_\eta \leqslant P_\eta^\perp$). 从而 $\varphi = P\psi \in M$ 是 M 上紧的完全框架向量, 是 ξ 的对偶.

下面是文献 [72, 引理 3.10] 的推广.

命题 3.2.2 (紧的内对偶存在的必要条件) 设 (π, G, H) 是 H 上的框架表示, φ 是 $\pi(G)$ 的完全框架向量. 任意框架向量 $\xi \in H$, 满足 $[\pi(G)\xi] = M$. 如果 $P_\phi \leqslant P_\varphi^\perp$, 则 ξ 存在伪对偶且是紧的框架向量. 其中 $\phi \in H$ 是 $N = \overline{\mathrm{ran}}(\|S_\xi^{-1}\|P - S_\xi^{-1})$ 上的完全框架向量. $P_\phi \colon l^2(G) \to \mathrm{ran}\theta_\phi$, $P_\varphi \colon l^2(G) \to \mathrm{ran}\theta_\varphi$, $P \colon H \to M$ 是正交投影. 其中 S_ξ^{-1} 是限制在 M 上 S_ξ 的逆.

证明: 由引理 3.2.1, M 上的完全 Parseval 框架向量 $S_\xi^{-\frac{1}{2}}\xi$ 可以提升为 H 上的完全 Parseval 框架向量 $\widetilde{\eta} \in H$, 且满足 $S_\xi^{-\frac{1}{2}}\xi = P\widetilde{\eta}$. 令 $\zeta = \xi + bP^\perp\widetilde{\eta}, b > 0$, 从而 $\xi = P\zeta$. 取 $b^{-2} \leqslant \|S_\xi^{-1}\|$, 则 $\zeta \in H$ 是 $\pi(G)$ 在 H 上的完全框架向量, 与 M 上的完全框架向量 ξ 的框架的界相同. 令 $h = P^\perp\widetilde{\eta} \in M^\perp$, 则 h 是 $M^\perp$ 上的完全框架向量. 我们可以得到 $S_\zeta = S_\xi + b^2P^\perp$, 则 $S_\zeta^{-1} = S_\xi^{-1} + b^{-2}P^\perp$, 并且

$$\|S_\zeta^{-1}\| = \max\{\|S_\xi^{-1}\|, b^{-2}\} = \|S_\xi^{-1}\|.$$

如果直接令 $b^{-2} = \|S_\xi^{-1}\|$, 由于

$$\|S_\zeta^{-1}\|I - S_\zeta^{-1} = \|S_\xi^{-1}\|I - (S_\xi^{-1} + b^{-2}P^\perp)$$
$$= \|S_\xi^{-1}\|(P + P^\perp) - (S_\xi^{-1} + \|S_\xi^{-1}\|P^\perp)$$
$$= \|S_\xi^{-1}\|P - S_\xi^{-1}$$

从而 $N = \overline{\mathrm{ran}}(\|S_\zeta^{-1}\|I - S_\zeta^{-1}) = \overline{\mathrm{ran}}(\|S_\xi^{-1}\|P - S_\xi^{-1})$. 已知条件 $P_\phi \leqslant P_\varphi^\perp \sim P_\zeta^\perp$, 由引理 3.2.2 知, 存在 $u \in H$ 是 $\pi(G)$ 在 H 上的紧的完全框架向量, 是 ζ 的对偶. 从而 Pu 与 $P\zeta = \xi$ 构成对偶, 且 $Pu \in M$ 是 $\pi(G)$ 在 M 上的紧的完全框架向量.

下面是文献 [72, 命题 3.11] 的推广.

推论 3.2.4 设 (π, G, H) 是 H 上的框架表示, $\lambda(G)'$ 是因子 von Neumann 代数, φ 是 $\pi(G)$ 的完全框架向量. 任意框架向量 $\xi \in H$, 记 $[\pi(G)\xi] = M$. 如果 $\|S_\xi^{-\frac{1}{2}}\xi\|^2 \leqslant 1 - \|S_\varphi^{-\frac{1}{2}}\varphi\|^2$, 则 ξ 存在 (内) 对偶是紧的框架向量.

证明: 同推论 3.2.1 的证明. $\forall\, T \in \lambda(G)'$, 定义 $\mathrm{tr}(T) \colon \lambda(G)' \to \mathbb{C}, \mathrm{tr}(T) = \langle T\chi_e, \chi_e \rangle$. 由于 (π, G, H) 是框架表示, 由文献 [54, 命题 3.1] 知, $\mathrm{tr}(\cdot)$ 是 $\lambda(G)'$

上忠实的迹. 定义中心值迹 (线性映射) τ: $\lambda(G)' \to \lambda(G)' \bigcap \lambda(G)'' = \mathbb{C}I_{l^2(G)}$ (因子 von Neumann 代数). 而二者关系为: $\mathrm{tr}(T) = \mathrm{tr}(\tau(T))$.

从而, 设 $\tau(T) = aI$, $a \in \mathbb{C}$, 则 $\mathrm{tr}(T) = \mathrm{tr}(\tau(T)) = \mathrm{tr}(aI) = a$. 从而 $\tau(T) = aI = \mathrm{tr}(T)I$.

设任意 Parseval 框架向量 $u \in H$, 满足 $N = [\pi(G)u]$. P_u: $l^2(G) \to \mathrm{ran}\theta_u$ 是正交投影. 显然 $P_u = \theta_u\theta_u^* \in \lambda(G)'$, 从而 $\mathrm{tr}(P_u) = ||\theta_u^*\chi_e||^2 = ||u||^2$. 并且如果 $v \in H$ 也是 N 上的完全 Parseval 框架向量, 令 $V = \theta_v\theta_u^* \in \lambda(G)'$, 则由 Parseval 性质, $P_v = VV^*$, $P_u = V^*V$, 从而 $P_v \sim P_u \in \lambda(G)'$. 又由忠实迹的交换性, 可得

$$||u||^2 = ||\theta_u^*\chi_e||^2 = \mathrm{tr}(P_u) = \mathrm{tr}(V^*V) = \mathrm{tr}(VV^*)$$
$$= \mathrm{tr}(P_v) = ||\theta_v^*\chi_e||^2 = ||v||^2.$$

即同一空间上完全 Parseval 框架向量的范数总是相等的.

从而, 由条件可得

$$\mathrm{tr}(P_\xi) = ||S_\xi^{-\frac{1}{2}}\xi||^2 \leqslant 1 - ||S_\varphi^{-\frac{1}{2}}\varphi||^2$$
$$= \mathrm{tr}(I) - \mathrm{tr}(P_\varphi) = \mathrm{tr}(P_\varphi^\perp).$$

从而 $P_\xi \leqslant P_\varphi^\perp$.

如果闭子空间 $N_1 \subset N_2 \subset H$, 则 N_1, N_2 上的完全 Parseval 框架向量 u_1, u_2 满足 $||u_1||^2 \leqslant ||u_2||^2$. 从而 $P_{u_1} \leqslant P_{u_1}$ (易证, 结论比较显然).

显然, 由命题 3.2.2 证明过程可知,

$$N = \overline{\mathrm{ran}}(||S_\zeta^{-1}||I - S_\zeta^{-1}) = \overline{\mathrm{ran}}(||S_\xi^{-1}||P - S_\xi^{-1}) \subset M.$$

从而 $P_\phi \leqslant P_\xi \leqslant P_\varphi^\perp$. 则由命题 3.2.2 , ξ 存在 (内) 对偶, 是紧的框架向量, 其中 $\phi \in H$ 是 $N = \overline{\mathrm{ran}}(||S_\xi^{-1}||P - S_\xi^{-1})$ 上的任意完全框架向量.

所谓外对偶, 即 $\eta \in H$ 满足 $\pi(G)\eta$ 与闭子空间 M 上的框架 $\pi(G)\xi$, 可以重构 M 上的元素, 但 $\eta \notin M$, 也不一定是 Bessel 向量. 下面构造外对偶的情况. 相比内对偶, 外对偶的存在条件比较复杂, 不容易构造.

在文献 [72, 引理 3.3]中, 说明在 Gabor 理论中, 如果闭子空间 $M \subset L^2(\mathbb{R})$ 上存在 Gabor 框架且满足 $ab \geqslant 2$, 则 $M^\perp$ 上存在 Gabor 正交基. 但对于一般可数群, 不一定有相似的结论.

引理 3.2.1   设 (π, G, H) 是 H 上的酉表示. 设存在 $\psi \in H$ 是 $\pi(G)$ 的游荡向量 (不完全), 且满足 $N = [\pi(G)\psi]$, 如果对于 $\pi(G)$ 的不变子空间 $M \subset H$, 满足 $P_M^\perp \sim P_N$, 则存在 $\varphi \in M^\perp$ 是 $\pi(G)$ 的游荡向量.

证明: 由于 $P_M^\perp \sim P_N \in \pi(G)'$, 则存在部分等距 $V \in \pi(G)'$, 使得 $P_M^\perp = VV^*, P_N = V^*V$, 其中 $V^*: M^\perp \to N$ 是等距. 令 $\varphi = V\psi \in M^\perp$, 则 φ 是 $\pi(G)$ 的游荡向量.

下面文献是 [72, 命题 3.4] 在一般群表示上的推广.

命题 3.2.3   设 (π, G, H) 是 H 上的酉表示, $M \subset H$ 是 $\pi(G)$ 的不变子空间, 满足 $\varphi \in M^\perp$ 是 $\pi(G)$ 在 $M^\perp$ 上的完全的游荡向量, 则 $\pi(G)$ 在 M 上的任意完全框架向量 $\xi \in M$, 存在紧的对偶框架向量是外对偶.

证明: 令 $T = \|S_\xi^{-1}\| I_{l^2(G)} - \theta_\xi S_\xi^{-2} \theta_\xi^* \in \lambda(G)' \subset B(l^2(G))$, 其中 S_ξ^{-1} 是 S_ξ 限制在 M 上的逆算子. 由于

$$\|\theta_\xi S_\xi^{-2} \theta_\xi^*\| = \|\theta_{S_\xi^{-1}\xi} \theta_{S_\xi^{-1}\xi}^*\| = \|\theta_{S_\xi^{-1}\xi}^* \theta_{S_\xi^{-1}\xi}\| = \|S_\xi^{-1}\|,$$

则 $T \geqslant 0$. 令 $\eta = \theta_\varphi^* T^{\frac{1}{2}} \chi_e \in M^\perp, \phi = S_\xi^{-1}\xi + \eta \in H$.

下证 $\phi \in H$ 是 $\pi(G)$ 在 H 上的 Bessel 向量, 且是 $\xi \in M$ 的外对偶.

因为 $\theta_\eta = T^{\frac{1}{2}}\theta_\varphi$, 且 θ_φ 是满射, 则

$$\theta_\eta \theta_\eta^* = (T^{\frac{1}{2}}\theta_\varphi)(T^{\frac{1}{2}}\theta_\varphi)^* = T^{\frac{1}{2}}\theta_\varphi \theta_\varphi^* T^{\frac{1}{2}} = T.$$

又由于 $[\pi(G)\varphi] \subset M^\perp$, 则

$$\theta_\eta \theta_\xi^* = T^{\frac{1}{2}}\theta_\varphi \theta_\xi^* = 0.$$

进而, $[\pi(G)\eta] \subset M^\perp$. 从而 ϕ 是 $\pi(G)$ 在 H 上的 Bessel 向量, 且是 ξ 的外对偶.

最后说明 ϕ 是 $\pi(G)$ 的紧框架向量. 事实上,

$$\theta_\phi \theta_\phi^* = (\theta_\xi S_\xi^{-1} + \theta_\eta)(S_\xi^{-1}\theta_\xi^* + \theta_\eta^*) = \|S_\xi^{-1}\| I_{l^2(G)}.$$

从而 ϕ 是 $\pi(G)$ 的 Riesz 基向量 (不完备, 分析算子满). 又 $\theta_\phi^* \theta_\phi \theta_\phi^* = ||S_\xi^{-1}|| \theta_\phi^*$, 即 $\theta_\phi^* \theta_\phi = ||S_\xi^{-1}|| P_\phi$, 其中 $P_\phi \colon H \to \mathrm{ran}\theta_\phi^*$ 是正交投影, 从而 ϕ 是 $\pi(G)$ 的 Riesz 基向量且是紧的 (正交但范数不是 1).

下面是交换群的一些特殊情况. 为了给出交换群的框架向量的紧对偶存在的充要条件, 需要几个引理.

下面的结果是相应于 $L^2(\mathbb{R})$ 的子空间上 Gabor 框架在 $ab = 1$ 时的情况.

命题 3.2.4　设 (π, G, H) 是 H 上的酉表示, G 是交换群, $M \subset H$ 是 $\pi(G)$ 的不变子空间. 则 $\pi(G)$ 在 M 上的任意完全框架向量 $\xi \in M$ 存在唯一对偶 $\phi \in M$ (内对偶唯一).

证明: 同文献 [55, 推论 3.11]. 因为 G 是交换群, 则 $\pi(G)$ 的相同结构的内对偶唯一.

命题 3.2.5　设 (π, G, H) 是 H 上的酉表示, G 是交换群, $M \subset H$ 是 $\pi(G)$ 的不变子空间, 则 $\pi(G)$ 在 M 上的任意完全框架向量 $\xi \in M$ 的伪对偶 $\phi \in H$, 满足 $[\pi(G)\eta] \perp M$, 其中 $\eta = \phi - S_\xi^{-1}\xi$.

证明: 设 $\phi \in H$ 是 $\xi \in M$ 的任意伪对偶, 则 $P\phi \in H$ 是内对偶. 又 G 是交换群, 由引理 3.2.4, 内对偶唯一, 即 $P\phi = P\eta + PS_\xi^{-1}\xi = S_\xi^{-1}\xi$, 则 $P\eta = 0$, $\eta \in M^\perp$.

框架表示可以用算子刻画所有框架向量.

引理 3.2.2 [69, 引理 2.3]　设 (π, G, H) 是 H 上的框架表示, $\xi \in H$ 是 $\pi(G)$ 在 H 上的完全框架向量, 则对于 $\eta \in H$:

(1) $\eta \in H$ 是 $\pi(G)$ 在 H 上的 Bessel 向量当且仅当存在 $A \in w^*(\pi(G)) = \pi(G)''$, 使得 $\eta = A\xi$;

(2) $\eta \in H$ 是 $\pi(G)$ 在 H 上的完全框架向量当且仅当存在可逆算子 $A \in w^*(\pi(G)) = \pi(G)''$, 使得 $\eta = A\xi$;

(3) $\eta \in H$ 是 $\pi(G)$ 在 H 上的完全 Parseval 框架向量当且仅当存在酉算子 $A \in w^*(\pi(G)) = \pi(G)''$, 使得 $\eta = A\xi$;

(4) $\eta \in H$ 是 $\pi(G)$ 在 H 上的 Parseval 框架向量当且仅当存在部分等距 $A \in w^*(\pi(G)) = \pi(G)''$, 使得 $\eta = A\xi$;

引理 3.2.3 [75, 命题 3.13]   设 (π, G, H) 是 H 上的框架表示, $\xi \in H$ 是 $\pi(G)$ 在 H 上的完全框架向量, P_ξ: $l^2(g) \to \mathrm{ran}\theta_\xi$ 是正交投影, 则下列结论等价:

(1) $P_\xi \in \lambda(G)' \cap \lambda(G)''$;

(2) 如果 $\eta \in H$ 是 $\pi(G)$ 在 H 上的完全框架向量, 则存在 (唯一的) 可逆算子 $A \in \pi(G)'$, 使得 $\eta = A\xi$;

(3) 如果 $\eta \in H$ 是 $\pi(G)$ 在 H 上的完全 Parseval 框架向量, 则存在 (唯一的) 酉算子 $A \in \pi(G)'$, 使得 $\eta = A\xi$;

引理 3.2.4 [86, 推论 7.2.16]   设 (π, G, H) 是 H 上的酉表示, $\eta \in H$ 是 $\pi(G)$ 在 H 上的循环向量. 如果 G 是交换群, 则 $\pi(G)'' = \pi(G)'$.

证明: 因为 $\pi(G)''$ 是交换 von Neumann 代数, 则 $\pi(G)'' \subset \pi(G)'$. 从而

$$H = [\pi(G)\eta] \subset [\pi(G)'\eta] \subset H.$$

即 $H = [\pi(G)'\eta]$, η 也是 $\pi(G)'$ 的循环向量. 可知 η 是忠实的迹向量, 从而由文献 [86, 引理 7.2.15], $\pi(G)'$ 可交换, 即 $\pi(G)' \subset \pi(G)''$.

定理 3.2.3   设 (π, G, H) 是 H 上的酉表示, G 是交换群, 且存在 $\psi \in H$ 是 $\pi(G)$ 在 H 上的完全游荡向量. 任意 Bessel 向量 $\eta, \xi \in H$, 如果满足 $\overline{\mathrm{ran}\theta_\eta^*} \perp \overline{\mathrm{ran}\theta_\xi^*}$, 则 $\mathrm{ran}\theta_\eta \perp \mathrm{ran}\theta_\xi$.

证明: 对任意 Bessel 向量 $x \in H$, $\forall f \in H$, 定义

$$\widetilde{\theta}_x f = \sum_{g \in G} \langle f, \pi(g)x \rangle \pi(g)\psi.$$

由于任意 Bessel 向量生成的闭子空间存在 Parseval 框架向量使得它们分析算子值域相同 (极分解), 从而不妨设 $\eta, \xi \in H$ 是 $\pi(G)$ 的 Parseval 框架向量. 令 $N = \overline{\mathrm{ran}\theta_\eta^*}$, $M = \overline{\mathrm{ran}\theta_\xi^*}$. 因为 $P_M = \theta_\xi^* \theta_\xi$: $H \to M$, $P_\xi = \theta_\xi \theta_\xi^*$: $H \to \mathrm{ran}\theta_\xi$ 是正交投影, 所以 $P_M \sim P_\xi \in \pi(G)'$. 由于 $\pi(G)'$ 是有限 von Neumann 代数, 由文献 [70, 引理 2.6], $P_M^\perp \sim P_\xi^\perp \in \pi(G)'$, 从而存在等距 V: $M^\perp \to (\mathrm{ran}\theta_\xi)^\perp$, 使得

$P_M^\perp = V^*V$, $P_\xi^\perp = VV^*$. 令 $\varphi = \xi + V^*\psi$, 显然 $\theta_\varphi = \theta_\xi + V$ 是酉算子, 从而 $\varphi \in H$ 是 $\pi(G)$ 在 H 上的完全游荡向量, 且 $\xi = P_M\varphi$. 而 $\phi = P_M^\perp\psi \in M^\perp$ 是 $\pi(G)$ 在 $M^\perp$ 上的完全 Parseval 框架向量. 由条件 $\eta \in M^\perp$, 从而由引理 3.2.2, 存在 $A \in B(M^\perp)$, 且 $A \in \pi(G)''$ 使得 $\eta = A\phi$. 又 G 是交换群, 由引理 3.2.4, $A \in \pi(G)'' = \pi(G)'$, 从而

$$\theta_\eta = \theta_\phi A^*, \quad \theta_\xi^*\theta_\eta = \theta_\xi^*(\theta_\xi + V)A^* = 0.$$

定理 3.2.4　设 (π, G, H) 是 H 上的酉表示, G 是交换群, 且存在 $\psi \in H$ 是 $\pi(G)$ 在 H 上的完全游荡向量. 任意框架向量 $\xi \in H$, 满足 $[\pi(G)\xi] = M$, 存在伪对偶框架向量是紧的当且仅当 ξ 是紧的.

证明: 设 $\phi \in H$ 是 ξ 的伪对偶, 是紧框架向量. 令 $\eta = \phi - S_\xi^{-1}\xi$. 因为 $P\phi \in H$ 是内对偶, 且 G 交换群, 由引理 3.2.4, 内对偶唯一, 即

$$P\phi = P\eta + PS_\xi^{-1}\xi = S_\xi^{-1}\xi,$$

则 $P\eta = 0$, $\eta \in M^\perp$ (引理 3.2.5). 又由定理 3.2.3, $\mathrm{ran}\theta_\eta \perp \mathrm{ran}\theta_\xi$. 因为 $\phi \in H$ 是紧框架向量, 则

$$a_\varphi P_N = \theta_\varphi^*\theta_\varphi = (\theta_\eta + \theta_{S_\xi^{-1}\xi})^*(\theta_\eta + \theta_{S_\xi^{-1}\xi}) = S_\eta + S_\xi^{-1},$$

其中 $P_N: H \to N = [\pi(G)\varphi]$ 是正交投影, a_φ 是框架界. 又 $S_\eta \in B(M^\perp)$, $S_\xi^{-1} \in B(M)$, 从而 $a_\varphi^{-1}S_\eta$, $a_\varphi^{-1}S_\xi^{-1}$ 是正交投影. 进而, ξ 是紧框架向量. 反过来, 显然. 事实上, S_ξ^{-1} 是紧框架向量, 是内对偶.

第 4 章　酉系统的融合框架生成子

　　文献 [75] 中研究了酉系统的框架向量的相关性质. 受此启发, 本章主要考虑带有结构的融合框架, 即酉系统的融合框架生成子. 结合第二章的完全游荡子空间, 我们主要研究如果酉系统有一个完全游荡子空间, 那么在什么条件下闭子空间可以成为一个 Parseval 融合框架生成子. 另一方面, 我们知道一般框架都有相应的提升性质, 那么对于融合框架生成子是否也有相应的提升性质. 第二节中会给出相应的答案.

4.1　酉系统的融合框架生成子的刻画

　　定义 4.1.1 [18, 19]　设 $\mathbb{I}$ 是一个指标集, $\{W_i\}_{i \in \mathbb{I}}$ 是 Hilbert 空间 H 的一族闭子空间并且 $\{v_i\}_{i \in \mathbb{I}}$ 是一族权, 即对任意的 $i \in \mathbb{I}$ 有 $v_i > 0$.

　　(1) $\{(W_i, v_i)\}_{i \in \mathbb{I}}$ 称为 H 的融合框架 (子空间框架), 如果存在常数 $0 < C \leqslant D < \infty$ 使得对任意的 $x \in H$ 有

$$C\|x\|^2 \leqslant \sum_{i \in \mathbb{I}} v_i^2 \|\pi_{W_i} x\|^2 \leqslant D\|x\|^2, \tag{4.1.1}$$

其中 π_{W_i} 是子空间 W_i 上的正交投影, 则称 C 和 D 是融合框架界. 如果对任意的 $i, j \in \mathbb{I}, v := v_i = v_j$, 那么称融合框架 $\{(W_i, v_i)\}_{i \in \mathbb{I}}$ 是 v-一致的.

　　(2) 如果式 (4.1.1) 中仅上界成立, 那么 $\{(W_i, v_i)\}_{i \in \mathbb{I}}$ 称为 Bessel 融合序列.

　　(3) 如果式 (4.1.1) 中 $C = D$, 那么称 $\{(W_i, v_i)\}_{i \in \mathbb{I}}$ 是紧融合框架; 若 $C = D = 1$, 则称为 Parseval 融合框架.

　　(4) 如果 $H = \sum_{i \in \mathbb{I}} \oplus W_i$, 那么称 $\{(W_i, v_i)\}_{i \in \mathbb{I}}$ 是标准正交融合基.

　　(5) 如果 $W_i \bigcap \overline{\text{span}}\{W_j: j \neq i\} = \{0\}, i \in \mathbb{I}$, 那么称 $\{(W_i, v_i)\}_{i \in \mathbb{I}}$ 是极小序列.

(6) 设 $\{(W_i, v_i)\}_{i\in\mathbb{I}}$ 是 H 上的融合框架. 如果 $\{(W_i, v_i)\}_{i\in\mathbb{I}}$ 是一个极小序列, 那么称 $\{(W_i, v_i)\}_{i\in\mathbb{I}}$ 是 Riesz 融合基.

由文献 [18, 命题3.23] 知, H 的一族闭子空间 $\{W_i\}_{i\in\mathbb{I}}$ 是 1-一致 Parseval 融合框架当且仅当它是标准正交融合基.

令 $\{(W_i, v_i)\}_{i\in\mathbb{I}}$ 是 H 的 Bessel 融合序列. 分析算子 θ 定义为:

$$\theta\colon H \to \left(\sum_{i\in\mathbb{I}}\oplus W_i\right)_{\ell^2}, \quad \theta(x) = \{v_i\pi_{W_i}x\}_{i\in\mathbb{I}},$$

其中

$$\left(\sum_{i\in\mathbb{I}}\oplus W_i\right)_{\ell^2} := \left\{\{x_i\}_{i\in\mathbb{I}}\colon x_i \in W_i \text{ 且 } \sum_{i\in\mathbb{I}}\|x_i\|^2 < \infty\right\}$$

是通常的 Hilbert 空间的 (外)直和. 易证伴随算子 θ^* 为

$$\theta^*\colon \left(\sum_{i\in\mathbb{I}}\oplus W_i\right)_{\ell^2} \to H, \quad \theta^*(x) = \sum_{i\in\mathbb{I}}v_i x_i$$

其中 $x = \{x_i\}_{i\in\mathbb{I}} \in \left(\sum_{i\in\mathbb{I}}\oplus W_i\right)_{\ell^2}$, 称 θ^* 为合成算子. 框架算子 S 定义为

$$S\colon H \to H, \quad Sx = \theta^*\theta(x) = \sum_{i\in\mathbb{I}}v_i^2\pi_{W_i}x.$$

显然, Bessel 融合序列 $\{(W_i, v_i)\}_{i\in\mathbb{I}}$ 是融合框架当且仅当框架算子 S 在 H 上是正算子且可逆.

下面引入融合框架生成子和广义局部交换子的概念.

定义 4.1.2 设 $\mathcal{U}$ 是 H 上的酉系统, 如果 $\{(UW, v_U)\}_{U\in\mathcal{U}}$ 是 H 的融合框架 (或 Parseval 融合框架, 或 Bessel 融合序列), 则称 H 的闭子空间 W 为 $\mathcal{U}$ 的关于权 $\{v_U\}_{U\in\mathcal{U}}$ 的融合框架生成子 (或 Parseval 融合框架生成子, 或 Bessel 融合序列生成子).

设集合 $\mathcal{R} \subseteq B(H)$ 并且 W 是 H 的子空间. 如果存在非零常数 μ 使得对任意的 $x \in W$ 有 $Ax = \mu Bx$, 那么称算子 $A, B \in B(H)$ 在 W 上是线性相关的. 记

$$C_W^g(\mathcal{R}) = \{T \in B(H)\colon \forall R\in\mathcal{R}, TR \text{ 和 } RT \text{ 在 } W \text{ 上是线性相关的}\},$$

$$\mathcal{R}'_g = \{T \in B(H) : \forall R \in \mathcal{R}, TR \text{ 和 } RT \text{ 在 } H \text{ 上是线性相关的}\},$$

称 $C^g_W(\mathcal{R})$ 和 $\mathcal{R}'_g$ 分别为 $\mathcal{R}$ 在 W 处的广义局部交换子及 $\mathcal{R}$ 的广义交换子.

显然 $C^g_W(\mathcal{R})$ 包含 $\mathcal{R}'_g$, 但是 $C^g_W(\mathcal{R})$ 不是一个子空间. $C^g_W(\mathcal{R})$ 和 $\mathcal{R}'_g$ 是第二章中局部交换子 $C_W(\mathcal{R})$ 和交换子 $\mathcal{R}'$ 的推广.

命题 4.1.1 设 $\mathcal{U}$ 是 H 上的酉系统, W 是 $\mathcal{U}$ 的关于权 $\{v_U\}_{U \in \mathcal{U}}$ 的融合框架生成子, 并且 T 是 $C^g_W(\mathcal{U})$ 中的可逆算子, 那么 TW 也是 $\mathcal{U}$ 的关于权 $\{v_U\}_{U \in \mathcal{U}}$ 的融合框架生成子.

证明: 因为 $T \in C^g_W(\mathcal{U})$, 所以对任意的 $U \in \mathcal{U}$ 有 $TUW = UTW$. 从而由文献 [58, 定理2.4] 很容易得到结论.

下面的结果将利用 $C^g_W(\mathcal{U})$ 中的算子给出酉系统 $\mathcal{U}$ 的 Parseval 融合框架生成子的刻画.

定理 4.1.1 设 $\mathcal{U}$ 是 H 上的酉系统, W 是 $\mathcal{U}$ 的完全游荡子空间, 并且 Ω 是 H 的闭子空间使得 $\dim \Omega = \dim W$, 那么 Ω 是 $\mathcal{U}$ 的关于权 $\{v_U\}_{U \in \mathcal{U}}$ 的 Parseval 融合框架生成子当且仅当存在一个余等距算子 $A \in C^g_W(\mathcal{U})$ (即 A^* 是等距的) 以及非零常数 μ, 使得 $\Omega = AW$ 并且算子 μA 在 W 上是等距的.

证明: 设 Ω 是 $\mathcal{U}$ 的关于权 $\{v_U\}_{U \in \mathcal{U}}$ 的 Parseval 融合框架生成子. 令 $\{e_i\}_{i \in \mathbb{I}}$ 和 $\{f_i\}_{i \in \mathbb{I}}$ 分别是 W 和 Ω 的标准正交基, 其中 $\mathbb{I}$ 是基数等于 $\dim W$ 的指标集且基数可以是无穷大. 注意到对 $U \in \mathcal{U}$, $\{Uf_i\}_{i \in \mathbb{I}}$ 构成 $U\Omega$ 的标准正交基, 于是对任意的 $x \in H$ 有

$$\sum_{i \in \mathbb{I}} \sum_{U \in \mathcal{U}} v_U^2 |\langle x, Uf_i \rangle|^2 = \sum_{i \in \mathbb{I}} \sum_{U \in \mathcal{U}} v_U^2 |\langle \pi_{U\Omega} x, Uf_i \rangle|^2$$

$$= \sum_{U \in \mathcal{U}} v_U^2 \|\pi_{U\Omega} x\|^2 = \|x\|^2.$$

因为 $\{Ue_i\}_{i \in \mathbb{I}, U \in \mathcal{U}}$ 是 H 的标准正交基, 我们可以定义一个线性等距算子 $B : H \to H$,

$$Bx = \sum_{i \in \mathbb{I}} \sum_{U \in \mathcal{U}} v_U \langle x, Uf_i \rangle Ue_i, \ x \in H.$$

显然算子 B 的值域闭. 记 P 是 BH 上的正交投影并且令 $A = B^*(= B^*P)$, 那么对任意的 $x \in W, U, V \in \mathcal{U}$ 及 $i \in \mathbb{I}$ 有

$$
\begin{aligned}
\langle Vx, AUe_i \rangle &= \langle BVx, Ue_i \rangle \\
&= \left\langle \sum_{j \in \mathbb{I}} \sum_{S \in \mathcal{U}} v_s \langle Vx, Sf_j \rangle Se_j, Ue_i \right\rangle \\
&= v_{_U} \langle Vx, Uf_i \rangle.
\end{aligned}
$$

由 $[\mathcal{U}W] = H$, 我们可得到 $AUe_i = v_{_U} Uf_i$. 特别地, 取 $U = I$, 则有 $Ae_i = v_{_I} f_i$. 因此, 对任意的 $i \in \mathbb{I}, U \in \mathcal{U}$,

$$
AUe_i = \frac{v_{_U}}{v_{_I}} UAe_i.
$$

这说明 $A \in C_W^g(\mathcal{U})$ 且 $\Omega = [AW]$. 又对任意的 $x \in W$,

$$
\begin{aligned}
\|Ax\|^2 &= \|\sum_{i \in \mathbb{I}} \langle x, e_i \rangle Ae_i\|^2 = v_{_I}^2 \|\sum_{i \in \mathbb{I}} \langle x, e_i \rangle f_i\|^2 \\
&= v_{_I}^2 \sum_{i \in \mathbb{I}} \|\langle x, e_i \rangle\|^2 = v_{_I}^2 \|x\|^2,
\end{aligned}
$$

所以算子 $\dfrac{1}{v_{_I}} A$ 在 W 上是等距的. 于是 AW 是闭的, 进而 $\Omega = AW$.

　　反之, 设 A 和 μ 满足定理要求. 仍记 $\{e_i\}_{i \in \mathbb{I}}$ 是 W 的标准正交基且对任意的 $i \in \mathbb{I}$, 令 $f_i = \mu Ae_i$. 因为 $\Omega = AW$ 且 μA 在 W 上是等距的, 所以 $\{f_i\}_{i \in \mathbb{I}}$ 是 Ω 的标准正交基. 注意到 $A \in C_W^g(\mathcal{U})$, 那么对任意的 $U \in \mathcal{U}$ 及 $x \in W$, 存在一个非零常数 $\lambda_{_U}$, 使得 $AUx = \lambda_{_U} UAx$. 对任意的 $U \in \mathcal{U}$, 记 $v_{_U} = \left| \dfrac{\lambda_{_U}}{\mu} \right|$. 因为 A^* 是等距的并且 $\{UW\}_{U \in \mathcal{U}}$ 是 H 的标准正交融合基, 所以对所有的 $x \in H$ 有

$$
\begin{aligned}
\|x\|^2 &= \|A^*x\|^2 = \sum_{U \in \mathcal{U}} \|\pi_{_{UW}} A^*x\|^2 \\
&= \sum_{U \in \mathcal{U}} \sum_{i \in \mathbb{I}} |\langle \pi_{_{UW}} A^*x, Ue_i \rangle|^2 \\
&= \sum_{U \in \mathcal{U}} \sum_{i \in \mathbb{I}} |\langle x, AUe_i \rangle|^2 \\
&= \sum_{U \in \mathcal{U}} \sum_{i \in \mathbb{I}} |\lambda_{_U}|^2 |\langle x, UAe_i \rangle|^2
\end{aligned}
$$

$$= \sum_{U \in \mathcal{U}} \sum_{i \in \mathbb{I}} \left| \frac{\lambda_U}{\mu} \right|^2 |\langle x, U f_i \rangle|^2$$

$$= \sum_{U \in \mathcal{U}} \sum_{i \in \mathbb{I}} v_U^2 |\langle \pi_{U\Omega} x, U f_i \rangle|^2$$

$$= \sum_{U \in \mathcal{U}} v_U^2 \|\pi_{U\Omega} x\|^2.$$

这说明 $\{(U\Omega, v_U)\}_{U \in \mathcal{U}}$ 是 H 的 Parseval 融合框架, 即 Ω 是 $\mathcal{U}$ 的关于权 $\{v_U\}_{U \in \mathcal{U}}$ 的 Parseval 融合框架生成子.

引理 4.1.1[124, 命题 4.5] 设 $\{E_i\}_{i \in \mathbb{I}}$ 是 H 的标准正交融合基, $T \in B(H, H_1)$ 可逆, 那么 $\{T(E_i)\}_{i \in \mathbb{I}}$ 是 H_1 的 Riesz 融合基.

定理 4.1.2   设 $\mathcal{U}$ 是 H 上的酉系统, W 是 $\mathcal{U}$ 的完全游荡子空间. 如果 $\mathcal{M}$ 是包含在 $C_W^g(\mathcal{U})$ 中的一个有限 von Neumann 代数, Ω 是 H 的闭子空间, 使得 $\dim W = \dim \Omega$ 且对某个算子 $A \in \mathcal{M}$ 有 $\Omega = AW$, 那么:

(1) Ω 是 $\mathcal{U}$ 的关于权 $\{v_U\}_{U \in \mathcal{U}}$ 的融合框架生成子当且仅当 $\{(U\Omega, v_U)\}_{U \in \mathcal{U}}$ 是 H 的 Riesz 融合基.

(2) Ω 是 $\mathcal{U}$ 的关于权 $\{v_U\}_{U \in \mathcal{U}}$ 的 Parseval 融合框架生成子当且仅当 Ω 是 $\mathcal{U}$ 的完全游荡子空间.

证明: (1) 设 Ω 是 $\mathcal{U}$ 的关于权 $\{v_U\}_{U \in \mathcal{U}}$ 的融合框架生成子, 且融合框架下、上界分别为 a 和 b. 令 $\{e_i\}_{i \in \mathbb{I}}$ 和 $\{f_i\}_{i \in \mathbb{I}}$ 分别是 W 和 Ω 的标准正交基, 其中 $\mathbb{I}$ 是基数为 $\dim W$ 的指标集且它可以是无穷大. 注意到对 $U \in \mathcal{U}$, $\{U f_i\}_{i \in \mathbb{I}}$ 构成 $U\Omega$ 的标准正交基, 于是对任意的 $x \in H$ 有

$$a\|x\|^2 \leqslant \sum_{i \in \mathbb{I}} \sum_{U \in \mathcal{U}} v_U^2 |\langle x, U f_i \rangle|^2$$

$$= \sum_{i \in \mathbb{I}} \sum_{U \in \mathcal{U}} v_U^2 |\langle \pi_{U\Omega} x, U f_i \rangle|^2$$

$$= \sum_{U \in \mathcal{U}} v_U^2 \|\pi_{U\Omega} x\|^2 \leqslant b\|x\|^2.$$

由于 $\{U e_i\}_{i \in \mathbb{I}, U \in \mathcal{U}}$ 是 H 的标准正交基, 我们可以定义一个线性算子 $T: H \to$

H,

$$Tx = \sum_{i \in \mathbb{I}} \sum_{U \in \mathcal{U}} v_{U} \langle x, Uf_i \rangle Ue_i, \ x \in H.$$

令 $A = T^*$, 那么对任意的 $x \in W, U, V \in \mathcal{U}$ 及 $i \in \mathbb{I}$, 有

$$\langle Vx, AUe_i \rangle = \langle TVx, Ue_i \rangle$$
$$= \left\langle \sum_{j \in \mathbb{I}} \sum_{S \in \mathcal{U}} v_{s} \langle Vx, Sf_j \rangle Se_j, Ue_i \right\rangle$$
$$= v_{U} \langle Vx, Uf_i \rangle.$$

又 $[\mathcal{U}W] = H$, 所以 $AUe_i = v_{U}Uf_i$. 特别地, 取 $U = I$ 则 $Ae_i = v_I f_i$. 因此对任意的 $i \in \mathbb{I}, U \in \mathcal{U}$, $AUe_i = \dfrac{v_{U}}{v_{I}} UAe_i$. 这样便有 $A \in C_W^g(\mathcal{U})$ 且 $\Omega = AW$. 另一方面, 对任意的 $x \in H$ 有

$$a\|x\|^2 \leqslant \langle Tx, Tx \rangle$$
$$= \left\langle \sum_{i \in \mathbb{I}} \sum_{U \in \mathcal{U}} v_{U} \langle x, Uf_i \rangle Ue_i, \sum_{j \in \mathbb{I}} \sum_{S \in \mathcal{U}} v_{s} \langle x, Sf_j \rangle Se_j \right\rangle$$
$$= \sum_{i \in \mathbb{I}} \sum_{U \in \mathcal{U}} v_{U}^2 |\langle x, Uf_i \rangle|^2 \leqslant b\|x\|^2,$$

于是 $aI \leqslant AA^* \leqslant bI$. 从而 AA^* 是可逆的. 令 $A^* = U(AA^*)^{\frac{1}{2}}$ 是 A^* 的极分解, 则 U 是一个部分等距, 其始空间为 $H(= (AA^*)^{\frac{1}{2}}H)$ 且 $U \in \mathcal{M}$. 因为 $\mathcal{M}$ 是一个有限 von Neumann 代数, 所以 U 是一个酉算子. 从而 A^* 是可逆的. 显然, A 也是可逆的. 又 $A \in C_W^g(\mathcal{U})$ 且 $\{UW\}_{U \in \mathcal{U}}$ 是 H 的标准正交融合基, 那么由引理 4.1.1 可知, $\{U\Omega\}_{U \in \mathcal{U}}$ 是 H 的 Riesz 融合基. 反之, 显然成立.

(2) 设 Ω 是 $\mathcal{U}$ 的关于权 $\{v_{U}\}_{U \in \mathcal{U}}$ 的 Parseval 融合框架生成子. 类似于 (1) 的证明, 我们可知 A^* 是等距的, 即 $AA^* = I$. 因为 $A \in \mathcal{M}$ 且 $\mathcal{M}$ 是一个有限 von Neumann 代数, 所以 A 是一个酉算子.

下面我们证明 $\Omega = AW$ 是 $\mathcal{U}$ 的完全游荡子空间.

事实上, 对任意的 $U, V \in \mathcal{U}$ 且 $U \neq V$ 以及 $x, y \in W$, 由于 $W \in \mathcal{S}(\mathcal{U})$ 且

$A \in C_W^g(\mathcal{U})$, 故存在非零常数 λ_U 和 μ_V 使得

$$\langle UAx, VAy \rangle = \langle \lambda_U AUx, \mu_V AVy \rangle$$

$$= \lambda_U \overline{\mu}_V \langle Ux, Vy \rangle = 0.$$

于是对任意的 $U \neq V$, 有 $UAW \perp VAW$. 另一方面, 设 $y \perp \mathrm{span}\{UAW : U \in \mathcal{U}\}$, 那么对任意的 $U \in \mathcal{U}, x \in W$,

$$\langle A^{-1}y, Ux \rangle = \langle y, AUx \rangle = \langle y, \lambda_U UAx \rangle = \overline{\lambda}_U \langle y, UAx \rangle = 0.$$

因为 $[\mathcal{U}W] = H$, 所以 $A^{-1}y = 0$, 于是 $y = 0$. 从而 $[\mathcal{U}AW] = H$. 这说明 $\Omega = AW$ 是 $\mathcal{U}$ 的完全游荡子空间. 反之, 显然成立.

4.2 酉系统的融合框架生成子的提升问题

令 P 是 Hilbert 空间 K 到闭子空间 H 的正交投影且 $\{x_n\}$ 是 K 中的序列, 则序列 $\{Px_n\}$ 称为 $\{x_n\}$ 的正交压缩, 相应地, $\{x_n\}$ 称为 $\{Px_n\}$ 的正交膨胀. 我们知道, 每个框架可以膨胀成 Riesz 基, 每个 Parseval 框架可以膨胀成标准正交基. 框架向量也有类似的提升性质, 详见文献 [75]. 对融合框架来说, 其提升结果在文献 [5] 中已给出, 但是其提升空间较大. 这节将给出一种不同的证明. 其次, 还将讨论融合框架生成子的提升性质, 这里我们希望融合框架生成子可以提升成完全游荡子空间.

命题 4.2.1   设 $\{(W_i, v_i)\}_{i \in \mathbb{I}}$ 是 H 上的 Parseval 融合框架, 那么存在 Hilbert 空间 $K \supseteq H$ 以及 K 的标准正交融合基 $\{N_i\}_{i \in \mathbb{I}}$, 使得对任意的 $i \in \mathbb{I}$ 有 $PN_i = W_i$, 其中 P 是 K 到 H 上的正交投影.

证明: 令 $\theta: H \to \left(\sum_{i \in \mathbb{I}} \oplus W_i \right)_{\ell^2}$ 是 $\{(W_i, v_i)\}_{i \in \mathbb{I}}$ 的分析算子. 因为 $\{(W_i, v_i)\}_{i \in \mathbb{I}}$ 是 H 的 Parseval 融合框架, 所以 θ 是等距的且值域闭. 记 Hilbert 空间 $K = H \oplus \theta(H)^\perp$ 并定义一个线性算子:

$$U: K \to \left(\sum_{i \in \mathbb{I}} \oplus W_i \right)_{\ell^2}, \qquad x \oplus y \to \theta x + y,$$

其中 $x \in H, y \in \theta(H)^{\perp}$，则 U 显然是一个酉算子. 令 E_i 是 W_i 在 $\left(\sum_{i \in \mathbb{I}} \oplus W_i\right)_{\ell^2}$ 中的典则嵌入，并令 $N_i = U^* E_i$，那么 $\{E_i\}_{i \in \mathbb{I}}$ 是 $\left(\sum_{i \in \mathbb{I}} \oplus W_i\right)_{\ell^2}$ 的标准正交融合基. 进而 $\{N_i\}_{i \in \mathbb{I}}$ 构成 K 的标准正交融合基. 记 P 是 K 到 H 上的正交投影，则很容易知道 $\theta = U|_H$，$\theta^* = PU^*$，并且对任意的 $x_i \in W_i$ 有 $\theta^*(\{\cdots, 0, x_i, 0, \cdots\}) = v_i x_i$，因此 $PN_i = PU^* E_i = \theta^* E_i = W_i$.

命题 4.2.2 设 $\{(W_i, v_i)\}_{i \in \mathbb{I}}$ 是 H 上的 Parseval 融合框架且 P 是 H 上的正交投影，则 $\{(\overline{PW_i}, v_i)\}_{i \in \mathbb{I}}$ 是 PH 上的 Parseval 融合框架.

证明： 对任意的 $f \in PH$，我们有

$$
\begin{aligned}
\sum_{i \in \mathbb{I}} v_i^2 \|\pi_{\overline{PW_i}} f\|^2 &= \sum_{i \in \mathbb{I}} v_i^2 \|\pi_{\overline{PW_i}} Pf\|^2 \\
&= \sum_{i \in \mathbb{I}} v_i^2 \|P \pi_{W_i} f\|^2 \\
&= \sum_{i \in \mathbb{I}} v_i^2 \|\pi_{W_i} f\|^2 \\
&= \|f\|^2,
\end{aligned}
$$

因此 $\{(\overline{PW_i}, v_i)\}_{i \in \mathbb{I}}$ 是 PH 上的 Parseval 融合框架.

推论 4.2.1 设 $\{(W_i, v_i)\}_{i \in \mathbb{I}}$ 是 H 上的 Parseval 融合框架. 那么存在 Hilbert 空间 M 以及 M 上的 Parseval 融合框架 $\{(V_i, v_i)\}_{i \in \mathbb{I}}$，使得 $\{W_i \oplus V_i\}_{i \in \mathbb{I}}$ 是 $H \oplus M$ 上的标准正交融合基.

证明： 设 $\{(W_i, v_i)\}_{i \in \mathbb{I}}$ 是 H 上的 Parseval 融合框架. 那么由命题 4.2.1，存在 Hilbert 空间 $K \supseteq H$ 以及 K 的标准正交融合基 $\{N_i\}_{i \in \mathbb{I}}$，使得对任意的 $i \in \mathbb{I}$ 有 $PN_i = W_i$，其中 P 是 K 到 H 上的正交投影. 现令 $M = (I - P)K$，$V_i = \overline{(I - P)N_i}$，则 $\{W_i \oplus V_i\}_{i \in \mathbb{I}}$ 是 $H \oplus M$ 的标准正交融合基. 由命题 4.2.2 知，$\{V_i\}_{i \in \mathbb{I}}$ 是 M 上的 Parseval 融合框架.

定理 4.2.1 [124, 定理 5.1] 设 $\{(W_i, v_i)\}_{i \in \mathbb{I}}$ 是 H 上的融合框架. 那么存在 Hilbert 空间 $K \supseteq H$ 以及 K 的 Riesz 融合基 $\{B_i\}_{i \in \mathbb{I}}$，使得对任意的 $i \in \mathbb{I}$ 有

$PB_i = W_i$, 其中 P 是 K 到 H 上的正交投影.

引理 4.2.1 [18, 命题 3.20]　若 $T \in B(H)$ 可逆且 $\{(W_i, v_i)\}_{i \in \mathbb{I}}$ 是 H 的融合框架, 则 $\{(TW_i, v_i)\}_{i \in \mathbb{I}}$ 是 H 的融合框架.

推论 4.2.2　设 $\{(W_i, v_i)\}_{i \in \mathbb{I}}$ 是 H 的融合框架, 那么存在 Hilbert 空间 M 以及 M 的 Parseval 融合框架 $\{(V_i, v_i)\}_{i \in \mathbb{I}}$, 使得 $\{(W_i \oplus V_i, v_i)\}_{i \in \mathbb{I}}$ 是 $H \oplus M$ 的 Riesz 融合基.

证明: 设 $\{(W_i, v_i)\}_{i \in \mathbb{I}}$ 是 H 的融合框架, 则由引理 4.2.1 知, 存在可逆算子 $T \in B(H)$ 及 H 的 Parseval 融合框架 $\{(F_i, v_i)\}_{i \in \mathbb{I}}$, 使得 $W_i = TF_i$. 由推论 4.2.1 知, 存在 Hilbert 空间 M 以及 M 的 Parseval 融合框架 $\{(V_i, v_i)\}_{i \in \mathbb{I}}$, 使得 $\{F_i \oplus V_i\}_{i \in \mathbb{I}}$ 是 $H \oplus M$ 的标准正交融合基. 因为 $T \oplus I$ 是 $H \oplus M$ 的有界可逆算子且 $(T \oplus I)(F_i \oplus V_i) = W_i \oplus V_i$, 所以由引理 4.1.1 知, $\{(W_i \oplus V_i, v_i)\}_{i \in \mathbb{I}}$ 是 $H \oplus M$ 的 Riesz 融合基.

下面给出酉系统的 Parseval 融合框架生成子的提升性质.

设 $\mathcal{U}$ 是 H 上的酉群, e_U 是 Hilbert 空间 $\ell^2(\mathcal{U})$ 中的元素且在 U 处取值为 1, 在其余处取值为零, 那么 $\{e_U \colon U \in \mathcal{U}\}$ 是 $\ell^2(\mathcal{U})$ 的标准正交基. 对每个固定的 $U \in \mathcal{U}$, 定义 $L_U \in B(\ell^2(\mathcal{U}))$ 使得

$$L_U e_V = e_{UV}, \quad V \in \mathcal{U},$$

则 L_U 是一个有定义的酉算子, 称其为 $\ell^2(\mathcal{U})$ 上 $\mathcal{U}$ 的左正则表示.

定理 4.2.2　设 $\mathcal{U}$ 是 H 上的酉群且 Ω 是 $\mathcal{U}$ 的关于权 $\{v_U\}_{U \in \mathcal{U}}$ 的 Parseval 融合框架生成子, 那么在 Hilbert 空间 K 上存在一个有完全游荡子空间 W 的酉群 $\mathcal{G}$ 和一个 $\mathcal{U}$ 到 $\mathcal{G}$ 的群同构 α 使得:

(1) $K \supseteq H$;

(2) 对任意的 $U \in \mathcal{U}$ 有 $U\Omega = P\alpha(U)W$, 其中 P 是 K 到 H 上的正交投影.

特别地, 如果 Ω 是 $\mathcal{U}$ 的 v-一致 Parseval 融合框架生成子, 那么可选取 $\mathcal{G}$ 和 W 使得 H 是 $\mathcal{G}$ 的不变子空间且 $\mathcal{G}|_H = \mathcal{U}$.

证明: 因为 Ω 是 $\mathcal{U}$ 的关于权 $\{v_U\}_{U \in \mathcal{U}}$ 的 Parseval 融合框架生成子, 所以可以定义一个等距算子:

$$\theta: H \to \ell^2(\mathcal{U}) \otimes H, \quad x \to \sum_{U \in \mathcal{U}} e_U \otimes v_U \pi_{U\Omega} x,$$

其中 "$\otimes$" 表示张量积. 令 Hilbert 空间 $K = H \oplus \theta(H)^{\perp}$ 且定义

$$B: K \to \ell^2(\mathcal{U}) \otimes H, \quad x \oplus y \to \theta x + y,$$

其中 $x \in H, y \in \theta(H)^{\perp}$, 则 B 是一个酉算子. 对任意 $U \in \mathcal{U}$, 记 $\widetilde{L}_U = B^*(L_U \otimes I)B$ 且令 $\mathcal{G} = \{\widetilde{L}_U: U \in \mathcal{U}\}$, 易证 $\mathcal{G}$ 是 K 上的酉群并且对任意 $U \in \mathcal{U}, B^*(e_U \otimes H)$ 是 $\mathcal{G}$ 的完全游荡子空间, 映射

$$\alpha: \mathcal{U} \to \mathcal{G}, \quad U \to \widetilde{L}_U$$

是一个同构. 令 $W = B^*(e_I \otimes H)$ 且设 P 是 K 到 H 上的正交投影. 我们想要证明对任意的 $U \in \mathcal{U}$ 有 $P\widetilde{L}_U W = U\Omega$. 事实上, 我们有 $\theta^* = PB^*$, 那么对 $U \in \mathcal{U}, x, y \in H$ 有

$$\begin{aligned} \left\langle P\widetilde{L}_U B^*(e_I \otimes x), y \right\rangle &= \langle PB^*(e_U \otimes x), y \rangle \\ &= \langle \theta^*(e_U \otimes x), y \rangle \\ &= \langle e_U \otimes x, \theta y \rangle \\ &= \left\langle e_U \otimes x, \sum_{S \in \mathcal{U}} e_S \otimes v_S \pi_{S\Omega} y \right\rangle \\ &= v_U \langle \pi_{U\Omega} x, y \rangle, \end{aligned}$$

因此 $P\widetilde{L}_U B^*(e_I \otimes x) = v_U \pi_{U\Omega} x$. 进而 $P\widetilde{L}_U W = U\Omega$ 且取 $U = I$ 时有 $PW = \Omega$.

特别地, 设 Ω 是 $\mathcal{U}$ 的 v-一致 Parseval 融合框架生成子, 则对 $x \in H, U \in \mathcal{U}$ 有

$$\begin{aligned} (L_U \otimes U)Bx &= (L_U \otimes U)\theta x \\ &= (L_U \otimes U)\left(\sum_{S \in \mathcal{U}} e_S \otimes v\pi_{S\Omega} x\right) \end{aligned}$$

$$= \sum_{S \in \mathcal{U}} e_{US} \otimes vU\pi_{S\Omega}x$$

$$= \sum_{S \in \mathcal{U}} e_S \otimes vU\pi_{(U^{-1})S\Omega}x$$

$$= \sum_{S \in \mathcal{U}} e_S \otimes v\pi_{S\Omega}Ux$$

$$= \theta Ux = BUx.$$

因此 $B^*(L_U \otimes U)B|_H = U$. 取 $\widehat{\mathcal{G}} = \{\widehat{L}_U \colon U \in \mathcal{U}\}$, 其中 $\widehat{L}_U = B^*(L_U \otimes U)B$, 则 $\widehat{\mathcal{G}}$ 是 K 上的酉群并且 $\widehat{\mathcal{G}}|_H = \mathcal{U}$. 其次, 我们可以证明上面定义的子空间 $W = B^*(e_I \otimes H)$ 仍是 $\widehat{\mathcal{G}}$ 的完全游荡子空间, 且对任意的 $U \in \mathcal{U}$ 有 $U\Omega = P\widehat{L}_U W$.

下面我们考虑由游荡子空间所决定的群的酉表示的等价.

令 $\mathcal{G}$ 是一个群, Hilbert 空间 H 上 $\mathcal{G}$ 的一个酉表示是从 $\mathcal{G}$ 到 H 上的酉群的一个群同态 π, 即对任意的 $g, h \in \mathcal{G}$, $\pi(g)$ 和 $\pi(h)$ 都是 H 上的酉算子使得

$$\pi(g)\pi(h) = \pi(gh) \ \text{且} \ \pi(g^{-1}) = [\pi(g)]^{-1}.$$

通常这样的表示记为 $(\mathcal{G}, \pi, H)$ 或简记为 π. 如果 Hilbert 空间 H 的一个闭的非零子空间 K 在 $\pi(\mathcal{G})$ 中每个算子的作用下是不变的, 那么映射 $g \to \pi(g)|_K$ 是 K 上 $\mathcal{G}$ 的一个酉表示, 称其为 π 的子表示.

如果存在一个酉算子 $T \colon H_1 \to H_2$ 使得对任意的 $g \in \mathcal{G}$ 有

$$T\pi_1(g) = \pi_2(g)T,$$

那么称酉表示 $(\mathcal{G}, \pi_1, H_1)$ 和 $(\mathcal{G}, \pi_2, H_2)$ 是酉等价的.

命题 4.2.3 令 $\mathcal{G}$ 是一个群, $(\mathcal{G}, \pi_1, H_1)$, $(\mathcal{G}, \pi_2, H_2)$ 是两个酉表示使得 $\pi_1(\mathcal{G})$ 和 $\pi_2(\mathcal{G})$ 分别有完全游荡子空间 W_1 和 W_2, 那么下面结论成立:

(1) 若 $\dim W_1 = \dim W_2$, 则 π_1, π_2 是酉等价的.

(2) 若 $\dim W_1 < \dim W_2$, 则 π_1 等价于 π_2 的一个子表示.

证明: (1) 设 $\dim W_1 = \dim W_2$ 且 $\{e_i\}_{i \in \mathbb{I}}$, $\{f_i\}_{i \in \mathbb{I}}$ 分别是 W_1 和 W_2 的标准正交基, 其中 $\mathbb{I}$ 是基数为 $\dim W_1$ 的指标集, 那么 $\{\pi_1(g)e_i \colon i \in \mathbb{I}, g \in \mathcal{G}\}$,

$\{\pi_2(g)f_i\colon i \in \mathbb{I},\, g \in \mathcal{G}\}$ 分别是 H_1, H_2 的标准正交基. 定义一个酉算子 $T\colon H_1 \to H_2$, $T\pi_1(g)e_i = \pi_2(g)f_i$, $i \in \mathbb{I}$, $g \in \mathcal{G}$, 则对任意的 $g, h \in \mathcal{G}$ 及 $i \in \mathbb{I}$, 我们有

$$T\pi_1(g)\pi_1(h)e_i = T\pi_1(gh)e_i = \pi_2(gh)f_i$$
$$= \pi_2(g)\pi_2(h)f_i = \pi_2(g)T\pi_1(h)e_i.$$

因此 $T\pi_1(g) = \pi_2(g)T$, 这说明 π_1, π_2 是酉等价的.

(2) 令 $m = \dim W_1$ 且 $n = \dim W_2$, 由假设知 $m < \infty$. 取 W_2 的一个 m-维子空间 N, 那么 N 是 $\pi_2(\mathcal{G})$ 的一个游荡子空间 (不一定完全). 记

$$K = \overline{\mathrm{span}}\{\pi_2(\mathcal{G})N\},$$

则显然有 K 是 H_2 的一个闭子空间并且在 $\pi_2(\mathcal{G})$ 中每个算子的作用下是不变的. 定义一个新的映射:

$$\tilde{\pi}_2\colon \mathcal{G} \to B(K), \quad g \to \pi_2(g)|_K.$$

于是 $\tilde{\pi}_2$ 是 K 上 $\mathcal{G}$ 的一个酉表示, 考虑酉表示 $(\mathcal{G}, \pi_1, H_1)$ 及 $(\mathcal{G}, \tilde{\pi}_2, K)$, 由 (1) 知, 存在一个酉算子 $A\colon H_1 \to K$ 使得对任意的 $g \in \mathcal{G}$ 有 $A\pi_1(g) = \tilde{\pi}_2(g)A$, 所以 π_1 和 $\tilde{\pi}_2$ 是酉等价的.

第 5 章 K-融合框架及其相应的生成子

Găvruţa [57] 在研究关于有界线性算子的原子分解时引入了一种与 Hilbert 空间有界线性算子 K 有关的框架, 称之为 K-框架. 即设 $K \in B(H)$, 序列 $\{x_i\}_{i=1}^{\infty} \subseteq H$ 称为 H 的 K-框架, 如果存在常数 $0 < C \leqslant D < \infty$ 使得对任意的 $x \in H$ 有 $C\|K^*x\|^2 \leqslant \sum_{i=1}^{\infty} |\langle x, x_i \rangle|^2 \leqslant D\|x\|^2$. 由定义可以看出, K-框架是比经典框架更一般的框架. 其一般性主要在于只有可分 Hilbert 空间上的部分元素对 K-框架的框架下界起作用, 其他元素通过 K^* 的作用都变为零. 这就使得经典框架的许多性质对 K-框架而言便不再成立. 例如, 对经典框架, 其合成算子是满的并且交错对偶框架对的位置是可以互换的, 但对 K-框架来说, 这些一般不成立. 本章我们将借助这种思想来定义 K-融合框架并讨论 K-融合框架和酉系统的 K-融合框架生成子的性质.

5.1 K-融合框架的概念和性质

这一节中, 我们主要研究 K-融合框架和紧 K-融合框架的一些性质. 先介绍几个定义:

定义 5.1.1 令 $K \in B(H)$, $\mathbb{I}$ 是一个指标集, $\{W_i\}_{i\in\mathbb{I}}$ 是 Hilbert 空间 H 中的一族闭子空间, 且 $\{v_i\}_{i\in\mathbb{I}}$ 是一族权, 即对任意的 $i \in \mathbb{I}$ 有 $v_i > 0$, 则 $\{(W_i, v_i)\}_{i\in\mathbb{I}}$ 称为 H 的 K-融合框架; 如果存在常数 $0 < C \leqslant D < \infty$ 使得对任意的 $x \in H$ 有 $C\|K^*x\|^2 \leqslant \sum_{i\in\mathbb{I}} v_i^2 \|\pi_{W_i}x\|^2 \leqslant D\|x\|^2$, 则称 C 和 D 是 K-融合框架界. 称 $\{(W_i, v_i)\}_{i\in\mathbb{I}}$ 是以 C 为界的紧 K-融合框架, 如果对任意的 $x \in H$ 有

$$C\|K^*x\|^2 = \sum_{i\in\mathbb{I}} v_i^2 \|\pi_{W_i}x\|^2. \tag{5.1.1}$$

在式 (5.1.1) 中, 如果 $C = 1$, 那么称 $\{(W_i, v_i)\}_{i\in\mathbb{I}}$ 是 H 的 Parseval K-融合框架.

注解　由定义很容易看出 K-融合框架是融合框架的推广. 若 $K = I$, 则 K-融合框架即为融合框架. 当 $K = 0$ 时, K-融合框架即为 Bessel 融合序列. 我们强调 K-融合框架的概念总是指 $K \neq 0$.

设 $\{(W_i, v_i)\}_{i \in \mathbb{I}}$ 是 H 的 K-融合框架, 则它显然是一个 Bessel 融合序列. 因此其分析算子 θ、合成算子 θ^*, 以及框架算子 S 均如第三章 3.1 节中定义的. 通过计算可得, 对任意的 $x \in H$,

$$\langle Sx, x \rangle = \sum_{i \in \mathbb{I}} v_i^2 \|\pi_{W_i} x\|^2 \geqslant C\|K^* x\|^2 = \langle CKK^* x, x \rangle, \tag{5.1.2}$$

因此, $S \geqslant CKK^*$. 假设 $R(K)$ 是闭的, 这样可保证 K 的伪逆 $K^\dagger$ 是存在的. 注意到 K-融合框架的框架算子在 H 上通常是不可逆的, 但是我们可以证明它在 H 的一个子空间 $R(K)$ 上是可逆的. 事实上, 因为 $R(K)$ 是闭的, 所以存在 K 的伪逆 $K^\dagger$ 使得对任意的 $x \in R(K)$ 有 $KK^\dagger x = x$, 即 $KK^\dagger|_{R(K)} = I_{R(K)}$. 于是, $I_{R(K)}^* = (K^\dagger|_{R(K)})^* K^*$. 因此, 对任意的 $x \in R(K)$ 我们有

$$\|x\| = \|(K^\dagger|_{R(K)})^* K^* x\| \leqslant \|K^\dagger\| \|K^* x\|,$$

即 $\|K^* x\|^2 \geqslant \|K^\dagger\|^{-2} \|x\|^2$. 结合式 (5.1.2), 对任意的 $x \in R(K)$, 有

$$\langle Sx, x \rangle \geqslant C\|K^* x\|^2 \geqslant C\|K^\dagger\|^{-2} \|x\|^2.$$

从而由 K-融合框架的定义, 对任意的 $x \in R(K)$, 可得

$$C\|K^\dagger\|^{-2} \|x\| \leqslant \|Sx\| \leqslant D\|x\|.$$

这说明 $S: R(K) \to S(R(K))$ 是一个同胚. 进而, 对任意的 $x \in S(R(K))$ 有

$$D^{-1} \|x\| \leqslant \|S^{-1} x\| \leqslant C^{-1} \|K^\dagger\|^2 \|x\|.$$

下面分别利用值域包含性质、算子分解以及商算子给出 K-融合框架的一些刻画. 为此, 需要下面的引理.

引理 5.1.1 [41, 定理 1]　令 H, H_1, H_2 是 Hilbert 空间且 $A \in B(H_1, H)$, $B \in B(H_2, H)$, 则下列叙述等价:

(1) $R(A) \subseteq R(B)$.

(2) 对 $\lambda \geqslant 0$ 有 $AA^* \leqslant \lambda^2 BB^*$.

(3) 存在 $X \in B(H_1, H_2)$ 使得 $A = BX$.

进而, 若 (1) (2) 和 (3) 成立, 则存在唯一的算子 X 使得:

(4) $\mathrm{Ker}A = \mathrm{Ker}X$, 其中 "Ker" 表示算子的核.

(5) $R(X) \subseteq \overline{R(B^*)}$.

显然, 若 $A \neq 0$, 则 $\lambda > 0$.

下面这个定理在本章中起着很重要的作用.

定理 5.1.1 　令 $K \in B(H)$, 则 $\{(W_i, v_i)\}_{i \in \mathbb{I}}$ 是 H 的一个 K-融合框架当且仅当 $\{(W_i, v_i)\}_{i \in \mathbb{I}}$ 是 H 的一个 Bessel 融合序列且其合成算子的值域 $R(\theta^*)$ 包含 $R(K)$.

证明: 设 $\{(W_i, v_i)\}_{i \in \mathbb{I}}$ 是 H 的 K-融合框架, 则存在常数 $0 < C \leqslant D < \infty$ 使得对任意的 $x \in H$ 有

$$C\|K^* x\|^2 \leqslant \sum_{i \in \mathbb{I}} v_i^2 \|\pi_{W_i} x\|^2$$
$$= \|\theta x\|^2 \leqslant D\|x\|^2.$$

因此, $\{(W_i, v_i)\}_{i \in \mathbb{I}}$ 是一个 Bessel 融合序列且 $CKK^* \leqslant \theta^* \theta$. 由引理 5.1.1 很容易得到 $R(\theta^*) \supset R(K)$.

充分性. 因为 $R(\theta^*) \supset R(K)$, 由引理 5.1.1 知, 存在 $\lambda \geqslant 0$ 使得 $KK^* \leqslant \lambda^2 \theta^* \theta$, 于是对任意的 $x \in H$ 有

$$\|K^* x\|^2 \leqslant \lambda^2 \|\theta x\|^2 = \lambda^2 \sum_{i \in \mathbb{I}} v_i^2 \|\pi_{W_i} x\|^2.$$

结合 $\{(W_i, v_i)\}_{i \in \mathbb{I}}$ 是 Bessel 融合序列可知, $\{(W_i, v_i)\}_{i \in \mathbb{I}}$ 是一个下界为 $\dfrac{1}{\lambda^2}$ 的 K-融合框架.

推论 5.1.1 　设 $K \in B(H)$ 且 $\{(W_i, v_i)\}_{i \in \mathbb{I}}$ 是 H 的一个 Bessel 融合序列. 则 $\{(W_i, v_i)\}_{i \in \mathbb{I}}$ 是一个 K-融合框架当且仅当存在有界算子 $A \in B\left(H, \left(\sum_{i \in \mathbb{I}} \oplus W_i\right)_{\ell^2}\right)$ 使得 $K = \theta^* A$.

证明: 设 $\{(W_i, v_i)\}_{i \in \mathbb{I}}$ 是一个 K-融合框架, 则由定理 5.1.1 可知, $R(K) \subset R(\theta^*)$. 因为 $\theta^*: \left(\sum\limits_{i \in \mathbb{I}} \oplus W_i\right)_{\ell^2} \to H$ 且 $K: H \to H$, 所以由引理 5.1.1 知存在 $A \in B\left(H, \left(\sum\limits_{i \in \mathbb{I}} \oplus W_i\right)_{\ell^2}\right)$ 使得 $K = \theta^* A$.

设存在有界算子 $A \in B\left(H, \left(\sum\limits_{i \in \mathbb{I}} \oplus W_i\right)_{\ell^2}\right)$ 使得 $K = \theta^* A$, 则由引理 5.1.1 知 $R(K) \subset R(\theta^*)$. 又 $\{(W_i, v_i)\}_{i \in \mathbb{I}}$ 是 H 的一个 Bessel 融合序列, 所以由定理 5.1.1 可得 $\{(W_i, v_i)\}_{i \in \mathbb{I}}$ 是一个 K-融合框架.

令 $A, B \in B(H)$, 商 $[A/B]$ 是从 $R(B)$ 到 $R(A)$ 的一个映射, 定义为 $Bx \to Ax$. 注意到 $T = [A/B]$ 是 H 上的一个有定义的线性算子当且仅当 $N(B) \subseteq N(A)$. 在这种情况下 $D(T) = R(B)$, $R(T) \subseteq R(A)$ 且 $TB = A$. 需要指出的是, 商算子 $[A/B]$ 是一个半闭算子, 不一定有界, 且它的并按加法和乘法是闭的.

下面利用商算子给出 K-融合框架的另外一些刻画.

定理 5.1.2　令 $\{(W_i, v_i)\}_{i \in \mathbb{I}}$ 是 H 上的 Bessel 融合序列, 其框架算子为 S 且 $K \in B(H)$, 则 $\{(W_i, v_i)\}_{i \in \mathbb{I}}$ 是 H 上的 K-融合框架当且仅当商算子 $[K^*/S^{\frac{1}{2}}]$ 有定义并且有界.

证明: 设 $\{(W_i, v_i)\}_{i \in \mathbb{I}}$ 是 H 上的 K-融合框架, 则存在一个常数 $C > 0$, 使得对任意的 $x \in H$ 有

$$C\|K^* x\|^2 \leqslant \sum_{i \in \mathbb{I}} v_i^2 \|\pi_{W_i} x\|^2 = \|S^{\frac{1}{2}} x\|^2,$$

于是有 $N(S^{\frac{1}{2}}) \subseteq N(K^*)$. 这样便可以定义如下有意义的有界线性算子:

$$T: R(S^{\frac{1}{2}}) \to R(K^*), \quad S^{\frac{1}{2}} x \to K^* x.$$

因为对任意的 $x \in H$,

$$\|T(S^{\frac{1}{2}} x)\| = \|K^* x\| \leqslant \frac{1}{\sqrt{C}} \|S^{\frac{1}{2}} x\|,$$

所以 T 是有界的. 由有界算子商的定义可知, $T = [K^*/S^{\frac{1}{2}}]$, 因此 $[K^*/S^{\frac{1}{2}}]$ 是有界的.

充分性. 设商算子 $[K^*/S^{\frac{1}{2}}]$ 是有定义的且有界, 则对任意的 $x \in H$ 有

$$\|K^*x\|^2 = \|[K^*/S^{\frac{1}{2}}] \cdot S^{\frac{1}{2}}x\|^2 \leqslant C\|S^{\frac{1}{2}}x\|^2$$

其中 $C = \|[K^*/S^{\frac{1}{2}}]\|^2$. 设 $K \neq 0$, 那么 $C > 0$. 因为 $\|S^{\frac{1}{2}}x\|^2 = \sum\limits_{i \in \mathbb{I}} v_i^2 \|\pi_{W_i}x\|^2$, 所以对任意的 $x \in H$ 有

$$\frac{1}{C}\|K^*x\|^2 \leqslant \sum_{i \in \mathbb{I}} v_i^2 \|\pi_{W_i}x\|^2.$$

这样, 便有 $\{(W_i, v_i)\}_{i \in \mathbb{I}}$ 是一个 K-融合框架.

进而, 对紧 K-融合框架有如下结果.

命题 5.1.1   令 $K \in B(H)$ 且 $\{(W_i, v_i)\}_{i \in \mathbb{I}}$ 是 H 上的一个紧 K-融合框架, 其框架算子为 S, 则商算子 $[K^*/S^{\frac{1}{2}}]$ 是可逆的.

证明: 设 $\{(W_i, v_i)\}_{i \in \mathbb{I}}$ 是一个紧 K-融合框架, 则对某个常数 $C > 0$ 有 $S = CKK^*$. 由引理 5.1.1 知 $R(K) = R(S^{\frac{1}{2}})$. 记 $K_0 = K|_{N(K)^\perp}$ (即 K 限制到 $N(K)^\perp$), 则 $K_0^{-1}: R(K) \to N(K)^\perp$ 是一个闭线性算子, $X := K_0^{-1}S^{\frac{1}{2}}$ 是 H 到 $N(K)^\perp$ 上的闭线性算子. 显然, $S^{\frac{1}{2}} = KX$, 且由闭图像定理知 X 是有界的. 类似地, 我们可以得到一个从 H 到 $N(S^{\frac{1}{2}})^\perp$ 上的算子 Y 使得 $K = S^{\frac{1}{2}}Y$. 令 $x \in N(S^{\frac{1}{2}})^\perp$, 那么 $S^{\frac{1}{2}}x = KXx = S^{\frac{1}{2}}YXx$, 从而 $YXx = x$. 因此 YX 是 $N(S^{\frac{1}{2}})^\perp$ 上的单位算子. 同理, XY 是 $N(K)^\perp$ 上的单位算子. 于是 $Y|_{N(K)^\perp}: N(K)^\perp \to N(S^{\frac{1}{2}})^\perp$ 是一个可逆算子. 因此 $K^* = (Y|_{N(K)^\perp})^* S^{\frac{1}{2}}$, 这说明 $[K^*/S^{\frac{1}{2}}]$ 是可逆的.

引理 5.1.2 [56, 命题 2.1]   令 $T \in B(H)$ 且 W 是 H 的一个闭子空间, 则下列叙述等价:

(1) $\pi_{\overline{TW}}T = T\pi_W$;

(2) $T^*TW \subseteq W$.

定理 5.1.3   令 $K \in B(H)$, $\{(W_i, v_i)\}_{i \in \mathbb{I}}$ 是 H 上的一个 K-融合框架且其 K-融合框架界分别为 C 和 D, 则有:

(1) 如果 $T \in B(H)$ 是值域为闭的正规算子且满足 $TK = KT$ 以及 $T^*TW_i \subseteq W_i$，那么 $\{(\overline{TW_i}, v_i)\}_{i \in \mathbb{I}}$ 是 $R(T)$ 上的 K-融合框架.

(2) 如果 $T \in B(H)$ 是余等距的 (即 T^* 是等距的), 满足 $TK = KT$ 且 $T^*TW_i \subseteq W_i$，那么 $\{(TW_i, v_i)\}_{i \in \mathbb{I}}$ 是 H 上的 K-融合框架.

证明: (1) 因为 T 有闭值域, 所以存在伪逆 $T^\dagger$ 使得 $TT^\dagger T = T$. 又 T 是正规算子且 $TK = KT$, 故由 Putnam-Fuglede 定理 [42] 知 $TK^* = K^*T$. 于是对任意的 $x \in R(T)$, 有 $K^*x \in R(T)$ 且 $K^*x = (T^\dagger)^*T^*K^*x$. 因此, $\|K^*x\| = \|(T^\dagger)^*T^*K^*x\| \leqslant \|T^\dagger\|\|T^*K^*x\|$. 即 $\|T^*K^*x\| \geqslant \|T^\dagger\|^{-1}\|K^*x\|$. 对任意的 $x \in R(T)$, 由引理 5.1.2 可得,

$$\|\pi_{W_i}T^*x\| \leqslant \|T\|\|\pi_{\overline{TW_i}}x\|. \tag{5.1.3}$$

因此

$$\sum_{i \in \mathbb{I}} v_i^2 \|\pi_{\overline{TW_i}}x\|^2 \geqslant \|T\|^{-2} \sum_{i \in \mathbb{I}} v_i^2 \|\pi_{W_i}T^*x\|^2$$

$$\geqslant C\|T\|^{-2}\|K^*T^*x\|^2$$

$$= C\|T\|^{-2}\|T^*K^*x\|^2$$

$$\geqslant C\|T\|^{-2}\|T^\dagger\|^{-2}\|K^*x\|^2.$$

另一方面, 对任意的 $x \in R(T)$ 有

$$\sum_{i \in \mathbb{I}} v_i^2 \|\pi_{\overline{TW_i}}x\|^2 = \sum_{i \in \mathbb{I}} v_i^2 \|\pi_{\overline{TW_i}}T(T^\dagger x)\|^2$$

$$= \sum_{i \in \mathbb{I}} v_i^2 \|T\pi_{W_i}(T^\dagger x)\|^2$$

$$\leqslant \|T\|^2 \sum_{i \in \mathbb{I}} v_i^2 \|\pi_{W_i}(T^\dagger x)\|^2$$

$$\leqslant D\|T\|^2\|T^\dagger\|^2\|x\|^2.$$

这样便证明了 $\{(\overline{TW_i}, v_i)\}_{i \in \mathbb{I}}$ 是 $R(T)$ 的 K-融合框架.

(2) 因为 T 是余等距的且 $T^*TW_i \subseteq W_i$, 所以 $\|T\| = \|T^*\| = 1$, 且易证对任意的 $i \in \mathbb{I}$, TW_i 是闭的. 于是对每个 $x \in H$, 由 $\{(W_i, v_i)\}_{i \in \mathbb{I}}$ 是 H 上的 K-融

合框架以及引理 5.1.2 可得

$$\sum_{i\in\mathbb{I}} v_i^2\|\pi_{TW_i}x\|^2 \geqslant \sum_{i\in\mathbb{I}} v_i^2\|\pi_{W_i}T^*x\|^2 \geqslant C\|K^*T^*x\|^2$$

$$= C\|T^*K^*x\|^2 = C\|K^*x\|^2.$$

另一方面, 因为 $T \in B(H)$ 是余等距的, 所以

$$\sum_{i\in\mathbb{I}} v_i^2\|\pi_{TW_i}x\|^2 = \sum_{i\in\mathbb{I}} v_i^2\|\pi_{TW_i}T(T^*x)\|^2$$

$$= \sum_{i\in\mathbb{I}} v_i^2\|T\pi_{W_i}(T^*x)\|^2$$

$$\leqslant D\|x\|^2.$$

这说明 $\{(TW_i, v_i)\}_{i\in\mathbb{I}}$ 是 H 上的 K-融合框架.

尽管由 T 是余等距的可以推出 $R(T) = H$, 但 T 不是一个正规算子, 因此在上述定理中, 并不能由 (1) 直接推出 (2).

由紧 K-融合框架的定义很容易得到下列结果.

命题 5.1.2 令 $K \in B(H)$ 且 $\{(W_i, v_i)\}_{i\in\mathbb{I}}$ 是 H (上界为 C) 的紧 K-融合框架, 则对任意的 $x \in H$ 有 $C\|K^*x\|^2 = \|\theta x\|^2$, 其中 θ 是 $\{(W_i, v_i)\}_{i\in\mathbb{I}}$ 的分析算子.

证明: 设 $\{(W_i, v_i)\}_{i\in\mathbb{I}}$ 是 H (上界为 C) 的紧 K-融合框架, 则对任意的 $x \in H$, $C\|K^*x\|^2 = \sum_{i=1}^{\infty} v_i^2\|\pi_{W_i}x\|^2$. 又 θ 是 $\{(W_i, v_i)\}_{i\in\mathbb{I}}$ 的分析算子, 所以

$$\sum_{i=1}^{\infty} v_i^2\|\pi_{W_i}x\|^2 = \langle \theta^*\theta x, x\rangle = \|\theta x\|^2.$$

推论 5.1.2 令 $K \in B(H)$ 且 $\{(W_i, v_i)\}_{i\in\mathbb{I}}$ 是 H (上界为 C) 的紧 K-融合框架, 设其合成算子为 θ^*, 则有:

(1) $R(K) = R(\theta^*)$;

(2) $S = CKK^*$;

(3) $\|\theta^*\| = \sqrt{C}\|K\|$.

证明: 令 $\{(W_i, v_i)\}_{i \in \mathbb{I}}$ 是界为 C 的紧 K-融合框架.

(1) 由命题 5.1.2 可得 $CKK^* = \theta^*\theta$. 于是由引理 5.1.1 知 $R(K) = R(\theta^*)$.

(2) 由命题 5.1.2 可得 $CKK^* = \theta^*\theta$. 因为 $S = \theta^*\theta$, 所以 $S = CKK^*$.

(3) 由命题 5.1.2 可知, 对任意的 $x \in H$ 有 $C\|K^*x\|^2 = \|\theta x\|^2$. 因此

$$\|\theta^*\| = \|\theta\| = \sup_{\|x\|=1, x \in H} \|\theta x\| = \sup_{\|x\|=1, x \in H} \sqrt{C}\|K^*x\|$$

$$= \sqrt{C}\|K^*\| = \sqrt{C}\|K\|,$$

即得结论.

由紧 K-融合框架和紧融合框架的定义可知, 如果 $K = I$, 那么紧 K-融合框架即为紧融合框架. 反之, 如果紧 K-融合框架是紧融合框架, 那么算子 K 是否一定是单位算子? 答案是否定的. 事实上, K 不一定是可逆的. 下面先举一个例子来说明.

例 5.1.1　令 $\{e_n\}_{n=1}^{\infty}$ 是 H 的标准正交基, m 是一个固定的正整数且 $m \geqslant 2$. 定义:

$$W_1 = \text{span}\{e_j: 1 \leqslant j \leqslant m-1\}; \quad W_2 = \text{span}\{e_m\};$$

$$W_k = \text{span}\{e_{(k-2)m+l}: 1 \leqslant l \leqslant m\}, k \in \mathbb{Z}, k \geqslant 3.$$

对任意的 $x \in H$, 存在一组数 c_i 使得 $x = \sum_{i=1}^{\infty} c_i e_i$, 那么

$$\sum_{j=1}^{\infty} \|\pi_{W_j}x\|^2 = \|\pi_{W_1}x\|^2 + \|\pi_{W_2}x\|^2 + \sum_{j=3}^{\infty} \|\pi_{W_j}x\|^2$$

$$= \sum_{i=1}^{m-1} |c_i|^2 + |c_m|^2 + \sum_{j=3}^{\infty} \left\| \sum_{l=1}^{m} \langle x, e_{(j-2)m+l} \rangle e_{(j-2)m+l} \right\|^2$$

$$= \sum_{i=1}^{m} |c_i|^2 + \sum_{j=3}^{\infty} \sum_{l=1}^{m} |\langle x, e_{(j-2)m+l} \rangle|^2$$

$$= \sum_{j=1}^{\infty} |\langle x, e_j \rangle|^2 = \|x\|^2.$$

因此 $\{(W_j, 1)\}_{j=1}^\infty$ 是界为 1 的紧融合框架. 令

$$\{f_j\}_{j=1}^\infty = \left\{ e_1, \frac{1}{\sqrt{2}}e_2, \frac{1}{\sqrt{2}}e_2, \frac{1}{\sqrt{3}}e_3, \frac{1}{\sqrt{3}}e_3, \frac{1}{\sqrt{3}}e_3, \frac{1}{\sqrt{4}}e_4, \cdots \right\}.$$

定义一个有界线性算子 $K: H \to H$ 如下:

$$Kx = \sum_{j=1}^\infty \langle x, e_j \rangle f_j, \ \forall x \in H.$$

故对任意的 $x, y \in H$, 有

$$\langle K^*x, y \rangle = \langle x, Ky \rangle = \left\langle x, \sum_{j=1}^\infty \langle y, e_j \rangle f_j \right\rangle$$
$$= \left\langle \sum_{j=1}^\infty \langle x, f_j \rangle e_j, y \right\rangle.$$

由此可得, 对任意的 $x \in H$, $K^*x = \sum_{j=1}^\infty \langle x, f_j \rangle e_j$. 于是, 对任意的 $x \in H$,

$$\|K^*x\|^2 = \left\| \sum_{j=1}^\infty \langle x, f_j \rangle e_j \right\|^2 = \sum_{j=1}^\infty |\langle x, f_j \rangle|^2$$
$$= \sum_{j=1}^\infty j \left| \left\langle x, \frac{1}{\sqrt{j}}e_j \right\rangle \right|^2 = \|x\|^2.$$

因此, 对任意的 $x \in H$ 有 $\sum_{j=1}^\infty \|\pi_{W_j}x\|^2 = \|x\|^2 = \|K^*x\|^2$, 即 $\{(W_j, 1)\}_{j=1}^\infty$ 是界为 1 的 K-融合框架. 而由 K 的定义易知, K 不可逆.

下面我们给出紧 K-融合框架为紧融合框架的一个充要条件.

定义 5.1.2 设算子 $T \in B(H)$, 若存在 $S \in B(H)$ 使得 $TS = I$, 则称 T 右可逆. 称 S 是 T 的右可逆算子, 记为 $T_r^{-1} = S$.

定理 5.1.4 令 $K \in B(H)$ 且 $\{(W_i, v_i)\}_{i \in \mathbb{I}}$ 是 H 上的一个界为 C_1 的紧 K-融合框架, 则 $\{(W_i, v_i)\}_{i \in \mathbb{I}}$ 是 H (上界为 C_2) 的紧融合框架当且仅当 K 是右可逆的且右可逆算子 $K_r^{-1} = \frac{C_1}{C_2}K^*$.

证明: 因为 $\{(W_i, v_i)\}_{i\in\mathbb{I}}$ 是 H 上的一个界为 C_1 的紧 K-融合框架, 所以对任意的 $x\in H$ 有

$$C_1\|K^*x\|^2 = \sum_{i=1}^{\infty} v_i^2\|\pi_{W_i}x\|^2. \tag{5.1.4}$$

设 $\{(W_i, v_i)\}_{i\in\mathbb{I}}$ 是 H 上的界为 C_2 的紧融合框架, 那么对任意的 $x\in H$ 有

$$\sum_{i=1}^{\infty} v_i^2\|\pi_{W_i}x\|^2 = C_2\|x\|^2. \tag{5.1.5}$$

由式 (5.1.4) 和式 (5.1.5) 可得, 对任意的 $x\in H$, $C_1\|K^*x\|^2 = C_2\|x\|^2$. 于是

$$\|K^*x\|^2 = \frac{C_2}{C_1}\|x\|^2,$$

即对任意的 $x\in H$, $\langle KK^*x, x\rangle = \left\langle \frac{C_2}{C_1}x, x\right\rangle$. 因此 $K\left(\frac{C_1}{C_2}K^*\right) = I$. 这说明 K 是右可逆的且右可逆算子 $K_r^{-1} = \frac{C_1}{C_2}K^*$.

充分性. 设 K 是右可逆的且右可逆算子 $K_r^{-1} = \frac{C_1}{C_2}K^*$, 则有 $K\left(\frac{C_1}{C_2}K^*\right) = I$. 于是对任意的 $x\in H$, 有 $\|K^*x\|^2 = \frac{C_2}{C_1}\|x\|^2$. 因为 $\{(W_i, v_i)\}_{i\in\mathbb{I}}$ 是界为 C_1 的紧 K-融合框架, 所以对任意的 $x\in H$,

$$C_1\|K^*x\|^2 = \sum_{i=1}^{\infty} v_i^2\|\pi_{W_i}x\|^2.$$

从而对任意的 $x\in H$ 有

$$\sum_{i=1}^{\infty} v_i^2\|\pi_{W_i}x\|^2 = C_1\|K^*x\|^2 = C_1\cdot\frac{C_2}{C_1}\|x\|^2 = C_2\|x\|^2.$$

这说明 $\{(W_i, v_i)\}_{i\in\mathbb{I}}$ 是界为 C_2 的紧融合框架.

5.2　酉系统的 K-融合框架生成子

本节主要给出酉系统的 K-融合框架生成子的一个算子参数化定理, 并考虑通过给定的 K-融合框架生成子构造出新的 K-融合框架生成子. 下面先引入 K-融合框架生成子的定义.

定义 5.2.1 设 $\mathcal{U}$ 是 H 上的酉系统, $K \in B(H)$. H 的闭子空间 W 称为 $\mathcal{U}$ 的 K-融合框架生成子 (或 Parseval K-融合框架生成子), 如果存在一族权 $\{v_U\}_{U \in \mathcal{U}}$ 使得 $\{(UW, v_U)\}_{U \in \mathcal{U}}$ 是 H 的 K-融合框架 (或 Parseval K-融合框架).

下面是酉系统的 K-融合框架生成子的一些性质.

命题 5.2.1 设 $\mathcal{U}$ 是 H 上的酉系统, 则有:
$$\mathcal{F}(\mathcal{U}) \subset \mathcal{F}_K(\mathcal{U}) \subset \mathcal{B}(\mathcal{U}),$$
其中 $\mathcal{F}(\mathcal{U})$, $\mathcal{F}_K(\mathcal{U})$ 以及 $\mathcal{B}(\mathcal{U})$ 分别表示 $\mathcal{U}$ 的关于某族权的融合框架生成子、K-融合框架生成子以及 Bessel 融合序列生成子全体构成的集合.

证明: 设 $W \in \mathcal{F}(\mathcal{U})$, 则存在一族权 $\{v_U\}_{U \in \mathcal{U}}$ 使得 $\{(UW, v_U)\}_{U \in \mathcal{U}}$ 是 H 的融合框架. 显然其分析算子
$$\theta: H \to \left(\sum_{U \in \mathcal{U}} \oplus UW\right)_{\ell^2}, \quad x \to \{v_U \pi_{UW} x\}_{U \in \mathcal{U}}$$
是单射闭值域的, 于是合成算子 θ^* 也是闭值域的并且是满的. 因此, $R(\theta^*) = H \supset R(K)$. 由定理 5.1.1 知, $\{(UW, v_U)\}_{U \in \mathcal{U}}$ 是 K-融合框架, 即 $W \in \mathcal{F}_K(\mathcal{U})$. 这说明 $\mathcal{F}(\mathcal{U}) \subset \mathcal{F}_K(\mathcal{U})$. 由 K-融合框架生成子的定义, $\mathcal{F}_K(\mathcal{U}) \subset \mathcal{B}(\mathcal{U})$ 显然成立. 因此, $\mathcal{F}(\mathcal{U}) \subset \mathcal{F}_K(\mathcal{U}) \subset \mathcal{B}(\mathcal{U})$.

命题 5.2.2 设 $\mathcal{U}$ 是 H 上的酉系统, $K_1, K_2 \in B(H)$, 则
$$\mathcal{F}_{K_1}(\mathcal{U}) \cap \mathcal{F}_{K_2}(\mathcal{U}) \subseteq \mathcal{F}_{K_1+K_2}(\mathcal{U}),$$
其中 $\mathcal{F}_{K_i}(\mathcal{U})$ 仍表示 $\mathcal{U}$ 的关于某族权的 K_i-融合框架生成子.

证明: 令 W 既是 $\mathcal{U}$ 的关于权 $\{v'_U\}_{U \in \mathcal{U}}$ 的 K_1-融合框架生成子, 又是关于权 $\{v''_U\}_{U \in \mathcal{U}}$ 的 K_2-融合框架生成子. 对任意的 $U \in \mathcal{U}$, 记 $v_U = (v_U'^2 + v_U''^2)^{\frac{1}{2}}$, 且 $\{C_1, D_1\}$ 和 $\{C_2, D_2\}$ 分别是 $\{(UW, v'_U)\}_{U \in \mathcal{U}}$ 和 $\{(UW, v''_U)\}_{U \in \mathcal{U}}$ 的 K-融合框架界, 则对任意的 $x \in H$,
$$\sum_{U \in \mathcal{U}} v_U^2 \|\pi_{UW} x\|^2 = \sum_{U \in \mathcal{U}} v_U'^2 \|\pi_{UW} x\|^2 + \sum_{U \in \mathcal{U}} v_U''^2 \|\pi_{UW} x\|^2$$
$$\geqslant C_1 \|K_1^* x\|^2 + C_2 \|K_2^* x\|^2$$
$$\geqslant \frac{1}{2} \min\{C_1, C_2\} \|(K_1 + K_2)^* x\|^2.$$

另一方面, 显然对任意的 $x \in H$, 有
$$\sum_{U \in \mathcal{U}} v_U^2 \|\pi_{UW} x\|^2 \leqslant (D_1 + D_2)\|x\|^2.$$
因此 $\{(UW, v_U)\}_{U \in \mathcal{U}}$ 是一个 $(K_1 + K_2)$-融合框架.

下面这个定理是本章的一个主要结果. 我们将利用广义局部交换子中的算子来刻画酉系统的 K-融合框架生成子.

定理 5.2.1　令 $K \in B(H), \mathcal{U}$ 是 H 上的酉系统, W 是 $\mathcal{U}$ 的一个完全游荡子空间, 且 Ω 是 H 的一个闭子空间使得 $\dim \Omega = \dim W$, 则 Ω 是 $\mathcal{U}$ 的关于某族权 $\{v_U\}_{U \in \mathcal{U}}$ 的 K-融合框架生成子当且仅当存在有界算子 $T \in C_W^g(\mathcal{U})$ 使得 $R(K) \subset R(T)$, 存在非零常数 α 使得 $\Omega = TW$ 且算子 αT 在 W 上是等距的.

证明: 设 Ω 是 $\mathcal{U}$ 的关于权 $\{v_U\}_{U \in \mathcal{U}}$ 的 K-融合框架生成子, 则存在常数 $0 < C \leqslant D < \infty$ 使得对任意的 $x \in H$ 有
$$C\|K^* x\|^2 \leqslant \sum_{U \in \mathcal{U}} v_U^2 \|\pi_{U\Omega} x\|^2 \leqslant D\|x\|^2. \tag{5.2.6}$$
令 $\{e_i\}_{i \in \mathbb{I}}$ 和 $\{f_i\}_{i \in \mathbb{I}}$ 分别是 W 和 Ω 的标准正交基, 其中 $\mathbb{I}$ 是基数为 $\dim W$ 的指标集且其可以是无穷大. 注意到对 $U \in \mathcal{U}, \{Uf_i\}_{i \in \mathbb{I}}$ 构成 $U\Omega$ 的一组标准正交基, 于是对任意的 $x \in H$ 有
$$\sum_{i \in \mathbb{I}} \sum_{U \in \mathcal{U}} v_U^2 |\langle x, Uf_i \rangle|^2 = \sum_{i \in \mathbb{I}} \sum_{U \in \mathcal{U}} v_U^2 |\langle \pi_{U\Omega} x, Uf_i \rangle|^2$$
$$= \sum_{U \in \mathcal{U}} v_U^2 \|\pi_{U\Omega} x\|^2 \leqslant D\|x\|^2.$$
结合 $\{Ue_i\}_{i \in \mathbb{I}, U \in \mathcal{U}}$ 是 H 的一组标准正交基, 我们可以定义一个有界线性算子 $A: H \to H$, 使得对任意的 $x \in H$ 有
$$Ax = \sum_{i \in \mathbb{I}} \sum_{U \in \mathcal{U}} v_U \langle x, Uf_i \rangle Ue_i.$$
令 $T = A^*$, 则对任意的 $x \in W, U, V \in \mathcal{U}$ 以及 $i \in \mathbb{I}$ 有
$$\langle Vx, TUe_i \rangle = \langle AVx, Ue_i \rangle$$
$$= \left\langle \sum_{j \in \mathbb{I}} \sum_{S \in \mathcal{U}} v_S \langle Vx, Sf_j \rangle Se_j, Ue_i \right\rangle$$
$$= v_U \langle Vx, Uf_i \rangle.$$

又 $\text{span}\{UW: U \in \mathcal{U}\}$ 在 H 中稠密, 所以有 $TUe_i = v_U U f_i$. 特别地, 取 $U = I$ 时有 $Te_i = v_I f_i$, 于是对所有的 $i \in \mathbb{I}, U \in \mathcal{U}, TUe_i = \dfrac{v_U}{v_I} UTe_i$. 显然, $T \in C_W^g(\mathcal{U})$ 且 $\Omega = [TW]$. 进而, 对每个 $x \in W$ 有

$$\|Tx\|^2 = \left\| \sum_{i \in \mathbb{I}} \langle x, e_i \rangle Te_i \right\|^2 = v_I^2 \left\| \sum_{i \in \mathbb{I}} \langle x, e_i \rangle f_i \right\|^2$$

$$= v_I^2 \sum_{i \in \mathbb{I}} \|\langle x, e_i \rangle\|^2 = v_I^2 \|x\|^2.$$

这说明算子 $\dfrac{1}{v_I} T$ 在 W 上是等距的. 因此, TW 是闭的且 $\Omega = TW$.

下面证明 $R(K) \subset R(T)$. 对任意的 $x \in H$ 有

$$\|T^*x\|^2 = \|Ax\|^2$$

$$= \sum_{i \in \mathbb{I}} \sum_{U \in \mathcal{U}} v_U^2 |\langle x, U f_i \rangle|^2$$

$$= \sum_{i \in \mathbb{I}} \sum_{U \in \mathcal{U}} v_U^2 |\langle \pi_{U\Omega} x, U f_i \rangle|^2$$

$$= \sum_{U \in \mathcal{U}} v_U^2 \|\pi_{U\Omega} x\|^2.$$

因此由式 (5.2.6) 可得,

$$\|T^*x\|^2 = \sum_{U \in \mathcal{U}} v_U^2 \|\pi_{U\Omega} x\|^2 \geqslant C \|K^*x\|^2.$$

从而 $TT^* \geqslant CKK^*$. 于是由引理 5.1.1 知 $R(K) \subset R(T)$.

充分性. 令 T 和 α 满足定理要求的性质. 仍记 $\{e_i\}_{i \in \mathbb{I}}$ 是 W 的标准正交基且对所有的 $i \in \mathbb{I}$, 令 $f_i = \alpha Te_i$. 因为 $\Omega = TW$ 且 αT 在 W 上是等距的, 所以 $\{f_i\}_{i \in \mathbb{I}}$ 构成 Ω 的一组标准正交基. 又 $T \in C_W^g(\mathcal{U})$, 故对每个 $U \in \mathcal{U}$, 存在一个非零常数 β_U 使得对任意的 $x \in W$ 有 $TUx = \beta_U UTx$. 记 $v_U = \left| \dfrac{\beta_U}{\mu} \right|$. 对任意的 $U \in \mathcal{U}$, 由 $\{UW\}_{U \in \mathcal{U}}$ 是 H 的标准正交融合基知, 对任意的 $x \in H$,

$$\|T^*\|^2 \|x\|^2 \geqslant \|T^*x\|^2 = \sum_{U \in \mathcal{U}} \|\pi_{UW} T^*x\|^2$$

$$= \sum_{U \in \mathcal{U}} \sum_{i \in \mathbb{I}} |\langle \pi_{UW} T^*x, U e_i \rangle|^2$$

$$= \sum_{U \in \mathcal{U}} \sum_{i \in \mathbb{I}} |\langle x, TUe_i \rangle|^2$$

$$= \sum_{U \in \mathcal{U}} \sum_{i \in \mathbb{I}} |\beta_U|^2 |\langle x, UTe_i \rangle|^2$$

$$= \sum_{U \in \mathcal{U}} \sum_{i \in \mathbb{I}} \left| \frac{\beta_U}{\alpha} \right|^2 |\langle x, Uf_i \rangle|^2$$

$$= \sum_{U \in \mathcal{U}} \sum_{i \in \mathbb{I}} v_U^2 |\langle \pi_{U\Omega} x, Uf_i \rangle|^2$$

$$= \sum_{U \in \mathcal{U}} v_U^2 \|\pi_{U\Omega} x\|^2.$$

另一方面, 因为 $R(K) \subset R(T)$, 由引理 5.1.1 知, 存在 $b > 0$ 使得 $bKK^* \leqslant TT^*$. 因此对任意的 $x \in H$ 有

$$\sum_{U \in \mathcal{U}} v_U^2 \|\pi_{U\Omega} x\|^2 = \|T^* x\|^2 \geqslant b\|K^* x\|^2.$$

这说明 Ω 是 $\mathcal{U}$ 的关于权 $\{v_U\}_{U \in \mathcal{U}}$ 的 K-融合框架生成子.

下面对给定的 K-融合框架生成子, 我们构造出了新的 K-融合框架生成子.

命题 5.2.3　设 $\mathcal{U}$ 是 H 上的酉系统, $K \in B(H)$ 且令 W, Ω 分别是 $\mathcal{U}$ 的关于权 $\{v_U\}_{U \in \mathcal{U}}$ 的 K-融合框架生成子. 如果 $W \perp \Omega$, 则 $W + \Omega$ 是 $\mathcal{U}$ 的关于权 $\{v_U\}_{U \in \mathcal{U}}$ 的 K-融合框架生成子.

证明: 若 $W \perp \Omega$, 则对任意的 $U \in \mathcal{U}$ 有 $UW \perp U\Omega$, 子空间 $UW + U\Omega$ 是闭的且 $\pi_{UW+U\Omega} = \pi_{UW} + \pi_{U\Omega}$. 于是对任意的 $x \in H$,

$$\sum_{U \in \mathcal{U}} v_U^2 \|\pi_{UW+U\Omega} x\|^2 = \sum_{U \in \mathcal{U}} v_U^2 \|\pi_{UW} x + \pi_{U\Omega} x\|^2$$

$$= \sum_{U \in \mathcal{U}} v_U^2 \|\pi_{UW} x\|^2 + \sum_{U \in \mathcal{U}} v_U^2 \|\pi_{U\Omega} x\|^2.$$

由 W, Ω 分别是 $\mathcal{U}$ 的关于权 $\{v_U\}_{U \in \mathcal{U}}$ 的 K-融合框架生成子即可得结论.

命题 5.2.4　令 $K \in B(H)$, $\mathcal{U}$ 是 H 上的酉系统且 W 是 $\mathcal{U}$ 的关于权 $\{v_U\}_{U \in \mathcal{U}}$ 的 K-融合框架生成子. 如果 T 是 $C_W^g(\mathcal{U})$ 中的可逆算子且满足

$TK = KT$, 则 TW 也是 $\mathcal{U}$ 的关于权 $\{v_U\}_{U \in \mathcal{U}}$ 的 K-融合框架生成子.

证明: 因为 W 是 $\mathcal{U}$ 的关于权 $\{v_U\}_{U \in \mathcal{U}}$ 的 K-融合框架生成子, 所以存在常数 $0 < C \leqslant D < \infty$, 使得对任意的 $x \in H$ 有

$$C\|K^*x\|^2 \leqslant \sum_{U \in \mathcal{U}} v_U^2 \|\pi_{UW}x\|^2 \leqslant D\|x\|^2.$$

对任意的 $U \in \mathcal{U}$, 由 T 可逆可知 TUW 是闭的. 又 $T \in C_W^g(\mathcal{U})$, 所以 $TUW = UTW$. 因此由引理 5.1.2, 对任意的 $x \in H$ 有

$$\|\pi_{UW}T^*x\| = \|\pi_{UW}T^*\pi_{TUW}x\|$$
$$\leqslant \|T\| \cdot \|\pi_{TUW}x\|.$$

于是由 $TK = KT$ 可得, 对任意的 $x \in H$,

$$\sum_{U \in \mathcal{U}} v_U^2 \|\pi_{UTW}x\|^2 = \sum_{U \in \mathcal{U}} v_U^2 \|\pi_{TUW}x\|^2$$
$$\geqslant \|T\|^{-2} \sum_{U \in \mathcal{U}} v_U^2 \|\pi_{UW}T^*x\|^2$$
$$\geqslant C\|T\|^{-2}\|K^*T^*x\|^2$$
$$= C\|T\|^{-2}\|T^*K^*x\|^2$$
$$\geqslant C\|T\|^{-2}\|T^{-1}\|^{-2}\|K^*x\|^2.$$

另一方面, 由引理 5.1.2 可得

$$\pi_{TUW} = \pi_{TUW}(T^*)^{-1}\pi_{UW}T^*.$$

因此, 对任意的 $x \in H$ 有

$$\|\pi_{TUW}x\| \leqslant \|T^{-1}\|\|\pi_{UW}T^*x\|.$$

从而

$$\sum_{U \in \mathcal{U}} v_U^2 \|\pi_{UTW}x\|^2 = \sum_{U \in \mathcal{U}} v_U^2 \|\pi_{TUW}x\|^2$$
$$\leqslant \|T^{-1}\|^2 \sum_{U \in \mathcal{U}} v_U^2 \|\pi_{UW}T^*x\|^2$$
$$\leqslant D\|T^{-1}\|^2\|T^*x\|^2$$
$$\leqslant D\|T\|^2\|T^{-1}\|^2\|x\|^2.$$

这说明 $\{(UTW, v_U)\}_{U \in \mathcal{U}}$ 是 H 上的 K-融合框架.

第 6 章　g-框架对偶对的提升问题

6.1　半正交小波系统

本节主要研究抽象小波系统的 g-框架生成子的提升与 g-框架生成子对偶对的提升. 利用特殊小波系统的半正交性, 证明 g-框架生成子对偶对可以提升为更大空间上的酉系统的 g-Riesz 基生成子对偶对. 我们给出酉系统的 g-框架生成子的相同结构的对偶 g-框架生成子的存在性的证明. 最后, 我们给出酉群在子空间上的 g-框架生成子的对偶 g-框架生成子存在的充分必要条件.

在过去的几十年里, 小波理论和 Gabor 分析经历了更快的发展, 许多方面被广泛研究, 也被推广到框架理论中. 带结构的框架在理论和应用方面都有更重要的意义, 包括 Gabor 框架和小波框架. 最近, 许多学者在研究广义框架 [131] 或者算子值框架 [88] 方面都有很多成果.

酉系统 $\mathcal{U}$ 的完全游荡向量是单位向量 $x \in H$ 满足, $\mathcal{U}x := \{Ux: U \in \mathcal{U}\}$ 是 H 上的标准正交基 [35]. $\mathcal{U}$ 的完全框架向量是向量 $x \in H$, 满足 $\mathcal{U}x := \{Ux: U \in \mathcal{U}\}$ 是 H 上的框架 [75]. 在文献 [75] 中, 作者研究了 Hilbert 空间上的酉系统的完全框架向量的性质, 并且被推广到了投影酉表示的完全框架向量上 [71, 70, 69]. 这些学者展示了用这种抽象的方法来研究正交小波和框架是有意义的. 在文献 [88] 中, 作者对酉群的算子值生成子和算子值框架做了一些研究. 作者在文献 [116] 中探讨了群似酉系统的算子值生成子的一些性质, 并且推广了文献 [52, 75] 的一些结果.

令 $\mathcal{U}$ 是 Hilbert 空间 H 上的酉系统, 满足 $\mathcal{U} = \mathcal{U}_1\mathcal{U}_0 := \{U = U_1U_0: U_1 \in \mathcal{U}_1, U_0 \in \mathcal{U}_0\}$, 其中 $\mathcal{U}_1, \mathcal{U}_0$ 是 H 上的酉算子群, 满足 $\mathcal{U}_1 \bigcap \mathcal{U}_0 = \{I\}$, 称 $\mathcal{U}$ 为抽象小波系统. 如果 $\mathcal{U}_1$ 是平凡的, 即 $\mathcal{U} = \mathcal{U}_0$, 称 $\mathcal{U}$ 是平凡的抽象小波系统 (酉群).

我们首先回忆一些有关 g-框架的基本定义和结论. 在 6.2 节, 我们将讨论半正交小波系统的 g-框架生成子的典则对偶 g-框架生成子的存在性以及 g-框架生成子、g-框架生成子对偶对的提升结果. 在 6.3 节, 我们将研究酉群的情况, 证明了子空间上 g-框架生成子对偶对的提升一般是不成立的, 给出子空间上 g-框架生成子的对偶 Parseval g-框架生成子的存在条件, 并说明这一条件与另一种形式的提升是等价的.

下面是有关酉系统 $\mathcal{U}$ 的 g-框架生成子以及 g-框架的一些定义和结论, 可参考文献 [79, 88, 116].

定义 6.1.1 [131, 定义 3.1] 设 $\{A_i \in B(H, H_i): i \in \mathbb{J}\}$ 满足:

(1) $\langle A_i^* g_i, A_j^* g_j \rangle = \delta_{ij} \langle g_i, g_j \rangle, \forall i, j \in \mathbb{J}, \forall g_i \in H_i, g_j \in H_j$.

(2) $\sum_{i \in \mathbb{J}} \|A_i f\|^2 = \|f\|^2, \forall f \in H$.

称 $\{A_i \in B(H, H_i): i \in \mathbb{J}\}$ 是 H 上的 g-标准正交基.

事实上, 由文献 [118, 推论 2.13], $\{A_i \in B(H, H_i): i \in \mathbb{J}\}$ 是 g-标准正交基当且仅当 $\{A_i \in B(H, H_i): i \in \mathbb{J}\}$ 是 g-框架, 并且 (1) 成立.

引理 6.1.1 [131, 推论 3.4] 设 $\{A_i \in B(H, H_i): i \in \mathbb{J}\}$ 是 H 上的 g-框架, 则下列结论是等价的:

(1) $\{A_i\}_{i \in \mathbb{J}}$ 是 H 上的 g-Riesz 基.

(2) $\{A_i\}_{i \in \mathbb{J}}$ 存在唯一的对偶 g-框架.

(3) 存在可逆算子 $T \in B(H)$ 使得 $\{A_i T\}_{i \in \mathbb{J}}$ 是 H 上的 g-标准正交基.

(4) $\{A_i\}_{i \in \mathbb{J}}$ 的分析算子是可逆的.

引理 6.1.2 [88, 命题 4.3] 设 $\{A_i \in B(H, H_i): i \in \mathbb{J}\}, \{B_i \in B(H, H_i): i \in \mathbb{J}\}$ 是 H 上的 g-框架, 则下列结论是等价的:

(1) 存在可逆算子 $T \in B(H)$ 使得 $B_i = A_i T, \forall i \in \mathbb{J}$ (相似 g-框架).

(2) $\{A_i\}_{i \in \mathbb{J}}$ 与 $\{B_i\}_{i \in \mathbb{J}}$ 的分析算子的值域是相同的.

定义 6.1.2 [131, 定义 3.1] 称 $\{A_i \in B(H, H_i): i \in \mathbb{J}\}$ 是 g-完备的, 如果 $\{f: A_i f = 0, i \in \mathbb{J}\} = 0$, 即 $\overline{\text{span}}_{i \in \mathbb{J}} A_i^* K = H$.

定义 6.1.3　设 $\{A_i \in B(H, H_i): i \in \mathbb{J}\}$，$\{B_i \in B(H, H_i): i \in \mathbb{J}\}$ 是 H 上的 g-框架，满足 $f = \sum\limits_{i \in \mathbb{J}} B_i^* A_i f, \forall f \in H$，称 $\{B_i\}_{i \in \mathbb{J}}$ 是 $\{A_i\}_{i \in \mathbb{J}}$ 的对偶 g-框架. 这种情况下，称 $\{A_i\}_{i \in \mathbb{J}}$，$\{B_i\}_{i \in \mathbb{J}}$ 是 g-框架对偶对.

定义 6.1.4　设 $\mathcal{U}$ 是 H 上的酉系统，$A \in B(H, K)$.

(1) 如果 $A\mathcal{U}^* = \{A U^*: U \in \mathcal{U}\}$ 是 H 上的 g-标准正交基，则 A 称为 $\mathcal{U}$ 的完全游荡算子(此时, A 是余等距).

(2) 如果 $A\mathcal{U}^* = \{A U^*: U \in \mathcal{U}\}$ 是 H 上的 g-Riesz 基，则 A 称为 $\mathcal{U}$ 的完全 g-Riesz 基生成子.

(3) 如果 $A\mathcal{U}^* = \{A U^*: U \in \mathcal{U}\}$ 是 H 上的 g-框架，则 A 称为 $\mathcal{U}$ 的完全 g-框架生成子.

(4) 如果 $A\mathcal{U}^* = \{A U^*: U \in \mathcal{U}\}$ 是 H 上的 Parseval g-框架，则 A 称为 $\mathcal{U}$ 的完全 Parseval g-框架生成子.

(5) 如果 $A\mathcal{U}^* = \{A U^*: U \in \mathcal{U}\}$ 是 H 上的 g-Bessel 序列，则 A 称为 $\mathcal{U}$ 的 g-Bessel 生成子.

更多地，如果 $A\mathcal{U}^*$，$B\mathcal{U}^*$ 是 g-框架对偶对，则称 A, B 是 $\mathcal{U}$ 的 g-框架生成子对偶对.

设 $A \in B(H, K)$ 是 $\mathcal{U}$ 的 g-Bessel 生成子. $\forall f \in H$，A 的分析算子定义为:

$$\theta_A: H \to l^2(\mathcal{U}) \otimes K, \quad \theta_A f = \sum_{U \in \mathcal{U}} \chi_U \otimes A U^* f,$$

其中 $\{\chi_U: U \in \mathcal{U}\}$ 是 $l^2(\mathcal{U})$ 的标准正交基. 并且, A 的框架算子定义为:

$$S_A: H \to H, \quad S_A f = \sum_{U \in \mathcal{U}} U A^* A U^* f.$$

抽象小波系统 $\mathcal{U} = \mathcal{U}_1 \mathcal{U}_0$，如果 $M \subset H$ 是 $\mathcal{U}_1$ 的完全游荡子空间，即 $[\mathcal{U}_1 M] := \overline{\operatorname*{span}_{U_1 \in \mathcal{U}_1}} U_1 M = H$，且 $U_1 M \perp V_1 M, \forall U_1, V_1 \in \mathcal{U}_1, U_1 \neq V_1$，则 $\mathcal{U}$ 称为半正交的. 如果 $A \in B(H, K)$ 是 $\mathcal{U}$ 的 g-框架生成子，且 $[\mathcal{U}_0 A^* K] = M$，则 A 称为 $\mathcal{U}$ 的半正交的 g-框架生成子.

6.1.1 半正交的框架向量

由于 $\mathcal{U}$ 不是群, 在文献 [35, 例 1.11] 中, $l^2(\mathcal{U})$ 空间可看做 $l^2(\widetilde{\mathcal{U}})$ 的子空间, 其中 $\widetilde{\mathcal{U}}$ 是 $\mathcal{U}$ 生成的群. 从而酉系统可借助酉群的良好性质来分析, 但是这种方法比较复杂, 这里不做探讨.

下面的结论与文献 [69, 定理 1.3] 类似.

引理 6.1.3 设 $\eta \in H$ 是抽象小波系统 $\mathcal{U}$ 的半正交完全框架向量, 则 $S_\eta \in (\mathcal{U}|_M)'$. 特别地, $S_\eta^t \in C_\eta(\mathcal{U})$, 进而, 如果 $I - S_\eta^t \geqslant 0$, 则 $(I - S_\eta^t)^p \in C_\eta(\mathcal{U})$, 其中 $t, p \in \mathbb{Q}$, $M = [\mathcal{U}_0\eta]$.

证明: 由定义, 对任意 $f \in M$, $W \in \mathcal{U}$,

$$S_\eta W f = \sum_{U \in \mathcal{U}} \langle Wf, U\eta \rangle U\eta = \sum_{U_0 \in \mathcal{U}_0} \langle Wf, W_1 U_0\eta \rangle W_1 U_0 \eta$$

$$= \sum_{U_0 \in \mathcal{U}_0} \langle W_0 f, U_0\eta \rangle W_1 U_0 \eta$$

$$= \sum_{U_0 \in \mathcal{U}_0} \langle f, W_0^* U_0\eta \rangle W W_0^* U_0 \eta$$

$$= \sum_{U \in \mathcal{U}} \langle f, U\eta \rangle W U \eta = W S_\eta f$$

由定义, 对任意 $f \in H$, $S_\eta f = \sum_{U \in \mathcal{U}} \langle f, U\eta \rangle U\eta$. 从而 $\forall f \in W_1 M$, 有

$$S_\eta f = \sum_{U_0 \in \mathcal{U}_0} \langle f, W_1 U_0\eta \rangle W_1 U_0 \eta = S_{\eta, W_1} f.$$

因为 M 是 $\mathcal{U}_1$ 的完全游荡子空间, 从而 $S_\eta = \bigoplus_{W_1 \in \mathcal{U}_1} S_{\eta, W_1}$, 且 $I - S_\eta = \bigoplus_{W_1 \in \mathcal{U}_1} (I_{W_1 M} - S_{\eta, W_1})$.

又 $S_{\eta, W_1} W\eta = \sum_{U_0 \in \mathcal{U}_0} \langle W\eta, W_1 U_0\eta \rangle W_1 U_0 \eta = W_1 S_{\eta, I} W_0\eta$, 这样,

$$S_{\eta, W_1} W_1 f = W_1 S_{\eta, I} f, \forall f \in M.$$

进而限制在 M 上, 由 $S_{\eta, W_1} W_1 = W_1 S_{\eta, I}$, $W_1^* S_{\eta, W_1} W_1 = S_{\eta, I}$, 即 $W_1^* S_{\eta, W_1}^t W_1 = S_{\eta, I}^t$, $t \in \mathbb{Q}$. $W_1^* (I_{W_1 M} - S_{\eta, W_1}^t) W_1 = I_M - S_{\eta, I}^t$, $t \in \mathbb{Q}$. 进而 $W_1^* (I_{W_1 M} - S_{\eta, W_1}^t)^p W_1 = (I_M - S_{\eta, I}^t)^p$, $p \in \mathbb{Q}$.

事实上, $\forall\, n \in \mathbb{N}$,
$$(W_1^* S_{\eta,W_1}^{\frac{1}{n}} W_1)^n = (W_1^* S_{\eta,W_1}^{\frac{1}{n}} W_1) \cdots (W_1^* S_{\eta,W_1}^{\frac{1}{n}} W_1)$$
$$= W_1^* (S_{\eta,W_1}^{\frac{1}{n}})^n W_1 = S_{\eta,I}.$$

从而, $W_1^* S_{\eta,W_1}^{\frac{1}{n}} W_1 = S_{\eta,I}^{\frac{1}{n}}$. 而对于 $\forall\, m \in \mathbb{N}$, 有 $W_1^* S_{\eta,W_1}^m W_1 = S_{\eta,I}^m$, 进而对任意有理数成立.

而 $\mathcal{U}_0|_M$ 是群, 显然有 $S_{\eta,I}^t U_0 = U_0 S_{\eta,I}^t$, 且 $(I_M - S_{\eta,I}^t)^p U_0 = U_0(I_M - S_{\eta,I}^t)^p$, $\forall\, U_0 \in \mathcal{U}_0$, 得到

$$S_\eta^t U\eta = S_{\eta,U_1}^t U_1 U_0 \eta = U_1 S_{\eta,I}^t U_0 \eta = U_1 U_0 S_{\eta,I}^t \eta = U S_\eta^t \eta.$$
$$(I - S_\eta^t)^p U\eta = (I_{U_1 M} - S_{\eta,U_1}^t)^p U_1 U_0 \eta$$
$$= U_1(I_M - S_{\eta,I}^t)^p U_0 \eta$$
$$= U_1 U_0(I_M - S_{\eta,I}^t)^p \eta$$
$$= U(I - S_\eta^t)^p \eta.$$

引理 6.1.4　设抽象小波系统 $\mathcal{U}$, M 是 $\mathcal{U}_1$ 的完全游荡子空间, 如果 $\varphi \in M$ 是 $\mathcal{U}_0$ 在 M 上的 Bessel 向量 (框架向量、完全框架向量、 Parseval 框架向量、完全 Parseval 框架向量), 则 φ 是 $\mathcal{U}$ 在 H 上的 Bessel 向量 (完全框架向量、完全 Parseval 框架向量), 且界相同.

证明:　我们只证明 Bessel 的情况, 其余同理可证. $\forall\, f \in M$, 设 $\sum_{U_0 \in \mathcal{U}_0} |\langle f, U_0\varphi \rangle|^2 \leqslant B\|f\|^2$. 设 P_{U_1} 是 H 到 $U_1 M$ 的正交投影, 则 $\forall\, f \in H$, 令 $P_{U_1} f = U_1 g_{U_1}$, 其中 $g_{U_1} \in M$, 有

$$\sum_{U \in \mathcal{U}} |\langle f, U\varphi \rangle|^2 = \sum_{U_1 \in \mathcal{U}_1} \sum_{U_0 \in \mathcal{U}_0} |\langle f, U_1 U_0\varphi \rangle|^2$$
$$= \sum_{U_1 \in \mathcal{U}_1} \sum_{U_0 \in \mathcal{U}_0} |\langle U_1 g_{U_1}, U_1 U_0\varphi \rangle|^2$$
$$= \sum_{U_1 \in \mathcal{U}_1} \sum_{U_0 \in \mathcal{U}_0} |\langle g_{U_1}, U_0\varphi \rangle|^2$$
$$\leqslant B \sum_{U_1 \in \mathcal{U}_1} \|U_1 g_{U_1}\|^2 = B\|f\|^2.$$

引理 6.1.5 设 $\eta \in H$ 是抽象小波系统 $\mathcal{U}$ 的半正交的完全框架向量. 若 $\mathcal{U}\xi$ 是 $\mathcal{U}\eta$ 的对偶框架, 则 $\xi \in M$ 当且仅当 ξ 是半正交的完全框架向量 ($[\mathcal{U}_0\xi] = M$).

引理 6.1.6 设 $\eta \in H$ 是抽象小波系统 $\mathcal{U}$ 的半正交的完全框架向量. 若 $\mathcal{U}_0\xi$ 是 $\mathcal{U}_0\eta$ 在 M 上的对偶框架, 则 $\mathcal{U}\xi$ 是 $\mathcal{U}\eta$ 在 H 上的对偶框架.

证明: 对任意 $f \in M$,

$$f = \sum_{U_0 \in \mathcal{U}_0} \langle f, U_0\eta \rangle U_0\xi = \sum_{U_0 \in \mathcal{U}_0} \langle f, U_0\xi \rangle U_0\eta.$$

从而对任意 $f \in H$, 令 $P_{U_1}f = U_1 g_{U_1}$, 其中 $g_{U_1} \in M$, 有

$$\sum_{U \in \mathcal{U}} \langle f, U\eta \rangle U\xi = \sum_{U_1 \in \mathcal{U}_1} \sum_{U_0 \mathcal{U}_0} \langle f, U_1 U_0\eta \rangle U_1 U_0\xi$$

$$= \sum_{U_1 \in \mathcal{U}_1} \sum_{U_0 \mathcal{U}_0} \langle U_1 g_{U_1}, U_1 U_0\eta \rangle U_1 U_0\xi$$

$$= \sum_{U_1 \in \mathcal{U}_1} U_1 g_{U_1} = \sum_{U_1 \in \mathcal{U}_1} P_{U_1}f = f.$$

引理 6.1.7 设抽象小波系统 $\mathcal{U}$ 满足 M 是 $\mathcal{U}_0$ 的不变子空间, M 是 $\mathcal{U}_1$ 的游荡子空间. 若 $u, v \in M$ 是 $\mathcal{U}_0$ 的 Bessel 向量, 且在 M 上正交, 则 $\mathcal{U}u, \mathcal{U}v$ 在 H 上正交.

定理 6.1.1 设 $\eta \in H$ 是抽象小波系统 $\mathcal{U}$ 的半正交的完全框架向量, 则 $C_\eta(\mathcal{U}) = \{\theta_\xi^* \theta_{S^{-1}\eta}\}$, 其中 $\mathcal{U}\xi$ 是任意 Bessel 序列, 且 $\langle \theta_\xi^* \theta_{S^{-1}\eta}\eta, \eta \rangle = \langle \xi, \eta \rangle$.

证明: 设 $\mathcal{U}\xi$ 是任意 Bessel 序列, 对于任意 $U \in \mathcal{U}$, 因为 $S^{-1}\eta \in M$,

$$\theta_\xi^* \theta_{S^{-1}\eta} U\eta = \sum_{V \in \mathcal{U}} \langle U\eta, VS^{-1}\eta \rangle V\xi = \sum_{V_0 \in \mathcal{U}_0} \langle U\eta, U_1 V_0 S^{-1}\eta \rangle U_1 V_0\xi$$

$$= U_1 \sum_{V_0 \in \mathcal{U}_0} \langle S^{-1}\eta, U_0^* V_0\eta \rangle V_0\xi$$

$$= U_1 U_0 \sum_{V_0 \in \mathcal{U}_0} \langle S^{-1}\eta, U_0^* V_0\eta \rangle U_0^* V_0\xi$$

$$= U \sum_{V \in \mathcal{U}} \langle \eta, VS^{-1}\eta \rangle V\xi = U\theta_\xi^* \theta_{S^{-1}\eta}\eta.$$

因此, $\theta_\xi^* \theta_{S^{-1}\eta} \in C_\eta(\mathcal{U})$. 反过来, $\forall A \in C_\eta(\mathcal{U})$, $\forall f \in H$,

$$\theta_{A\eta}^* \theta_{S^{-1}\eta} f = \sum_{V \in \mathcal{U}} \langle f, V S^{-1}\eta \rangle V A\eta = \sum_{V \in \mathcal{U}} \langle f, V S^{-1}\eta \rangle AV\eta = Af.$$

进一步,

$$\begin{aligned}
\langle \theta_\xi^* \theta_{S^{-1}\eta} \eta, \eta \rangle &= \sum_{V \in \mathcal{U}} \langle \eta, V S^{-1}\eta \rangle \langle V\xi, \eta \rangle \\
&= \sum_{V_0 \in \mathcal{U}_0} \langle \eta, V_0 S^{-1}\eta \rangle \langle V_0\xi, \eta \rangle \\
&= \sum_{V_0 \in \mathcal{U}_0} \langle V_0^*\eta, S^{-1}\eta \rangle \langle \xi, V_0^*\eta \rangle \\
&= \langle \xi, \sum_{V_0 \in \mathcal{U}_0} \langle S^{-1}\eta, V_0^*\eta \rangle V_0^*\eta \rangle \\
&= \langle \xi, \sum_{V \in \mathcal{U}} \langle \eta, V S^{-1}\eta \rangle V\eta \rangle = \langle \xi, \eta \rangle.
\end{aligned}$$

6.1.2　半正交小波系统的 g-框架生成子

首先给出一般酉系统 $\mathcal{U}$, 满足 $\mathcal{W}(\mathcal{U}) \neq \varnothing$ 时, 所有 g-框架生成子的刻画, 其中 $\mathcal{W}(\mathcal{U})$ 表示 $\mathcal{U}$ 在 H 上的完全游荡算子全体. 对任意 $T \in B(H, K)$, 且 $T \in \mathcal{W}(\mathcal{U})$, 定义

$$C_T(\mathcal{U}) := \{\Gamma \in B(H): T U^* \Gamma = T \Gamma U^*, \forall\, U \in \mathcal{U}\}.$$

定理 6.1.2　设 $\mathcal{U}$ 是 H 上的酉系统. 如果 $T \in B(H, K)$ 是 $\mathcal{U}$ 在 H 的完全游荡算子, 则:

(1) 算子 $A \in B(H, K)$ 是 $\mathcal{U}$ 在 H 上的完全 g-框架生成子当且仅当存在下有界算子 $\Gamma \in C_T(\mathcal{U})$ 使得 $A = T\Gamma$.

(2) 算子 $A \in B(H, K)$ 是 $\mathcal{U}$ 在 H 上的完全 Parseval g-框架生成子当且仅当存在等距算子 $\Gamma \in C_T(\mathcal{U})$ 使得 $A = T\Gamma$.

(3) 算子 $A \in B(H, K)$ 是 $\mathcal{U}$ 在 H 上的完全 g-Riesz 基生成子当且仅当存在可逆算子 $\Gamma \in C_T(\mathcal{U})$ 使得 $A = T\Gamma$.

(4) 算子 $A \in B(H, K)$ 是 $\mathcal{U}$ 在 H 上的完全游荡算子当且仅当存在酉算子 $\Gamma \in C_T(\mathcal{U})$ 使得 $A = T\Gamma$.

$T \in B(H, K)$ 是 $\mathcal{U}$ 在 H 上的完全游荡算子, 当且仅当 T^* 是等距, 且 $\forall k, h \in K, U, V \in \mathcal{U}, U \neq V$,

$$\langle UT^*k, VT^*h \rangle = \langle TV^*UT^*k, h \rangle = \delta_{U,V}\langle k, h \rangle.$$

定理 6.1.3 设 $\mathcal{U}$ 是 H 上的抽象小波系统. 如果 $T \in B(H, K)$ 是 $\mathcal{U}$ 在 H 上的完全游荡算子, 设 $A \in B(H, K)$ 是 $\mathcal{U}$ 的半正交的 Parseval g-框架生成子, 则存在 H 上的 $\mathcal{U}$ 的 g-Bessel 生成子 $B \in B(H, K)$ 使得 $A \oplus B$ 是 $\{U \oplus U: U \in \mathcal{U}\}$ 在 $H \oplus [UT^*K]$ 上的完全游荡向量算子.

证明: 对于任意 $f \in H$, 定义 $\widetilde{\theta}_A f = \sum_{U \in \mathcal{U}} UT^*AU^*f$, 则

$$\|f\|^2 = \|\widetilde{\theta}_A f\|^2 = \sum_{U \in \mathcal{U}} \|AU^*f\|^2,$$

且 $\widetilde{\theta}_A^* VT^*k = \sum_{U \in \mathcal{U}} UA^*TU^*VT^*k = VA^*k, \forall V \in \mathcal{U}, k \in K$. 又 $\widetilde{\theta}_A^* T^*k = A^*k$, 从而 $V\widetilde{\theta}_A^* T^*k = \widetilde{\theta}_A^* VT^*k$, 即 $\widetilde{\theta}_A^* \in C_{T^*}(\mathcal{U})$. 由 $\mathcal{U}$ 的半正交性, 可得

$$\widetilde{\theta}_A VA^*k = \sum_{U \in \mathcal{U}} UT^*AU^*VA^*k$$

$$= \sum_{U \in \mathcal{U}} V_1U_0T^*AU_0^*V_0A^*k = V\widetilde{\theta}_A A^*k,$$

即 $\widetilde{\theta}_A \in C_{A^*}(\mathcal{U})$.

令 $P_A = \widetilde{\theta}_A \widetilde{\theta}_A^*$, 则 $P_A: H \to \mathrm{ran}\widetilde{\theta}_A$ 是正交投影. 则由上可得,

$$P_A VT^*k = \theta_A \theta_A^* VT^*k = \theta_A V\theta_A^* T^*k = \theta_A VA^*k$$

$$= V\theta_A A^*k = V\theta_A \theta_A^* T^*k = VP_A T^*k,$$

即 $P_A \in C_{T^*}(\mathcal{U})$. 进而 $P_A^\perp \in C_{T^*}(\mathcal{U})$.

令 $B = TP_A^\perp \in B(H, K)$. 显然 B 是 $\mathcal{U}$ 在 H 上的 Bessel 生成子. 令 $K = H \oplus (\mathrm{ran}\theta_A)^\perp$. 最后说明 $A \oplus B$ 是 $\mathcal{U} \oplus \mathcal{U}$ 在 K 上的完全游荡算子. 事实

上,

$$UA^* \oplus UB^* = \theta_A^* UT^* \oplus UP_A^\perp T^* = \theta_A^* UT^* \oplus P_A^\perp UT^*$$

$$= (\theta_A^* \oplus P_A^\perp)(P_A UT^* \oplus P_A^\perp UT^*),$$

其中 $\begin{pmatrix} \theta_A^* & 0 \\ 0 & P_A^\perp \end{pmatrix}$: $\begin{pmatrix} \mathrm{ran}P_A \\ \mathrm{ran}P_A^\perp \end{pmatrix} \to \begin{pmatrix} H \\ \mathrm{ran}P_A^\perp \end{pmatrix}$ 是酉算子.

对于抽象小波系统 $\mathcal{U}$, 半正交的完全 g-框架生成子的带有相同结构的对偶 g-框架生成子是存在的, 但是可能没有半正交的性质. 下面我们给出一个有关相同结构的对偶 g-框架生成子存在性的结论.

定理 6.1.4   设 $\mathcal{U}$ 是 H 上的抽象小波系统. 如果 $A \in B(H, K)$ 是 $\mathcal{U}$ 的半正交的完全 g-框架生成子, 令 $M = [\mathcal{U}_0 A^* K]$, 则:

(1) 框架算子 S_A 满足 $S_A^t Uf = US_A^t f, \forall f \in M, t \in \mathbb{Q}$.

(2) AS_A^t 是 $\mathcal{U}$ 的 g-框架生成子.

(3) 如果 $\|S_A\| \leqslant 1$, $A(I - S_A^t)^p$ 是 $\mathcal{U}$ 的半正交的 g-Bessel 生成子, 其中 $p \in \mathbb{Q}$.

证明: 记 $M_{U_1} = [U_1 M] = [U_1 \mathcal{U}_0 A^* K], \forall U_1 \in \mathcal{U}_1$. 对于任意 $g \in M_{U_1}$, 定义

$$S_{U_1, A} g = \sum_{U_0 \in \mathcal{U}_0} U_1 U_0 A^* A U_0^* U_1^* g.$$

由于 $M \subset H$ 是 $\mathcal{U}_1$ 的完全游荡子空间, 从而 $\forall f \in [U_1 M]$, 有

$$S_A f = \theta_A^* \theta_A f = \sum_{U \in \mathcal{U}} UA^* A U^* f$$

$$= \bigoplus_{U_1 \in \mathcal{U}_1} S_{U_1, A} f = S_{U_1, A} f.$$

$\forall k \in K, U_1 \in \mathcal{U}_1, U_0 \in \mathcal{U}_0$,

$$S_{U_1, A} U_1 U_0 A^* k = \sum_{V_0 \in \mathcal{U}_0} U_1 V_0 A^* A V_0^* U_1^* U_1 U_0 A^* k$$

$$= \sum_{V_0 \in \mathcal{U}_0} U_1 U_0 U_0^* V_0 A^* A V_0^* U_0 A^* k$$

$$= U_1 U_0 \sum_{V_0 \in \mathcal{U}_0} V_0 A^* A V_0^* A^* k = U_1 U_0 S_{I, A} A^* k.$$

又 $\forall U_0 \in \mathcal{U}_0$,

$$
\begin{aligned}
S_{I,A}U_0 A^* k &= \sum_{V_0 \in \mathcal{U}_0} V_0 A^* A V_0^* U_0 A^* k \\
&= \sum_{V_0 \in \mathcal{U}_0} U_0 U_0^* V_0 A^* A V_0^* U_0 A^* k \\
&= U_0 \sum_{V_0 \in \mathcal{U}_0} V_0 A^* A V_0^* A^* k \\
&= U_0 S_{I,A} A^* k,
\end{aligned}
$$

即 $S_{I,A} \in C_{A^*}(\mathcal{U}_0) = \mathcal{U}_0'$ (群). 进而, $\forall k \in K, U_1 \in \mathcal{U}_1, U_0 \in \mathcal{U}_0$, 有

$$
S_A U_1 U_0 A^* k = S_{U_1,A} U_1 U_0 A^* k = U_1 U_0 S_{I,A} A^* k = U_1 S_{I,A} U_0 A^* k.
$$

因此, $\forall f \in M$, 有

$$
S_A U_1 f = U_1 S_{I,A} f, \quad U_1^* S_A U_1 f = S_{I,A} f.
$$

所以 $U_1^* S_A^t U_1 f = S_{I,A}^t f, t \in \mathbb{Q}$. 由于 $U_0 A^* k \in M$, 可得

$$
S_A^t U A^* k = U_1 S_{I,A}^t U_0 A^* k = U_1 U_0 S_{I,A}^t A^* k = U S_A^t A^* k.
$$

从而由 S_A 是可逆的, 可得 $A S_A^t$ 是 $\mathcal{U}$ 在 H 上的半正交的完全 g-框架生成子.

更多地, $\forall f \in M, (I - U_1^* S_A^t U_1)f = (I - S_{I,A}^t)f$. 如果 $\|S_A\| \leqslant 1$, 可得 $U_1^*(I - S_A^t)^p U_1 f = (I - S_{I,A}^t)^p f$. 因为 $S_A f = S_{I,A} f$, 有

$$
(I - S_A^t)f = (I - S_{I,A}^t)f,
$$
$$
(I - S_A^t)^p f = (I - S_{I,A}^t)^p f,
$$

则

$$
\begin{aligned}
(I - S_A^t)^p U A^* k &= U_1(I - S_{I,A}^t)^p U_0 A^* k \\
&= U_1 U_0 (I - S_{I,A}^t)^p A^* k \\
&= U(I - S_A^t)^p A^* k.
\end{aligned}
$$

从而, $A(I - S_A^t)^p$ 是 $\mathcal{U}$ 的半正交的 g-Bessel 生成子.

下面我们探讨 $\mathcal{U}_0$ 在 M 上的 g-框架生成子与 $\mathcal{U}$ 在 H 上的 g-框架生成子之间的关系.

引理 6.1.8　设 $\mathcal{U}$ 是 H 上的抽象小波系统, $M \subset H$ 是 $\mathcal{U}_1$ 的完全游荡子空间. 如果 $A \in B(H, K)$ 满足 $[\mathcal{U}_0 A^* K] \subset M$, 则 $A\mathcal{U}_0^*$ 是 M 上的 g-Bessel 序列、g-框架、g-Riesz 基、g-标准正交基当且仅当 $A\mathcal{U}^*$ 是 H 上的 g-Bessel 序列、g-框架、g-Riesz 基、g-标准正交基.

证明: $\forall f \in H, \forall U_1 \in \mathcal{U}_1$, 令 $P_{U_1} \colon H \to [U_1 M]$ 是正交投影, $P_{U_1} f = U_1 g_{U_1}$, $g_{U_1} \in M$.

$$\|\theta_A f\|^2 = \sum_{U \in \mathcal{U}} \|A U^* f\|^2 = \sum_{U_1 \in \mathcal{U}_1} \sum_{U_0 \in \mathcal{U}_0} \langle A U^* f, A U^* f \rangle$$

$$= \sum_{U_1 \in \mathcal{U}_1} \sum_{U_0 \in \mathcal{U}_0} \langle U A^* A U^* f, f \rangle$$

$$= \sum_{U_1 \in \mathcal{U}_1} \sum_{U_0 \in \mathcal{U}_0} \langle U A^* A U^* U_1 g_{U_1}, U_1 g_{U_1} \rangle$$

$$= \sum_{U_1 \in \mathcal{U}_1} \sum_{U_0 \in \mathcal{U}_0} \langle U_0 A^* A U_0^* g_{U_1}, g_{U_1} \rangle$$

$$= \sum_{U_1 \in \mathcal{U}_1} \sum_{U_0 \in \mathcal{U}_0} \|A U_0^* g_{U_1}\|^2$$

$$= \sum_{U_1 \in \mathcal{U}_1} \|\theta_{I,A} g_{U_1}\|^2.$$

如果 $A\mathcal{U}_0^*$ 的 g-Bessel 上界为 b, 则

$$\sum_{U_1 \in \mathcal{U}_1} \|\theta_{I,A} g_{U_1}\|^2 \leqslant b \sum_{U_1 \in \mathcal{U}_1} \|g_{U_1}\|^2 = b \sum_{U_1 \in \mathcal{U}_1} \|U_1 g_{U_1}\|^2$$

$$= b \sum_{U_1 \in \mathcal{U}_1} \|P_{U_1} f\|^2 = b\|f\|^2.$$

同理, 如果 $A\mathcal{U}_0^*$ 的 g-Bessel 上界为 a, 则

$$\sum_{U_1 \in \mathcal{U}_1} \|\theta_{I,A} g_{U_1}\|^2 \geqslant a \sum_{U_1 \in \mathcal{U}_1} \|g_{U_1}\|^2 = a \sum_{U_1 \in \mathcal{U}_1} \|U_1 g_{U_1}\|^2$$

$$= a \sum_{U_1 \in \mathcal{U}_1} \|P_{U_1} f\|^2 = a\|f\|^2.$$

反过来, 因为 $\theta_A f = \theta_{I,A} f, \forall f \in M$, 由 $\mathcal{U}_1$ 的半正交性可得, g-Riesz 基的情况是平凡的.

事实上, $\forall f \in H$,

$$
\begin{aligned}
\theta_A f &= \sum_{U \subset \mathcal{U}} \chi_U \otimes AU^* f \\
&= \sum_{U_1 \in \mathcal{U}_1} \sum_{U_0 \in \mathcal{U}_0} \chi_{U_1 U_0} \otimes AU_0^* U_1^* f \\
&= \sum_{U_1 \in \mathcal{U}_1} \theta_{A,U_1} P_{U_1} f.
\end{aligned}
$$

$\forall U_1 \in \mathcal{U}_1$, 存在酉算子 $\lambda_{U_1} \colon l^2(\mathcal{U}_0) \to l^2(U_1 \mathcal{U}_0)$ 使得 $\chi_{U_1 U_0} = \lambda_{U_1} \chi_{U_0}, \forall U_0 \in \mathcal{U}_0$, 则

$$
\chi_{U_1 U_0} \otimes I = (\lambda_{U_1} \otimes I)(\chi_{U_0} \otimes I).
$$

因此, 对任意 $f \in M$, 记 $U_1 f = f_1 \in [U_1 M]$, 得

$$
\begin{aligned}
(\lambda_{U_1} \otimes I) \theta_{A,I} f &= \sum_{U_0 \in \mathcal{U}_0} \chi_{U_1 U_0} \otimes AU_0^* U_1^* f_1 \\
&= \theta_{A,U_1} U_1 f.
\end{aligned}
$$

从而, θ_A 是满的当且仅当 $\theta_{A,I}$ 是满的.

设 $B\mathcal{U}^*$ 是 $A\mathcal{U}^*$ 的对偶 g-框架. $\forall f \in M$, 有

$$
f = \sum_{U \in \mathcal{U}} U B^* AU^* f = \sum_{U_0 \in \mathcal{U}_0} U_0 B^* AU_0^* f.
$$

从而, $[\mathcal{U}_0 A^* K] \subset [\mathcal{U}_0 B^* K]$. 易证对偶 g-框架生成子 B 满足 $[\mathcal{U}_0 B^* K] \subset M$ 当且仅当 B 是半正交的 g-框架生成子, 进而, $[\mathcal{U}_0 A^* K] = [\mathcal{U}_0 B^* K]$. 由定理 6.1.4 可得, 典则对偶 g-框架生成子 AS_A^{-1} 满足 $[\mathcal{U}_0 A^* K] = [\mathcal{U}_0 (AS_A^{-1})^* K]$.

引理 6.1.9 设 $\mathcal{U}$ 是 H 上的抽象小波系统, $M \subset H$ 是 $\mathcal{U}_1$ 的完全游荡子空间. 如果 $A, B \in B(H, K)$ 是 $\mathcal{U}$ 的 g-Bessel 生成子, 满足 $[\mathcal{U}_0 A^* K], [\mathcal{U}_0 B^* K] \subset M$, 则 $A, B \in B(H, K)$ 是 $\mathcal{U}$ 在 H 上的 g-框架生成子对偶对当且仅当 $A, B \in B(H, K)$ 是 $\mathcal{U}_0$ 在 M 上的 g-框架生成子对偶对.

证明: 设 $A, B \in B(H, K)$ 是 $\mathcal{U}_0$ 在 M 上的 g-框架生成子对偶对. 则 $\forall f, g \in H$, 令 $P_{U_1} f = U_1 f_1, P_{U_1} g = U_1 g_1$, 其中 $P_{U_1} \colon H \to [U_1 M]$ 是正交投影,

102

$f_1, g_1 \in M.$ 得

$$\langle \sum_{U \in \mathcal{U}} U B^* A U^* f, g \rangle = \langle \sum_{U \in \mathcal{U}} U B^* A U^* f, P_{U_1} g \rangle$$

$$= \langle \sum_{U_1 \in \mathcal{U}_1} \sum_{U_0 \in \mathcal{U}_0} U_1 U_0 B^* A U^* f, U_1 g_1 \rangle$$

$$= \sum_{U_1 \in \mathcal{U}_1} \sum_{U_0 \in \mathcal{U}_0} \langle f, U A^* B U_0^* g_1 \rangle$$

$$= \sum_{U_1 \in \mathcal{U}_1} \sum_{U_0 \in \mathcal{U}_0} \langle f_1, U_0 A^* B U_0^* g_1 \rangle$$

$$= \sum_{U_1 \in \mathcal{U}_1} \langle f_1, g_1 \rangle$$

$$= \sum_{U_1 \in \mathcal{U}_1} \langle U_1 f_1, U_1 g_1 \rangle$$

$$= \sum_{U_1 \in \mathcal{U}_1} \langle P_{U_1} f, P_{U_1} g \rangle = \langle f, g \rangle.$$

反过来, 设 $A, B \in B(H, K)$ 是 $\mathcal{U}$ 在 H 上的 g-框架生成子对偶对偶对. $\forall f \in M, g \in H,$ 可得

$$\langle f, g \rangle = \langle \sum_{U \in \mathcal{U}} U B^* A U^* f, g \rangle$$

$$= \langle \sum_{U_1 \in \mathcal{U}_1} \sum_{U_0 \in \mathcal{U}_0} U_1 U_0 B^* A U_0^* U_1^* f, g \rangle$$

$$= \sum_{U_0 \in \mathcal{U}_0} \langle f, U_0 A^* B U_0^* g \rangle.$$

从而, $f = \sum_{U_0 \in \mathcal{U}_0} U_0 B^* A U_0^* f.$ $A, B \in B(H, K)$ 是 $\mathcal{U}_0$ 在 M 上的 g-框架生成子对偶对.

下面得到一个关于 g-框架生成子对偶对的提升的结论.

定理 6.1.5　设 $\mathcal{U}$ 是 H 上的抽象小波系统, $T \in B(H, K)$ 是 $\mathcal{U}$ 的完全游荡算子. 如果 $A \in B(H, K)$ 是 $\mathcal{U}$ 的半正交的完全 g-框架生成子, 且 $B \in B(H, K)$ 是其对偶 g-框架生成子, 满足 $[\mathcal{U}_0 A^* K] = [\mathcal{U}_0 B^* K]$, 则存在 Hilbert 空间 $\widetilde{H} \supset H, \widetilde{H}$ 上的抽象小波系统 $\sigma(\mathcal{U}) := \{\sigma_U; U \in \mathcal{U}\}, \sigma(\mathcal{U})$ 的

g-Riesz 基生成子对偶对 $C, D \in B(\widetilde{H}, K)$, 使得 $A = CP, B = DP, U = \sigma_U P$, 并且 H 是 $\sigma(\mathcal{U})$-不变的, 其中 $P \colon \widetilde{H} \to H$ 是正交投影.

证明: $\forall f \in H, \mathcal{U}$ 的任意 g-Bessel 生成子 $\Gamma \in B(H, K)$, 定义

$$\widetilde{\theta}_\Gamma f = \sum_{U \in \mathcal{U}} U T^* \Gamma U^* f.$$

令 $\Omega = [\mathcal{U}_0 T^* K], M = [\mathcal{U}_0 A^* K] = [\mathcal{U}_0 B^* K]$. 易得 Ω, M 是 $\mathcal{U}_1$ 的完全游荡子空间. $\forall U_1 \in \mathcal{U}_1, f \in [U_1 M]$, 定义

$$\widetilde{\theta}_{U_1,A} f = \sum_{V_0 \in \mathcal{U}_0} U_1 V_0 T^* A V_0^* U_1^* f,$$

则 $\operatorname{ran}\widetilde{\theta}_{U_1,A} \subset [U_1 \Omega]$. 又 $P_{U_1} f \in [U_1 M], \forall f \in H$, 其中 $P_{U_1} \colon H \to [U_1 M]$ 是正交投影, 可得

$$\widetilde{\theta}_A P_{U_1} f = \sum_{V \in \mathcal{U}} V T^* A V^* P_{U_1} f = \widetilde{\theta}_{U_1,A} P_{U_1} f.$$

从而只需考虑 M 上的提升性质.

由引理 6.1.9, A, B 是 $\mathcal{U}_0$ 在 M 上的 g-框架生成子对偶对. 易得 $\operatorname{ran}\theta_{I,A}, \operatorname{ran}\theta_{I,B} \subset \Omega$. 令 $P_{I,A}, P_{I,A}^\perp, P_{I,B}$ 以及 $P_{I,B}^\perp$ 分别是 Ω 到 $\operatorname{ran}\theta_{I,A}$, $N_A := \Omega \ominus \operatorname{ran}\theta_{I,A}, \operatorname{ran}\theta_{I,B}, N_B := \Omega \ominus \operatorname{ran}\theta_{I,B}$ 的正交投影, 则

$$P_{I,A} = \widetilde{\theta}_{I,AS_{I,A}^{-\frac{1}{2}}} \widetilde{\theta}^*_{I,AS_{I,A}^{-\frac{1}{2}}} = \widetilde{\theta}_{I,A} S_{I,A}^{-1} \widetilde{\theta}^*_{I,A},$$

其中 $S_{I,A} = \widetilde{\theta}^*_{I,A} \widetilde{\theta}_{I,A}$ 在 M 上可逆. 更多地, 由于 $P_{I,A}\widetilde{\theta}_{I,B} = \widetilde{\theta}_{I,A} S_{I,A}^{-1}$, 可得 $P_{I,A}P_{I,B} \colon \operatorname{ran}\widetilde{\theta}_{I,B} \to \operatorname{ran}\widetilde{\theta}_{I,A}$ 是可逆的. 从而, $P_{I,A}^\perp P_{I,B}^\perp \colon N_B \to N_A$ 是可逆的.

令 $H_0 := M \oplus N_B, \sigma_{U_0} := U_0 \oplus U_0, \forall U_0 \in \mathcal{U}_0$. 令 $C = A \oplus T P_{I,B}^\perp$, 则

$$\sigma_{U_0} C^* = U_0 A^* \oplus U_0 P_B^\perp T^* = U_0 A^* \oplus P_B^\perp U_0 T^*.$$

因为 $\mathcal{U}_0$ 是酉群, 因而, $\forall x \in M, y \in N_B$, 有

$$\widetilde{\theta}_{I,C}(x \oplus y) = \sum_{U_0 \in \mathcal{U}_0} U_0 T^* C \sigma_{U_0}^* (x \oplus y)$$

$$= \sum_{U_0 \in \mathcal{U}_0} U_0 T^* (A U_0^* x + T U_0^* P_B^\perp y)$$

$$= \widetilde{\theta}_{I,A} x + P_B^\perp y.$$

令 $Q = \widetilde{\theta}_{I,A}\widetilde{\theta}_{I,B}^*$, 则由 A, B 的对偶性质可得 $Q^2 = Q$. 进而,

$$\Omega = \mathrm{ran}\widetilde{\theta}_{I,A} \dotplus N_B = \mathrm{ran}\widetilde{\theta}_{I,B} \dotplus N_A.$$

因此, $\widetilde{\theta_{I,C}}\colon H_0 \to \Omega$ 可逆, 即 C 是 $\sigma(\mathcal{U}_0) := \{\sigma_{U_0}\colon U_0 \in \mathcal{U}_0\}$ 在 H_0 上的 g-Riesz 基生成子.

再令 $\sigma_{U_1} := U_1 \oplus U_1, \forall U_1 \in \mathcal{U}_1$, 且

$$\sigma(\mathcal{U}) = \sigma(\mathcal{U}_1)\sigma(\mathcal{U}_0) := \{\sigma_U = \sigma_{U_1}\sigma_{U_0}\colon U_1 \in \mathcal{U}_1, U_0 \in \mathcal{U}_0\}.$$

令 $\widetilde{H} = [\sigma(\mathcal{U})H_0]$, 则 H 是 $\sigma(\mathcal{U})$-不变的. 又 H_0 是 $\sigma(\mathcal{U}_1)$ 的完全游荡子空间, 由引理 6.1.8 可知, $C \in B(\widetilde{H}, K)$ 是 $\sigma(\mathcal{U})$ 在 $\widetilde{H}$ 上的 g-Riesz 基生成子, 且 $A = CP$, 其中 $P\colon \widetilde{H} \to H$ 是正交投影.

令 $D = B \oplus TP_{I,A}^\perp \tau^*$, 其中 $\tau\colon N_A \to N_B$ 满足 $\tau P_{I,A}^\perp P_{I,B}^\perp = P_{I,B}^\perp$. 令 $\rho = P_{I,A}^\perp P_{I,B}^\perp$, 则 $\rho\colon N_B \to N_A$ 可逆. $\forall h \in N_B, U_0 \in \mathcal{U}_0$, 有

$$\rho U_0 h = P_{I,A}^\perp P_{I,B}^\perp U_0 h = U_0 \rho h.$$

从而, $\tau U_0 h = U_0 \tau h, \forall h \in N_A$. 进而,

$$\sigma_{U_0}D^* = U_0 B^* \oplus U_0 \tau P_A^\perp T^* = U_0 B^* \oplus \tau P_A^\perp U_0 T^*.$$

因此, $TU_0 P_A^\perp \tau^*$ 是 N_B 上的 g-框架. 由 $\mathcal{U}_0$ 是群, 知 $TP_A^\perp \tau^*$ 是 N_B 上的 $\mathcal{U}_0$ 的 g-框架生成子.

$\forall x \in M, y \in N_B$, 有

$$\widetilde{\theta}_{I,D}(x \oplus y) = \sum_{U_0 \in \mathcal{U}_0} U_0 T^* D\sigma_{U_0}^*(x \oplus y)$$

$$= \sum_{U_0 \in \mathcal{U}_0} U_0 T^*(BU_0^* x + TP_A^\perp \tau^* U_0^* y)$$

$$= \widetilde{\theta}_{I,B}x + P_A^\perp \tau^* y.$$

同理, 由 $\Omega = \mathrm{ran}\widetilde{\theta}_{I,B} \dotplus N_A$ 可得, $\widetilde{\theta_{I,D}}\colon H_0 \to \Omega$ 是可逆的. 即 D 是 $\sigma(\mathcal{U}_0) := \{\sigma_{U_0}\colon U_0 \in \mathcal{U}_0\}$ 在 H_0 上的 g-Riesz 基生成子. 进而, 由引理 6.1.8 可知, $D \in B(\widetilde{H}, K)$ 是 $\sigma(\mathcal{U})$ 在 $\widetilde{H}$ 上的 g-Riesz 基生成子, 且 $B = DP$.

最后, 我们将证明 C, D 的对偶性质.

事实上, $\forall\, x, x_1 \in M, y, y_1 \in H_0$, 有

$$\sum_{U_0 \in \mathcal{U}_0} \langle \sigma_{U_0} C^* D \sigma_{U_0}^* (x \oplus y), x_1 \oplus y_1 \rangle$$

$$= \sum_{U_0 \in \mathcal{U}_0} \langle (U_0 A^* \oplus P_B^\perp U_0 T^*)(BU_0^* \oplus TU_0^* P_A^\perp \tau^*)(x \oplus y), x_1 \oplus y_1 \rangle$$

$$= \sum_{U_0 \in \mathcal{U}_0} \langle (BU_0^* \oplus TU_0^* P_A^\perp \tau^*)(x \oplus y), (AU_0^* \oplus TU_0^* P_B^\perp)(x_1 \oplus y_1) \rangle$$

$$= \sum_{U_0 \in \mathcal{U}_0} \langle BU_0^* x + TU_0^* P_A^\perp \tau^* y,\ AU_0^* x_1 + TU_0^* P_B^\perp y_1 \rangle$$

$$= \sum_{U_0 \in \mathcal{U}_0} \langle BU_0^* x, AU_0^* x_1 \rangle + \sum_{U_0 \in \mathcal{U}_0} \langle BU_0^* x, TU_0^* P_B^\perp y_1 \rangle +$$

$$\quad \sum_{U_0 \in \mathcal{U}_0} \langle TU_0^* P_A^\perp \tau^* y, AU_0^* x_1 \rangle + \sum_{U_0 \in \mathcal{U}_0} \langle TU_0^* P_A^\perp \tau^* y, TU_0^* P_B^\perp y_1 \rangle$$

$$= \langle \widetilde{\theta}_B x, \widetilde{\theta}_A x_1 \rangle + \langle \widetilde{\theta}_B x, P_B^\perp y_1 \rangle + \langle P_A^\perp \tau^* y, \widetilde{\theta}_A x_1 \rangle + \langle P_A^\perp \tau^* y, P_B^\perp y_1 \rangle$$

$$= \langle x, x_1 \rangle + \langle y, y_1 \rangle$$

$$= \langle x \oplus y, x_1 \oplus y_1 \rangle.$$

即 $C, D \in B(H_0, K)$ 是 $\sigma(\mathcal{U}_0)$ 在 H_0 上的 g-框架生成子对偶对. 更多地, 由引理 6.1.9, $C, D \in B(H_0, K)$ 是 $\sigma(\mathcal{U})$ 在 $\widetilde{H}$ 上的 g-框架生成子对偶对.

6.1.3 酉群的框架生成子对偶对的提升

这一部分, 我们讨论当 $\mathcal{U}_1$ 是平凡的, 即 $\mathcal{U} = \mathcal{U}_0$ 时, $\mathcal{U}$ 的 g-框架生成子对偶对的提升性质.

下面是一个与命题 6.1.5 相似的结论, 但是因为研究的是群的情况, 条件会更弱一些.

命题 6.1.1　设 $\mathcal{U} = \mathcal{U}_0$ 是 H 上的平凡的抽象小波系统(群), 则下列结论是等价的:

(1) $A \in B(H, K)$ 是 $\mathcal{U}$ 的完全 g-框架生成子, $B \in B(H, K)$ 是 A 的对偶 g-框架生成子.

(2) 存在 Hilbert 空间 $\widetilde{H} \supset H$, $\widetilde{H}$ 上的酉算子群 $\sigma(\mathcal{U}) := \{\sigma_U\colon U \in \mathcal{U}\}$, $\sigma(\mathcal{U})$ 的 g-Riesz 基生成子对偶对 $C, D \in B(\widetilde{H}, K)$, 使得 H 是 σ-不变的, $A = CP, B = DP$ 且 $U = \sigma_U P$, 其中 $P\colon \widetilde{H} \to H$ 是正交投影.

证明: 令 $\Lambda(\mathcal{U}) := \{\Lambda_U := \lambda_U \otimes I_K \in B(l^2(\mathcal{U}) \otimes K), U \in \mathcal{U}\}$, 其中 $\lambda(\mathcal{U})$ 是 $\mathcal{U}$ 在 $l^2(\mathcal{U})$ 上的左正则表示. $\forall f \in H$, 有

$$\theta_A f = \sum_{U \in \mathcal{U}} \chi_U \otimes AU^* f = \sum_{U \in \mathcal{U}} \lambda_U \chi_I \otimes AU^* f = \sum_{U \in \mathcal{U}} \Lambda_U (\chi_I \otimes AU^* f).$$

同命题 6.1.5, 易得 $P_A = \theta_A S_A^{-1} \theta_A^*$, $P_B = \theta_B S_B^{-1} \theta_B^*$, 其中 P_A, P_B 分别是 $l^2(\mathcal{U}) \otimes K$ 到 $\mathrm{ran}\theta_A$, $\mathrm{ran}\theta_B$ 的正交投影. 从而 $P_A P_B\colon \mathrm{ran}\theta_B \to \mathrm{ran}\theta_A$ 是可逆的, $P_A^\perp P_B^\perp\colon (\mathrm{ran}\theta_B)^\perp \to (\mathrm{ran}\theta_A)^\perp$ 是可逆的.

令 $\widetilde{H} = H \oplus (\mathrm{ran}\theta_B)^\perp$, $\sigma_U = U \oplus \Lambda_U, \forall U \in \mathcal{U}$. 显然, H 是 σ-不变的. 令 $C = A \oplus Q_I P_B^\perp$, 其中 $Q_U\colon l^2(\mathcal{U}) \otimes K \to K$ 是 $\Lambda(\mathcal{U})$ 在 $l^2(\mathcal{U}) \otimes K$ 上的完全游荡算子[116, 命题 11], $\forall U \in \mathcal{U}$, 则

$$\sigma_U C^* = UA^* \oplus \Lambda_U P_B^\perp Q_I^* = UA^* \oplus P_B^\perp \Lambda_U Q_I^*,$$

因为 $\mathcal{U}$ 是群, 因此, $\forall x \in H, y \in (\mathrm{ran}\theta_B)^\perp$, 有

$$\theta_C(x \oplus y) = \sum_{U \in \mathcal{U}} \chi_U \otimes C\sigma_U^*(x \oplus y)$$
$$= \sum_{U \in \mathcal{U}} \chi_U \otimes (AU^* x + Q_I \Lambda_U^* P_B^\perp y)$$
$$= \theta_A x + P_B^\perp y.$$

令 $Q = \theta_A \theta_B^*$, 则由 A, B 的对偶性可得, $Q^2 = Q$, 从而

$$l^2(\mathcal{U}) \otimes K = \mathrm{ran}\theta_A \dotplus (\mathrm{ran}\theta_B)^\perp = \mathrm{ran}\theta_B \dotplus (\mathrm{ran}\theta_A)^\perp.$$

得 $\theta_C\colon \widetilde{H} \to l^2(\mathcal{U}) \otimes K$ 是可逆的, 即 C 是 $\sigma(\mathcal{U}) := \{\sigma_U\colon U \in \mathcal{U}\}$ 在 $\widetilde{H}$ 上的 g-Riesz 基生成子, 且 $A = CP$, 其中 $P\colon \widetilde{H} \to H$ 是正交投影.

令 $D = B \oplus Q_I P_A^\perp \tau^*$, 其中 $\tau\colon (\mathrm{ran}\theta_A)^\perp \to (\mathrm{ran}\theta_B)^\perp$ 满足 $\tau P_A^\perp P_B^\perp = P_B^\perp$. 记 $\rho = P_A^\perp P_B^\perp$. 令 $\Lambda_1(U) = P_A^\perp \Lambda_U P_A^\perp$, $\Lambda_2(U) = P_B^\perp \Lambda_U P_B^\perp$, 则对任意 $u \in$

$(\mathrm{ran}\theta_B)^\perp$, 有

$$\rho\Lambda_2(U)u = \rho P_B^\perp \Lambda_U P_B^\perp u = P_A^\perp P_B^\perp P_B^\perp \Lambda_U P_B^\perp u$$

$$= \Lambda_U P_A^\perp P_B^\perp u = P_A^\perp \Lambda_U P_A^\perp \rho u = \Lambda_1(U)\rho u,$$

则 $\tau\Lambda_1(U)v = \Lambda_2(U)\tau v, \forall\, v \in (\mathrm{ran}\theta_A)^\perp$, 从而

$$\sigma_U D^* = UB^* \oplus \Lambda_U \tau P_A^\perp Q_I^* = UB^* \oplus \tau P_A^\perp \Lambda_U Q_I^*.$$

显然, $Q_I\Lambda(\mathcal{U})P_A^\perp \tau^*$ 是 $(\mathrm{ran}\theta_B)^\perp$ 上的 g-框架. 因此, $Q_I P_A^\perp \tau^*$ 是 $\Lambda(\mathcal{U})$ 在 $(\mathrm{ran}\theta_B)^\perp$ 上的 g-框架生成子.

$\forall\, x \in H, y \in (\mathrm{ran}\theta_B)^\perp$, 有

$$\theta_D(x \oplus y) = \sum_{U\in\mathcal{U}} \chi_U \otimes D\sigma_U^*(x \oplus y)$$

$$= \sum_{U\in\mathcal{U}} \chi_U \otimes (BU^*x + Q_I P_A^\perp \tau^* \Lambda_U^* y)$$

$$= \theta_B x + P_A^\perp \tau^* y.$$

同理, 由于 $l^2(\mathcal{U}) \otimes K = \mathrm{ran}\theta_B \dotplus (\mathrm{ran}\theta_A)^\perp$, 可得 $\theta_D\colon \widetilde{H} \to l^2(\mathcal{U}) \otimes K$ 是可逆的, 于是, D 是 $\sigma(\mathcal{U})$ 在 $\widetilde{H}$ 上的 g-Riesz 基生成子, 且 $B = DP$.

最后, 我们将说明 C, D 的对偶性.

事实上, $\forall\, x, x_1 \in H, y, y_1 \in (\mathrm{ran}\theta_B)^\perp$,

$$\sum_{U\in\mathcal{U}} \langle \sigma_U C^* D\sigma_U^* x \oplus y, x_1 \oplus y_1\rangle$$

$$= \sum_{U\in\mathcal{U}} \langle (UA^* \oplus P_B^\perp \Lambda_U Q_I^*)(BU^* \oplus Q_I \Lambda_U^* P_A^\perp \tau^*)(x \oplus y), x_1 \oplus y_1\rangle$$

$$= \sum_{U\in\mathcal{U}} \langle (BU^* \oplus Q_I \Lambda_U^* P_A^\perp \tau^*)(x \oplus y), (AU^* \oplus Q_I \Lambda_U^* P_B^\perp)(x_1 \oplus y_1)\rangle$$

$$= \sum_{U\in\mathcal{U}} \langle BU^*x + Q_I \Lambda_U^* P_A^\perp \tau^* y, AU^*x_1 + Q_I \Lambda_U^* P_B^\perp y_1\rangle$$

$$= \sum_{U\in\mathcal{U}} \langle BU^*x, AU^*x_1\rangle + \sum_{U\in\mathcal{U}} \langle BU^*x, Q_I \Lambda_U^* P_B^\perp y_1\rangle +$$

$$\sum_{U\in\mathcal{U}} \langle Q_I \Lambda_U^* P_A^\perp \tau^* y, AU^*x_1\rangle + \sum_{U\in\mathcal{U}} \langle Q_I \Lambda_U^* P_A^\perp \tau^* y, Q_I \Lambda_U^* P_B^\perp y_1\rangle$$

$$= \langle \theta_B x, \theta_A x_1 \rangle + \langle \theta_B x, P_B^\perp y_1 \rangle + \langle P_A^\perp \tau^* y, \theta_A x_1 \rangle + \langle P_A^\perp \tau^* y, P_B^\perp y_1 \rangle$$

$$= \langle x, x_1 \rangle + \langle y, y_1 \rangle = \langle x \oplus y, x_1 \oplus y_1 \rangle,$$

则 $C, D \in B(\widetilde{H}, K)$ 是 $\sigma(\mathcal{U})$ 在 $\widetilde{H}$ 上的 g-框架生成子对偶对.

反过来, 由于 $U = \sigma_U P$, H 是 σ-不变的, 显然.

一般来说, 子空间上的 g-框架生成子对偶对的提升是不成立的. 下面我们说明子空间上的 g-框架生成子对偶对的提升. 如果 $T \in B(H, K)$ 是 $\mathcal{U}$ 的完全游荡算子, 任意 g-Bessel 生成子 $\Gamma \in B(H, K)$, 定义 $\widetilde{\theta}_\Gamma$ 为

$$\widetilde{\theta}_\Gamma f = \sum_{U \in \mathcal{U}} U T^* \Gamma U^* f, \forall f \in H.$$

定理 6.1.6　设 $\mathcal{U} = \mathcal{U}_0$ 是 H 上的平凡的抽象小波系统 (群), $T \in B(H, K)$ 是 $\mathcal{U}$ 的完全游荡算子, $M \subset H$ 满足 $\mathcal{U}M \subset M$. 如果 $A \in B(H, K)$ 是 $\mathcal{U}$ 在 M 上的 g-框架生成子, 且 $B \in B(H, K)$ 是 A 在 M 上的对偶 g-框架生成子, 则下列结论是等价的:

(1) 存在 $\mathcal{U}$ 在 H 上的 g-Riesz 基生成子对偶对 $C, D \in B(H, K)$ 使得 $A = CP, B = DP$, 其中 $P \colon H \to M$ 是正交投影.

(2) $P^\perp \sim Q_B^\perp$, 其中 $Q_B \colon H \to \operatorname{ran}\widetilde{\theta}_B$ 是正交投影.

证明: $\mathcal{U}$ 的任意 g-Bessel 生成子 $\Gamma \in B(H, K)$, 由 $\widetilde{\theta}_\Gamma$ 的定义, 得 $\widetilde{\theta}_\Gamma \in \mathcal{U}'$. 因此, 由 $\widetilde{\theta}_\Gamma$ 的极分解知, 存在部分等距 V_Γ 使得 $\widetilde{\theta}_\Gamma = V_\Gamma S_\Gamma^{\frac{1}{2}}$, 其中 V_Γ 的始空间为 $(\ker\widetilde{\theta}_\Gamma)^\perp$, 终空间为 $\operatorname{ran}\widetilde{\theta}_\Gamma$. 因为 $\mathcal{U}'$ 是 von Neumann 代数, 则 $V_\Gamma \in \mathcal{U}'$, 且 $V_\Gamma^* V_\Gamma, V_\Gamma V_\Gamma^*$ 分别是 H 到 $\operatorname{ran}V_\Gamma^*, \operatorname{ran}V_\Gamma$ 的正交投影.

从而, 对于 g-框架生成子 A, B, 存在部分等距 $V_A, V_B \in \mathcal{U}'$ 使得

$$(\ker V_A)^\perp = (\ker\widetilde{\theta}_A)^\perp = M = (\ker V_B)^\perp = (\ker\widetilde{\theta}_B)^\perp,$$

且

$$\operatorname{ran}V_A = \operatorname{ran}\widetilde{\theta}_A, \operatorname{ran}V_B = \operatorname{ran}\widetilde{\theta}_B.$$

因此,

$$P = V_A^* V_A = V_B^* V_B, \quad Q_A = V_A V_A^*, \quad Q_B = V_B V_B^*,$$

其中 P, Q_A, Q_B 分别是 H 到 M, $\mathrm{ran}\widetilde{\theta}_A$, $\mathrm{ran}\widetilde{\theta}_B$ 的正交投影. 进而, P, Q_A, $Q_B \in \mathcal{U}'$.

如果 $P^\perp \sim Q_B^\perp$, 我们来构造 g-Riesz 生成子对偶对. 事实上, 存在部分等距 $F \in \mathcal{U}'$, 以 $(\mathrm{ran}\widetilde{\theta}_B)^\perp$ 为始空间, 以 $M^\perp$ 为终空间, 使得 $P^\perp = FF^*$, $Q_B^\perp = F^*F$. 令 $C = A + TF^* \in B(H, K)$. 下证 C 是 $\mathcal{U}$ 在 H 上的 g-Riesz 基生成子.

易得 $\widetilde{\theta}_C = \widetilde{\theta}_A + F^*$. $\forall f \in H$, 由于 $\widetilde{\theta}_B^* f \in (\ker\widetilde{\theta}_A)^\perp = M$ 且 $\widetilde{\theta}_A^*\widetilde{\theta}_B = \widetilde{\theta}_B^*\widetilde{\theta}_A = I_M = P$, 有 $\widetilde{\theta}_B^*\widetilde{\theta}_A(\widetilde{\theta}_B^* f) = \widetilde{\theta}_B^* f$, 则 $\widetilde{\theta}_B^*(f - \widetilde{\theta}_A\widetilde{\theta}_B^* f) = 0$, 即

$$f - \widetilde{\theta}_A\widetilde{\theta}_B^* f \in \ker\widetilde{\theta}_B^* = (\mathrm{ran}\widetilde{\theta}_B)^\perp = \mathrm{ran}F^*.$$

从而, 存在 $g \in M^\perp$ 使得 $F^*g = f - \widetilde{\theta}_A\widetilde{\theta}_B^* f$.

令 $h = g + \widetilde{\theta}_B^* f$, 则 $\widetilde{\theta}_A h = \widetilde{\theta}_A\widetilde{\theta}_B^* f$, $F^*h = F^*g$, 得

$$\widetilde{\theta}_C h = \widetilde{\theta}_A h + F^* h = \widetilde{\theta}_A\widetilde{\theta}_B^* f + F^*g = f.$$

从而 $\widetilde{\theta}_C$ 是满射.

令 $\widetilde{\theta}_C f = \widetilde{\theta}_A f + F^* f = 0, \forall f \in H$, 则

$$\widetilde{\theta}_A P f = -F^* P^\perp f \in (\mathrm{ran}\widetilde{\theta}_B)^\perp = \ker\widetilde{\theta}_B^*.$$

因此, $\widetilde{\theta}_B^*\widetilde{\theta}_A P f = 0$, 即 $P f = 0$. 从而 $F^* P^\perp f = 0$. 由于 F^* 在 $M^\perp$ 是等距, 得 $P^\perp f = 0$, 则 $f = 0$. 进而, $\widetilde{\theta}_C$ 是单射.

综上, $C\mathcal{U}$ 是 H 上的 g-Riesz 基. 令 $D = CS_C^{-1} \in B(H, K)$, 其中 S_C 是 $C\mathcal{U}$ 的框架算子. 由于 $S_C^{-1} \in \mathcal{U}'$, 得 D 是 $\mathcal{U}$ 在 H 上的 C 的 (唯一的) 典则对偶 g-框架生成子.

令 $D = E + Z \in B(H, K)$, 其中 $E \in B(M, K)$, $Z \in B(M^\perp, K)$. 我们需要证明 $B = E = DP$. 事实上, $\forall f \in M, g \in H$, 得

$$\begin{aligned}\langle f, g \rangle &= \sum_{U \in \mathcal{U}} \langle UD^*CU^* f, g \rangle = \sum_{U \in \mathcal{U}} \langle CU^* P f, DU^* P g \rangle \\ &= \sum_{U \in \mathcal{U}} \langle CPU^* f, DPU^* g \rangle = \sum_{U \in \mathcal{U}} \langle AU^* f, EU^* g \rangle \\ &= \sum_{U \in \mathcal{U}} \langle UE^*AU^* f, g \rangle.\end{aligned}$$

110

从而, E, A 是 $\mathcal{U}$ 在 M 上的 g-框架生成子对偶对.

另一方面, 由于

$$ZU^*f = DP^\perp U^*Pf = DU^*P^\perp Pf = 0,$$

对任意 $f \in M, \forall h \in H$, 有

$$\langle f, h \rangle = \sum_{U \in \mathcal{U}} \langle UC^*DU^*f, h \rangle = \sum_{U \in \mathcal{U}} \langle U(A + TF^*)^*(E + Z)U^*f, h \rangle$$

$$= \sum_{U \in \mathcal{U}} \langle EU^*f, AU^*h \rangle + \sum_{U \in \mathcal{U}} \langle EU^*f, TU^*F^*h \rangle +$$

$$\sum_{U \in \mathcal{U}} \langle ZU^*f, AU^*h \rangle + \sum_{U \in \mathcal{U}} \langle ZU^*f, TU^*F^*h \rangle$$

$$= \sum_{U \in \mathcal{U}} \langle UA^*EU^*f, h \rangle + \sum_{U \in \mathcal{U}} \langle UT^*EU^*f, F^*h \rangle$$

$$= \langle f + F\widetilde{\theta}_E f, h \rangle,$$

则 $F\widetilde{\theta}_E f = 0, \widetilde{\theta}_E f \in \ker F = \operatorname{ran}\widetilde{\theta}_B$. 进而存在 $g \in M$ 使得 $\widetilde{\theta}_E f = \widetilde{\theta}_B g$, 则

$$f = \widetilde{\theta}_A^* \widetilde{\theta}_E f = \widetilde{\theta}_A^* \widetilde{\theta}_B g = g.$$

从而 $B = E$.

反过来, 如果 $\mathcal{U}$ 存在 H 上的 g-Riesz 基生成子对偶对 $C, D \in B(H, K)$ 使得 $A = CP, B = DP$, 其中 $P: H \to M$ 是正交投影, 令 $F = CP^\perp$, 由 $P \in \mathcal{U}'$, 得 $\widetilde{\theta}_F = \widetilde{\theta}_C - \widetilde{\theta}_A$, 则 F 是 $\mathcal{U}$ 在 $M^\perp$ 上的 g-框架生成子. 对 $f \in M^\perp$, 有

$$\widetilde{\theta}_B^* \widetilde{\theta}_F f = \widetilde{\theta}_B^* (\widetilde{\theta}_C - \widetilde{\theta}_A) = P\widetilde{\theta}_D^* \widetilde{\theta}_C f - \widetilde{\theta}_B^* \widetilde{\theta}_A f = 0,$$

则 $\operatorname{ran}\widetilde{\theta}_F \subset \ker\widetilde{\theta}_B^* = (\operatorname{ran}\widetilde{\theta}_B)^\perp$. 由于 $\widetilde{\theta}_C$ 是可逆的, 对任意 $f \in (\operatorname{ran}\widetilde{\theta}_B)^\perp \ominus \operatorname{ran}\widetilde{\theta}_F$, 存在 $g \in H$ 使得

$$\widetilde{\theta}_C g = \widetilde{\theta}_A g + \widetilde{\theta}_F g = f \in (\operatorname{ran}\widetilde{\theta}_B)^\perp.$$

从而

$$\widetilde{\theta}_A g = f - \widetilde{\theta}_F g \in (\operatorname{ran}\widetilde{\theta}_B)^\perp.$$

由 A, B 的对偶性可得, $H = \operatorname{ran}\widetilde{\theta}_A \dotplus (\operatorname{ran}\widetilde{\theta}_B)^\perp$, 从而 $\widetilde{\theta}_A g = 0, g \in \ker\widetilde{\theta}_A = M^\perp$, 因此, $f = \widetilde{\theta}_F g \in \operatorname{ran}\widetilde{\theta}_F$, 则 $f = 0$. 进而 $\widetilde{\theta}_F: M^\perp \to (\operatorname{ran}\widetilde{\theta}_B)^\perp$ 是可逆的. 由 $\widetilde{\theta}_F$

的极分解可得 $\widetilde{\theta}_F = V_F S_F^{\frac{1}{2}}$, 则 $V_F \in \mathcal{U}'$, 且 $P^\perp = V_F^* V_F$, $Q_B^\perp = V_F V_F^*$. 从而 $P^\perp \sim Q_B^\perp$.

一般地, 对于一般 g-框架 (或者一般向量值框架), 存在相应于斜投影 (幂等算子) 的另一种形式的提升, 这种提升等价于对偶 Parseval g-框架的存在性. 下面我们将探讨有关 g- 框架生成子的这种情形的几个等价条件.

命题 6.1.2   设 $\mathcal{U} = \mathcal{U}_0$ 是 H 上的平凡的抽象小波系统 (群). 如果 $A \in B(H, K)$ 是 $\mathcal{U}$ 在 H 上的完全 g-框架生成子, 则下列结论是等价的:

(1) 存在 $\mathcal{U}$ 在 H 上的完全 Parseval g-框架生成子 $B \in B(H, K)$, 是 A 的对偶 g-框架生成子.

(2) $P_C \leqslant P_A^\perp$ 且 $1 \leqslant a_A$, 其中 P_A, P_C 分别是 $l^2(\mathcal{U})$ 到 $\mathrm{ran}\theta_A$, $\mathrm{ran}\theta_C$ 的正交投影, $C \in B(H, K)$ 是 $\mathcal{U}$ 在 $M := \overline{\mathrm{ran}}(I - S_A^{-1})$ 上的 Parseval g-框架生成子, a_A 是 A 的框架下界.

(3) 存在 Hilbert 空间 $\widetilde{H} \supset H$, $\widetilde{H}$ 上的酉算子群 $\sigma(\mathcal{U})$ 使得 H 是 σ-不变的, $Q\widetilde{H} = H$, $A = TQ^*$, $U = \sigma_U|_H$ 且 $UQ = Q\sigma_U$, $\forall U \in \mathcal{U}$, 其中 $Q: \widetilde{H} \to H$ 是投影.

证明: (1) 和 (2) 的等价性.

与命题 6.1.1 的证明相似, 令 $\Lambda(\mathcal{U}) := \{\Lambda_U := \lambda_U \otimes I_K \in B(l^2(\mathcal{U}) \otimes K), U \in \mathcal{U}\}$, 其中 $\lambda(\mathcal{U})$ 是 $\mathcal{U}$ 在 $l^2(\mathcal{U})$ 上的左正则表示. 由文献 [116, 命题 11], $Q_U: l^2(\mathcal{U}) \otimes K \to K$ 是 $\Lambda(\mathcal{U})$ 在 $l^2(\mathcal{U}) \otimes K$ 上的完全游荡算子, $\forall U \in \mathcal{U}$.

$\forall f \in H, \mathcal{U}$ 的任意 g-Bessel 生成子 $\Gamma \in B(H, K)$, 有

$$\theta_\Gamma f = \sum_{U \in \mathcal{U}} \chi_U \otimes \Gamma U^* f = \sum_{U \in \mathcal{U}} \Lambda_U(\chi_I \otimes \Gamma U^* f).$$

设 $B \in B(H, K)$ 是完全 Parseval g-框架生成子, 是 A 的对偶 g-框架生成子.

$\forall f \in H$, 由对偶性质可得 $\|f\|^2 = \|\theta_B^* \theta_A f\|^2 \leqslant \|\theta_A f\|^2$. 从而 $a_A \geqslant 1$.

令 $D = B - AS_A^{-1} \in B(H, K)$, 其中 S_A 是 A 的 g-框架算子. 由于

$S_A^{-1} \in \mathcal{U}'$, 可得 D 是 $\mathcal{U}$ 在 H 上的 g-Bessel 生成子. 此外, 有 $\theta_D^* \theta_D = I - S_A^{-1}$. 这样, $M = \overline{\mathrm{ran}}(I - S_A^{-1})$ 是 $\mathcal{U}$ 的不变子空间. 下面我们说明 $\mathcal{U}$ 在 M 上的 Parseval g-框架的存在性.

事实上, 由 θ_D 的极分解, 可得 $\theta_D = TS_D^{\frac{1}{2}}$, 其中 $T \in B(M, \overline{\mathrm{ran}}\theta_D)$ 是等距. 由于 $\Lambda_U \theta_D = \theta_D U$, 任意 $U \in \mathcal{U}$, 得

$$\Lambda_U TS_D^{\frac{1}{2}} = TS_D^{\frac{1}{2}}U = TUS_D^{\frac{1}{2}}.$$

从而, $\forall f \in M$, 有 $\Lambda_U Tf = TUf$. 令 $C = Q_I T \in B(H, K)$, 则

$$CU^*f = Q_I TU^*f = Q_I \Lambda_U^* Tf,$$

由于 $\mathcal{U}$ 是群, 因此, $C \in B(H, K)$ 是 $\mathcal{U}$ 在 M 上的 Parseval g-框架生成子, $\theta_C = T$ 且 $\mathrm{ran}\theta_C = \overline{\mathrm{ran}}\theta_D$.

因为 $\theta_D^* \theta_A = (\theta_B^* - S_A^{-1}\theta_A^*)\theta_A = 0$, 则 $\mathrm{ran}\theta_C \perp \mathrm{ran}\theta_A$, 所以 $\mathrm{ran}\theta_C \subset (\mathrm{ran}\theta_A)^\perp$. 进而, $P_C \leqslant P_A^\perp$.

反过来, 设 $P_C \leqslant P_A^\perp$, 且 $1 \leqslant a_A$, 则 $0 \leqslant I - S_A^{-1}$. 令 $\tau = (I - S_A^{-1})^{\frac{1}{2}}$, 则 $\tau \in \mathcal{U}'$ 且 $M = \overline{\mathrm{ran}}(I - S_A^{-1}) = \overline{\mathrm{ran}}\tau$. 下面构造 A 的对偶 Parseval g-框架生成子.

我们首先说明在 M 上存在 $\mathcal{U}$ 的 Parseval g-框架生成子 $E \in B(M, K)$. 事实上, 令 $E = AS_A^{-\frac{1}{2}}P$, 其中 $P: H \to M$ 是正交投影. 由于 M 是 $\mathcal{U}$-不变的, 可得 E 是 $\mathcal{U}$ 在 M 上的 Parseval g-框架生成子.

因为 $P_C \leqslant P_A^\perp$ 且 $\Lambda(\mathcal{U})'$ 是 von Neumann 代数, 则存在子投影 $Q \leqslant P_A^\perp$ 使得 $P_C \sim Q$. 从而存在部分等距 $\Delta \in \Lambda(\mathcal{U})'$ 满足 $P_C = \Delta\Delta^*$, $Q = \Delta^*\Delta$, 令 $\Psi = Q_I \Delta^* \theta_C$, 则

$$\Psi U^* = Q_I \Delta^* \theta_C U^* = Q_I \Delta^* \Lambda_U^* \theta_C = Q_I \Lambda_U^* \Delta^* \theta_C.$$

因此, Ψ 是 $\mathcal{U}$ 在 M 上的 Parseval g-框架生成子且

$$\mathrm{ran}\theta_\Psi = \mathrm{ran}Q \subset (\mathrm{ran}\theta_A)^\perp.$$

令 $\Phi = \Psi\tau \in B(M, K)$. 由 $\tau \in \mathcal{U}'$, 得 Φ 是 $\mathcal{U}$ 在 M 上的 g-Bessel 生成子. $\forall f \in M$, 有 $\theta_\Phi f = \theta_\Psi \tau f$, 所以 $\theta_A^* \theta_\Phi f = \theta_A^* \theta_\Psi \tau f = 0$.

令 $B = \Phi + A S_A^{-1} \in B(H, K)$, 则 B 是 $\mathcal{U}$ 在 M 上的 g-Bessel 生成子, 则

$$\theta_B^* \theta_B = (\theta_\Phi + \theta_A S_A^{-1})^* (\theta_\Phi + \theta_A S_A^{-1}) = \tau^2 + S_A^{-1} = I.$$

即 B 是 $\mathcal{U}$ 在 H 上的完全 Parseval g-框架生成子. 另一方面,

$$\theta_B^* \theta_A = (\theta_\Phi + \theta_A S_A^{-1})^* \theta_A = I,$$

因此, $B \in B(H, K)$ 是 A 的对偶 g-框架生成子.

(1) 和 (3) 的等价性.

设 $B \in B(H, K)$ 是完全 Parseval g-框架生成子, 是 A 的对偶 g-框架生成子. 由命题 6.1.1 或文献 [79, 定理 3.10], 存在 Hilbert 空间 $\widetilde{H} = H \oplus (\operatorname{ran}\theta_B)^{\perp}$, $\widetilde{H}$ 上的酉算子群 $\sigma(\mathcal{U}) := \{\sigma_U = U \oplus \Lambda_U, U \in \mathcal{U}\}$, $\sigma(\mathcal{U})$ 在 $\widetilde{H}$ 上的完全游荡算子 $T = B \oplus Q_I P_B^{\perp} \in B(\widetilde{H}, K)$, 使得 $U = \sigma_U|_H$, 且 H 是 σ-不变的.

令 $Q = \theta_A^* \theta_T \in B(\widetilde{H}, H)$. $\forall f \in \widetilde{H}$,

$$Qf = \sum_{U \in \mathcal{U}} U A^* T \sigma_U^* f.$$

由于 $\sigma_V T^* k \in \widetilde{H}, \forall V \in \mathcal{U}, \forall k \in K$, 有

$$Q \sigma_V T^* k = \sum_{U \in \mathcal{U}} U A^* T \sigma_U^* \sigma_V T^* k = V A^* k.$$

特别地, $QT^* k = A^* k$, $VQT^* k = V A^* k = Q \sigma_V T^* k$. 由 $\mathcal{U}$ 是酉群, 可得 $VQ = Q \sigma_V$. 由 Q 的定义, 可得 $Q\widetilde{H} \subset H$. 下面说明 Q 是幂等算子且 $\operatorname{ran} Q = H$. 事实上, $\forall f \in H$,

$$Qf = \sum_{U \in \mathcal{U}} U A^* T \sigma_U^* P f = \sum_{U \in \mathcal{U}} U A^* B U P f = f.$$

从而, $H \subset Q\widetilde{H}$, 得 $Q^2 = Q$, $Q\widetilde{H} = H$.

反过来, 令 $B = TQP \in B(H, K)$, 其中 $P\colon K \to H$ 是正交投影, 则

$$BU^* = TQPU^* = TQ \sigma_U^* P = TU^* QP$$

$$= T \sigma_U^* PQP = T \sigma_U^* P.$$

从而 B 是 $\mathcal{U}$ 在 H 上的完全 Parseval g-框架生成子. 对于任意 $f, g \in H$,

$$
\begin{aligned}
\sum_{U \in \mathcal{U}} \langle U A^* B U^* f, g \rangle &= \sum_{U \in \mathcal{U}} \langle U A^* T Q P U^* f, g \rangle \\
&= \sum_{U \in \mathcal{U}} \langle U Q T^* T Q P U^* f, g \rangle \\
&= \sum_{U \in \mathcal{U}} \langle Q \, \sigma_U \, T^* T \, \sigma_U^* \, Q P f, g \rangle \\
&= \langle Q Q P f, g \rangle = \langle f, g \rangle,
\end{aligned}
$$

则 $B \in B(H, K)$ 是 A 的对偶 g-框架生成子.

6.2　g-框架对偶对的提升的唯一性

众所周知, Naimark 提升定理已经被推广到了 g-框架, 也就是说 g-框架的提升可能不是唯一的 (即使在相似的情况下).

g-Riesz 基是特殊的 g-框架, 等价于分析算子是满射的 g-框架. 我们可以叙述 g-框架的提升为: Parseval g-框架 (g-框架) 是更大 Hilbert 空间上的 g-标准正交基 (g-Riesz 基) 的正交压缩 [2, 79]. 在文献 [3] 中作者研究了 g-框架对偶对的提升, 证明了每一个 g- 框架对偶对都可以写成更大 Hilbert 空间的 g-Riesz 基对偶对的正交压缩.

这一节, 我们用"补 g-框架"和"联合补 g-框架"来讨论 g-框架对偶对的提升. 我们给出 g-框架对偶对联合相似的概念, 并说明在联合相似的情况下, g-框架对偶对的提升是唯一的. 进而, 我们给出"补 g-框架"相似的充要条件. 我们将通过特殊的算子, 用典则对偶 g-框架对的提升来刻画交错对偶 g-框架对的提升.

6.2.1　g-框架的联合相似性与补框架的参数化

定义 6.2.1 [88]　设 $A = \{A_i\}_{i \in \mathbb{J}}$, $B = \{B_i\}_{i \in \mathbb{J}}$ 分别是 H, K 上的 g-框架, 其中 $A_i \in B(H, H_i)$, $B_i \in B(K, H_i), \forall i \in \mathbb{J}$. 若存在可逆算子 $T \in B\,(\,K, H\,)$ 使得 $A_i T = B_i, \forall i \in \mathbb{J}$, 则称 A, B 通过算子 T 相似.

引理 6.2.1 [88, 命题 4.3] 设 $A = \{A_i\}_{i \in \mathbb{J}}$, $B = \{B_i\}_{i \in \mathbb{J}}$ 分别是 H, K 上的 g-框架, 其中 $A_i \in B(H, H_i)$, $B_i \in B(K, H_i)$, $\forall\, i \in \mathbb{J}$, 则 A, B 相似当且仅当 $\mathrm{ran}\theta_A = \mathrm{ran}\theta_B$.

定义 6.2.2 设 $A = \{A_i\}_{i \in \mathbb{J}}$, $B = \{B_i\}_{i \in \mathbb{J}}$ 分别是 H, K 上的 g-框架, 其中 $A_i \in B(H, H_i)$, $B_i \in B(K, H_i)$, $\forall\, i \in \mathbb{J}$, 则 A, B 称为:

(1) 不相交的, 若 $A \oplus B = \{A_i \oplus B_i\}_{i \in \mathbb{J}}$ 是 $H \oplus K$ 上的 g-框架.

(2) 正交 (强不相交) 的, 若 $A' \oplus B' = \{A_i' \oplus B_i'\}_{i \in \mathbb{J}}$ 是 $H \oplus K$ 上的 Parseval g-框架, 其中 A', B' 分别是 H, K 上与 A, B 相似的 Parseval g-框架.

(3) 互补的 (互补 g-框架对), 若 $A \oplus B = \{A_i \oplus B_i\}_{i \in \mathbb{J}}$ 是 $H \oplus K$ 上的 g-Riesz 基.

(4) 强互补的 (强互补 g-框架对), 若 $A' \oplus B' = \{A_i' \oplus B_i'\}_{i \in \mathbb{J}}$ 是 $H \oplus K$ 上的 g-正交基, 其中 A', B' 分别是 H, K 上与 A, B 相似的 Parseval g-框架.

(5) 弱不相交, 若 $\overline{\mathrm{span}}\{(A_i^* \oplus B_i^*)g_i\colon \forall\, \{g_i\}_{i \in \mathbb{J}} \in l^2(\underset{i \in \mathbb{J}}{\oplus} H_i)\}_{i \in \mathbb{J}} = H \oplus K$.

引理 6.2.2 [2, 3] 设 $A = \{A_i\}_{i \in \mathbb{J}}$, $B = \{B_i\}_{i \in \mathbb{J}}$ 分别是 H, K 上的 g-框架, 其中 $A_i \in B(H, H_i)$, $B_i \in B(K, H_i)$, $\forall\, i \in \mathbb{J}$, 则:

(1) A, B 是不相交的, 当且仅当 $\mathrm{ran}\theta_A \cap \mathrm{ran}\theta_B = \{0\}$, 且 $\mathrm{ran}\theta_A + \mathrm{ran}\theta_B \subset l^2(\underset{i \in \mathbb{J}}{\oplus} H_i)$ 是闭子空间.

(2) A, B 是正交 (强不相交) 的, 当且仅当 $\mathrm{ran}\theta_A \perp \mathrm{ran}\theta_B = \{0\}$.

(3) A, B 是互补的 (互补 g-框架对), 当且仅当 $l^2(\underset{i \in \mathbb{J}}{\oplus} H_i) = \mathrm{ran}\theta_A \dotplus \mathrm{ran}\theta_B$.

(4) A, B 是强互补的 (强互补 g-框架对), 当且仅当 $l^2(\underset{i \in \mathbb{J}}{\oplus} H_i) = \mathrm{ran}\theta_A \oplus \mathrm{ran}\theta_B$.

(5) A, B 是弱不相交的, 当且仅当 $\mathrm{ran}\theta_A \cap \mathrm{ran}\theta_B = \{0\}$.

定义 6.2.3 设 $A = \{A_i\}_{i \in \mathbb{J}}$, $C = \{C_i\}_{i \in \mathbb{J}}$ 是 H 上的 g- 框架, $B = \{B_i\}_{i \in \mathbb{J}}$, $D = \{D_i\}_{i \in \mathbb{J}}$ 是 K 上的 g-框架, 其中 $A_i, C_i \in B(H, H_i)$, $B_i, D_i \in B(K, H_i)$, $\forall\, i \in \mathbb{J}$. 若存在可逆算子 $T_1, T_2 \in B(K, H)$ 使得 $A_i T_1 = B_i, C_i T_2 = D_i, \forall\, i \in \mathbb{J}$,

则称 H 上 g-框架对 (A, C) 与 K 上 g-框架对 (B, D) 通过算子对 (T_1, T_2) 联合相似.

设 $A = \{A_i\}_{i \in \mathbb{J}}$ 是 H 上的 g-框架, 用 $\widetilde{A} = \{\widetilde{A}_i := A_i S_A^{-1}\}_{i \in \mathbb{J}}$ 表示 A 的典则对偶 g-框架, 其中 S_A 是 A 的框架算子.

下面说明联合相似的 g-框架对偶对是存在的 (g-框架典则对偶对).

定理 6.2.1　设 $A = \{A_i\}_{i \in \mathbb{J}}, B = \{B_i\}_{i \in \mathbb{J}}$ 分别是 H, K 上的 g-框架, 其中 $A_i \in B(H, H_i), B_i \in B(K, H_i), \forall\, i \in \mathbb{J}$. 如果 A, B 相似, 则存在可逆算子 $T \in B(K, H)$ 使得 H 上 g-框架对偶对 $(A, \widetilde{A})$ 与 K 上 g-框架对偶对 $(B, \widetilde{B})$ 通过算子对 $(T, (T^{-1})^*)$ 联合相似.

证明:　因为 A, B 相似, 则由定义 6.2.1, 存在可逆算子 $T \in B(K, H)$ 使得 $A_i T = B_i, \forall\, i \in \mathbb{J}$. 由典则对偶的定义, 对 $\forall\, i \in \mathbb{J}$,

$$\widetilde{B}_i = B_i S_B^{-1} = A_i T S_B^{-1} = \widetilde{A}_i S_A T S_B^{-1}.$$

又因为 $\theta_B = \theta_A T$, 则 $S_B = T^* S_A T$. 进而 $\widetilde{B}_i = \widetilde{A}_i (T^*)^{-1}$.

设 (A, B) 是 H 上的 g-框架对偶对. 任意可逆算子 $T \in B(K, H)$, 令 $C_i = A_i T, D_i = B_i (T^*)^{-1}, \forall\, i \in \mathbb{J}$, 则 (C, D) 是 K 上的 g-框架对偶对. 事实上, $\theta_D^* \theta_C = \theta_{B(T^*)^{-1}}^* \theta_{AT} = T^{-1} \theta_B^* \theta_A T = I$.

定义 6.2.4　设 (A, B) 是 H 上的 g-框架对偶对, (C, D) 是 K 上的 g-框架对偶对, 其中 $A = \{A_i\}_{i \in \mathbb{J}}, C = \{C_i\}_{i \in \mathbb{J}}, B = \{B_i\}_{i \in \mathbb{J}}, D = \{D_i\}_{i \in \mathbb{J}}, A_i, C_i \in B(H, H_i), B_i, D_i \in B(K, H_i), \forall\, i \in \mathbb{J}$. 若 $(E, \widetilde{E})$ 是 $H \oplus K$ 上的 g-Riesz 基对偶对, 则称 K 上 g-框架对偶对 (C, D) 是 H 上 g-框架对偶对 (A, B) 的联合补, 其中 $E = \{E_i := A_i \oplus C_i\}_{i \in \mathbb{J}}, \widetilde{E} = \{\widetilde{E}_i := B_i \oplus D_i\}_{i \in \mathbb{J}}$ (E 的对偶唯一且只能是典则对偶).

本小节主要结果是: 如果 $(C, D), (C', D')$ 都是 H 上的 g-框架对偶对 (A, B) 的联合补, 则 $(C, D), (C', D')$ 是联合相似的. 也就是说在联合相似的情况下, g-框架对偶对 (A, B) 的联合补是唯一的. 下面分解为几个定理来证明主要结果. 为了方便, 下面叙述中, 如果 A 是 H 上的 g-框架, 则意味着

$A = \{A_i\}_{i \in \mathbb{J}}$ 是 H 上的 g-框架.

定理 6.2.2 设 (A, B) 是 H 上的 g-框架对偶对, (C, D) 是 K 上的 g-框架对偶对并且是 (A, B) 的联合补. 若 Hilbert 空间 K' 与 K 同构, 则存在 K' 上的 g-框架对偶对 (C', D') 也是 (A, B) 的联合补.

证明: 已知条件 K' 与 K 同构, 则存在可逆算子 $T \in B(K', K)$. 对任意 $i \in \mathbb{J}$, 令 $C_i' = C_i T, D_i' = D_i(T^{-1})^*$. 显然 (C', D') 是 K' 上的 g- 框架对偶对. 令 $E = \{E_i := A_i \oplus C_i\}_{i \in \mathbb{J}}, \widetilde{E} = \{\widetilde{E}_i := B_i \oplus D_i\}_{i \in \mathbb{J}}$. 因为 (C, D) 是 (A, B) 的联合补, 由定义 6.2.4, $(E, \widetilde{E})$ 是 $H \oplus K$ 上的 g-Riesz 基对偶对 (E 的对偶唯一且只能是典则对偶).

令 $F = \{F_i := A_i \oplus C_i'\}_{i \in \mathbb{J}}$, 则对 $\forall i \in \mathbb{J}$,

$$F_i = A_i \oplus C_i' = A_i \oplus C_i T = E_i(I_H \oplus T),$$

从而 F 是 $H \oplus K'$ 上的 g-Riesz 基. 令 $\widetilde{F} = \{\widetilde{F}_i := B_i \oplus D_i'\}_{i \in \mathbb{J}}$. 同理, 对 $\forall i \in \mathbb{J}$,

$$\widetilde{F}_i = B_i \oplus D_i' = D_i \oplus D_i(T^*)^{-1} = \widetilde{E}_i(I_H \oplus (T^*)^{-1}),$$

即 $\widetilde{F}$ 也是 $H \oplus K'$ 上的 g-Riesz 基. 显然 $\widetilde{F}$ 是 F 的对偶 g-框架 (因为是 g-Riesz 基, 则对偶唯一且是典则对偶). 由定义 6.2.4, K' 上的 g-框架对偶对 (C', D') 也是 (A, B) 的联合补.

定理 6.2.3 设 (A, B) 是 H 上的 g-框架对偶对, (C, D) 是 K 上的 g-框架对偶对, 则 $(A \oplus C, B \oplus D)$ 是 $H \oplus K$ 上的 g-框架对偶对当且仅当 A, D 正交且 B, C 正交, 其中 $A \oplus C := \{A_i \oplus C_i\}_{i \in \mathbb{J}}, B \oplus D := \{B_i \oplus D_i\}_{i \in \mathbb{J}}$.

证明: 把 H 与 $H \oplus \{0\}$ 等同. $\forall f, g \in H \subset H \oplus K, k \in K$, 由于 $(A \oplus C, B \oplus D)$ 是 $H \oplus K$ 上的 g-框架对偶对, 则

$$\langle f, g \rangle = \langle f \oplus 0, g \oplus k \rangle = \langle \sum_{i \in \mathbb{J}} (B_i^* \oplus D_i^*)(A_i \oplus C_i)(f \oplus 0), g \oplus k \rangle$$

$$= \sum_{i \in \mathbb{J}} \langle A_i f, B_i g + D_i k \rangle = \sum_{i \in \mathbb{J}} \langle A_i f, B_i g \rangle + \sum_{i \in \mathbb{J}} \langle A_i f, D_i k \rangle$$

$$= \langle f, g \rangle + \langle \theta_D^* \theta_A f, k \rangle.$$

从而 $\langle \theta_D^* \theta_A f, k \rangle = 0$. 由 f, k 的任意性, 可以得到 $\theta_D^* \theta_A$. 即 g-框架 A, D 正交.
同理,

$$\langle f, g \rangle = \langle f \oplus 0, g \oplus k \rangle = \langle \sum_{i \in \mathbb{J}} (A_i^* \oplus C_i^*)(B_i \oplus D_i)(f \oplus 0), g \oplus k \rangle$$

$$= \sum_{i \in \mathbb{J}} \langle B_i f, A_i g + C_i k \rangle = \sum_{i \in \mathbb{J}} \langle B_i f, A_i g \rangle + \sum_{i \in \mathbb{J}} \langle B_i f, C_i k \rangle$$

$$= \langle f, g \rangle + \langle \theta_C^* \theta_B f, k \rangle.$$

即 g-框架 C, B 正交.

反过来, 假设 g-框架 A, D 正交, C, B 正交, 则 $\forall f, g \in H, k, h \in K$,

$$\langle \sum_{i \in \mathbb{J}} (A_i^* \oplus C_i^*)(B_i \oplus D_i)(f \oplus k), g \oplus h \rangle$$

$$= \sum_{i \in \mathbb{J}} \langle B_i f + D_i k, A_i g + C_i h \rangle$$

$$= \sum_{i \in \mathbb{J}} \langle B_i f, A_i g \rangle + \sum_{i \in \mathbb{J}} \langle B_i f, C_i h \rangle + \sum_{i \in \mathbb{J}} \langle D_i k, A_i g \rangle + \sum_{i \in \mathbb{J}} \langle D_i k, C_i h \rangle$$

$$= \sum_{i \in \mathbb{J}} \langle B_i f, A_i g \rangle + \sum_{i \in \mathbb{J}} \langle D_i k, C_i h \rangle$$

$$= \langle f, g \rangle + \langle k, h \rangle = \langle f \oplus k, g \oplus h \rangle.$$

从而 $(A \oplus C, B \oplus D)$ 是 $H \oplus K$ 上的 g-框架对偶对.

定理 6.2.4　设 (A, B) 是 H 上的 g-框架对偶对. 如果 (C, D) 是 K 上的 g-框架对偶对并且是 (A, B) 的联合补, 则 $\mathrm{ran}\theta_C = (\mathrm{ran}\theta_B)^\perp$.

证明: 由定理 6.2.3, $\mathrm{ran}\theta_C \subset (\mathrm{ran}\theta_B)^\perp$.

反过来, 任取 $\{g_i\}_{i \in \mathbb{J}} \in (\mathrm{ran}\theta_B)^\perp$. 由于 $A \oplus C$ 是 $H \oplus K$ 上的 g-Riesz 基, 则 $l^2 = \mathrm{ran}\theta_A \dotplus \mathrm{ran}\theta_C$. 从而存在 $f \in H, k \in K$ 使得 $\{g_i\}_{i \in \mathbb{J}} = \theta_A f + \theta_C k$. 又因为 (A, B) 是 H 上的 g-框架对偶对, 得 $0 = \theta_B^* \{g_i\}_{i \in \mathbb{J}} = \theta_B^* \theta_A f + \theta_B^* \theta_C k = f$. 进而, $\{g_i\}_{i \in \mathbb{J}} = \theta_C k \in \mathrm{ran}\theta_C$. 即 $(\mathrm{ran}\theta_B)^\perp \subset \mathrm{ran}\theta_C$.

定理 6.2.5　设 (A, B) 是 H 上的 g-框架对偶对, (C, D) 是 K 上的 g-框架对偶对并且是 (A, B) 的联合补. 如果 (C', D') 是 K' 上的 g-框架对偶对并且也

是 (A, B) 的联合补, 则 K' 与 K 同构. 进而, 存在可逆算子 $T \in B(K', K)$ 使得 (C', D') 与 (C, D) 通过 $(T, (T^*)^{-1})$ 联合相似.

证明: 由于 $(C, D), (C', D')$ 都是 (A, B) 的联合补, 由定理 6.2.4,

$$\mathrm{ran}\theta_C = (\mathrm{ran}\theta_B)^{\perp} = \mathrm{ran}\theta_{C'}.$$

从而由引理 6.2.1 可知, 存在可逆算子 $T \in B(K', K)$ 使得 $C_i T = C_i', \forall\, i \in \mathbb{J}$. 则由定理 6.2.2 的证明可知, $E = \{E_i := A_i \oplus C_i T\}_{i \in \mathbb{J}}$, $\widetilde{E} = \{\widetilde{E}_i := B_i \oplus D_i(T^*)^{-1}\}_{i \in \mathbb{J}}$ 是 $H \oplus K'$ 的 g-Riesz 基对偶对. 已知条件 $F = \{F_i := B_i \oplus D_i'\}_{i \in \mathbb{J}}$ 是 E 的对偶 g-Riesz 基, 由于 g-Riesz 基的对偶唯一, 所以 $D_i' = D_i(T^*)^{-1}$, $\forall\, i \in \mathbb{J}$.

定理 6.2.2 和定理 6.2.5 说明在联合相似的前提下, g-框架对偶对的联合补是唯一确定的, "补空间" 是同构的.

命题 6.2.1 设 (A, B) 是 H 上的 g-框架对偶对, 则 (A, B) 的联合补在联合相似情况下是唯一确定的.

如果单考虑 g-框架, 而不考虑 g-框架对偶对, 则框架的提升是不唯一的. 即 g-框架的补 g-框架不唯一 (即使在相似的情况下). 由命题 6.2.1, 可以得到"补 g-框架"相似的条件.

推论 6.2.1 设 A 是 H 上的 g-框架. 如果 C 是 K 上的 g-框架并且是 A 的补, C' 是 K' 上的 g-框架并且也是 A 的补, 即 $E = \{E_i := A_i \oplus C_i\}_{i \in \mathbb{J}}$, $E' = \{E_i' := A_i \oplus C_i'\}_{i \in \mathbb{J}}$ 分别是 $H \oplus K, H \oplus K'$ 的 g-Riesz 基, 则 C 与 C' 相似 当且仅当 $\widetilde{E}_i P_H = \widetilde{E'}_i P_H', \forall\, i \in \mathbb{J}$, 其中 P_H, P_H' 分别是 $H \oplus K, H \oplus K'$ 到 H 的 正交投影, $\widetilde{E}, \widetilde{E'}$ 分别是 E, E' 的典则对偶.

证明: 设 C 与 C' 相似, 则存在可逆算子 $T \in B(K', K)$ 使得 $C_i' = C_i T$, $\forall\, i \in \mathbb{J}$. 设 (C, D) 是 K 上的 g-框架对偶对并且是 (A, B) 的联合补, (C', D') 是 K' 上的 g-框架对偶对并且是 (A, B') 的联合补.

由定理 6.2.5,

$$E' = \{E_i' := A_i \oplus C_i'\}_{i \in \mathbb{J}} = \{E_i' := A_i \oplus C_i T\}_{i \in \mathbb{J}}$$

的典则对偶是

$$\widetilde{E'} = \{\widetilde{E'_i} := B_i \oplus D_i(T^*)^{-1}\}_{i \in \mathbb{J}} = \{B'_i \oplus D'_i\}_{i \in \mathbb{J}}.$$

又 $E = \{E_i := A_i \oplus C_i\}_{i \in \mathbb{J}}$ 的典则对偶是 $\widetilde{E} = \{\widetilde{E_i} := B_i \oplus D_i\}_{i \in \mathbb{J}}$, 显然有 $\widetilde{E_i} P_H = \widetilde{E'}_i P'_H = B_i, \forall\, i \in \mathbb{J}$.

反过来, 设 $(C, D), (C', D')$ 分别是 K, K' 上的 g-框架对偶对并且是 (A, B) 的联合补. 由定理 6.2.5, $(C, D), (C', D')$ 是联合相似的.

6.2.2　交错对偶的提升的刻画

下面用 g-框架典则对偶对的提升来刻画所有 g-框架交错对偶对的提升.

设 $A = \{A_i\}_{i \in \mathbb{J}}$ 是 H 上的 g-框架, 其典则对偶为 $\widetilde{A} = \{\widetilde{A}_i\}_{i \in \mathbb{J}}$. 由引理 6.2.1 [3, 定理 3.4], 显然 $E = \{E_i = A_i \oplus P_i Q^{\perp}\}_{i \in \mathbb{J}}$ 是 $H \oplus (\mathrm{ran}\theta_A)^{\perp}$ 上的 g-Riesz 基, 其典则对偶为 $\widetilde{E} = \{\widetilde{E}_i = \widetilde{A}_i \oplus P_i Q^{\perp}\}_{i \in \mathbb{J}}$, 其中 $P_i\colon l^2(\underset{i \in \mathbb{J}}{\oplus} H_i) \to H_i$, $Q\colon l^2(\underset{i \in \mathbb{J}}{\oplus} H_i) \to \mathrm{ran}\theta_A$ 是正交投影, $\forall\, i \in \mathbb{J}$. 称对偶对 $(A, \widetilde{A})$ 的这一提升为自然提升. 为了方便, 下面记 $M = (\mathrm{ran}\theta_A)^{\perp}$.

定理 6.2.6　设 (A, B) 是 H 上的 g-框架交错对偶对, 则 (A, B) 可以提升为 $H \oplus M$ 上的 g-Riesz 基对偶对 $(E', \widetilde{E'})$, 并且有 $E'_i = E_i T^*, \forall\, i \in \mathbb{J}$, 其中

$$\boldsymbol{T} = \begin{pmatrix} I_H & 0 \\ T' & I_M \end{pmatrix} \in B(H \oplus M), T' \in B(H, M), (E, \widetilde{E})\ 是\ (A, \widetilde{A})\ 的自然提升.$$

证明: 令 $\Lambda = \{\Lambda_i := -B_i + \widetilde{A}_i\}_{i \in \mathbb{J}}$, 则显然 Λ 是 H 上的 g-Bessel 序列, 并且 $\theta_\Lambda^* \theta_A = -\theta_B^* \theta_A + \theta_{\widetilde{A}}^* \theta_A = 0$, 即 $\mathrm{ran}\theta_\Lambda \perp \mathrm{ran}\theta_A$, 得 $T' = \theta_\Lambda \in B(H, M)$. 显然,

$$\boldsymbol{T} = \begin{pmatrix} I_H & 0 \\ T' & I_M \end{pmatrix} \in B(H \oplus M)\ 可逆.\ 令\ E'_i = E_i T^*, \forall\, i \in \mathbb{J},\ 则$$

$$E'_i = E_i T^* = (A_i \oplus P_i Q^{\perp}) \begin{pmatrix} I_H & (T')^* \\ 0 & I_M \end{pmatrix}$$

$$= A_i \oplus (A_i (T')^* + P_i Q^{\perp}).$$

显然 $E' = \{E'_i\}_{i \in \mathbb{J}}$ 是 $H \oplus M$ 上的 g-Riesz 基, 且 $A_i = E'_i P, \forall i \in \mathbb{J}$, 其中 $P: H \oplus M \to H$ 是正交投影.

令 $\widetilde{E}' = \{\widetilde{E}'_i := \widetilde{E}_i T^{-1}\}_{i \in \mathbb{J}}$, 由定理 6.2.1, $\widetilde{E}'$ 是 E' 的典则对偶, 从而也是 $H \oplus M$ 上的 g-Riesz 基, 并且

$$\widetilde{E}'_i = \widetilde{E}_i T^{-1} = (\widetilde{A}_i \oplus P_i Q^{\perp}) \begin{pmatrix} I_H & 0 \\ -T' & I_M \end{pmatrix}$$

$$= (\widetilde{A}_i - P_i Q^{\perp} T') \oplus P_i Q^{\perp}.$$

另外, $\forall \{g_i\}_{i \in \mathbb{J}} \in l^2(\underset{i \in \mathbb{J}}{\oplus} H_i)$,

$$T'^* \{g_i\}_{i \in \mathbb{J}} = \theta^*_{\Lambda} \{g_i\}_{i \in \mathbb{J}}$$

$$= \sum_{i \in \mathbb{J}} \Lambda^*_i g_i$$

$$= \sum_{i \in \mathbb{J}} (-B^*_i + \widetilde{A}^*_i) g_i.$$

又因为 $(T')^* Q^{\perp} = (T')^*$, 进而, $\forall i \in \mathbb{J}$,

$$(T')^* Q^{\perp} P_i g_i = (-B^*_i + \widetilde{A}^*_i) Q^{\perp} g_i, \ \forall g_i \in H_i.$$

因此, $B_i = \widetilde{A}_i - P_i Q^{\perp} T'$, 即 $\widetilde{E}'_i = B_i \oplus P_i Q^{\perp}$. 得 $B_i = \widetilde{E}'_i P$.

下面是比定理 6.2.6 更一般的情况.

定理 6.2.7 设 (A, B) 是 H 上的 g-框架交错对偶对, N 是 Hilbert 空间. 如果存在可逆算子 $\widetilde{T} \in B(M, N)$, 则 (A, B) 可以提升为 $H \oplus N$ 上的 g-Riesz 基对偶对 $(E', \widetilde{E}')$, 并且有 $E'_i = E_i T^*, \forall i \in \mathbb{J}$, 其中 $\boldsymbol{T} = \begin{pmatrix} I_H & 0 \\ T' & \widetilde{T} \end{pmatrix} \in B(H \oplus M, H \oplus N), T' \in B(H, N), (E, \widetilde{E})$ 是 $(A, \widetilde{A})$ 的自然提升.

证明: 令 $\Lambda = \{\Lambda_i := -B_i + \widetilde{A}_i\}_{i \in \mathbb{J}}, T' = \widetilde{T} \theta_{\Lambda} \in B(H, N)$. 显然 $\boldsymbol{T}$ 可逆, 且

$$\boldsymbol{T}^{-1} = \begin{pmatrix} I_H & 0 \\ -\widetilde{T}^{-1} T' & \widetilde{T}^{-1} \end{pmatrix}.$$

令 $E_i' = E_i T^*, \forall\, i \in \mathbb{J}$, 则

$$E_i' = E_i T^* = (A_i \oplus P_i Q^\perp) \begin{pmatrix} I_H & (T')^* \\ 0 & \widetilde{T}^* \end{pmatrix}$$

$$= A_i \oplus (A_i(T')^* + P_i Q^\perp \widetilde{T}^*).$$

显然 $E' = \{E_i'\}_{i \in \mathbb{J}}$ 是 $H \oplus N$ 上的 g-Riesz 基, 且 $A_i = E_i' P, \forall\, i \in \mathbb{J}$, 其中 $P\colon H \oplus M \to H$ 是正交投影. 令 $\widetilde{E}' = \{\widetilde{E}_i' := \widetilde{E}_i T^{-1}\}_{i \in \mathbb{J}}$, 由定理 6.2.1, $\widetilde{E}'$ 是 E' 的典则对偶, 从而也是 $H \oplus M$ 上的 g-Riesz 基, 并且

$$\widetilde{E}_i \boldsymbol{T}^{-1} = (\widetilde{A}_i \oplus P_i Q^\perp) T^{-1} = (\widetilde{A}_i \oplus P_i Q^\perp) \begin{pmatrix} I_H & 0 \\ -\widetilde{T}^{-1} T' & \widetilde{T}^{-1} \end{pmatrix}$$

$$= (\widetilde{A}_i - P_i Q^\perp \widetilde{T}^{-1} T') \oplus P_i Q^\perp \widetilde{T}^{-1} \quad (\forall i \in \mathbb{J}).$$

另外, $\forall\, c \in N$, 令 $\{g_i\}_{i \in \mathbb{J}} \in M \subset l^2(\underset{i \in \mathbb{J}}{\oplus} H_i)$ 使得 $\widetilde{T}^* c = \{g_i\}_{i \in \mathbb{J}}$, 则

$$(T')^* (\widetilde{T}^*)^{-1} \{g_i\}_{i \in \mathbb{J}} = (T')^* c = \theta_\Lambda^* \{g_i\}_{i \in \mathbb{J}}$$

$$= \sum_{i \in \mathbb{J}} \Lambda_i^* g_i = \sum_{i \in \mathbb{J}} (-B_i^* + \widetilde{A}_i^*) g_i.$$

又因为 $(\widetilde{T}^*)^{-1} Q^\perp = (\widetilde{T}^*)^{-1}$, 进而, $\forall\, i \in \mathbb{J}$,

$$(T')^* (\widetilde{T}^*)^{-1} Q^\perp P_i g_i = (-B_i^* + \widetilde{A}_i^*) g_i, \forall\, g_i \in H_i.$$

因此, $B_i = \widetilde{A}_i - P_i Q^\perp \widetilde{T}^{-1} T'$, 即 $\widetilde{E}_i' = B_i \oplus P_i Q^\perp \widetilde{T}^{-1}$, 得 $B_i = \widetilde{E}_i' P$.

　　下面定理说明, 如果交错对偶对提升与典则对偶对提升是联合相似的, 则"相似算子"一定是定理 6.2.7 中相应算子的形式.

定理 6.2.8　　设 (A, B) 是 H 上的 g-框架交错对偶对. 如果 (A, B) 可以提升为 $H \oplus N$ 上的 g-Riesz 基对偶对 $(E', \widetilde{E}')$, 并且存在可逆算子 $\boldsymbol{T} \in B(H \oplus M, H \oplus N)$ 使得 $E_i' = E_i T^*, \forall\, i \in \mathbb{J}$, 其中 $(E, \widetilde{E})$ 是 $(A, \widetilde{A})$ 的自然提升, 则 $\boldsymbol{T}$ 一定具有如下形式:

$$\boldsymbol{T} = \begin{pmatrix} I_H & 0 \\ T' & \widetilde{T} \end{pmatrix},$$

其中 $T' \in B(H, N), \widetilde{T} \in B(M, N)$.

证明: 同定理 6.2.6 和定理 6.2.7, 令 $\Lambda = \{\Lambda_i := -B_i + \widetilde{A}_i\}_{i \in \mathbb{J}}$, 则 Λ 显然是 H 上 g-Bessel 序列. 从而可令

$$\boldsymbol{T}_0 = \begin{pmatrix} I_H & 0 \\ \theta_\Lambda & I_M \end{pmatrix} \in B\,(\,H \oplus M\,),$$

$F = \{F_i := E_i T_0^*\}_{i \in \mathbb{J}}$. 由定理 6.2.6, $(F, \widetilde{F})$ 是 $H \oplus M$ 上的 g-Riesz 基对偶对, 是 (A, B) 的提升. 由条件 $(E', \widetilde{E'})$ 是 $H \oplus N$ 上的 g-Riesz 基对偶对, 是 (A, B) 的提升, 令 $E_i' = A_i \oplus C_i$, $F_i = A_i \oplus C_i'$, $\forall\, i \in \mathbb{J}$, 其中 $C_i \in B(N, H_i)$, $C_i' \in B(M, H_i)$. 于是我们由定理 6.2.5, 存在可逆算子 $\widetilde{T} \in B(M, N)$ 使得 $C_i = C_i' \widetilde{T}^*$, $\forall\, i \in \mathbb{J}$. 因此, 对任意 $i \in \mathbb{J}$,

$$F_i \begin{pmatrix} I_H & 0 \\ 0 & \widetilde{T}^* \end{pmatrix} = (A_i \oplus C_i') \begin{pmatrix} I_H & 0 \\ 0 & \widetilde{T}^* \end{pmatrix} = E_i' = E_i T^*.$$

进而,

$$E_i T_0^* \begin{pmatrix} I_H & 0 \\ 0 & \widetilde{T}^* \end{pmatrix} = E_i \begin{pmatrix} I_H & \theta_\Lambda^* \\ 0 & I_M \end{pmatrix} \begin{pmatrix} I_H & 0 \\ 0 & \widetilde{T}^* \end{pmatrix} = E_i T^*.$$

由于 E 是 $H \oplus M$ 上的 g-Riesz 基, 则是 g-完备的. 从而

$$\begin{pmatrix} I_H & \theta_\Lambda^* \\ 0 & I_M \end{pmatrix} \begin{pmatrix} I_H & 0 \\ 0 & \widetilde{T}^* \end{pmatrix} = \begin{pmatrix} I_H & \theta_\Lambda^* \widetilde{T}^* \\ 0 & \widetilde{T}^* \end{pmatrix} = \boldsymbol{T}^*.$$

得

$$\boldsymbol{T} = \begin{pmatrix} I_H & 0 \\ \widetilde{T}\theta_\Lambda & \widetilde{T} \end{pmatrix},$$

其中 $T' = \widetilde{T}\theta_\Lambda \in B(H, N)$.

下面是本章的主要结果.

定理 6.2.9 设 (A, B), (A, B') 是 H 上的 g-框架交错对偶对, N_1, N_2 是 Hilbert 空间, 并且存在可逆算子 $\widetilde{T} \in B(N_1, N_2)$. 如果 (A, B) 可以提升为 $H \oplus N_1$ 上的 g-Riesz 基对偶对 $(E', \widetilde{E'})$, 则 (A, B') 可以提升为 $H \oplus N_2$ 上的 g-Riesz 基对偶对 $(F, \widetilde{F})$, 并且存在可逆算子 $T \in B(H \oplus N_1, H \oplus N_2)$ 使得 $F_i = E_i' T^*$, $\forall\, i \in \mathbb{J}$, 其中 $\boldsymbol{T} = \begin{pmatrix} I_H & 0 \\ T' & \widetilde{T} \end{pmatrix}$, $T' \in B\,(\,H, N_2\,)$.

证明: 同定理 6.2.8 的证明. 令 $\Lambda = \{\Lambda_i := -B_i + \widetilde{A}_i\}_{i\in\mathbb{J}}$, 则显然 Λ 是 H 上 g-Bessel 序列. 再令

$$T_0 = \begin{pmatrix} I_H & 0 \\ \theta_\Lambda & I_M \end{pmatrix} \in B(H \oplus M),$$

$\Gamma_i = E_i T_0^*, \forall i \in \mathbb{J}$, 由定理 6.2.6, $(\Gamma, \widetilde{\Gamma})$ 是 $H \oplus M$ 上的 g-Riesz 基对偶对, 是 (A, B) 的提升.

由条件 (A, B) 可以提升为 $H \oplus N_1$ 上的 g-Riesz 基对偶对 $(E', \widetilde{E'})$, 令 $E_i' = A_i \oplus C_i, \Gamma_i = A_i \oplus C_i', \forall i \in \mathbb{J}$, 其中 $C_i \in B(N_1, H_i), C_i' \in B(M, H_i)$. 于是我们由定理 6.2.5, 存在可逆算子 $\widetilde{T}_1 \in B(M, N_1)$ 使得 $C_i = C_i'\widetilde{T}_1^*$. 因此,

$$E_i T_0^* \begin{pmatrix} I_H & 0 \\ 0 & \widetilde{T}_1^* \end{pmatrix} = \Gamma_i \begin{pmatrix} I_H & 0 \\ 0 & \widetilde{T}_1^* \end{pmatrix} = (A_i \oplus C_i') \begin{pmatrix} I_H & 0 \\ 0 & \widetilde{T}_1^* \end{pmatrix} = E_i'.$$

令

$$T_1 = \begin{pmatrix} I_H & 0 \\ 0 & \widetilde{T}_1 \end{pmatrix} \begin{pmatrix} I_H & 0 \\ \theta_\Lambda & I_M \end{pmatrix} = \begin{pmatrix} I_H & 0 \\ \widetilde{T}_1\theta_\Lambda & \widetilde{T}_1 \end{pmatrix} \in B(H \oplus M, H \oplus N_1).$$

显然 T_1 可逆, 且 $E_i T_1^* = E_i', \forall i \in \mathbb{J}$.

记 $T_1' = \widetilde{T}_1\theta_\Lambda \in B(H, N_1), \widetilde{T}_2 = \widetilde{T}\widetilde{T}_1 \in B(M, N_2)$, 则由定理 6.2.7, 得 (A, B') 可以提升为 $H \oplus N_2$ 上的 g-Riesz 基对偶对 $(F, \widetilde{F})$, 并且有 $F_i = E_i T_2^*$, $\forall i \in \mathbb{J}$, 其中 $T_2 = \begin{pmatrix} I_H & 0 \\ T_2' & \widetilde{T}_2 \end{pmatrix} \in B(H \oplus M, H \oplus N_2), T_2' \in B(H, N_2)$. 从而 $F_i = E_i T_2^* = E_i'(T_1^*)^{-1} T_2^*$. 令

$$T = T_2(T_1)^{-1} = \begin{pmatrix} I_H & 0 \\ T_2' & \widetilde{T}_2 \end{pmatrix} \begin{pmatrix} I_H & 0 \\ -\widetilde{T}_1^{-1}T_1' & \widetilde{T}_1^{-1} \end{pmatrix}$$

$$= \begin{pmatrix} I_H & 0 \\ T_2' - \widetilde{T}_2\widetilde{T}_1^{-1}T_1' & \widetilde{T}_2\widetilde{T}_1^{-1} \end{pmatrix}.$$

记 $T' = T_2' - \widetilde{T}T_1' \in B(H, N_2)$.

定理 6.2.10　设 $(A, B), (A, B')$ 是 H 上的 g-框架交错对偶对, N_1, N_2 是 Hilbert 空间. 设 (A, B) 可以提升为 $H \oplus N_1$ 上的 g-Riesz 基对偶对 $(E', \widetilde{E'})$,

(A, B') 可以提升为 $H \oplus N_2$ 上的 g-Riesz 基对偶对 $(F, \widetilde{F})$. 如果存在可逆算子 $\boldsymbol{T} \in B(H \oplus N_1, H \oplus N_2)$ 使得 $F_i = E_i'' T^*, \forall i \in \mathbb{J}$, 则 $\boldsymbol{T}$ 一定是以下形式:

$$\boldsymbol{T} = \begin{pmatrix} I_H & 0 \\ T' & \widetilde{T} \end{pmatrix},$$

其中 $T' \in B(H, N_2), \widetilde{T} \in B(N_1, N_2)$.

证明: 令 $\Lambda = \{\Lambda_i := \widetilde{A}_i - B_i\}_{i \in \mathbb{J}}, \Lambda' = \{\Lambda_i' := \widetilde{A}_i - B_i'\}_{i \in \mathbb{J}}$. 易得 Λ, Λ' 是 H 上 g-Bessel 序列, 且 $\mathrm{ran}\theta_\Lambda, \mathrm{ran}\theta_{\Lambda'} \subset (\mathrm{ran}\theta_A)^\perp$.

同命题 6.2.9 的证明过程, 可以构造

$$\boldsymbol{T}_1 = \begin{pmatrix} I_H & 0 \\ 0 & \widetilde{T}_1 \end{pmatrix} \begin{pmatrix} I_H & 0 \\ \theta_\Lambda & I_M \end{pmatrix} = \begin{pmatrix} I_H & 0 \\ \widetilde{T}_1\theta_\Lambda & \widetilde{T}_1 \end{pmatrix} \in B(H \oplus M, H \oplus N_1).$$

显然 $\boldsymbol{T}_1$ 可逆, 且 $E_i T_1^* = E_i', \forall i \in \mathbb{J}$. 记 $T_1' = \widetilde{T}_1\theta_\Lambda \in B(H, N_1)$, 其中 $\widetilde{T}_1 \in B(M, N_1)$ 可逆. 可以构造

$$\boldsymbol{T}_2 = \begin{pmatrix} I_H & 0 \\ 0 & \widetilde{T}_2 \end{pmatrix} \begin{pmatrix} I_H & 0 \\ \theta_{\Lambda'} & I_M \end{pmatrix} = \begin{pmatrix} I_H & 0 \\ \widetilde{T}_2\theta_{\Lambda'} & \widetilde{T}_2 \end{pmatrix} \in B(H \oplus M, H \oplus N_2).$$

显然 $\boldsymbol{T}_2$ 可逆, 且 $E_i T_2^* = F_i, \forall i \in \mathbb{J}$. 记 $T_2' = \widetilde{T}_2\theta_{\Lambda'} \in B(H, N_2)$, 其中 $\widetilde{T}_2 \in B(M, N_2)$ 可逆. 从而 $F_i = E_i T_2^* = E_i'(T_1^*)^{-1}T_2^*, i \in \mathbb{J}$.

令 $\boldsymbol{T} = T_2(T_1)^{-1} \in B(H \oplus N_2, H \oplus N_1)$. 进而

$$\boldsymbol{T} = \begin{pmatrix} I_H & 0 \\ T_2' & \widetilde{T}_2 \end{pmatrix} \begin{pmatrix} I_H & 0 \\ -\widetilde{T}_1^{-1}T_1' & \widetilde{T}_1^{-1} \end{pmatrix} = \begin{pmatrix} I_H & 0 \\ \widetilde{T}_2(\theta_{\Lambda'} - \theta_\Lambda) & \widetilde{T}_2\widetilde{T}_1^{-1} \end{pmatrix}.$$

记 $T' = \widetilde{T}_2(\theta_{\Lambda'} - \theta_\Lambda) \in B(H, N_2), \widetilde{T} = \widetilde{T}_2\widetilde{T}_1^{-1} \in B(N_1, N_2)$.

6.3 g-框架生成子对偶对的提升

为了深入了解带结构的 g-框架, X. Guo 在文献 [64] 中讨论了酉系统的游荡生成子的一些性质. 在文献 [79] 和 [88] 中, 作者研究了群表示的框架生成子. 在文献 [116] 中, 作者对群似酉系统的框架生成子做了深入的探讨. 研究发现, 这种带结构的 g-框架的研究是很有意义的.

设 $\mathcal{G}$ 是可数群. $\pi\colon \mathcal{G} \to \mathbb{U}(B(H))$ 称为 $\mathcal{G}$ 在 H 上的酉表示, 如果 π 是从 $\mathcal{G}$ 到 $\mathbb{U}(B(H))$ 的一个群同态, 其中 $\mathbb{U}(B(H))$ 是 $B(H)$ 中酉算子的全体.

这一部分, 我们主要研究 Hilbert 空间上群表示的框架生成子对偶对的提升问题. 我们首先证明给定框架生成子对偶对, 对应的 Riesz 生成子提升对偶对的存在性. 一般来讲, 给定的框架生成子, 其对偶生成子不止一个, 从而有多个框架生成子对偶对. 我们主要用框架生成子典则对偶对的提升来刻画交错对偶的提升. 事实上, 我们发现主要通过一个下三角算子矩阵来建立它们之间的联系.

6.3.1　g-框架生成子对偶对的提升的存在性

有关 g-框架生成子的相关定义在第一节中已经叙述. 由文献 [88], 任意 $k \in H_0$, $\mathcal{G}$ 在 $l^2(\mathcal{G}) \otimes H_0$ 上的左正则表示定义为

$$\Lambda(g)(\chi_e \otimes k) = (\lambda_g \otimes I_{H_0})(\chi_e \otimes k) = \chi_g \otimes k, \forall\, g \in \mathcal{G}, k \in H_0.$$

其中 λ 是 $\mathcal{G}$ 在 $l^2(\mathcal{G})$ 上的左正则表示, I_{H_0} 是 H_0 上的单位算子, $e \in \mathcal{G}$ 是单位元.

$\forall\, g \in \mathcal{G}$, 定义 $Q_g\colon l^2(\mathcal{G}) \otimes H_0 \to H_0$ 为

$$Q_g(\chi_h \otimes k) = \delta_{g,h} k, \forall\, h \in \mathcal{G}, k \in H_0.$$

引理 6.3.1 [116, 命题 11]　Q_h 是 $(\mathcal{G}, \Lambda, l^2(\mathcal{G}) \otimes H_0)$ 的标准正交生成子, $\forall\, h \in \mathcal{G}$.

定义 6.3.1　设 $(\mathcal{G}, \pi, H)$ 是可数群 $\mathcal{G}$ 在 H 上的酉表示. 若 $A, B \in B(H, H_0)$, 满足 $B\pi(\mathcal{G}) = \{B\pi(g)\}_{g \in \mathcal{G}}$ 是 g-框架 $A\pi(\mathcal{G}) = \{A\pi(g)\}_{g \in \mathcal{G}}$ 的对偶 g-框架 (g-Riesz 基), 则称 B 是 A 的 (具有相同结构的) 对偶框架 (g-Riesz) 生成子. 此时, (A, B) 称为 $(\mathcal{G}, \pi, H)$ 的对偶框架 (g-Riesz) 生成子对或 g-框架 (g-Riesz) 生成子对偶对.

引理 6.3.2　设 $(\mathcal{G}, \pi, H)$ 是可数群 $\mathcal{G}$ 在 H 上的酉表示, A, B 是 $(\mathcal{G}, \pi, H)$ 的 Bessel 生成子, 则 $\theta_A \theta_B^* \in \Lambda(\mathcal{G})'$.

127

证明: $\forall g, h \in \mathcal{G}, k \in H_0$, 可得

$$
\theta_A \theta_B^*(\Lambda(g)(\chi_h \otimes k)) = \theta_A \pi(gh) B^* k
$$

$$
= \sum_{g' \in \mathcal{G}} \chi_{g'} \otimes A\pi(g')^* \pi(gh) B^* k
$$

$$
= \sum_{g' \in \mathcal{G}} \Lambda(g)(\chi_{g'} \otimes A\pi(g')^* \pi(h) B^* k)
$$

$$
= \Lambda(g) \theta_A \theta_B^*(\chi_h \otimes k).
$$

定理 6.3.1 设 $(\mathcal{G}, \pi, H)$ 是 $\mathcal{G}$ 在 H 上的酉表示, 则下列结论是等价的:

(1) $A, B \in B(H, H_0)$ 是 $(\mathcal{G}, \pi, H)$ 的框架生成子对偶对.

(2) 存在 $K \supset H, \mathcal{G}$ 在 K 上的酉表示 $(\mathcal{G}, \sigma, K)$, $(\mathcal{G}, \sigma, K)$ 的 g-Riesz 生成子对偶对 $C, D \in B(K, H_0)$, 使得 $CP = A, DP = B$, 并且满足 H 是 σ-不变的, $\pi = \sigma|_H$, 其中 $P: K \to H$ 是正交投影.

证明: 设 $A, B \in B(H, H_0)$ 是 $(\pi, \mathcal{G}, H)$ 的框架生成子对偶对. 令 $M = \mathrm{ran}\theta_A$, $N = \mathrm{ran}\theta_B$, P_A, P_B 分别是 $l^2(\mathcal{G}) \otimes H_0$ 到 M, N 的正交投影. 显然,

$$
P_A = \theta_{AS_A^{-\frac{1}{2}}} \theta^*_{AS_A^{-\frac{1}{2}}} = \theta_A S_A^{-1} \theta_A^*.
$$

而且由于 $P_A \theta_B = \theta_A S_A^{-1}$, 有 $P_A|_N: N \to M$ 可逆. 设 I_{l^2} 是 $l^2(\mathcal{G}) \otimes H_0$ 上的单位算子. 由于

$$
I_{l^2} = \begin{pmatrix} P_A & 0 \\ 0 & P_A^\perp \end{pmatrix} : \begin{pmatrix} N \\ N^\perp \end{pmatrix} \to \begin{pmatrix} M \\ M^\perp \end{pmatrix},
$$

则 $P_A^\perp: N^\perp \to M^\perp$ 可逆. 同理可得 $P_B^\perp: M^\perp \to N^\perp$ 可逆.

令 $K = M \oplus N^\perp$. $\sigma(g) = \pi(g) \oplus \Lambda(g), \forall g \in \mathcal{G}, C = A \oplus Q_I P_B^\perp \in B(K, H_0)$, 则 $\sigma(g)C^* = \pi(g)A^* \oplus \Lambda(g)P_B^\perp Q_e^*, \forall g \in \mathcal{G}$. 从而, 由引理 6.3.2 得 $\sigma(g)C^* = \pi(g)A^* \oplus P_B^\perp \Lambda(g)Q_e^*$. 进而, $\forall x \in H, y \in N^\perp$, 有

$$
\theta_C(x \oplus y) = \sum_{g \in \mathcal{G}} \chi_g \otimes C\sigma_g^*(x \oplus y) = \sum_{g \in \mathcal{G}} \chi_g \otimes (A\pi(g)^* x + Q_e \Lambda(g)^* P_B^\perp y)
$$

$$
= \theta_A x + P_B^\perp y.
$$

令 $T = \theta_A \theta_B^*$. 由对偶性质, $T^2 = T$, 从而 $l^2(\mathcal{G}) \otimes H_0 = M \dotplus N^\perp$. 进而, θ_C 可逆, 则 C 是 $(\mathcal{G}, \sigma, K)$ 的 g-Riesz 生成子. 显然, $A = CP$, 其中 $P\colon K \to H$ 是正交投影, 并且满足 H 是 σ-不变的.

因为 $\rho := P_A^\perp P_B^\perp \colon N^\perp \to M^\perp$ 可逆, 则存在 $\tau \in B(M^\perp, N^\perp)$ 使得 $\tau\rho = P_B^\perp$. 令 $D = B \oplus Q_e P_A^\perp \tau^* \in B(K, H_0)$.

令 $\Lambda_1(g) = P_A^\perp \Lambda(g) P_A^\perp$, $\Lambda_2(g) = P_B^\perp \Lambda(g) P_B^\perp$, $\forall\, g \in \mathcal{G}$, 则 $\forall\, u \in N^\perp$, 有

$$\rho\Lambda_2(g)u = \rho P_B^\perp \Lambda(g) P_B^\perp u = P_A^\perp P_B^\perp P_B^\perp \Lambda(g) P_B^\perp u$$

$$= \Lambda(g) P_A^\perp P_B^\perp u = P_A^\perp \Lambda(g) P_A^\perp \rho u$$

$$= \Lambda_1(g)\rho u.$$

由于 $\mathcal{G}$ 是群 (关于 $*$ 运算封闭), 进而, $\tau\Lambda_1(g)v = \Lambda_2(g)\tau v$, $\forall\, v \in M^\perp$.

因此, $\forall\, g \in \mathcal{G}$,

$$\sigma(g)D^* = \pi(g)B^* \oplus \Lambda(g)\tau P_A^\perp Q_e^* = \pi(g)B^* \oplus \tau P_A^\perp \Lambda(g) Q_e^*.$$

显然, $Q_e \Lambda(\mathcal{G}) P_A^\perp \tau^*$ 是 $N^\perp$ 上的 g-框架. 从而 $Q_e P_A^\perp \tau^*$ 是 $(\mathcal{G}, \Lambda, N^\perp)$ 的框架生成子. 从而 $\forall\, x \in H, y \in N^\perp$, 有

$$\theta_D(x \oplus y) = \sum_{g \in \mathcal{G}} \chi_g \otimes D\sigma(g)^*(x \oplus y)$$

$$= \sum_{g \in \mathcal{G}} \chi_g \otimes (B\pi(g)^* x + Q_e P_A^\perp \tau^* \Lambda(g)^* y)$$

$$= \theta_B x + P_A^\perp \tau^* y.$$

同理, 由于 $l^2(\mathcal{G}) \otimes H_0 = M^\perp \dotplus N$, 可得 θ_D 可逆. 从而 D 是 $(\mathcal{G}, \sigma, K)$ 的 g-Riesz 生成子, 并且有 $B = DP$.

又对任意 $x, x_1 \in H, y, y_1 \in N^\perp$,

$$\sum_{g \in \mathcal{G}} \langle \sigma(g) C^* D\sigma(g)^* x \oplus y, x_1 \oplus y_1 \rangle$$

$$= \sum_{g \in \mathcal{G}} \langle (\pi(g)A^* \oplus P_B^\perp \Lambda(g) Q_e^*)(B\pi(g)^* \oplus Q_e \Lambda(g)^* P_A^\perp \tau^*)(x \oplus y), x_1 \oplus y_1 \rangle$$

$$= \sum_{g \in \mathcal{G}} \langle (B\pi(g)^* \oplus Q_e \Lambda(g)^* P_A^\perp \tau^*)(x \oplus y), (A\pi(g)^* \oplus Q_e \Lambda(g)^* P_B^\perp)(x_1 \oplus y_1) \rangle$$

$$= \sum_{g \in \mathcal{G}} \langle B\pi(g)^*x + Q_e\Lambda(g)^*P_A^\perp\tau^*y, A\pi(g)^*x_1 + Q_e\Lambda(g)^*P_B^\perp y_1 \rangle$$

$$= \sum_{g \in \mathcal{G}} \langle B\pi(g)^*x, A\pi(g)^*x_1 \rangle + \sum_{g \in \mathcal{G}} \langle B\pi(g)^*x, Q_e\Lambda(g)^*P_B^\perp y_1 \rangle +$$

$$\sum_{g \in \mathcal{G}} \langle Q_e\Lambda_g^*P_A^\perp\tau^*y, A\pi(g)^*x_1 \rangle + \sum_{g \in \mathcal{G}} \langle Q_e\Lambda(g)^*P_A^\perp\tau^*y, Q_e\Lambda(g)^*P_B^\perp y_1 \rangle$$

$$= \langle \theta_B x, \theta_A x_1 \rangle + \langle \theta_B x, P_B^\perp y_1 \rangle + \langle P_A^\perp\tau^*y, \theta_A x_1 \rangle + \langle P_A^\perp\tau^*y, P_B^\perp y_1 \rangle$$

$$= \langle x, x_1 \rangle + \langle y, y_1 \rangle$$

$$= \langle x \oplus y, x_1 \oplus y_1 \rangle.$$

即 $C, D \in B(K, H_0)$ 是 $(\mathcal{G}, \sigma, K)$ 的 g-Riesz 生成子对偶对.

反过来, 显然成立.

注解 由证明过程可以看出 N, M 同构很关键. 下面提供另一种比较简单的证明.

事实上, 由于 $C \in B(K, H_0)$ 是 $(\mathcal{G}, \sigma, K)$ 的 g-Riesz 生成子, 则易证其框架算子 $S_C \in \sigma(\mathcal{G})'$. 从而 $CS_C^{-1} \in B(K, H_0)$ 是 $(\mathcal{G}, \sigma, K)$ 的 g-Riesz 生成子, 是 C 的典则对偶 g-Riesz 生成子. 令 $CS_C^{-1} = D_1 \oplus D_2$, 其中 $D_1 \in B(H, H_0)$, $D_2 \in B(N^\perp, H_0)$, 则 $D_1 = CS_C^{-1}P$. 下证 $D_1 = B$.

把 $H, H \oplus \{0\}$ 等同. $\forall x, x_1 \in H$,

$$\langle x, x_1 \rangle = \langle x \oplus 0, x_1 \oplus 0 \rangle$$

$$= \sum_{g \in \mathcal{G}} \langle \sigma(g)C^*CS_C^{-1}\sigma(g)^*x \oplus 0, x_1 \oplus 0 \rangle$$

$$= \sum_{g \in \mathcal{G}} \langle (\pi(g)A^* \oplus P_B^\perp\Lambda(g)Q_e^*)(D_1\pi(g)^* \oplus D_2\Lambda(g)^*)(x \oplus 0), x_1 \oplus 0 \rangle$$

$$= \sum_{g \in \mathcal{G}} \langle (D_1\pi(g)^* \oplus D_2\Lambda(g)^*)(x \oplus 0), (A\pi(g)^* \oplus Q_e\Lambda(g)^*P_B^\perp)(x_1 \oplus 0) \rangle$$

$$= \sum_{g \in \mathcal{G}} \langle D_1\pi(g)^*x, A\pi(g)^*x_1 \rangle.$$

即 $D_1 \in B(H, H_0)$ 是 A 的对偶框架生成子.

进一步, $\forall\, y_1 \in N^\perp$,

$$\langle x, x_1 \rangle = \langle x \oplus 0, x_1 \oplus y_1 \rangle$$
$$= \sum_{g \in \mathcal{G}} \langle \sigma(g) C^* C S_C^{-1} \sigma(g)^* x \oplus 0, x_1 \oplus y_1 \rangle$$
$$= \sum_{g \in \mathcal{G}} \langle D_1 \pi(g)^* x, A\pi(g)^* x_1 + Q_e P_B^\perp \Lambda(g)^* y_1 \rangle$$
$$= \langle x, x_1 \rangle + \sum_{g \in \mathcal{G}} \langle D_1 \pi(g)^* x, Q_e P_B^\perp \Lambda(g)^* y_1 \rangle.$$

即 $\displaystyle\sum_{g \in \mathcal{G}} \langle D_1 \pi(g)^* x, Q_e P_B^\perp \Lambda(g)^* y_1 \rangle = \langle \theta_{D_1} x, y_1 \rangle = 0$. 从而 $\operatorname{ran}\theta_{D_1} \subset N = \operatorname{ran}\theta_B$. 从而, $\forall\, x \in H$, 存在 $x_1 \in H$ 使得 $\theta_{D_1} x = \theta_B y_1$. 因此,

$$x = \theta_A^* \theta_{D_1} x = \theta_A^* \theta_B y_1 = y_1.$$

则对任意 $x \in H$, 有 $\theta_{D_1} x = \theta_B x$, $B = D_1$ 成立.

(2) $\Rightarrow$ (1). 我们还可以用另一种不同的方法证明 $B = D_1$.

事实上, $\forall\, x, x_1 \in H$, $y_1 \in N^\perp$,

$$\langle x, x_1 \rangle = \langle x \oplus 0, x_1 \oplus y_1 \rangle$$
$$= \sum_{g \in \mathcal{G}} \langle \sigma(g) C^* C S_C^{-1} \sigma(g)^* x \oplus 0, x_1 \oplus y_1 \rangle$$
$$= \sum_{g \in \mathcal{G}} \langle D_1 \pi(g)^* x, C\sigma(g)^* (x_1 \oplus y_1) \rangle.$$

另一方面, $\forall\, x, x_1 \in H$, $y_1 \in N^\perp$,

$$\sum_{g \in \mathcal{G}} \langle B\pi(g)^* x, C\sigma(g)^* (x_1 \oplus y_1) \rangle$$
$$= \sum_{g \in \mathcal{G}} \langle B\pi(g)^* x, A\pi(g)^* x_1 + Q_1 P_B^\perp \Lambda(g)^* y_1 \rangle$$
$$= \langle x, x_1 \rangle = \langle x \oplus 0, x_1 \oplus y_1 \rangle.$$

综上, $\theta_C^* \theta_B x = \theta_C^* \theta_{D_1} x$. 由于 θ_C 可逆, 则 $\theta_B x = \theta_{D_1} x$. 进而 $B = D_1$.

定义 6.3.2　设 $(\mathcal{G}, \pi, H)$, $(\mathcal{G}, \pi_1, N_1)$ 分别是 $\mathcal{G}$ 在 H, N_1 上的酉表示, (A, B) 是 $(\mathcal{G}, \pi, H)$ 的 g-框架生成子对偶对, 其中 $A, B \in B(H, H_0)$. 如果存在

$C_1, D_1 \in B(N_1, H_0)$ 使得 $(E, \widetilde{E})$ 是 $(\mathcal{G}, \sigma_1, H \oplus N_1)$ 的 g-Riesz 生成子对偶对，其中 $\sigma_1 = \pi \oplus \pi_1$, $E = A \oplus C_1$, $\widetilde{E} = B \oplus D_1$，我们称 $(E, \widetilde{E})$ 是 (A, B) 的提升，(C_1, D_1) 称为 (A, B) 的补框架生成子对. 特别地，C_1 称为 A 的补框架生成子.

定理 6.3.1 说明了任何框架生成子对偶对的提升都是存在的.

下面我们阐述在相似的意义下，一个给定框架生成子对偶对的提升是唯一的.

定理 6.3.2 设 $(\mathcal{G}, \pi, H)$, $(\mathcal{G}, \pi_1, N_1)$, $(\pi_2, \mathcal{G}, N_2)$ 分别是 $\mathcal{G}$ 在 H, N_1, N_2 上的酉表示，(A, B) 是 $(\mathcal{G}, \pi, H)$ 的框架生成子对偶对，其中 $A, B \in B(H, H_0)$. 设 $(E, \widetilde{E})$ 是 $(\mathcal{G}, \sigma_1, H \oplus N_1)$ 的 g-Riesz 生成子对偶对，是 (A, B) 的一个提升，其中 $\sigma_1 = \pi \oplus \pi_1$, $E = A \oplus C_1$, $C_1 \in B(N_1, H_0)$, $\widetilde{E}$ 是 E 的典则对偶生成子. 如果存在 $C_2 \in B(N_2, H_0)$, 可逆算子 $T \in B(N_1, N_2)$ 使得 $C_1\pi_1(g) = C_2\pi_2(g)T, \forall\, g \in \mathcal{G}$, 则 F 是 $(\mathcal{G}, \sigma_2, H \oplus N_2)$ 的 Riesz 生成子，其中 $\sigma_2 = \pi \oplus \pi_2$, $F = A \oplus C_2 \in B(H \oplus N_2, H_0)$. 进而，$(F, \widetilde{F})$ 是 $(\mathcal{G}, \sigma_2, H \oplus N_2)$ 的 Riesz 生成子对偶对，也是 (A, B) 的提升，其中 $\widetilde{F}$ 是 F 的典则对偶生成子.

证明: $\forall\, g \in \mathcal{G}$, 由条件 $C_1\pi_1(g) = C_2\pi_2(g)T$, 得

$$F\sigma_2(g) = A\pi(g) \oplus C_2\pi_2(g)$$
$$= A\pi(g) \oplus C_1\pi_1(g)T^{-1}$$
$$= E\sigma_1(g)(I \oplus T^{-1}).$$

即 F 是 $(\mathcal{G}, \sigma_2, H \oplus N_2)$ 的 g-Riesz 生成子，且 $A = FP_2$, 其中 $P_2\colon H \oplus N_2 \to H$ 是正交投影.

记 $\widehat{T} = I \oplus T$. 由于 $S_F \in \sigma_2(\mathcal{G})'$, 显然，$\widetilde{F} = FS_F^{-1}$. 进而

$$\widetilde{F}\sigma_2(g) = F\sigma_2(g)S_F^{-1} = E\sigma_1(g)\widehat{T}^{-1}S_F^{-1} = \widetilde{E}\sigma_1(g)S_E\widehat{T}^{-1}S_F^{-1}.$$

又由 E, F 的相似性，得 $S_F = \theta_F^*\theta_F = (\widehat{T}^*)^{-1}S_E\widehat{T}^{-1}$. 进而，

$$\widetilde{F}\sigma_2(g) = \widetilde{E}\sigma_1(g)\widehat{T}^* = \widetilde{E}\sigma_1(g)(I \oplus T^*).$$

易得 $\widetilde{F}\sigma_2(g)P = \widetilde{E}\sigma_1(g)P = B\pi(g)$. 特别地，$\widetilde{F}P = B$.

对于给定的框架生成子，下面说明其不同的"补框架生成子"是相似的.

定理 6.3.3　设 $(\mathcal{G}, \pi, H), (\mathcal{G}, \pi_1, N_1), (\pi_2, \mathcal{G}, N_2)$ 分别是 $\mathcal{G}$ 在 H, N_1, N_2 上的酉表示，(A, B) 是 $(\mathcal{G}, \pi, H)$ 的 **g-框架**生成子对偶对，其中 $A, B \in B(H, H_0)$. 设 $(E, \widetilde{E})$ 是 $(\mathcal{G}, \sigma_1, H \oplus N_1)$ 的 **g-Riesz** 生成子对偶，是 (A, B) 的一个提升，其中 $\sigma_1 = \pi \oplus \pi_1, E = A \oplus C_1, C_1 \in B(N_1, H_0)$, $\widetilde{E}$ 是 E 的典则对偶生成子. 如果 $(F, \widetilde{F})$ 是 $(\mathcal{G}, \sigma_2, H \oplus N_2)$ 的 **g-框架**生成子对偶对，也是 (A, B) 的一个提升，其中 $\sigma_2 = \pi \oplus \pi_2, F = A \oplus C_2, C_2 \in B(N_2, H_0)$, $\widetilde{F}$ 是 F 的典则对偶生成子，则存在一个可逆算子 $T \in B(N_1, N_2)$ 使得 $C_1 \pi_1(g) = C_2 \pi_2(g) T, \forall\, g \in \mathcal{G}$. 特别地，$T \pi_1(g) = \pi_2(g) T$. 进而，$B$ 的任意两个补框架生成子是相似的.

证明：　下面我们首先需要证明 $C_1 \pi_1(\mathcal{G}) := \{C_1 \pi(g)\}_{g \in \mathcal{G}}, C_2 \pi_2(\mathcal{G}) := \{C_2 \pi(g)\}_{g \in \mathcal{G}}$ 是相似的 **g-框架**，由文献 [88, 命题4.3], $\mathrm{ran}\theta_{C_1} = \mathrm{ran}\theta_{C_2}$.

令 $\widetilde{E} = B \oplus D_1, \widetilde{F} = B \oplus D_2$, 其中 $D_1 \in B(N_1, H_0), D_2 \in B(N_2, H_0)$, 则 $\forall\, x, y \in H, x_1 \in N_1$, 得

$$
\begin{aligned}
\langle x, y \rangle &= \langle x \oplus 0, y \oplus x_1 \rangle = \langle \theta_E^* \theta_{\widetilde{E}}(x \oplus 0), y \oplus x_1 \rangle \\
&= \sum_{g \in \mathcal{G}} \langle B\pi(g)^* x, A\pi(g)^* y + C_1 \pi(g)^* x_1 \rangle \\
&= \langle x, y \rangle + \langle x, \theta_B^* \theta_{C_1} x_1 \rangle.
\end{aligned}
$$

从而 $\theta_B^* \theta_{C_1} = 0$. 即 $\mathrm{ran}\theta_{C_1} \subset (\mathrm{ran}\theta_B)^\perp$. 由于 E 是 $(\mathcal{G}, \sigma_1, H \oplus N_1)$ 的 **g-Riesz** 生成子，由文献 [3, 命题2.3] 得，

$$
l^2(\mathcal{G}) \otimes H_0 = \mathrm{ran}\theta_A \dotplus \mathrm{ran}\theta_{C_1}.
$$

从而对任意 $u \in (\mathrm{ran}\theta_B)^\perp \ominus \mathrm{ran}\theta_{C_1} \subset l^2(\mathcal{G}) \otimes H_0$, 存在 $x \in H, x_1 \in N_1$ 使得 $u = \theta_A x + \theta_{C_1} x_1$. 进而 $0 = \theta_B^* u = x$. 因此 $u = \theta_{C_1} x_1 \in \mathrm{ran}\theta_{C_1}$, 即 $u = 0$. 从而 $\mathrm{ran}\theta_{C_1} = (\mathrm{ran}\theta_B)^\perp$.

同理可得 $\mathrm{ran}\theta_{C_2} = (\mathrm{ran}\theta_B)^\perp$. 从而 $\mathrm{ran}\theta_{C_1} = \mathrm{ran}\theta_{C_2}$ (即相似)，则存在可逆算子 $T \in B(N_1, N_2)$, 使得 $C_1 \pi_1(g) = C_2 \pi_2(g) T, \forall\, g \in \mathcal{G}$.

特别地，$\forall\, x_1 \in N_1$, 我们有

$$
x = \sum_{g \in \mathcal{G}} \pi_1(g) C_1^* \widetilde{C_1} \pi_1(g)^* x,
$$

其中 $\widetilde{C_1} \in B(N_1, H_0)$ 是 C_1 的典则对偶生成子.

另外, $\forall\, h \in \mathcal{G}$, 有

$$\pi_2(h)(T^*)^{-1}x = \sum_{g \in \mathcal{G}} \pi_2(h)(T^*)^{-1}\pi_1(g)C_1^*\widetilde{C_1}\pi_1(g)^*x$$

$$= \sum_{g \in \mathcal{G}} \pi_2(hg)C_2^*C_1^*\widetilde{C_1}\pi_1(hg)^*\pi_1(h)x$$

$$= \sum_{g \in \mathcal{G}} (T^*)^{-1}\pi_1(hg)C_1^*\widetilde{C_1}\pi_1(hg)^*\pi_1(h)x$$

$$= (T^*)^{-1}\pi_1(h)x,$$

得 $T\pi_1(g) = \pi_2(g)T, \forall\, g \in \mathcal{G}$ (表示等价). 此外, 由定理 6.3.2 的证明过程, 我们可以直接得到 g-框架 $D_1\pi_1(\mathcal{G}) := \{D_1\pi_1(g)\}_{g \in \mathcal{G}}$ 与 $D_2\pi_2(\mathcal{G}) := \{D_2\pi_2(g)\}_{g \in \mathcal{G}}$ 通过算子 T^* 相似.

由定理 6.3.2 和定理 6.3.3 可知, 给定框架生成子对偶对的补框架生成子对是通过算子对 (T, T^*) 相似的. 即补框架生成子对在相似的意义下是唯一的.

6.3.2　框架生成子交错对偶对的提升的刻画

下面结果是框架生成子典则对偶对的提升.

定理 6.3.4　设 $(\mathcal{G}, \pi, H)$ 是 $\mathcal{G}$ 在 H 上的酉表示, $(A, \widetilde{A})$ 是 $(\mathcal{G}, \pi, H)$ 的框架生成子对偶对, 其中 $A \in B(H, H_0)$, $\widetilde{A}$ 是 A 的典则对偶生成子. 如果 $E = A \oplus Q_e P_A^\perp$, $\widetilde{E} = \widetilde{A} \oplus Q_e P_A^\perp \in B(H \oplus M^\perp, H_0)$, 其中 $M = \mathrm{ran}\theta_A$, $P_A: l^2(\mathcal{G}) \otimes H_0 \to M$ 是正交投影, 则 $(E, \widetilde{E})$ 是 $(\mathcal{G}, \sigma, H \oplus M^\perp)$ 的 Riesz 生成子对偶对, 是 $(A, \widetilde{A})$ 的一个提升, 其中 $\sigma := \pi \oplus \Lambda$, $(\mathcal{G}, \Lambda, l^2(\mathcal{G}) \otimes H_0)$ 是 $\mathcal{G}$ 的左正则表示.

证明:　令 $C = Q_e P_A^\perp \in B(M^\perp, H_0)$. 由引理 6.3.2, 显然有 $C\Lambda(\mathcal{G}) := \{C\Lambda(g)\}_{g \in \mathcal{G}}$ 是 $M^\perp$ 上的 Parseval g-框架, 且 $\mathrm{ran}\theta_A = \mathrm{ran}\theta_{\widetilde{A}} = M, \mathrm{ran}\theta_C = M^\perp$. 因为 $\theta_E(x \oplus y) = \theta_A x + \theta_C y, \forall\, x \in H, y \in M^\perp$, 则 θ_E 可逆, 从而 E 是 $(\mathcal{G}, \sigma, H \oplus M^\perp)$ 的 g-Riesz 生成子.

同理可得, $\widetilde{E}$ 也是 $(\mathcal{G}, \sigma, H \oplus M^\perp)$ 的 g-Riesz 生成子. $\forall\, x, y \in H$, $x_1, y_1 \in M^\perp$, 有

$$\langle \sum_{g \in \mathcal{G}} \sigma(g) E^* \widetilde{E} \sigma(g)^* (x \oplus x_1), y \oplus y_1 \rangle$$

$$= \langle \sum_{g \in \mathcal{G}} (\pi(g) A^* \oplus \Lambda(g) P_A^\perp Q_e^*)(\widetilde{A} \pi(g)^* \oplus Q_e P_A^\perp \Lambda(g)^*)(x \oplus x_1), y \oplus y_1 \rangle$$

$$= \sum_{g \in \mathcal{G}} \langle \widetilde{A} \pi(g)^* x + Q_e P_A^\perp \Lambda(g)^* x_1, A\pi(g)^* y + Q_e P_A^\perp \Lambda(g)^* y_1 \rangle$$

$$= \sum_{g \in \mathcal{G}} \langle \widetilde{A} \pi(g)^* x, A\pi(g)^* y \rangle + \sum_{g \in \mathcal{G}} \langle \widetilde{A} \pi(g)^* x, Q_e P_A^\perp \Lambda(g)^* y_1 \rangle +$$

$$\sum_{g \in \mathcal{G}} \langle Q_e P_A^\perp \Lambda(g)^* x_1, A\pi(g)^* y \rangle + \sum_{g \in \mathcal{G}} \langle Q_e P_A^\perp \Lambda(g)^* x_1, Q_e P_A^\perp \Lambda(g)^* y_1 \rangle$$

$$= \sum_{g \in \mathcal{G}} \langle \widetilde{A} \pi(g)^* x, A\pi(g)^* y \rangle + \sum_{g \in \mathcal{G}} \langle Q_e P_A^\perp \Lambda(g)^* x_1, Q_e P_A^\perp \Lambda(g)^* y_1 \rangle$$

$$= \langle x, y \rangle + \langle x_1, y_1 \rangle = \langle x \oplus x_1, y \oplus y_1 \rangle.$$

从而 $(E, \widetilde{E})$ 是 $(\mathcal{G}, \sigma, H \oplus M^\perp)$ 的 Riesz 生成子对偶对.

我们称定理 6.3.4 中 $(A, \widetilde{A})$ 的提升为自然提升. 在下文中, 记 $A\pi(\mathcal{G}) := \{A\pi(g)\}_{g \in \mathcal{G}}$, 其中 $A \in B(H, H_0)$ 是 $(\mathcal{G}, \pi, H)$ 的 g- 框架生成子, $M = \mathrm{ran}\theta_A$, $\sigma = \pi \oplus \Lambda$, $P_A : l^2(\mathcal{G}) \otimes H_0) \to M$ 是正交投影. 我们可以通过下三角算子矩阵用自然提升来刻画所有交错对偶框架生成子对.

定理 6.3.5　设 $(\mathcal{G}, \pi, H)$ 是 $\mathcal{G}$ 在 H 上的酉表示, (A, B) 是 $(\mathcal{G}, \pi, H)$ 的框架生成子对偶对, 其中 $A, B \in B(H, H_0)$. 则存在 g-Riesz 基对偶对 $(E', \widetilde{E}')$, 是 g-框架对偶对 $(A\pi(\mathcal{G}), B\pi(\mathcal{G}))$ 的一个提升, 并且 $E' := \{E'_g := E\sigma(g)T^*\}_{g \in \mathcal{G}}$, 其中 $\widetilde{E}' := \{\widetilde{E}'_g\}_{g \in \mathcal{G}}$ 是 E' 的典则对偶 g-Riesz 基,

$$\boldsymbol{T} = \begin{pmatrix} I_H & 0 \\ T' & I_{M^\perp} \end{pmatrix} \in B(H \oplus M^\perp),$$

$T' \in B(H, M^\perp)$. $((E, \widetilde{E})$ 是定理 6.3.4 中 $(A, \widetilde{A})$ 的自然提升$)$

证明: 令 $\varGamma = \widetilde{A} - B \in B(H, H_0)$. 显然, $\varGamma$ 是 $(\mathcal{G}, \pi, H)$ 的 Bessel 生成子,

则 $\theta_\Gamma^*\theta_A = -\theta_B^*\theta_A + \theta_{\widetilde{A}}^*\theta_A = 0$, 即 $\mathrm{ran}\theta_\Gamma \perp \mathrm{ran}\theta_A$, 得 $T' = \theta_\Gamma \in B(H, M^\perp)$.

从而

$$T = \begin{pmatrix} I_H & 0 \\ T' & I_{M^\perp} \end{pmatrix} \in B\,(\,H \oplus M\,)$$

可逆, 则 $\forall\, g \in \mathcal{G}$,

$$E\sigma(g)T^* = (A\pi(g) \oplus Q_e\Lambda(g)P_A^\perp)\begin{pmatrix} I_H & (T')^* \\ 0 & I_M \end{pmatrix}$$

$$= A\pi(g) \oplus (A\pi(g)(T')^* + Q_e\Lambda(g)P_A^\perp).$$

显然 $E' = E\sigma(\mathcal{G})T^*$ 是 $H \oplus M^\perp$ 上的 g-Riesz 基 (注: 不是带结构的生成子), 且 $A\pi(g) = E\sigma(g)T^*P$, $\forall\, g \in \mathcal{G}$, 其中 $P\colon H \oplus M^\perp \to H$ 是正交投影. 易得 $\widetilde{E}' = \{\widetilde{E}_g' := \widetilde{E}\sigma(g)T^{-1}\}_{g\in\mathcal{G}}$ 是 E' 的典则对偶 g-Riesz 基 (定理 6.2.1), 并且 $\forall\, g \in \mathcal{G}$,

$$\widetilde{E}\sigma(g)T^{-1} = (\widetilde{A}\pi(g) \oplus Q_e\Lambda(g)P_A^\perp)\begin{pmatrix} I_H & 0 \\ -T' & I_{M^\perp} \end{pmatrix}$$

$$= (\widetilde{A}\pi(g) - Q_e\Lambda(g)P_A^\perp T') \oplus Q_e\Lambda(g)P_A^\perp.$$

又对于 $\pi(\mathcal{G})$ 的任意 Bessel 生成子 $C \in B(H, H_0)$, $\forall\, k \in H_0$, $\theta_{C^*}\colon l^2(\mathcal{G}) \otimes H_0 \to H$, 有

$$\theta_C^*(\chi_g \otimes k) = \theta_C^*(\Lambda(g)(\chi_e \otimes k)) = \pi(g)C^*k.$$

从而,

$$T'^*(\chi_g \otimes k) = \theta_\Gamma^*(\chi_g \otimes k) = \pi(g)\widetilde{A}^* - \pi(g)B^*.$$

又 $(T')^*P_A^\perp = (T')^*$ 显然, 进而, $\forall\, k \in H_0, g \in \mathcal{G}$,

$$(T')^*P_A^\perp\Lambda(g)Q_e^*k = -\pi(g)B^*k + \pi(g)\widetilde{A}^*k.$$

因此, $B\pi(g) = \widetilde{A}\pi(g) - Q_e\Lambda(g)P_A^\perp T'$, 即 $\widetilde{E}_g' = B\pi(g) \oplus Q_e\Lambda(g)P_A^\perp$. 得 $B\pi(g) = \widetilde{E}_g'P$.

下面是比定理 6.3.5 更一般的情况.

定理 6.3.6　设 $(\mathcal{G}, \pi, H)$, $(\mathcal{G}, \pi_2, N)$ 分别是 $\mathcal{G}$ 在 H, N 上的酉表示, (A, B) 是 $(\mathcal{G}, \pi, H)$ 的交错对偶框架生成子对, 其中 $A, B \in B(H, H_0)$. 如果存在算子 $\widetilde{T} \in B(M^\perp, N)$ 使得 $\widetilde{T}\Lambda(g) = \pi_2(g)\widetilde{T}, \forall\, g \in \mathcal{G}$, 则存在 $(E', \widetilde{E}')$ 是 $(\mathcal{G}, \sigma_2, H \oplus N)$ 的 Riesz 生成子对偶对, 是 (A, B) 的一个提升, 且满足 $E'\sigma_2(g) = E\sigma(g)T^*, \forall\, g \in \mathcal{G}$, 其中 $\sigma_2 = \pi \oplus \pi_2$, $\widetilde{E}'$ 是 E 的典则对偶生成子,
$$T = \begin{pmatrix} I_H & 0 \\ T' & \widetilde{T} \end{pmatrix} \in B(H \oplus M^\perp, H \oplus N), T' \in B(H, N).\ ((E, \widetilde{E})\ 是定理\ 6.3.4$$
中 $(A, \widetilde{A})$ 的自然提升)

证明: 令 $\Gamma = -B + \widetilde{A} \in B(H, H_0)$, 易得 Γ 是 $(\mathcal{G}, \pi, H)$ 的 Bessel 生成子. 再令 $T' := \widetilde{T}\theta_\Gamma \in B(H, N)$, 显然 T 可逆, 且
$$T^{-1} = \begin{pmatrix} I_H & 0 \\ -\widetilde{T}^{-1}T' & \widetilde{T}^{-1} \end{pmatrix}.$$
令 $E'_g = E\sigma(g)T^*, \forall\, g \in \mathcal{G}$, 则
$$E'_g = E\sigma(g)T^* = (A\pi(g) \oplus Q_e\Lambda(g)P_A^\perp)\begin{pmatrix} I_H & (T')^* \\ 0 & \widetilde{T}^* \end{pmatrix}$$
$$= A\pi(g) \oplus (A\pi(g)(T')^* + Q_e\Lambda(g)P_A^\perp\widetilde{T}^*)$$
$$= A\pi(g) \oplus (A\pi(g)\theta_\Gamma^*\widetilde{T}^* + Q_e\widetilde{T}^*\pi_2(g))$$
$$= A\pi(g) \oplus ((A\theta_\Gamma^*\widetilde{T}^* + Q_e\widetilde{T}^*)\pi_2(g))$$
$$= (A \oplus (A\theta_\Gamma^*\widetilde{T}^* + Q_e\widetilde{T}^*))(\pi(g) \oplus \pi_2(g)).$$
因此, E' 是 $(\mathcal{G}, \sigma_2, H \oplus N)$ 的 g-Riesz 生成子, 且 $A = E'P$, 其中 $P: H \oplus N \to H$ 是正交投影. 令 $\widetilde{E}'_g := \widetilde{E}\sigma(g)T^{-1}, \forall\, g \in \mathcal{G}$, 易验证 $\{\widetilde{E}'_g\}_{g\in\mathcal{G}}$ 是 $\{E'_g\}_{g\in\mathcal{G}}$ 的典则对偶 g-框架, 从而是 $H \oplus N$ 上的 g-Riesz 基. 进而, $\forall\, g \in \mathcal{G}$,
$$\widetilde{E}\sigma(g)T^{-1} = (\widetilde{A}\pi(g) \oplus Q_e\Lambda(g)P_A^\perp)T^{-1}$$
$$= (\widetilde{A}\pi(g) \oplus Q_e\Lambda(g)P_A^\perp)\begin{pmatrix} I_H & 0 \\ -\widetilde{T}^{-1}T' & \widetilde{T}^{-1} \end{pmatrix}$$
$$= (\widetilde{A}\pi(g) - Q_e\Lambda(g)P_A^\perp\widetilde{T}^{-1}T') \oplus Q_e\Lambda(g)P_A^\perp\widetilde{T}^{-1}$$

$$= (\widetilde{A}\pi(g) - Q_e\Lambda(g)P_A^\perp\theta_\Gamma) \oplus Q_e\Lambda(g)P_A^\perp\widetilde{T}^{-1}$$

$$= (\widetilde{A}\pi(g) - Q_e\Lambda(g)\theta_\Gamma) \oplus Q_e\Lambda(g)P_A^\perp\widetilde{T}^{-1}$$

$$= (\widetilde{A}\pi(g) - (\widetilde{A}\pi(g) - B\pi(g))) \oplus Q_e\Lambda(g)P_A^\perp\widetilde{T}^{-1}$$

$$= B\pi(g) \oplus Q_e\Lambda(g)\widetilde{T}^{-1}$$

$$= B\pi(g) \oplus Q_e\widetilde{T}^{-1}\pi_2(g).$$

令 $\widetilde{E}' = B \oplus Q_e\widetilde{T}^{-1}$, 得 $\widetilde{E}'$ 是 $(\mathcal{G}, \sigma_2, H \oplus N)$ 的 g-Riesz 生成子, 是 E' 的对偶生成子, 且满足 $B = \widetilde{E}'P$.

下面的结果表明, 如果一个交错对偶框架生成子对的提升 g-Riesz 基对与典则对偶框架生成子对的提升 g-Riesz 基对关于一对算子相似, 则相应的算子是定理 6.3.6 中的形式.

定理 6.3.7   令 $(\mathcal{G}, \pi, H)$ 是 $\mathcal{G}$ 在 H 上的酉表示, (A, B) 是 $(\mathcal{G}, \pi, H)$ 的交错对偶框架生成子对, 其中 $A, B \in B(H, H_0)$. 如果存在 $H \oplus N$ 上的对偶 g-Riesz 基对 $(E', \widetilde{E}')$, 是对偶 g-框架对 $(A\pi(\mathcal{G}), B\pi(\mathcal{G}))$ 的一个提升, 且满足 $E' := \{E'_g = E\sigma(g)T^*\}_{g \in \mathcal{G}}, \forall g \in \mathcal{G}$, 其中 N 是 Hilbert 空间, $\widetilde{E}'$ 是 E' 的典则对偶 g-Riesz 基, $T \in B(H \oplus M^\perp, H \oplus N)$ 是可逆的, 则 $\boldsymbol{T}$ 具有以下形式:

$$\boldsymbol{T} = \begin{pmatrix} I_H & 0 \\ T' & \widetilde{T} \end{pmatrix},$$

其中 $T' \in B(H, N), \widetilde{T} \in B(M^\perp, N)$. $((E, \widetilde{E})$ 是定理 6.3.4 中 $(A, \widetilde{A})$ 的自然提升)

证明: 与定理 6.3.5 和定理 6.3.6 类似, 令 $\Gamma = -B + \widetilde{A} \in B(H, H_0)$, 则 Γ 是 $(\mathcal{G}, \pi, H)$ 的 Bessel 生成子. 令 $\boldsymbol{T}_0 = \begin{pmatrix} I_H & 0 \\ \theta_\Gamma & I_{M^\perp} \end{pmatrix} \in B(H \oplus M^\perp)$. 再令 $F := \{F_g = E\sigma(g)T_0^*\}_{g \in \mathcal{G}}$. 由定理 6.3.5, $(F, \widetilde{F})$ 是 $H \oplus M^\perp$ 上的对偶 g-Riesz 基对, 是 $(A\pi(\mathcal{G}), B\pi(\mathcal{G}))$ 的一个膨胀, 其中 $\widetilde{F} = \{\widetilde{F}_g := \widetilde{E}\sigma(g)\boldsymbol{T}_0^{-1}\}_{g \in \mathcal{G}}$ 是 F 的典则对偶 g-Riesz 基. 因为 $(E', \widetilde{E}')$ 是 $H \oplus N$ 上的对偶 g-Riesz 基对, 是 $(A\pi(\mathcal{G}), B\pi(\mathcal{G}))$ 的一个提升, 则对任意 $g \in \mathcal{G}$, 可令 $E'_g = A\pi(g) \oplus C_g,$

$F_g = A\pi(g) \oplus C'_g$, 其中 $C_g \in B(N, H_0)$, $C'_g \in B(M^\perp, H_0)$. 由定理 6.3.3 的证明, 存在可逆算子 $\widetilde{T} \in B(M^\perp, N)$ 使得 $C_g = C'_g\widetilde{T}^*$. 因此,

$$F_g \begin{pmatrix} I_H & 0 \\ 0 & \widetilde{T}^* \end{pmatrix} = (A\pi(g) \oplus C'_g)\begin{pmatrix} I_H & 0 \\ 0 & \widetilde{T}^* \end{pmatrix} = E'_g = E\sigma(g)T^*.$$

进而,

$$F_g \begin{pmatrix} I_H & 0 \\ 0 & \widetilde{T}^* \end{pmatrix} = E\sigma(g)\begin{pmatrix} I_H & \theta^*_\Gamma \\ 0 & I_{M^\perp} \end{pmatrix}\begin{pmatrix} I_H & 0 \\ 0 & \widetilde{T}^* \end{pmatrix} = E\sigma(g)T^*.$$

由于 $E\sigma(\mathcal{G})$ 是 $H \oplus M^\perp$ 上的 g-Riesz 基, 则其是 g-完备的. 从而

$$\begin{pmatrix} I_H & \theta^*_\Gamma \\ 0 & I_{M^\perp} \end{pmatrix}\begin{pmatrix} I_H & 0 \\ 0 & \widetilde{T}^* \end{pmatrix} = \begin{pmatrix} I_H & \theta^*_\Gamma\widetilde{T}^* \\ 0 & \widetilde{T}^* \end{pmatrix} = T^*,$$

得

$$T = \begin{pmatrix} I_H & 0 \\ \widetilde{T}\theta_\Gamma & \widetilde{T} \end{pmatrix},$$

其中 $T' = \widetilde{T}\theta_\Gamma \in B(H, N)$.

下面是这一部分的主要结果, 说明如果交错对偶框架生成子对的提升 g-Riesz 生成子对与另一个交错对偶框架生成子对的提升 g-Riesz 生成子对通过某对算子建立联系, 则其中一个算子是下三角矩阵的形式.

定理 6.3.8　设 $(\mathcal{G}, \pi, H), (\mathcal{G}, \pi_1, N_1), (\pi_2, \mathcal{G}, N_2)$ 分别是 $\mathcal{G}$ 在 H, N_1, N_2 上的酉表示, $(A, B), (A, B')$ 是 $(\mathcal{G}, \pi, H)$ 的两个交错对偶框架生成子对, 其中 A, $B, B' \in B(H, H_0)$. 设 (A, B) 可以提升为 $(\mathcal{G}, \sigma_1, H \oplus N_1)$ 的 Riesz 生成子对偶对 $(E', \widetilde{E}')$, (A, B') 可以提升为 $(\mathcal{G}, \sigma_2, H \oplus N_2)$ 的 Riesz 生成子对偶对 $(F, \widetilde{F})$, 其中 $\sigma_1 = \pi \oplus \pi_1, \sigma_2 = \pi \oplus \pi_2, E', \widetilde{E}' \in B(H \oplus N_1, H_0), F, \widetilde{F} \in B(H \oplus N_2, H_0)$. 如果存在可逆算子 $T \in B(H \oplus N_1, H \oplus N_2)$ 使得 $F\sigma_2(g) = E'\sigma_1(g)T^*, \forall\, g \in \mathcal{G}$, 则 T 具有以下形式:

$$T = \begin{pmatrix} I_H & 0 \\ T' & \widetilde{T} \end{pmatrix},$$

其中 $T' \in B(H, N_2), \widetilde{T} \in B(N_1, N_2)$.

证明: 令 $\Gamma = \widetilde{A} - B \in B(H, H_0)$, $\Gamma' = \widetilde{A} - B' \in B(H, H_0)$. 易得 Γ, Γ' 是 $(\mathcal{G}, \pi, H)$ 的 Bessel 生成子, 且 $\operatorname{ran}\theta_\Gamma, \operatorname{ran}\theta_{\Gamma'} \subset (\operatorname{ran}\theta_A)^\perp$.

与定理 6.3.6 的证明类似, 我们可以构造 $T_1 \in B(H \oplus M^\perp, H \oplus N_1)$, $T_2 \in B(H \oplus M^\perp, H \oplus N_2)$ 如下:

$$T_1 = \begin{pmatrix} I_H & 0 \\ 0 & \widetilde{T}_1 \end{pmatrix} \begin{pmatrix} I_H & 0 \\ \theta_\Gamma & I_{M^\perp} \end{pmatrix} = \begin{pmatrix} I_H & 0 \\ \widetilde{T}_1\theta_\Gamma & \widetilde{T}_1 \end{pmatrix},$$

$$T_2 = \begin{pmatrix} I_H & 0 \\ 0 & \widetilde{T}_2 \end{pmatrix} \begin{pmatrix} I_H & 0 \\ \theta_{\Gamma'} & I_{M^\perp} \end{pmatrix} = \begin{pmatrix} I_H & 0 \\ \widetilde{T}_2\theta_{\Gamma'} & \widetilde{T}_2 \end{pmatrix},$$

其中 $\widetilde{T}_1 \in B(M^\perp, N_1)$, $\widetilde{T}_2 \in B(M^\perp, N_2)$ 可逆.

事实上, 可以令

$$E' = A \oplus C_1, \ F = A \oplus C_2,$$

其中 $C_1 \in B(N_1, H_0)$, $C_2 \in B(N_2, H_0)$. 由定理 6.3.3, 存在可逆算子 $\widetilde{T}_1 \in B(M^\perp, N_1)$, $\widetilde{T}_2 \in B(M^\perp, N_2)$ 使得

$$C_g^1 \widetilde{T}_1^* = C_1\pi_1(g) \text{ 且 } C_g^2\widetilde{T}_2^* = C_2\pi_2(g),$$

其中 $E_g^1 = E\sigma(g)(T_0^1)^*$, $E_g^2 = E\sigma(g)(T_0^2)^*$, $\forall g \in \mathcal{G}$, $T_0^1 = \begin{pmatrix} I_H & 0 \\ \theta_\Gamma & I_{M^\perp} \end{pmatrix}$,

$T_0^2 = \begin{pmatrix} I_H & 0 \\ \theta_{\Gamma}' & I_{M^\perp} \end{pmatrix} \in B(H \oplus M^\perp)$. 显然, T_1, T_2 是可逆的. $\forall g \in \mathcal{G}$,

$$E\sigma(g)T_1^* = E'\sigma_1(g) \ E\sigma(g)T_2^* = F\sigma_2(g).$$

记 $T_1' = \widetilde{T}_1\theta_\Gamma \in B(H, N_1)$, $T_2' = \widetilde{T}_2\theta_{\Gamma'} \in B(H, N_2)$, 则 $\forall g \in \mathcal{G}$,

$$F\sigma_2(g) = E\sigma(g)T_2^* = E'\sigma_1(g)(T_1^*)^{-1}T_2^*,$$

且 $T_2(T_1)^{-1} \in B(H \oplus N_1, H \oplus N_2)$,

$$T_2(T_1)^{-1} = \begin{pmatrix} I_H & 0 \\ T_2' & \widetilde{T}_2 \end{pmatrix} \begin{pmatrix} I_H & 0 \\ -\widetilde{T}_1^{-1}T_1' & \widetilde{T}_1^{-1} \end{pmatrix} = \begin{pmatrix} I_H & 0 \\ \widetilde{T}_2(\theta_{\Gamma'} - \theta_\Gamma) & \widetilde{T}_2\widetilde{T}_1^{-1} \end{pmatrix}.$$

记 $T' := \widetilde{T}_2(\theta_{\Gamma'} - \theta_\Gamma) \in B(H, N_2)$, $\widetilde{T} = \widetilde{T}_2\widetilde{T}_1^{-1} \in B(N_1, N_2)$. 由条件可知，$F\sigma_2(g) = E'\sigma_1(g)T^*$. 从而由上可得，

$$E'\sigma_1(g)T^* = F\sigma_2(g) = E'\sigma_1(g)(T_1^*)^{-1}T_2^*.$$

由于 $E'\sigma(\mathcal{G})$ 是 g-完备的，得 $T = T_2T_1^{-1}$.

上面的结果可以用另一种方式叙述，即一个框架生成子交错对偶对的提升 Riesz 生成子对与另一个框架生成子交错对偶对的提升 Riesz 生成子对之间存在一个下三角算子矩阵实现转换.

推论 6.3.1 设 $(\mathcal{G}, \pi, H)$, $(\mathcal{G}, \pi_1, N_1)$, $(\pi_2, \mathcal{G}, N_2)$ 分别是 $\mathcal{G}$ 在 H, N_1, N_2 上的酉表示，(A, B), (A, B') 是 $(\mathcal{G}, \pi, H)$ 的两个框架生成子交错对偶对，其中 $A, B, B' \in B(H, H_0)$. 设 (A, B) 可以提升为 $(\mathcal{G}, \sigma_1, H \oplus N_1)$ 的 Riesz 生成子对偶对 $(E', \widetilde{E}')$, (A, B') 可以提升为 $(\mathcal{G}, \sigma_2, H \oplus N_2)$ 的 Riesz 生成子对偶对 $(F, \widetilde{F})$, 其中 $\sigma_1 = \pi \oplus \pi_1$, $\sigma_2 = \pi \oplus \pi_2$, $E', \widetilde{E}' \in B(H \oplus N_1, H_0)$, $F, \widetilde{F} \in B(H \oplus N_2, H_0)$, 则存在 $\boldsymbol{T} \in B(H \oplus N_1, H \oplus N_2)$ 使得 $F\sigma_2(g) = E'\sigma_1(g)T^*$, $\forall\, g \in \mathcal{G}$, 其中

$$\boldsymbol{T} = \begin{pmatrix} I_H & 0 \\ T' & \widetilde{T} \end{pmatrix},$$

$T' \in B(H, N_2)$, $\widetilde{T} \in B(N_1, N_2)$.

下面讨论 g-框架序列的扰动问题.

6.4　g-框架序列的扰动

本节主要研究 g-框架序列的扰动，证明原 g-框架序列与扰动 g-框架序列张成的空间是同构的，并说明在 g-Riesz 序列的情况下两个序列是相似的.

定义 6.4.1 设 U, V 是 H 的闭子空间，若 $U \neq \{0\}$, 称

$$\delta(U, V) := \sup_{x \in U, \|x\| = 1} \inf_{y \in V} \|x - y\|$$

为 U, V 的间隙. 若 $U = \{0\}$, 则定义 $\delta(U, V) = 0$.

引理 6.4.1   设 U, V 是 H 的闭子空间, 则 $\delta(U, V) = ||P_U P_{V^\perp}||$.

引理 6.4.2   设 $T \in B(H)$, 且存在 $\lambda_1, \lambda_2 \in [0, 1)$ 使得

$$||x - Tx|| \leqslant \lambda_1 ||x|| + \lambda_2 ||Tx||, \forall\, x \in H,$$

则 T 在 H 上可逆.

定理 6.4.1   设 $\{A_i \in B(H, H_i)\}_{i \in \mathbb{J}}$ 是 g-框架序列, 界是 a, b. $\{B_i \in B(H, H_i)\}_{i \in \mathbb{J}}$ 是算子序列. 令 $U = \overline{\operatorname{span}}_{i \in \mathbb{J}}\{A_i^* H_i\}$, $V = \overline{\operatorname{span}}_{i \in \mathbb{J}}\{B_i^* H_i\}$. 如果存在常数 $\lambda_2 \in [0, 1), 0 \leqslant \lambda_1, \mu$ 满足 $\lambda_1 + \mu a^{-\frac{1}{2}} < (1 - \delta(V, U)^2)^{\frac{1}{2}}$, 并且对于任意 $\{g_i\}_{i \in \mathbb{F}}$, 其中 $\mathbb{F}$ 是 $\mathbb{J}$ 的任意有限子集, $\forall\, i \in \mathbb{J}, g_i \in H_i$, 有

$$\left\| \sum_{i \in \mathbb{F}} (A_i^* - B_i^*) g_i \right\| \leqslant \lambda_1 \left\| \sum_{i \in \mathbb{F}} A_i^* g_i \right\| + \lambda_2 \left\| \sum_{i \in \mathbb{F}} B_i^* g_i \right\| + \mu ||\{g_i\}_{i \in \mathbb{F}}||,$$

则 $\{B_i\}_{i \in \mathbb{J}}$ 是 g-框架序列, 并且它的界分别为 $a \left(1 - \dfrac{\lambda_1 + \lambda_2 + \mu a^{-\frac{1}{2}}}{1 + \lambda_2} \right)^2$, $b \left(1 + \dfrac{\lambda_1 + \lambda_2 + \mu b^{-\frac{1}{2}}}{1 - \lambda_2} \right)^2$. 进而, U, V 同构且 $U^\perp, V^\perp$ 同构.

证明: 先证 $\{B_i\}_{i \in \mathbb{J}}$ 的 Bessel 上界. 因为 $\left\| \sum_{i \in \mathbb{F}} B_i^* g_i \right\| - \left\| \sum_{i \in \mathbb{F}} A_i^* g_i \right\| \leqslant \left\| \sum_{i \in \mathbb{F}} (A_i^* - B_i^*) g_i \right\|$, 从而由条件可得

$$\left\| \sum_{i \in \mathbb{F}} B_i^* g_i \right\| \leqslant \frac{1 + \lambda_1}{1 - \lambda_2} \left\| \sum_{i \in \mathbb{F}} A_i^* g_i \right\| + \frac{\mu}{1 - \lambda_2} ||\{g_i\}_{i \in \mathbb{F}}||$$

$$\leqslant \left(\frac{1 + \lambda_1}{1 - \lambda_2} \sqrt{b} + \frac{\mu}{1 - \lambda_2} \right) ||\{g_i\}_{i \in \mathbb{F}}||.$$

对于任意 $f \in H$, 定义 $T\colon H \to H$,

$$Tf = \sum_{i \in \mathbb{J}} B_i^* A_i S_A^{-1} f + P_{V^\perp} P_{U^\perp} f.$$

其中 S_A 是 $\{A_i\}_{i \in \mathbb{J}}$ 的框架算子, 由上面不等式知, $\{B_i\}_{i \in \mathbb{J}}$ 是 g-Bessel 列, 则 T

是有意义的. 令 $f = f_1 + f_2$, 其中 $f_1 \in U$, $f_2 \in U^\perp$, 则

$$\|f - Tf\| \leqslant \|f_1 + f_2 - Tf_1 - Tf_2\| \leqslant \|f_1 - Tf_1\| + \|f_2 - Tf_2\|$$

$$= \left\| f_1 - \sum_{i \in \mathbb{J}} B_i^* A_i S_A^{-1} f_1 \right\| + \|f_2 - P_{V^\perp} P_{U^\perp} f_2\|$$

$$= \left\| \sum_{i \in \mathbb{J}} (A_i^* - B_i^*) A_i S_A^{-1} f_1 \right\| + \|P_V P_{U^\perp} f_2\|$$

$$\leqslant \lambda_1 \left\| \sum_{i \in \mathbb{J}} A_i^* A_i S_A^{-1} f_1 \right\| + \lambda_2 \left\| \sum_{i \in \mathbb{J}} B_i^* A_i S_A^{-1} f_1 \right\|$$

$$+ \mu \|\{A_i S_A^{-1} f_1\}_{i \in \mathbb{J}}\| + \|P_V P_{U^\perp} f_2\|$$

$$= \lambda_1 \|f_1\| + \lambda_2 \|Tf_1\| + \mu \|\{A_i S_A^{-1} f_1\}_{i \in \mathbb{J}}\| + \|P_V P_{U^\perp} f_2\|$$

$$\leqslant \lambda_1 \|f_1\| + \lambda_2 \|Tf_1\| + \mu a^{-\frac{1}{2}} \|f_1\| + \delta(V, U) \|f_2\|$$

$$= (\lambda_1 + \mu a^{-\frac{1}{2}}) \|f_1\| + \delta(V, U) \|f_2\| + \lambda_2 \|Tf_1\|$$

$$\leqslant \sqrt{(\lambda_1 + \mu a^{-\frac{1}{2}})^2 + \delta(V, U)^2} \cdot \sqrt{\|f_1\|^2 + \|f_2\|^2} + \lambda_2 \|Tf_1\|$$

$$= \sqrt{(\lambda_1 + \mu a^{-\frac{1}{2}})^2 + \delta(V, U)^2} \|f\| + \lambda_2 \|Tf_1\|$$

$$\leqslant \sqrt{(\lambda_1 + \mu a^{-\frac{1}{2}})^2 + \delta(V, U)^2} \|f\| + \lambda_2 \|Tf\|.$$

由引理 6.4.2, T 在 H 上可逆. 进而, $T: U \to V$, $T: U^\perp \to V^\perp$. 即 U, V 同构且 $U^\perp, V^\perp$ 同构.

下面证 $\{B_i\}_{i \in \mathbb{J}}$ 是 g-框架序列 (下界). $\forall f \in V$, 有 $T^{-1}f \in U$, 则

$$\|f\|^4 = |\langle TT^{-1}f, f \rangle|^2$$

$$= \left| \langle \sum_{i \in \mathbb{J}} B_i^* A_i S_A^{-1} T^{-1} f, f \rangle \right|^2$$

$$= \left| \sum_{i \in \mathbb{J}} \langle A_i S_A^{-1} T^{-1} f, B_i f \rangle \right|^2$$

$$\leqslant \left(\sum_{i \in \mathbb{J}} ||A_i S_A^{-1} T^{-1} f|| \cdot ||B_i f|| \right)^2$$

$$\leqslant \left(\sum_{i \in \mathbb{J}} ||A_i S_A^{-1} T^{-1} f||^2 \right) \left(\sum_{i \in \mathbb{J}} ||B_i f||^2 \right)$$

$$\leqslant a^{-1} ||T^{-1} f||^2 \sum_{i \in \mathbb{J}} ||B_i f||^2.$$

下面估计 $||T^{-1}f||$ 的界. 由上面的不等式证明过程可知, $\forall \, g \in U$, 有

$$||g - Tg|| \leqslant (\lambda_1 + \mu a^{-\frac{1}{2}})||g|| + \lambda_2 ||Tg||.$$

从而

$$||Tg|| = ||Tg - g + g|| \geqslant ||g|| - ||Tg - g||$$

$$\geqslant ||g|| - (\lambda_1 + \mu a^{-\frac{1}{2}})||g|| - \lambda_2 ||Tg||,$$

即 $||Tg|| \geqslant \dfrac{1 - (\lambda_1 + \mu a^{-\frac{1}{2}})}{1 + \lambda_2} ||g||$. 对于任意 $f \in V$, 令 $T^{-1}f = g \in U$, 从而由上式得,

$$||f|| = ||Tg|| \geqslant \frac{1 - (\lambda_1 + \mu a^{-\frac{1}{2}})}{1 + \lambda_2} ||T^{-1} f||.$$

即

$$||T^{-1} f|| \leqslant \frac{1 + \lambda_2}{1 - (\lambda_1 + \mu a^{-\frac{1}{2}})} ||f||.$$

综上,

$$||f||^4 \leqslant a^{-1} ||T^{-1} f||^2 \sum_{i \in \mathbb{J}} ||B_i f||^2$$

$$\leqslant a^{-1} \left[\frac{1 + \lambda_2}{1 - (\lambda_1 + \mu a^{-\frac{1}{2}})} \right]^2 ||f||^2 \sum_{i \in \mathbb{J}} ||B_i f||^2.$$

即

$$a \left(1 - \frac{\lambda_1 + \lambda_2 + \mu a^{-\frac{1}{2}}}{1 + \lambda_2} \right)^2 ||f||^2 = a \left(\frac{1 - (\lambda_1 + \mu a^{-\frac{1}{2}})}{1 + \lambda_2} \right)^2 ||f||^2$$

$$\leqslant \sum_{i \in \mathbb{J}} ||B_i f||^2.$$

定理 6.4.2　设 $\{A_i \in B(H, H_i)\}_{i \in \mathbb{J}}$ 是 g-框架序列, 界是 a, b, $\{B_i \in B(H, H_i)\}_{i \in \mathbb{J}}$ 是算子序列. 令 $U = \overline{\operatorname*{span}_{i \in \mathbb{J}}}\{A_i^* H_i\}$, $V = \overline{\operatorname*{span}_{i \in \mathbb{J}}}\{B_i^* H_i\}$. 如果存在常数 $\lambda_2 \in [0, 1)$, $\lambda_1 \geqslant 0$, $\mu \geqslant 0$ 满足 $\lambda_1 + \mu a^{-\frac{1}{2}} < 1$, 并且对于任意 $\{g_i\}_{i \in \mathbb{F}}$, 其中 $\mathbb{F}$ 是任意有限子集, $g_i \in H_i$, 有

$$\left\| \sum_{i \in \mathbb{F}} (A_i^* - B_i^*) g_i \right\| \leqslant \lambda_1 \left\| \sum_{i \in \mathbb{F}} A_i^* g_i \right\| + \lambda_2 \left\| \sum_{i \in \mathbb{F}} B_i^* g_i \right\| + \mu \|\{g_i\}_{i \in \mathbb{F}}\|,$$

则 $\{B_i\}_{i \in \mathbb{J}}$ 是 g-Riesz 序列, 其上界、下界分别为 $a\left(1 - \dfrac{\lambda_1 + \lambda_2 + \mu a^{-\frac{1}{2}}}{1 + \lambda_2}\right)^2$, $b\left(1 + \dfrac{\lambda_1 + \lambda_2 + \mu b^{-\frac{1}{2}}}{1 - \lambda_2}\right)^2$. 进而, U, V 同构且 $U^\perp$, $V^\perp$ 同构.

证明: 上界同定理 6.4.1. 对任意 $\{g_i\}_{i \in \mathbb{J}} \in \underset{i \in \mathbb{J}}{\oplus} H_i$, 有

$$
\begin{aligned}
\left\| \sum_{i \in \mathbb{J}} B_i^* g_i \right\| &= \left\| \sum_{i \in \mathbb{J}} B_i^* g_i - \sum_{i \in \mathbb{J}} A_i^* g_i + \sum_{i \in \mathbb{J}} A_i^* g_i \right\| \\
&\geqslant \left\| \sum_{i \in \mathbb{J}} A_i^* g_i \right\| - \left\| \sum_{i \in \mathbb{J}} (A_i^* - B_i^*) g_i \right\| \\
&\geqslant \left\| \sum_{i \in \mathbb{J}} A_i^* g_i \right\| - \lambda_1 \left\| \sum_{i \in \mathbb{J}} A_i^* g_i \right\| - \lambda_2 \left\| \sum_{i \in \mathbb{J}} B_i^* g_i \right\| - \mu \|\{g_i\}_{i \in \mathbb{J}}\| \\
&\geqslant (1 - \lambda_1) a^{\frac{1}{2}} \|\{g_i\}_{i \in \mathbb{J}}\| - \lambda_2 \left\| \sum_{i \in \mathbb{J}} B_i^* g_i \right\| - \mu \|\{g_i\}_{i \in \mathbb{J}}\|.
\end{aligned}
$$

进而,

$$\left\| \sum_{i \in \mathbb{J}} B_i^* g_i \right\| \geqslant \frac{(1 - \lambda_1) a^{\frac{1}{2}} - \mu}{1 - \lambda_2} \|\{g_i\}_{i \in \mathbb{J}}\|.$$

我们由条件可以得到, $\dfrac{(1 - \lambda_1) a^{\frac{1}{2}} - \mu}{1 - \lambda_2} > 0$. 从而 $\{B_i\}_{i \in \mathbb{J}}$ 是 g-Riesz 序列.

例 6.4.1　设 $\{e_i\}_{i \in \mathbb{J}}$ 是 H 上的标准正交基. $0 < \mu < \sqrt{2}$, 序列 $\{a_i\}_{i \in \mathbb{J}}$ 满

足 $a_i \neq 0, a_i \in \mathbb{C}$, 且 $a_i \to 0, i \to \infty, \max_i |a_i| \leqslant \mu$. $\forall f \in H, i \in \mathbb{N}$, 令

$$A_i f = \begin{cases} \langle f, e_i \rangle, & i\text{是奇数}, \\ \langle f, e_{i-1} \rangle, & i\text{是偶数}, \end{cases}$$

$$B_i f = \begin{cases} \langle f, e_i \rangle, & i\text{是奇数}, \\ \langle f, e_{i-1} + a_{2^{-1}i}e_i \rangle, & i\text{是偶数}, \end{cases}$$

对于任意 $f \in \overline{\text{span}}_{i \in \mathbb{J}}\{e_{2i-1}\} = \overline{\text{span}}_{i \in \mathbb{J}} \text{ran} A_i^* = U$,

$$\sum_{i \in \mathbb{J}} \|A_i f\|^2 = \sum_{i \in \mathbb{J}} \|A_i f\|^2 = 2\sum_{i \in \mathbb{J}} |\langle f, e_{2i-1}\rangle|^2 = \|f\|^2.$$

即 $\{A_i\}_{i \in \mathbb{J}}$ 是紧 g-框架序列, 界为 2. 令 $K = \mathbb{C}$, 对于任意

$$\{c_i\}_{i \in \mathbb{J}} \in \underset{i \in \mathbb{J}}{\oplus} K = l^2(\mathbb{N}),$$

有

$$\left\| \sum_{i \in \mathbb{J}} (B_i^* - A_i^*)c_i \right\| = \left\| \sum_{i \in \mathbb{J}} (B_i^* - A_i^*)c_i \right\| = \left\| \sum_{i \in \mathbb{J}} c_{2i}a_i e_{2i} \right\|$$

$$\leqslant \mu \left(\sum_{i \in \mathbb{J}} |c_{2i}|^2 \right)^{\frac{1}{2}} \leqslant \mu \|\{c_i\}_{i \in \mathbb{J}}\|,$$

并且满足 $\mu a^{-\frac{1}{2}} < 1$, 即满足定理 6.4.2 的所有条件. 但是, $\forall f \in$ $\overline{\text{span}}_{i \in \mathbb{J}}\{e_{2i-1}, e_{2i-1} + a_i e_{2i}\} = \overline{\text{span}}_{i \in \mathbb{J}} \text{ran} B_i^* = V$, 有

$$\sum_{i \in \mathbb{J}} \|B_i f\|^2 = 2\sum_{i \in \mathbb{J}} |\langle f, e_{2i-1}\rangle|^2 + \sum_{i \in \mathbb{J}} |a_i|^2 |\langle f, e_{2i}\rangle|^2,$$

从而 $\{B_i\}_{i \in \mathbb{J}}$ 不是 g-框架序列. 因为 $U \subset V$, 则 $\delta(V, U) = \|P_V P_{U^\perp}\| = 1$, 不满足定理 6.4.1 的条件.

下面是文献 [9, 命题 3.3] 中证明的结论.

引理 6.4.3   设 $U, V \subset H$ 是两个闭子空间, 至少一个是非平凡的, 则下列结论等价:

(1) $P_V P_U \colon U \to V$ 可逆.

(2) $P_U P_V \colon V \to U$ 可逆.

(3) $P_{V^\perp} P_{U^\perp} \colon U^\perp \to V^\perp$ 可逆.

(4) $P_{U^\perp} P_{V^\perp} \colon V^\perp \to U^\perp$ 可逆.

(5) $H = U \dotplus V^\perp$.

(6) $H = V \dotplus U^\perp$.

如果上述成立, 则 $U \cong V, U^\perp \cong V^\perp$.

由定理 6.4.1 的证明过程可知, $T = \theta_B^* \theta_A S_A^{-1} P_U + P_{V^\perp} P_{U^\perp} \in B(H)$ 可逆. $\forall f \in H$, 其中 $f_1 \in U, f_2 \in U^\perp$, 则

$$Tf_1 = \theta_B^* \theta_A S_A^{-1} P_U f_1, \quad Tf_2 = P_{V^\perp} P_{U^\perp} f_2.$$

从而 $\theta_B^* \theta_A S_A^{-1} P_U \colon U \to V, P_{V^\perp} P_{U^\perp} \colon U^\perp \to V^\perp$ 单射. 又因为 $\forall g \in H$, 存在 $f \in H$ 使得 $Tf = g$. 令 $f_1, g_1 \in U, f_2, g_2 \in U^\perp$, 则

$$Tf = \theta_B^* \theta_A S_A^{-1} f_1 + P_{V^\perp} P_{U^\perp} f_2 = g_1 + g_2.$$

即有 $\theta_B^* \theta_A S_A^{-1} f_1 = g_1$ 和 $P_{V^\perp} P_{U^\perp} f_2 = g_2$. 从而 $\theta_B^* \theta_A S_A^{-1} P_U \colon U \to V$, $P_{V^\perp} P_{U^\perp} \colon U^\perp \to V^\perp$ 是满射, 进而是可逆的. 我们由引理 6.4.3, 可以得到 $H = U \dotplus V^\perp$.

令 $T_1 = S_A + P_{U^\perp}$, 则 T_1 在 H 上可逆 (因为 $\{A_i\}_{i \in \mathbb{J}}$ 是 g-框架序列). 进而

$$T_2 = TT_1 = \theta_B^* \theta_A + P_{V^\perp} P_{U^\perp}$$

在 H 上可逆. $\theta_B^* \theta_A \colon U \to V, P_{V^\perp} P_{U^\perp} \colon U^\perp \to V^\perp$ 可逆. 令 $D = T_2^{-1}$, 得到 $D\theta_B^* \theta_A = P_U$, 则 $\{B_i P_V D^*\}_{i \in \mathbb{J}}$ 是 U 上的框架, 是 $\{A_i\}_{i \in \mathbb{J}}$ 的对偶, 且与 $\{B_i\}_{i \in \mathbb{J}}$ 相似. 另外, V 上存在框架是 $\{A_i\}_{i \in \mathbb{J}}$ 的斜对偶.

定理 6.4.3　定理 6.4.1 中, 若要求 $\mu = 0$, 则 $\{B_i\}_{i \in \mathbb{J}}$ 与 $\{A_i\}_{i \in \mathbb{J}}$ 相似.

证明:　$\forall c \in \ker \theta_A^*$, 则 $\theta_A^* c = 0$. 由定理 6.4.1, $\|\theta_B^* c\| \leqslant \lambda_2 \|\theta_B^* c\|$. 因为 $0 \leqslant \lambda_2 < 1$, 从而 $\theta_B^* c = 0$. 即 $\ker \theta_A^* \subset \ker \theta_B^*$, 得 $\operatorname{ran} \theta_B \subset \operatorname{ran} \theta_A$. 由上面的分

析, 存在可逆算子 $D \in B(H)$ 使得 $\{B_i P_V D^*\}_{i \in \mathbb{J}}$ 是 U 上的框架, 是 $\{A_i\}_{i \in \mathbb{J}}$ 的对偶, 且与 $\{B_i\}_{i \in \mathbb{J}}$ 相似, 则

$$\operatorname{ran}\theta_{BP_V D^*} = \operatorname{ran}\theta_B \subset \operatorname{ran}\theta_A.$$

若存在 $0 \neq f \in H$, 使得 $\theta_A f \in (\operatorname{ran}\theta_{BP_V D^*})^{\perp}$, 则对任意 $g \in U$, 有

$$\langle g, f \rangle = \langle g, \theta_{BP_V D^*}^* \theta_A \rangle.$$

进而 $\langle g, f \rangle = 0$. 由 $g \in U$ 的任意性, 可得 $f = 0$. 即 $\theta_B = \operatorname{ran}\theta_A$. 从而 $\{B_i\}_{i \in \mathbb{J}}$ 与 $\{A_i\}_{i \in \mathbb{J}}$ 相似.

第 7 章　g-框架和连续框架诱导的 Banach 空间

在文献 [33, 34, 48, 50] 中, 作者用连续框架诱导出 Hilbert 空间上的 Banach 子空间 (相应于可嵌入到 L^1 的特殊 Banach 空间), 从而定义了 Coorbit 空间, 并做了大量研究. 同样的思想, 在文献 [80] 中, 作者利用 l^p, l^q ($1 \leqslant p < q < 2$) 的包含关系, 讨论了经典框架诱导出的 Hilbert 空间上的 Banach 子空间 (相应于 l^p 空间). 本章将文献 [80] 的思想推广到 g-框架和连续框架. 下面首先研究 g-框架诱导的 Banach 空间.

7.1　g-框架诱导的 Banach 空间

本节中, 对给定的可分 Hilbert 空间列 $\{H_i\}_{i \in \mathbb{N}}$, 给出了由相应于 $\{H_i\}_{i \in \mathbb{N}}$ 的 H 上的 g-框架诱导出的相应于 $l^p(\underset{i \in \mathbb{N}}{\oplus} H_i)$ 的 Banach 空间 (H 的子空间) 的定义, 其中 $1 \leqslant p < 2$. 我们利用 g-框架的性质研究新定义的 Banach 空间的性质、存在性、提升等问题. 特别地, 我们得到只有 H 的有限维子空间 M 存在 g-正交基时, 存在 g-框架诱导的 Banach 空间是 M. 在特殊条件下, 讨论了上述 Banach 空间的元素的 g-框架展开式在 Hilbert 范数和 Banach 范数下的收敛性. 最后利用 g-框架的提升性质, 得到上述 Banach 空间的提升性质.

7.1.1　基本性质

本小节主要研究给定可分 Hilbert 空间列 $\{H_i\}_{i \in \mathbb{N}}$, 相应于 H 上的 g- 框架 $A = \{A_i\}_{i \in \mathbb{N}}$ 和 $l^p(\underset{i \in \mathbb{N}}{\oplus} H_i)$ 的 H 的子空间, 在定义范数下成为 Banach 空间的若干性质, 其中 $1 \leqslant p < 2$. 讨论这样的 Banach 空间的 g-框架重构公式的收敛性, 使 H 的子空间成为这样的 Banach 空间的相应的 g- 框架的存在性条件, 及相应于 g-框架提升性质的这样的 Banach 空间的提升性质.

由文献 [49, 命题 6.11] 和 [81, 练习 1.12, P13] 可知, 若 $1 \leqslant p < q \leqslant \infty$, 则 $l^p(\mathbb{N}) \subsetneq l^q(\mathbb{N})$ 且 $\|\{c_i\}_{i\in\mathbb{N}}\|_{l^q(\mathbb{N})} \leqslant \|\{c_i\}_{i\in\mathbb{N}}\|_{l^p(\mathbb{N})}, \forall \{c_i\}_{i\in\mathbb{N}} \in l^p(\mathbb{N})$.

例如: $\{c_i := (i\log^2 i)^{q^{-1}}\}_{i\in\mathbb{N}} \in l^q(\mathbb{N})$, 但 $\{(i\log^2 i)^{q^{-1}}\}_{i\in\mathbb{N}} \notin l^p(\mathbb{N})$.

定义

$$l^p(\underset{i\in\mathbb{N}}{\oplus} H_i) = \{\{f_i\}_{i\in\mathbb{N}} : f_i \in H_i, i \in \mathbb{N}, 满足 \sum_{i\in\mathbb{N}} \|f_i\|^p < \infty\}.$$

显然, $\forall \{f_i\}_{i\in\mathbb{N}} \in l^p(\underset{i\in\mathbb{N}}{\oplus} H_i)$ 当且仅当 $\{\|f_i\|\}_{i\in\mathbb{N}} \in l^p(\mathbb{N})$. 因此, 如果 $1 \leqslant p < q \leqslant \infty$, 则 $l^p(\underset{i\in\mathbb{N}}{\oplus} H_i) \subsetneq l^q(\underset{i\in\mathbb{N}}{\oplus} H_i)$. 在本节中, 用 $\|\cdot\|_p$ 表示 $l^p(\underset{i\in\mathbb{N}}{\oplus} H_i)$ 上的范数, 其中 $1 \leqslant p \leqslant \infty$.

在本节中, 如果 $A = \{A_i\}_{i\in\mathbb{N}}$ 是 H 上的 g-框架, 对于 $1 \leqslant p \leqslant \infty$, 定义

$$H_A^p = \{f \in H : \theta_A f \in l^p(\underset{i\in\mathbb{N}}{\oplus} H_i)\}.$$

特别地, 若 $p = 1$ 并且 $E = \{E_i\}_{i\in\mathbb{N}}$ 是 H 上的 g-标准正交基 (见定义 7.1.1), 显然有 $E_j^* g_j \in H_E^1, \forall g_j \in H_j, j \in \mathbb{N}$, 从而 $H_E^1 = \{f \in H : \sum_{i\in\mathbb{N}} \|E_i f\| < \infty\}$ 在 H 中稠密. 显然, 当 $p = 2$ 时, 有 $H_A^2 = H$. 易得, H_A^p 是 H 的线性子空间, 但是当 $1 \leqslant p < 2$ 时, 从定义无法判断其是否为 H 的闭子空间. 事实上, 我们证明这种情况只在 H_A^p 是有限维空间时成立. 当 $p \geqslant 2$ 时, $H_A^p = H$ 是平凡的. 所以我们只考虑非平凡的情况.

在第二、三小节中, 给定 H 上的 g-框架 $A = \{A_i\}_{i\in\mathbb{N}}$, 对空间 $H_A^p, \theta_A H_A^p$ 进行讨论. 第二小节中, 在 H_A^p 上定义了一个比 H 上范数 $\|\cdot\|$ 强的新的范数 $\|\cdot\|_{H_A^p}$, 从而在 g-框架 $A = \{A_i\}_{i\in\mathbb{N}}$ 满足一定条件时, 得到 H_A^p 空间中元素的 g-框架展式. 在第三小节中, 我们首先对无限维 Hilbert 空间 H 的子空间, 是否存在 H 上 g-框架使其成为相应的 Banach 空间进行探讨. 我们将说明存在 H 上 g-框架使得 H 的子空间是其相应的 Banach 空间当且仅当子空间是有限维的, 并且存在相应于 $\{H_i\}_{i\in\mathbb{J}}$ 的 g-标准正交基, 其中 $\mathbb{J}$ 是 $\mathbb{N}$ 的子集. 最后, 我们用 Parseval g-框架 $A = \{A_i\}_{i\in\mathbb{N}}$ 的提升性质来讨论 H_A^p 与 K_E^p 的关系, 其中 $E = \{E_i \in B(K, H_i)\}_{i\in\mathbb{N}}$ 是 K 上的 g-标准正交基, 是 H 上的 Parseval g-框架 $A = \{A_i \in B(H, H_i)\}_{i\in\mathbb{N}}$ 的提升.

下面介绍几个与 Hilbert 空间的 g-标准正交基有关的定义、定理, 在本节将被广泛应用.

定义 7.1.1 [131, 定义 3.1]　若 $\{A_i \in B(H, H_i)\}_{i\in\mathbb{N}}$ 满足:

(1) $\{A_i\}_{i\in\mathbb{N}}$ 是 H 上的 g-标准正交序列, 即 $\langle A_i^* g_i, A_j^* g_j \rangle = \delta_{ij}\langle g_i, g_j \rangle$, $\forall\, i, j \in \mathbb{N}, g_i \in H_i, g_j \in H_j$;

(2) $\{A_i\}_{i\in\mathbb{N}}$ 在 H 中是 g-完备的,

则称 $\{A_i\}_{i\in\mathbb{N}}$ 是 H 上的 g-标准正交基. 由文献 [62, 推论 4.4] 可知, 在 (1) 成立的情况下, (2) 等价于 $\{A_i\}_{i\in\mathbb{N}}$ 是 H 上的 Parseval g-框架. 特别地, 如果 $\{A_i\}_{i\in\mathbb{N}}$ 只满足 $A_i A_j^* = 0, \forall\, i, j \in \mathbb{N}, i \neq j$, 称 $\{A_i\}_{i\in\mathbb{N}}$ 是 H 上的 g-正交序列 (orthogonal).

g-标准正交基是与自己双正交的一种特殊情况, 下面的结果说明 g-Riesz 基存在双正交序列.

引理 7.1.1 [131, 推论 3.3]　设 $\{A_i \in B(H, H_i)\}_{i\in\mathbb{N}}$ 是 H 上的 g-Riesz 基, 则 $\{A_i\}_{i\in\mathbb{N}}$ 与 $\{\widetilde{A}_i\}_{i\in\mathbb{N}}$ 是双正交的, 即 $\langle A_i^* g_i, \widetilde{A}_j^* g_j \rangle = \delta_{ij}\langle g_i, g_j \rangle, \forall\, i, j \in \mathbb{N}$, $g_i \in H_i, g_j \in H_j$, 其中 $\{\widetilde{A}_i\}_{i\in\mathbb{N}}$ 是 $\{A_i\}_{i\in\mathbb{N}}$ 的典则对偶 g-框架.

众所周知, Hilbert 空间上的 g-框架依赖于 Hilbert 空间列 $\{H_i\}_{i\in\mathbb{N}}$. 本小节中, 我们只研究 H 上的 g-标准正交基或 g-框架存在的情况. 下面引理是等价条件的刻画.

引理 7.1.2 [62, 131]　设 H 是可分 Hilbert 空间, $\{H_i\}_{i\in\mathbb{N}}$ 是可分 Hilbert 空间列, 则下列结论成立:

(1) 存在序列 $\{\varGamma_i \in B(H, H_i)\}_{i\in\mathbb{N}}$, 是相应于 $\{H_i\}_{i\in\mathbb{N}}$ 的 H 上的 g-标准正交基当且仅当 $\dim H = \sum\limits_{i\in\mathbb{N}} \dim H_i$.

(2) 存在序列 $\{A_i \in B(H, H_i)\}_{i\in\mathbb{N}}$, 是相应于 $\{H_i\}_{i\in\mathbb{N}}$ 的 H 上的 g-框架, 则 $\dim H \leqslant \sum\limits_{i\in\mathbb{N}} \dim H_i$.

文献 [88, 定义 4.1] 给出了 g-框架的相似的定义, 下面的引理给出了两个 g-框架相似的等价刻画.

引理 7.1.3 [88, 命题 4.3] 设 $A = \{A_i \in B(H, H_i)\}_{i \in \mathbb{N}}$, $B = \{B_i \in B(K, H_i)\}_{i \in \mathbb{N}}$ 分别是 H, K 上相应于 $\{H_i\}_{i \in \mathbb{N}}$ 的 g-框架, 则存在可逆算子 $T \in B(H, K)$ 使得 $B_i T = A_i, \forall\, i \in \mathbb{N}$, 当且仅当 $\mathrm{ran}\theta_A = \mathrm{ran}\theta_B$.

证明: 必要性是显然的, 只需考虑充分性. 设 $\theta_A H = \theta_B K$. 令 $T = (\theta_B)^{-1}\theta_A$, 则 $T \in B(H, K)$ 可逆. 从而

$$\{B_i T f\}_{i \in \mathbb{N}} = \theta_B T f = \theta_A f = \{A_i f\}_{i \in \mathbb{N}}, \forall\, f \in H.$$

即 $A_i = B_i T, \forall\, i \in \mathbb{N}$.

7.1.2 一般性质和重构

定理 7.1.1 设 $\{H_i\}_{i \in \mathbb{N}}$ 是可分 Hilbert 空间列, H 是可分 Hilbert 空间, $\{A_i \in B(H, H_i)\}_{i \in \mathbb{N}}$ 是 H 上相应于 $\{H_i\}_{i \in \mathbb{N}}$ 的 g-框架, 则下列结论成立:

(1) $\theta_A H_A^p = \theta_A H \bigcap l^p(\underset{i \in \mathbb{N}}{\oplus} H_i)$ 且 $\overline{\theta_A H_A^p}^{\|\cdot\|_p} = \theta_A H_A^p$, $1 \leqslant p \leqslant 2$.

(2) $\{A_i \in B(H, H_i)\}_{i \in \mathbb{N}}$ 是 H 上相应于 $\{H_i\}_{\in \mathbb{N}}$ 的 g-Riesz 基当且仅当 $\theta_A H_A^p = l^p(\underset{i \in \mathbb{N}}{\oplus} H_i)$, $1 \leqslant p \leqslant 2$.

(3) 如果 $\{A_i \in B(H, H_i)\}_{i \in \mathbb{N}}$ 是 H 上相应于 $\{H_i\}_{\in \mathbb{N}}$ 的 g-Riesz 基, 则 $\theta_A H_A^p = \theta_{\tilde{A}} H_A^p$, $\tilde{A}_i^* H_i \subset H_A^p$, $\forall\, i \in \mathbb{N}$, 并且 $\overline{H_A^p} = H$, $1 \leqslant p \leqslant 2$. 其中 $\{\tilde{A}_i \in B(H, H_i)\}_{i \in \mathbb{N}}$ 是 $\{A_i \in B(H, H_i)\}_{i \in \mathbb{N}}$ 的典则对偶 g-框架.

证明: (1) 因为 $H_A^p = \theta_A^{-1}(\theta_A H \bigcap l^p(\underset{i \in \mathbb{N}}{\oplus} H_i)) = \theta_A^{-1}(l^p(\underset{i \in \mathbb{N}}{\oplus} H_i))$, 显然.

设 $\{g_n\}_{n \in \mathbb{N}} \subset H_A^p$ 满足 $\{\theta_A g_n\}_{n \in \mathbb{N}} \subset l^p(\underset{i \in \mathbb{N}}{\oplus} H_i)$ 是 Cauchy 列. 由 $l^p(\underset{i \in \mathbb{N}}{\oplus} H_i)$ 是完备的, 得 $\theta_A g_n \xrightarrow{\|\cdot\|_p} \xi \in l^p(\underset{i \in \mathbb{N}}{\oplus} H_i) \subset l^2(\underset{i \in \mathbb{N}}{\oplus} H_i)$. 由 g-框架的性质 (分析算子是闭值域的) 可知, $\overline{\theta_A H}^{\|\cdot\|_2} = \theta_A H$, 则存在 $g \in H$ 使得 $\theta_A g = \xi \in l^p(\underset{i \in \mathbb{N}}{\oplus} H_i)$. 从而 $\xi \in \theta_A H_A^p$, 即 $g \in H_A^p$. 得 $\theta_A H_A^p$ 在 $l^p(\underset{i \in \mathbb{N}}{\oplus} H_i)$ 中是闭的.

(2) 必要性. 设 $\{A_i \in B(H, H_i)\}_{i \in \mathbb{N}}$ 是 H 上相应于 $\{H_i\}_{i \in \mathbb{N}}$ 的 g-Riesz 基, 则由文献 [79, 引理 2.1], $l^2(\underset{i \in \mathbb{N}}{\oplus} H_i) = \theta_A H$. 由 (1) 可知,

$$\theta_A H_A^p = \theta_A H \bigcap l^p(\underset{i \in \mathbb{N}}{\oplus} H_i) = l^p(\underset{i \in \mathbb{N}}{\oplus} H_i).$$

充分性. 因为

$$l^2(\underset{i\in\mathbb{N}}{\oplus} H_i) = \overline{l^p(\underset{i\in\mathbb{N}}{\oplus} H_i)}^{||\cdot||_2} = \overline{\theta_A H_A^p}^{||\cdot||_2} \subset \theta_A H \subset l^2(\underset{i\in\mathbb{N}}{\oplus} H_i),$$

则由文献 [79, 引理 2.1], 得 $l^2(\underset{i\in\mathbb{N}}{\oplus} H_i) = \theta_A H$.

(3) 由引理 7.1.3, 得 $\theta_A H = \theta_{\widetilde{A}} H$. 由 (1),

$$\theta_A H_A^p = \theta_A H \bigcap l^p(\underset{i\in\mathbb{N}}{\oplus} H_i)$$

$$= \theta_{\widetilde{A}} H \bigcap l^p(\underset{i\in\mathbb{N}}{\oplus} H_i)$$

$$= \theta_{\widetilde{A}} H_{\widetilde{A}}^p.$$

设 $\{A_i \in B(H, H_i)\}_{i\in\mathbb{N}}$ 是 H 上相应于 $\{H_i\}_{i\in\mathbb{N}}$ 的 g-Riesz 基, 由引理 7.1.1, 得

$$\langle A_i^* g_i, \widetilde{A}_j^* g_j \rangle = \delta_{ij} \langle g_i, g_j \rangle, \forall\, g_i \in H_i, g_j \in H_j, \forall\, i, j \in \mathbb{N}.$$

则

$$||\theta_A \widetilde{A}_j^* g_j||^p = \sum_{i\in\mathbb{N}} ||A_i \widetilde{A}_j^* g_j||^p = ||g_j||^p < \infty, \forall\, g_j \in H_j, j \in \mathbb{N}.$$

从而 $\widetilde{A}_i^* H_i \subset H_A^p, \forall\, i \in \mathbb{N}$. 因此, 由 $\{\widetilde{A}_i \in B(H, H_i)\}_{i\in\mathbb{N}}$ 在 H 中是 g-完备的, 得 $\overline{H_A^p} = H$.

定义 $||f||_{H_A^p} = ||\theta_A f||_p, \forall\, f \in H_A^p$. 显然, $(H_A^p, ||\cdot||_{H_A^p})$ 是 Banach 空间, $1 \leqslant p \leqslant 2$.

更多地, 因为 $a^{\frac{1}{2}}||f|| \leqslant ||\theta_A f||_2 \leqslant ||\theta_A f||_p = ||f||_{H_A^p}$, 所以虽然我们有 $(H_A^p, ||\cdot||_{H_A^p})$ 是闭的, 但是 $(H_A^p, ||\cdot||)$ 不一定闭, 其中 $||\cdot||$ 是 H 上的范数. 显然, $\theta_A: (H_A^p, ||\cdot||_{H_A^p}) \to (l^p(\underset{i\in\mathbb{N}}{\oplus} H_i), ||\cdot||_p)$ 是等距嵌入.

定理 7.1.2　设 $\{H_i\}_{i\in\mathbb{N}}$ 是可分 Hilbert 空间列, H 是可分 Hilbert 空间, $A = \{A_i \in B(H, H_i)\}_{i\in\mathbb{N}}$ 是 H 上的 g-框架, $\widetilde{A} = \{\widetilde{A}_i \in B(H, H_i)\}_{i\in\mathbb{N}}$ 是其典则对偶 g-框架. 如果

$$\alpha = \max\left(\sup_{i\in\mathbb{N}} \sum_{j\in\mathbb{N}} ||A_j \widetilde{A}_i^*||, \sup_{j\in\mathbb{N}} \sum_{i\in\mathbb{N}} ||\widetilde{A}_i A_j^*||\right) < \infty,$$

则 $1 \leqslant p < 2, \forall f \in H_A^p$, 有

$$f = \sum_{i \in \mathbb{N}} \widetilde{A}_i^* A_i f,$$

级数按 $\|\cdot\|_{H_A^p}, \|\cdot\|$ 收敛.

证明: $\forall f_i \in H_i, f_j \in H_j$ 且 $\|f_i\|_{H_i} = \|f_j\|_{H_j} = 1, \forall i,j \in \mathbb{N}$, 由条件得,

$$\max\left(\sup_{i\in\mathbb{N}}\sum_{j\in\mathbb{N}}\|A_j\widetilde{A}_i^* f_i\|, \sup_{j\in\mathbb{N}}\sum_{i\in\mathbb{N}}\|\widetilde{A}_i A_j^* f_j\|\right) \leqslant \alpha < \infty,$$

则 $\theta_A(\widetilde{A}_i^* f_i) \in l^1(\bigoplus_{i\in\mathbb{N}} H_i) \subset l^p(\bigoplus_{i\in\mathbb{N}} H_i), \forall f_i \in H_i, i \in \mathbb{N}$, 从而 $\widetilde{A}_i^* H_i \subset H_A^1 \subset H_A^p$.

对于任意 $f \in H_A^p$, 令 $S_{nm} = \sum_{k=n}^{m} \widetilde{A}_k^* A_k f, \forall n \leqslant m \in \mathbb{N}$. 设 q 满足 $p^{-1} + q^{-1} = 1$, 则

$$\|S_{nm}\|_{H_A^p}^p = \sum_{j\in\mathbb{N}}\|A_j S_{nm}\|^p = \sum_{j\in\mathbb{N}}\left\|\sum_{k=n}^m A_j\widetilde{A}_k^* A_k f\right\|^p$$

$$\leqslant \sum_{j\in\mathbb{N}}\left(\sum_{k=n}^m \|A_j\widetilde{A}_k^* A_k f\|\right)^p \leqslant \sum_{j\in\mathbb{N}}\left(\sum_{k=n}^m \|A_j\widetilde{A}_k^*\|\cdot\|A_k f\|\right)^p$$

$$= \sum_{j\in\mathbb{N}}\left(\sum_{k=n}^m \left(\|A_j\widetilde{A}_k^*\|\right)^{p^{-1}+q^{-1}}\cdot\|A_k f\|\right)^p$$

$$\leqslant \sum_{j\in\mathbb{N}}\left(\sum_{k=n}^m\left(\|A_j\widetilde{A}_k^*\|\right)\cdot\|A_k f\|^p\right)\left(\sum_{k=n}^m\|A_j\widetilde{A}_k^*\|\right)^{pq^{-1}}$$

$$\leqslant \alpha^{pq^{-1}}\sum_{k=n}^m\|A_k f\|^p\left(\sum_{j\in\mathbb{N}}\|A_j\widetilde{A}_k^*\|\right)$$

$$\leqslant \alpha^p\sum_{k=n}^m\|A_k f\|^p \to 0, n\to\infty,$$

又因为 $(H_A^p, \|\cdot\|_{H_A^p})$ 是 Banach 空间, 存在 $s \in H_A^p$ 使得

$$S_n := \sum_{k=1}^n \widetilde{A}_k^* A_k f \xrightarrow{\|\cdot\|_{H_A^p}} s, n\to\infty.$$

由 $\|\cdot\|_{H_A^p}$ 强于 $\|\cdot\|$, 得 $S_n \xrightarrow{\|\cdot\|} s, n\to\infty$. 由 g-框架的对偶性质得, $f = \sum_{i\in\mathbb{N}}\widetilde{A}_i^* A_i f$ (按范数 $\|\cdot\|$ 收敛). 因此, $s = f$.

推论 7.1.1　设 $\{H_i\}_{i\in\mathbb{N}}$ 是可分 Hilbert 空间列, H 是可分 Hilbert 空间, $A = \{A_i \in B(H, H_i)\}_{i\in\mathbb{N}}$ 是 H 上的 Parseval g-框架, 设

$$\alpha = \max\left(\sup_{i\in\mathbb{N}}\sum_{j\in\mathbb{N}}||A_jA_i^*||, \sup_{j\in\mathbb{N}}\sum_{i\in\mathbb{N}}||A_iA_j^*||\right) < \infty,$$

从而, $A_i^*f_i \in H_A^1, \forall\, i \in \mathbb{N}, \forall\, f_i \in H_i$. 则对任意 $1 \leqslant p < 2, \forall\, f \in H_A^p$,

$$f = \sum_{i\in\mathbb{N}} A_i^*A_i f,$$

级数按 $||\cdot||_{H_A^p}, ||\cdot||$ 收敛.

推论 7.1.2　设 $\{H_i\}_{i\in\mathbb{N}}$ 是可分 Hilbert 空间列, H 是可分 Hilbert 空间, $A = \{A_i \in B(H, H_i)\}_{i\in\mathbb{N}}$ 是 H 上的 g-Riesz 基, $\widetilde{A} = \{\widetilde{A}_i \in B(H, H_i)\}_{i\in\mathbb{N}}$ 是其对偶 g-Riesz 基, 则对任意 $1 \leqslant p < 2, \forall\, f \in H_A^p, f = \sum_{i\in\mathbb{N}} \widetilde{A}_i^*A_i f$, 级数按 $||\cdot||_{H_A^p}, ||\cdot||$ 收敛.

证明: 因为

$$\alpha = \max\left(\sup_{i\in\mathbb{N}}\sum_{j\in\mathbb{N}}||A_j\widetilde{A}_i^*||, \sup_{i\in\mathbb{N}}\sum_{i\in\mathbb{N}}||\widetilde{A}_iA_j^*||\right)$$

$$= \max\left(\sup_{i\in\mathbb{N}}||A_i\widetilde{A}_i^*||, \sup_{j\in\mathbb{N}}||\widetilde{A}_jA_j^*||\right) \leqslant \sqrt{ba^{-1}},$$

其中 a, b 分别是 $A = \{A_i \in B(H, H_i)\}_{i\in\mathbb{N}}$ 的 Riesz 下界、Riesz 上界, 从而可以由定理 7.1.2 直接得到.

例 7.1.1　设 G 是可数群, π 是 G 在 H 上的酉表示. 设 $A \in B(H, H_0)$ 是 (G, π, H) 的 Parseval 框架生成子, 即 $\mathcal{A} = \{A\pi(g)\}_{g\in G}$ 是 H 上相应于 $l^2(G) \otimes H_0$ 的 Parseval g-框架. 同样, 相应的 Banach 空间记为 H_A^p.

如果 $U \in \pi(G)'$ 是酉算子, 其中 $\pi(G)'$ 是 $\pi(G)$ 的交换子, 则 $B \in B(H, H_0)$ 也是 (G, π, H) 的 Parseval 框架生成子, 其中 $B = AU^*$. 记 $\mathcal{B} = \{B\pi(g)\}_{g\in G}$, 则 $U: (H_A^p, ||\cdot||_{H_A^p}) \to (H_B^p, ||\cdot||_{H_B^p})$ 是等距 (在文献 [116, 定理 26] 和 [88, 命题7.6] 中给出了 U 存在的条件). 从而 $U: H_B^p \to H_A^p$ 是满的, 且在 Hilbert 空间范数和 Banach 空间范数下都是等距的.

7.1.3 存在性探讨

下面的例子说明 H 上的 g-框架可能是 $\{0\}$, 对这一部分的结论有重要作用.

例 7.1.2 设 $\{H_i\}_{i\in\mathbb{N}}$ 是可分 Hilbert 空间列, H 是可分 Hilbert 空间, $\Gamma = \{\Gamma_i \in B(H, H_i)\}_{i\in\mathbb{N}}$ 是相应于 $\{H_i\}_{i\in\mathbb{N}}$ 的 H 上的 g-标准正交基, $1 \leqslant p < 2$. $\forall\, n, j \in \mathbb{N}$, 取 $\alpha_{jn} \in \mathbb{C}$ 使得 $\sum\limits_{j\in\mathbb{N}} |\alpha_{jn}|^2 = 1$, 且 $\sum\limits_{j\in\mathbb{N}} |\alpha_{jn}|^p = \infty$.

令 $A_{jn} = \alpha_{jn}\Gamma_n \in B(H, H_n), \forall\, n, j \in \mathbb{N}$, 则对任意 $f \in H$, 有

$$\sum_{j,n\in\mathbb{N}} \|A_{jn}f\|^2 = \sum_{j,n\in\mathbb{N}} \|\alpha_{jn}\Gamma_n f\|^2$$

$$= \sum_{n\in\mathbb{N}} \sum_{j\in\mathbb{N}} |\alpha_{jn}|^2 \|\Gamma_n f\|^2$$

$$= \|f\|^2.$$

从而, $A = \{A_{in} \in B(H, H_n)\}_{i,n\in\mathbb{N}}$ 是 H 上相应于 $\{H_n\}_{n\in\mathbb{N}}$ 的 Parseval g-框架. 此外, 对任意 $f \in H$, 且 $f \neq 0$, 有

$$\sum_{j,n\in\mathbb{N}} \|A_{jn}f\|^p = \sum_{j,n\in\mathbb{N}} \|\alpha_{jn}\Gamma_n f\|^p = \sum_{n\in\mathbb{N}} \sum_{j\in\mathbb{N}} |\alpha_{jn}|^p \|\Gamma_n f\|^p = \infty.$$

因此, $\theta_A H_A^p = \theta_A H \cap l^p(\underset{i\in\mathbb{N}}{\oplus} H_i) = \{0\}$. 由于 θ_A 是单射, 得 $H_A^p = \{0\}$.

由例 7.1.2 的构造过程可知, 我们只需 H 上存在相应于 $\{H_i\}_{i\in\mathbb{N}}$ 的 (Parseval) g-框架, 由引理 7.1.2, 即满足 $\dim H \leqslant \sum\limits_{i\in\mathbb{N}} \dim H_i$.

下面一个例子是比例 7.1.2 更广泛的情况.

例 7.1.3 设 $\{H_i\}_{i\in\mathbb{N}}$ 是可分 Hilbert 空间列, H 是可分 Hilbert 空间, $\Gamma = \{\Gamma_i \in B(H, H_i)\}_{i\in\mathbb{N}}$ 是 H 上的相应于 $\{H_i\}_{i\in\mathbb{N}}$ 的 g-标准正交基. 对任意 $1 \leqslant p < r \leqslant 2, \forall\, j \in \mathbb{N}$, 存在 $c_j \in \mathbb{C}$ 使得 $\sum\limits_{j\in\mathbb{N}} |c_j|^r < \infty$ 且 $\sum\limits_{j\in\mathbb{N}} |c_j|^p = \infty$ (例如: $c_j = (j^{r^{-1}}(\ln j)^{r^{-2}})^{-1}, \forall\, j \in \mathbb{N})$. 令 $\alpha_j = \|\{c\}_{i\in\mathbb{N}}\|_2^{-1} c_j, A_{jn} = \alpha_j\Gamma_n, \forall\, j, n \in \mathbb{N}$.

由例 7.1.2 可知, $A = \{A_{in} \in B(H, H_n)\}_{i,n\in\mathbb{N}}$ 是 H 上的相应于 $\{H_i\}_{i\in\mathbb{N}}$ 的 Parseval g-框架, 且 $H_A^p = \{0\}$. 下面我们说明 $\Gamma_i^* H_i \subset H_A^r, \forall\, i \in \mathbb{N}$, 进而

$\overline{H_A^r} = H$, $A_{in}^* H_n \subset H_A^r$, $\forall\, i, n \in \mathbb{N}$. 事实上,

$$\sum_{j,n \in \mathbb{N}} \|A_{jn} \Gamma_k^* f_k\|^r = \sum_{j,n \in \mathbb{N}} \|\alpha_j \Gamma_n \Gamma_k^* f_k\|^r$$

$$= \sum_{j \in \mathbb{N}} |\alpha_j|^r \sum_{n \in \mathbb{N}} \|\Gamma_n \Gamma_k^* f_k\|^r$$

$$= \sum_{j \in \mathbb{N}} |\alpha_j|^r \|f_k\|^r < \infty, \forall\, f_k \in H_k, \forall\, k \in \mathbb{N}.$$

由例 7.1.3 的构建过程可知, g-标准正交基的双正交性对于证明 H_A^r 的稠密性很重要.

设 M 是 H 的闭子空间, 如果 $M = \{0\}$, 例 7.1.3 已经构建了 Parseval g-框架 $A = \{A_{in} \in B(H, H_n)\}_{i, n \in \mathbb{N}}$ 满足 $H_A^p = \{0\} = M$. 下面我们讨论非平凡的情况. 我们要求 H 和 $\{H_i\}_{i \in \mathbb{N}}$ 满足引理 7.1.2 的情况, 即 $\dim H \leqslant \sum\limits_{i \in \mathbb{N}} \dim H_i$. 但是对于 H 的闭子空间 M 可能不满足 $\dim M = \sum\limits_{i \in \mathbb{J}} \dim H_i$, 其中 $\mathbb{J}$ 是 $\mathbb{N}$ 的子集. 但是 M 上相应于 $\{H_i\}_{i \in \mathbb{N}}$ 的 g-框架总是存在的.

定理 7.1.3　　设 H 是可分 Hilbert 空间, M 是 H 的闭子空间且 $M \neq H$, $\{H_i\}_{i \in \mathbb{N}}$ 是可分 Hilbert 空间列, 满足 H 上存在相应于 $\{H_i\}_{i \in \mathbb{N}}$ 的 g-框架且 $\dim M = \sum\limits_{i \in \mathbb{J}} \dim H_i$, 其中 $\mathbb{J}$ 是 $\mathbb{N}$ 的子集, 则存在 H 上相应于 $\{H_i\}_{i \in \mathbb{N}}$ 的 Parseval g-框架 $A = \{A_i \in B(H, H_i)\}_{i \in \mathbb{N}}$ 使得 $M = \overline{H_A^p}^{\|\cdot\|}$, $1 \leqslant p < 2$.

证明: 因为 $H = M \oplus M^\perp$, 设 $\Lambda = \{\Lambda_i \in B(H, H_i)\}_{i \in \mathbb{N}}$, $\Delta = \{\Delta_i \in B(H, H_i)\}_{i \in \mathbb{N}}$ 分别是 M, $M^\perp$ 上的相应于 $\{H_i\}_{i \in \mathbb{N}}$ 的 Parseval g-框架, 并且满足 $\{\Lambda_i \in B(H, H_i)\}_{i \in \mathbb{J}}$ 是 M 上的相应于 $\{H_i\}_{i \in \mathbb{J}}$ 的 g-标准正交基, 且 $\Lambda_i = 0$, $\forall\, i \in \mathbb{N} \setminus \mathbb{J}$. 同例 7.1.3 中 $r = 2$ 的情况 (或者直接同例 7.1.2), 令 $B = \{B_{jn} = \alpha_j \Delta_n \in B(H, H_n)\}_{n, j \in \mathbb{J}}$, 其中 $\alpha_j \in \mathbb{C}$, $\forall\, j \in \mathbb{N}$, 满足 $\sum\limits_{j \in \mathbb{N}} |\alpha_j|^r < \infty$ 且 $\sum\limits_{j \in \mathbb{N}} |\alpha_j|^p = \infty$, 则易证 B 是 $M^\perp$ 上的相应于 $\{H_i\}_{i \in \mathbb{N}}$ 的 Parseval g-框架, 并且 $(M^\perp)_B^p = \{0\}$.

令 $A = \Lambda \bigcup B$. 下证 A 是 H 上的相应于 $\{H_i\}_{i \in \mathbb{N}}$ 的 Parseval g-框架. 事实上, $\forall f = f_1 + f_2, f_1 \in M, f_2 \in M^\perp$,

$$\sum_{i \in \mathbb{N}} ||A_i f||^2 = \sum_{i \in \mathbb{N}} ||\Lambda_i f||^2 + \sum_{j,n \in \mathbb{N}} ||B_{jn} f||^2$$

$$= \sum_{i \in \mathbb{N}} ||\Lambda_i f||^2 + \sum_{j,n \in \mathbb{N}} ||\alpha_j \Delta_n f||^2$$

$$= \sum_{i \in \mathbb{N}} ||\Lambda_i f||^2 + \sum_{j \in \mathbb{N}} |\alpha_j|^2 \sum_{n \in \mathbb{N}} ||\Delta_n f||^2$$

$$= ||f_1||^2 + ||f_2||^2 = ||f||^2.$$

下面再说明 $H_A^p = M_\Lambda^p$.

显然, $M_\Lambda^p \subset H_A^p$. $\forall f \in H$, 其中 $f = f_1 + f_2, f_1 \in M, f_2 \in M^\perp$, 有

$$||\theta_A f||^p = \sum_{i \in \mathbb{N}} ||\Lambda_i f||^p + \sum_{j,n \in \mathbb{N}} ||B_{jn} f||^p$$

$$= ||\theta_\Lambda f_1||^p + ||\theta_B f_2||^p.$$

从而 $f \in H_A^p$, 得 $f_1 \in M_\Lambda^p$ 且 $f_2 \in (M^\perp)_B^p = \{0\}$, 则 $f = f_1 \in M_\Lambda^p$ 且 $H_A^p \subset M_\Lambda^p$.

由定理 7.1.1 (3) 可知, $\overline{M_\Lambda^p}^{||\cdot||_M} = M$ (g-Riesz 基). 从而

$$\overline{H_A^p}^{||\cdot||_M} = \overline{M_\Lambda^p}^{||\cdot||_M} = M.$$

因为 $\overline{H_A^p}^{||\cdot||} = (\overline{H_A^p}^{||\cdot||} \bigcap M) \bigcup (\overline{H_A^p}^{||\cdot||} \bigcap M^\perp)$, $H_A^p \subset M$, 并且 M 是闭的, 得 $\overline{H_A^p}^{||\cdot||_M} = \overline{H_A^p}^{||\cdot||} \bigcap M = \overline{H_A^p}^{||\cdot||}$. 即 $M = \overline{H_A^p}^{||\cdot||}$.

由定理 7.1.3 的证明可知, $\dim M = \sum_{i \in \mathbb{J}} \dim H_i$ 很重要, 其中 $\mathbb{J}$ 是 $\mathbb{N}$ 的子集. H 的一个有限维子空间 M 自然是闭的. 下面讨论这种情况.

推论 7.1.3 设 H 是可分 Hilbert 空间, M 是 H 的有限维子空间, $\{H_i\}_{i \in \mathbb{N}}$ 是可分 Hilbert 空间序列, 满足 H 上存在相应于 $\{H_i\}_{i \in \mathbb{N}}$ 的 g-框架并且 $\dim M = \sum_{i \in \mathbb{J}} \dim H_i < \infty$, 其中 $\mathbb{J}$ 是 $\mathbb{N}$ 的子集, 则存在 H 上的相应于 $\{H_i\}_{i \in \mathbb{N}}$ 的 Parseval g-框架 $A = \{A_i \in B(H, H_i)\}_{i \in \mathbb{N}}$ 使得 $M = H_A^p, 1 \leqslant p < 2$.

证明: 由定理 7.1.3 可知, $H_A^p \subset M$ 是闭的 (有限维), 并且

$$M = \overline{H_A^p}^{\|\cdot\|} = H_A^p.$$

当 $M = H$ 且满足 $\dim M = \sum\limits_{i \in \mathbb{J}_1} \dim H_i$ 时, 其中 $\mathbb{J}_1$ 是 $\mathbb{N}$ 的子集, 由例 7.1.3 可知, $\overline{H_A^r} = H$. 并且由定理 7.1.1 可知, 当 A 是 H 上的 g-Riesz basis 时, $\overline{H_A^p} = H$. 更多地, 如果还满足 $\dim H < \infty$, 则 $H = H_A^p$, 相应于某个有限维 Hilbert 空间列 $\{H_i\}_{i \in \mathbb{J}_n}$, 其中 $\mathbb{J}_n$ 是 $\mathbb{N}$ 的有限子集.

下面我们说明当 H 是无限维 Hilbert 空间时, 不存在 H 上的 g-框架使得相应的 Banach 空间等同于 H.

定理 7.1.4　设 $\{H_i\}_{i \in \mathbb{N}}$ 是可分 Hilbert 空间列, H 是可分 Hilbert 空间满足 $\dim H = \sum\limits_{i \in \mathbb{N}} \dim H_i = \infty$, $A = \{A_i \in B(H, H_i)\}_{i \in \mathbb{N}}$ 是相应于 $\{H_i\}_{i \in \mathbb{N}}$ 的 H 上的 g-框架, 则 $H \neq H_A^p, 1 \leqslant p < 2$.

证明: 假设 $H = H_A^p$, 则由定理 7.1.1 可知, $\theta_A H_A^p = \theta_A H$ 在 $l^2(\underset{i \in \mathbb{N}}{\oplus} H_i)$ 中是闭的, 并且 $\theta_A H_A^p$ 在 $l^p(\underset{i \in \mathbb{N}}{\oplus} H_i)$ 中是闭的. 又因为 $\dim H = \infty$ 且 θ_A 是单射, 从而 $l^p(\underset{i \in \mathbb{N}}{\oplus} H_i)$ 的无限维闭子空间 $\theta_A H_A^p$ 与 $l^2(\underset{i \in \mathbb{N}}{\oplus} H_i)$ 的闭子空间 $\theta_A H_A^p$ 是同构的. 由文献 [12, 推论 5.8] 可知, 不存在 $l^p(\mathbb{N})$ 的无限维闭子空间与 $l^q(\mathbb{N})$ 的无限维闭子空间同构, $p < q$. 从而由第一小节的分析可知, 这是矛盾的.

由定理 7.1.4, 我们可以得到一个更一般的结论.

定理 7.1.5　设 $\{H_i\}_{i \in \mathbb{N}}$ 是可分 Hilbert 空间列, H 是可分 Hilbert 空间, $A = \{A_i \in B(H, H_i)\}_{i \in \mathbb{N}}$ 是 H 上的相应于 $\{H_i\}_{i \in \mathbb{N}}$ 的 g-框架, $1 \leqslant p < q \leqslant 2$. 如果 $\dim H_A^q = \infty$, 则 $H_A^p \subsetneqq H_A^q$.

证明: 由定理 7.1.1 可知, $\theta_A H_A^p$ 在 $l^p(\underset{i \in \mathbb{N}}{\oplus} H_i)$ 中是闭的且 $\theta_A H_A^q$ 在 $l^q(\underset{i \in \mathbb{N}}{\oplus} H_i)$ 中是闭的. 假设 $H_A^p = H_A^q$, 则 $\theta_A H_A^p = \theta_A H_A^q$ 在 $l^p(\underset{i \in \mathbb{N}}{\oplus} H_i), l^q(\underset{i \in \mathbb{N}}{\oplus} H_i)$ 中都是闭的. 因为 $\dim H_A^q = \infty$, 由文献 [12, 推论 5.8] 可知, 这是矛盾的.

下面的结论与定理 7.1.3 不同, 它是定理 7.1.4 的推广.

定理 7.1.6　设 $\{H_i\}_{i \in \mathbb{N}}$ 是可分 Hilbert 空间列, H 是可分 Hilbert 空间, 满

足 $\dim H = \sum_{i \in \mathbb{N}} \dim H_i = \infty$, M 是 H 的闭子空间且 $\dim M = \infty$, 则 $M \neq H_A^p$, 其中 $A = \{A_i \in B(H, H_i)\}_{i \in \mathbb{N}}$ 是相应于 $\{H_i\}_{i \in \mathbb{N}}$ 的 H 上的任意 g- 框架, $1 \leqslant p < 2$.

证明: 设 $A = \{A_i \in B(H, H_i)\}_{i \in \mathbb{N}}$ 是相应于 $\{H_i\}_{i \in \mathbb{N}}$ 的 H 上的 g-框架, $P: H \to M$ 是正交投影. 易得, $AP := \{A_i P \in B(H, H_i)\}_{i \in \mathbb{N}}$ 是 M 上的相应于 $\{H_i\}_{i \in \mathbb{N}}$ 的 g-框架. 假设存在 p, 满足 $1 \leqslant p < 2$ 且 $M = H_A^p$, 则对任意 $f \in M$, 有 $f = Pf$, 且

$$\sum_{i \in \mathbb{N}} \|A_i f\|^p = \sum_{i \in \mathbb{N}} \|A_i P f\|^p.$$

即 $f \in H_A^p$ 当且仅当 $f \in M_{(AP)}^p$. 因此, $M = H_A^p = M_{(AP)}^p$. 又因为 $\dim M = \infty$, 从而与定理 7.1.4 矛盾.

由定理 7.1.6, 我们可以得到一个直接的结果.

推论 7.1.4 设 $\{H_i\}_{i \in \mathbb{N}}$ 是可分 Hilbert 空间列, H 是可分 Hilbert 空间满足 $\dim H = \sum_{i \in \mathbb{N}} \dim H_i = \infty$, $A = \{A_i \in B(H, H_i)\}_{i \in \mathbb{N}}$ 是 H 上的相应于 $\{H_i\}_{i \in \mathbb{N}}$ 的 g-框架, $1 \leqslant p < 2$, 则 $\overline{H_A^p} = H_A^p$ 当且仅当 $\dim H_A^p < \infty$.

证明: $\Leftarrow$. 因为有限维子空间是闭的, 结论显然.

$\Rightarrow$. 假设 $M = \overline{H_A^p} = H_A^p$, $\dim M = \dim H_A^p = \infty$, 则与定理 7.1.6 矛盾.

由定理 7.1.6 和推论 7.1.3, 我们得到以下刻画.

定理 7.1.7 设 $\{H_i\}_{i \in \mathbb{N}}$ 是可分 Hilbert 空间列, H 是可分 Hilbert 空间, 满足 $\dim H = \sum_{i \in \mathbb{N}} \dim H_i = \infty$, M 是 H 的闭子空间, 且 $\dim M = \sum_{i \in \mathbb{J}} \dim H_i$, 其中 $\mathbb{J}$ 是 $\mathbb{N}$ 的子集, 从而下列结论等价:

(1) $\dim M < \infty$;

(2) 存在 H 上的相应于 $\{H_i\}_{i \in \mathbb{N}}$ 的 g-框架 $A = \{A_i \in B(H, H_i)\}_{i \in \mathbb{N}}$, $1 \leqslant p < 2$, 使得 $M = H_A^p$.

证明: (2) $\Rightarrow$ (1). 由定理 7.1.6 直接可得.

(1) $\Rightarrow$ (2). 由推论 7.1.3 可得.

定理 7.1.8　设 $\{H_i\}_{i\in\mathbb{N}}$ 是可分 Hilbert 空间列, H 是可分 Hilbert 空间, 满足 $\dim H = \sum\limits_{i\in\mathbb{N}} \dim H_i = \infty$, M_1 是 $l^p(\bigoplus\limits_{i\in\mathbb{N}} H_i)$ 的线性子空间, 满足 $\dim M_1 = \infty$, 其中 $1 \leqslant p < 2$, 则下列结论等价:

(1) 存在 H 上的相应于 $\{H_i\}_{i\in\mathbb{N}}$ 的 g-框架 $A = \{A_i \in B(H, H_i)\}_{i\in\mathbb{N}}$ 使得 $M_1 = \theta_A H_A^p$;

(2) $\overline{M_1}^{\|\cdot\|_2} \bigcap l^p(\bigoplus\limits_{i\in\mathbb{N}} H_i) = M_1$;

(3) 存在 $l^2(\bigoplus\limits_{i\in\mathbb{N}} H_i)$ 的闭子空间 N, 使得 $N \bigcap l^p(\bigoplus\limits_{i\in\mathbb{N}} H_i) = M_1$.
更多地, 以上之一成立, 则 M_1 在 $l^p(\bigoplus\limits_{i\in\mathbb{N}} H_i)$ 中是闭的 (定理 7.1.1).

证明: (1) $\Rightarrow$ (2). 设 $A = \{A_i \in B(H, H_i)\}_{i\in\mathbb{N}}$ 是 H 上的相应于 $\{H_i\}_{i\in\mathbb{N}}$ 的 g-框架, 满足 $M_1 = \theta_A H_A^p$, 则 $M_1 \subset l^p(\bigoplus\limits_{i\in\mathbb{N}} H_i) \subset l^2(\bigoplus\limits_{i\in\mathbb{N}} H_i)$, $M_1 \subset \overline{M_1}^{\|\cdot\|_2}$. 从而 $M_1 \subset \overline{M_1}^{\|\cdot\|_2} \bigcap l^p(\bigoplus\limits_{i\in\mathbb{N}} H_i)$.

反过来, 因为 $\theta_A H$ 在 $l^2(\bigoplus\limits_{i\in\mathbb{N}} H_i)$ 中是闭的, 得

$$\overline{M_1}^{\|\cdot\|_2} \bigcap l^p(\bigoplus\limits_{i\in\mathbb{N}} H_i) = \overline{\theta_A H_A^p}^{\|\cdot\|_2} \bigcap l^p(\bigoplus\limits_{i\in\mathbb{N}} H_i)$$
$$\subset \theta_A H \bigcap l^p(\bigoplus\limits_{i\in\mathbb{N}} H_i)$$
$$= \theta_A H_A^p = M_1.$$

倒数第二个等号由定理 7.1.1 得到.

(2) $\Rightarrow$ (3). 令 $N = \overline{M_1}^{\|\cdot\|_2}$, 显然.

(3)$\Rightarrow$ (1). 设 N 是 $l^2(\bigoplus\limits_{i\in\mathbb{N}} H_i)$ 的一个闭子空间, 满足 $N \bigcap l^p(\bigoplus\limits_{i\in\mathbb{N}} H_i) = M_1$. 由于 $M_1 \subset N$, 则 $\dim H = \dim N = \infty$. 从而存在 H 上的相应于 $\{H_i\}_{i\in\mathbb{N}}$ 的 g-框架 $A = \{A_i \in B(H, H_i)\}_{i\in\mathbb{N}}$ 使得 $M = H_A^p$.

事实上, 因为 $\dim H = \dim N$, 则存在酉算子 $U: N \to H$. 令 $A_i = Q_i P U^*$, 任意 $i \in \mathbb{N}$, 其中 $Q_i: l^2(\bigoplus\limits_{i\in\mathbb{J}} H_i) \to H_i$ 是正交投影, $\forall i \in \mathbb{N}$, $Q = \{Q_i \in B(l^2(\bigoplus\limits_{i\in\mathbb{J}} H_i), H_i)\}_{i\in\mathbb{N}}$ 是 $l^2(\bigoplus\limits_{i\in\mathbb{N}} H_i)$ 上的相应于 $\{H_i\}_{i\in\mathbb{N}}$ 的 g-标准正交基,

$P: l^2(\underset{i\in\mathbb{N}}{\oplus} H_i) \to N$ 是正交投影 [79, 定理 2.6]. 从而, $\forall f \in H$, 有

$$\sum_{i\in\mathbb{N}} \|A_i f\|^2 = \sum_{i\in\mathbb{N}} \|Q_i P U^* f\|^2$$

$$= \sum_{i\in\mathbb{N}} \|Q_i U^* f\|^2 = \|f\|^2,$$

即 $A = \{A_i \in B(H, H_i)\}_{i\in\mathbb{N}}$ 是 H 上的相应于 $\{H_i\}_{i\in\mathbb{N}}$ 的 Parseval g-框架. 进而, 由引理 7.1.3 得 $\theta_A H = N$ (即 $\{A_i \in B(H, H_i)\}_{i\in\mathbb{N}}$ 与 $\{Q_i P \in B(H, H_i)\}_{i\in\mathbb{N}}$ 是相似的). 因此,

$$M_1 = N \bigcap l^p(\underset{i\in\mathbb{N}}{\oplus} H_i) = \theta_A H \bigcap l^p(\underset{i\in\mathbb{N}}{\oplus} H_i) = \theta_A H_A^p,$$

最后一个等号由引理 7.1.1 可得.

下面是有限维子空间的情况.

定理 7.1.9 设 $\{H_i\}_{i\in\mathbb{N}}$ 是可分 Hilbert 空间列, H 是可分 Hilbert 空间且满足 $\dim H = \sum_{i\in\mathbb{N}} \dim H_i = \infty$, M_1 是 $l^p(\underset{i\in\mathbb{N}}{\oplus} H_i)$ 的一个线性子空间, 且 $\dim M_1 < \infty$, 其中 $1 \leqslant p < 2$, 则存在 H 上的相应于 $\{H_i\}_{i\in\mathbb{N}}$ 的 Parseval g-框架 $A = \{A_i \in B(H, H_i)\}_{i\in\mathbb{N}}$ 使得 $M_1 = \theta_A H_A^p$.

证明: 因为 M_1 在 $l^2(\underset{i\in\mathbb{N}}{\oplus} H_i)$ 中是闭的 (有限维), 则由定理 7.1.8 (3) $\Rightarrow$ (1) 的证明得, 存在 H 的闭子空间 M, M 上的相应于 $\{H_i\}_{i\in\mathbb{N}}$ 的 Parseval g-框架 $B = \{B_i \in B(M, H_i)\}_{i\in\mathbb{N}}$ 使得 $M_1 = \theta_B M$.

事实上, 可以取一个 H 的子空间 M 使得 $\dim M = \dim M_1 < \infty$. 从而存在酉算子 $U: M_1 \to M$, 则 $B = \{B_i = Q_i P U^* \in B(M, H_i)\}_{i\in\mathbb{N}}$ 是 M 上的相应于 $\{H_i\}_{i\in\mathbb{N}}$ 的 Parseval g-框架, 并且满足 $\theta_B M = M_1$, 其中 $Q = \{Q_i \in B(l^2(\underset{i\in\mathbb{N}}{\oplus} H_i), H_i)\}_{i\in\mathbb{N}}$ 是 $l^2(\underset{i\in\mathbb{N}}{\oplus} H_i)$ 上的相应于 $\{H_i\}_{i\in\mathbb{N}}$ 的 g-标准正交基, $P: l^2(\underset{i\in\mathbb{N}}{\oplus} H_i) \to N$ 是正交投影 [79, 定理 2.6].

显然, $\dim M^\perp = \infty$. 由引理 7.1.2 和例 7.1.2 得, 存在 $M^\perp$ 上的相应于 $\{H_i\}_{i\in\mathbb{N}}$ 的 Parseval g-框架 $C = \{C_i \in B(M^\perp, H_i)\}_{i\in\mathbb{N}}$ 使得 $(M^\perp)_C^p = \{0\}$, 即

$$\theta_C M^\perp \bigcap l^p(\underset{i\in\mathbb{N}}{\oplus} H_i) = \theta_C (M^\perp)_C^p = \{0\}.$$

从而,

$$\theta_C M^\perp \bigcap \theta_B M = \theta_C M^\perp \bigcap M_1$$

$$\subset \theta_C M^\perp \bigcap l^p(\underset{i\in\mathbb{N}}{\oplus} H_i)$$

$$= \{0\}.$$

因为 $\dim M < \infty$, 则 $\theta_C M^\perp + \theta_B M$ 在 $l^2(\underset{i\in\mathbb{N}}{\oplus} H_i)$ 中是闭的. 进而, 由文献 [79, 定义 4.3] 知, B, C 是不相交的, 即 $A = \{A_i := B_i \oplus C_i \in B(H, H_i)\}_{i\in\mathbb{N}}$ 是 H 上的相应于 $\{H_i\}_{i\in\mathbb{N}}$ 的 g-框架.

最后我们说明 $H_A^p = M$ 且 $\theta_A H_A^p = M_1$.

事实上, 因为 $\theta_B M = M_1 \subset l^p(\underset{i\in\mathbb{N}}{\oplus} H_i), \forall f \in M$, 得

$$||f||_{H_A^p}^p = \sum_{i\in\mathbb{N}} ||A_i f||^p = \sum_{i\in\mathbb{N}} ||B_i \oplus C_i(f \oplus 0)||^p$$

$$= \sum_{i\in\mathbb{N}} ||B_i f||^p < \infty.$$

从而 $f \in H_A^p$. 因此, $M \subset H_A^p$.

反过来, $\forall f = g + h \in H_A^p \subset H$, 其中 $g \in M, h \in M^\perp$. 因为 $g \in M \subset H_A^p$, 则 $h = f - g \in H_A^p$. 从而,

$$||h||_{(M^\perp)_C^p}^p = \sum_{i\in\mathbb{N}} ||C_i h||^p$$

$$= \sum_{i\in\mathbb{N}} ||B_i \oplus C_i(0 \oplus h)||^p$$

$$= ||h||_{H_A^p}^p < \infty,$$

得 $h \in (M^\perp)_C^p$. 又因为 $(M^\perp)_C^p = \{0\}$, 有 $h = 0$, 则 $f = g \in M$, 即 $H_A^p \subset M$. 从而,

$$\theta_A H_A^p = \theta_A M = \theta_B M = M_1.$$

7.1.4　提升问题

设 $\{H_i\}_{i\in\mathbb{N}}$ 是可分 Hilbert 空间列, H 是可分 Hilbert 空间, 满足 $\dim H \leqslant \sum_{i\in\mathbb{N}} \dim H_i = \infty$. 设 $A = \{A_i \in B(H, H_i)\}_{\in\mathbb{N}}$ 是 H 上的相应于 $\{H_i\}_{i\in\mathbb{N}}$ 的

Parseval g-框架. 由文献 [79, 定理 2.6] 知, 存在可分 Hilbert 空间 K 满足 $K \supset H$, 且 K 上相应于 $\{H_i\}_{i \in \mathbb{N}}$ 的 g-标准正交基 $E = \{E_i \in B(K, H_i)\}_{i \in \mathbb{N}}$ 使得 $A_i = E_i P, \forall i \in \mathbb{N}$, 其中 $P: K \to H$ 是正交投影. 从而, 对任意 $f \in H$, $A_i f = E_i P f = E_i f, \forall i \in \mathbb{N}$. 进而, $\forall p \in \mathbb{R}$ 满足 $1 \leqslant p < 2$, 有: (1) $H_A^p = K_E^p \bigcap H$; (2) $H_A^p \subset P K_E^p$.

事实上, $\forall f \in H_A^p \subset H$, 有

$$\|f\|_{K_E^p}^p = \sum_{i \in \mathbb{N}} \|E_i f\|^p = \sum_{i \in \mathbb{N}} \|E_i P f\|^p = \sum_{i \in \mathbb{N}} \|A_i f\|^p = \|f\|_{H_A^p}^p < \infty,$$

则 $H_A^p \subset K_E^p \bigcap H$.

反过来, $\forall f \in K_E^p \bigcap H$,

$$\|f\|_{H_A^p}^p = \sum_{i \in \mathbb{N}} \|A_i f\|^p = \sum_{i \in \mathbb{N}} \|E_i P f\|^p = \sum_{i \in \mathbb{N}} \|E_i f\|^p = \|f\|_{K_E^p}^p < \infty,$$

则 $K_E^p \bigcap H \subset H_A^p$. 从而 $H_A^p = K_E^p \bigcap H \subset K_E^p$ 且 $H_A^p = P H_A^p \subset P K_E^p$.

注解 7.1.1　　$H_A^p \subsetneqq P K_E^p$ 可能成立, 即 $H_A^p \neq P K_E^p$ 可能成立.

证明: 令 $\{H_i\}_{i \in \mathbb{N}}$ 是可分 Hilbert 空间列, H 是可分 Hilbert 空间, 满足 $\dim H = \sum_{i \in \mathbb{N}} \dim H_i = \infty$. 由定理 7.1.1 得, $\overline{K_E^p}^{\|\cdot\|_K} = K$, 从而

$$H = PK = P(\overline{K_E^p}^{\|\cdot\|_K}) \subset \overline{P K_E^p}^{\|\cdot\|} \subset \overline{PK}^{\|\cdot\|} = \overline{H}^{\|\cdot\|} = H$$

(闭包的像包含于像的闭包), 所以 $\overline{P K_E^p}^{\|\cdot\|} = H$. 如例 7.1.2 和例 7.1.3, 有 $H_A^p = \{0\}$. 假设 $H_A^p = P K_E^p$, 有

$$\overline{H_A^p}^{\|\cdot\|} = \overline{P K_E^p}^{\|\cdot\|} = H.$$

又因为 $\dim H = \infty$, 矛盾.

下面的例子说明 $H_A^p = P K_E^p$ 是可能的.

例 7.1.4　　设 $\{H_i\}_{i \in \mathbb{N}}$ 是可分 Hilbert 空间列, H 是可分 Hilbert 空间, 满足 $\dim H = \sum_{i \in \mathbb{N}} \dim H_i = \infty$, $E = \{E_i \in B(H, H_i)\}_{i \in \mathbb{N}}$ 是 H 上的相应于 $\{H_i\}_{i \in \mathbb{N}}$

的 g-标准正交基. 取 $2 \leqslant k \in \mathbb{N}$. 令 $A_{ni} = k^{-\frac{1}{2}} E_n, i = 1, \cdots, k, n \in \mathbb{N}$.

$$A = \{A_{ni} \colon n \in \mathbb{N}, i = 1, \cdots, k\}$$
$$= \{\underbrace{k^{-\frac{1}{2}} E_1, \cdots, k^{-\frac{1}{2}} E_1}_{k \uparrow}, \underbrace{k^{-\frac{1}{2}} E_2, \cdots, k^{-\frac{1}{2}} E_2}_{k \uparrow}, \cdots\}.$$

下证 $A = \{A_{ni} \in B(H, H_n) \colon n \in \mathbb{N}, i = 1, \cdots, k\}$ 是 H 上的相应于 $\{H_n\}_{n \in \mathbb{N}}$ 的 Parseval g-框架.

事实上, $\forall f \in H$, 有

$$\sum_{n \in \mathbb{N}} \sum_{i=1}^{k} \|A_{n,i}f\|^2 = \sum_{n \in \mathbb{N}} k \left\| \frac{1}{\sqrt{k}} E_n f \right\|^2$$
$$= \sum_{n \in \mathbb{N}} \|E_n f\|^2 = \|f\|^2.$$

令 $K = \underbrace{H \oplus \cdots \oplus H}_{k \uparrow}$ 是 H 重复 k 次生成的直和 Hilbert 空间, 内积定义为

$$\langle \widetilde{f_1} \oplus \cdots \oplus \widetilde{f_k}, \widetilde{h_1} \oplus \cdots \oplus \widetilde{h_k} \rangle = \sum_{j=1}^{k} \langle \widetilde{f_j}, \widetilde{h_j} \rangle, \forall \widetilde{f_j}, \widetilde{h_j} \in H, j = 1, \cdots, k.$$

把 H 与 $H \oplus \underbrace{\{0\} \oplus \cdots \oplus \{0\}}_{k-1 \uparrow} \subset K$ 等同. 令 $P \colon K \to H$ 是正交投影.

取 $k \times k$ 的酉矩阵 $\boldsymbol{U} = [a_{ij}]$ 满足 $a_{i1} = \dfrac{1}{\sqrt{k}}, i = 1, \cdots, k$. 令

$$B_{ni} = a_{i1} E_n \oplus a_{i2} E_n \oplus \cdots \oplus a_{ik} E_n, n \in \mathbb{N}, i = 1, \cdots, k,$$

则 $B = \{B_{ni} \in B(K, H_n) \colon n \in \mathbb{N}, i = 1, \cdots, k\}$ 满足下列性质:

(1) $B = \{B_{ni} \in B(K, H_n) \colon n \in \mathbb{N}, i = 1, \cdots, k\}$ 是 K 上相应于 $\{H_n\}_{n \in \mathbb{N}}$ 的 g-标准正交基;

(2) $B_{ni} P = A_{ni}, \forall n \in \mathbb{N}, i = 1, \cdots, k$;

(3) $PK_B^p = H_E^p = H_A^p, 1 \leqslant p \leqslant 2$.

证明: (1) $\forall g_n \in H_n, g_m \in H_m, \forall n, m \in \mathbb{N}, \forall i, j \in \{1, \cdots, k\}$,

$$\langle B_{ni}^* g_n, B_{mj}^* g_m \rangle = \langle \bar{a}_{i1} E_n^* g_n \oplus \cdots \oplus \bar{a}_{ik} E_n^* g_n, \bar{a}_{j1} E_m^* g_m \oplus \cdots \oplus \bar{a}_{jk} E_m^* g_m \rangle$$
$$= \sum_{l=1}^{k} \bar{a}_{il} a_{jl} \langle E_n^* g_n, E_m^* g_m \rangle$$
$$= \delta_{ij} \delta_{nm} \langle g_n, g_m \rangle,$$

其中最后一个等式由酉矩阵 $U = [a_{ij}]$ 的性质可得.

此外, $\forall\, \widetilde{f}_1 \oplus \cdots \oplus \widetilde{f}_k \in K$,

$$\sum_{n\in\mathbb{N}}\sum_{i=1}^{k}||B_{ni}(\widetilde{f}_1 \oplus \cdots \oplus \widetilde{f}_k)||^2$$

$$= \sum_{n\in\mathbb{N}}\sum_{i=1}^{k}||a_{i1}E_n\widetilde{f}_1 \oplus \cdots \oplus a_{ik}E_n\widetilde{f}_k||^2$$

$$= \sum_{n\in\mathbb{N}}\sum_{i=1}^{k}\sum_{j=1}^{k}||a_{ij}E_n\widetilde{f}_j||^2$$

$$= \sum_{n\in\mathbb{N}}\sum_{j=1}^{k}\sum_{i=1}^{k}|a_{ij}|^2||E_n\widetilde{f}_j||$$

$$= \sum_{n\in\mathbb{N}}\sum_{j=1}^{k}||E_n\widetilde{f}_j||^2 = \sum_{j=1}^{k}\sum_{n\in\mathbb{N}}||E_n\widetilde{f}_j||^2$$

$$= \sum_{j=1}^{k}||\widetilde{f}_j||^2 = ||\widetilde{f}_1 \oplus \cdots \oplus \widetilde{f}_k||^2.$$

因此, 由定义 7.1.1, $B = \{B_{ni} \in B(K, H_n): n \in \mathbb{N}, i = 1, \cdots, k\}$ 是 K 上的相应于 $\{H_n\}_{n\in\mathbb{N}}$ 的 g-标准正交基.

(2) 易得. 事实上, $\forall\, n \in \mathbb{N}, \forall\, i, j \in \{1, \cdots, k\}, \forall\, \widetilde{f}_1 \oplus \cdots \oplus \widetilde{f}_k \in K$, 有

$$B_{ni}P(\widetilde{f}_1 \oplus \cdots \oplus \widetilde{f}_k) = (a_{i1}E_n \oplus a_{i2}E_n \oplus \cdots \oplus a_{ik}E_n)(\widetilde{f}_1 \oplus \{0\} \oplus \cdots \oplus \{0\})$$

$$= a_{i1}E_n\widetilde{f}_1 = A_{ni}\widetilde{f}_1$$

$$= A_{ni}(\widetilde{f}_1 \oplus \cdots \oplus \widetilde{f}_k).$$

(3) $\forall\, \widetilde{f}_1 \oplus \cdots \oplus \widetilde{f}_k \in K$,

$$\sum_{n\in\mathbb{N}}\sum_{i=1}^{k}||B_{ni}(\widetilde{f}_1 \oplus \cdots \oplus \widetilde{f}_k)||^p = \sum_{n\in\mathbb{N}}\sum_{i=1}^{k}||a_{i1}E_n\widetilde{f}_1 + \cdots + a_{ik}E_n\widetilde{f}_k||^p$$

$$= \sum_{i=1}^{k}\sum_{n\in\mathbb{N}}||a_{i1}E_n\widetilde{f}_1 + \cdots + a_{ik}E_n\widetilde{f}_k||^p$$

$$= \sum_{i=1}^{k}||a_{i1}U_1 + \cdots + a_{ik}U_k||_p^p.$$

其中 $U_i = \{E_n \widetilde{f_i}\}_{n \in \mathbb{N}}$, $\forall \, i \in \{1, \cdots, k\}$.

因此, 以上的和式是有限的当且仅当 $R_i = a_{i1}U_1 + \cdots + a_{ik}U_k \in l^p(\underset{n \in \mathbb{N}}{\oplus} H_n)$, $i = 1, \cdots, k$.

事实上,

$$
(U_1, \cdots, U_k)
\begin{pmatrix}
a_{11} & \cdots & a_{k1} \\
\vdots & \ddots & \vdots \\
a_{1k} & \cdots & a_{kk}
\end{pmatrix}
= (R_1, \cdots, R_k).
$$

令 $\boldsymbol{U}'^{-1} = [b_{ij}]_{k \times k}$, 则 $U_i = b_{1i}R_1 + \cdots + b_{ki}R_k \in l^p(\underset{n \in \mathbb{N}}{\oplus} H_n)$, 即 $\widetilde{f_i} \in H_E^p = H_A^p$, $i = 1, \cdots, k$, 其中 $H_E^p = H_A^p$ 是显然的 (A 的定义).

从而, 如果 $\widetilde{f_1} \oplus \cdots \oplus \widetilde{f_k} \in K_B^p$, 则 $\widetilde{f_1} \in H_A^p$. 因此, $PK_B^p \subset H_A^p$. 进而, 由注解 7.1.1 之前的分析可得 $PK_B^p = H_A^p$.

下面给出 $H_A^p = PK_E^p$ 的一个充分条件.

定理 7.1.10　令 $\{H_i\}_{i \in \mathbb{N}}$ 是可分 Hilbert 空间列, H 是可分 Hilbert 空间, 满足 $\dim H = \sum_{i \in \mathbb{N}} \dim H_i = \infty$, $A = \{A_i \in B(H, H_i)\}_{i \in \mathbb{N}}$ 是 H 上的相应于 $\{H_i\}_{i \in \mathbb{N}}$ 的 Parseval g-框架. 设 K 是可分 Hilbert 空间, 满足 $K \supset H$, 并且 $E = \{E_i \in B(H, H_i)\}_{i \in \mathbb{N}}$ 是 K 上的相应于 $\{H_i\}_{i \in \mathbb{N}}$ 的 g-标准正交基且使得 $A_i = E_i P$, $\forall \, i \in \mathbb{N}$, 其中 $P : K \to H$ 是正交投影. 设

$$
\alpha = \max \left(\sup_{i \in \mathbb{N}} \sum_{j \in \mathbb{N}} \|A_j A_i^*\|, \ \sup_{j \in \mathbb{N}} \sum_{i \in \mathbb{N}} \|A_i A_j^*\| \right) < \infty,
$$

则对任意 $1 \leqslant p < 2$, 下列结论成立:

(1) $H_A^p = PK_E^p$.

(2) 对任意 $f = \sum_{i \in \mathbb{N}} E_i^* E_i f \in K_E^p$ (同时按 $\|\cdot\|_{K_E^p}$, $\|\cdot\|_K$ 收敛) (推论 7.1.2),

我们有

$$Pf = \sum_{i\in\mathbb{N}} A_i^* E_i f \in H_A^p,$$

级数按范数 $\|\cdot\|_{H_A^p}, \|\cdot\|_H$ 收敛.

证明: 由条件可知, $\forall f_i \in H_i, f_j \in H_j$ 满足 $\|f_i\| = \|f_j\| = 1, \forall i,j \in \mathbb{N}$, 有

$$\max\left(\sup_{i\in\mathbb{N}}\sum_{j\in\mathbb{N}}\|A_j\widetilde{A}_i^* f_i\|, \sup_{j\in\mathbb{N}}\sum_{i\in\mathbb{N}}\|\widetilde{A}_i A_j^* f_j\|\right) \leqslant \alpha < \infty,$$

从而 $A_i^* H_i \subset H_A^1 \subset H_A^p$, $i \in \mathbb{N}$. 由推论 7.1.2, $\forall f = \sum_{i\in\mathbb{N}} E_i^* E_i f \in K_E^p$, 其中级数按范数 $\|\cdot\|_{K_E^p}, \|\cdot\|_K$ 收敛.

同定理 7.1.2 的证明过程, 记 $S_n = \sum_{i=1}^n E_i^* E_i f, \forall f \in K_E^p, n \in \mathbb{N}$, 则 S_n 按范数 $\|\cdot\|_{E,p}, \|\cdot\|_K$ 收敛于 $f, n \to \infty$. 由上可知, 显然有 $PS_n = \sum_{i=1}^n A_i^* E_i f \in H_A^p$.

如果 $n < m \in \mathbb{N}$, 且 $p^{-1} + q^{-1} = 1, \forall f \in K_E^p$, 有

$$\|PS_m - PS_n\|_{H_A^p}^p$$
$$= \sum_{j\in\mathbb{N}}\left\|A_j\left(\sum_{i=n+1}^m A_i^* E_i f\right)\right\|^p = \sum_{j\in\mathbb{N}}\left\|\sum_{i=n+1}^m A_j A_i^* E_i f\right\|^p$$
$$\leqslant \sum_{j\in\mathbb{N}}\left(\sum_{i=n+1}^m \|A_j A_i^* E_i f\|\right)^p$$
$$\leqslant \sum_{j\in\mathbb{N}}\left(\sum_{i=n+1}^m \|A_j A_i^*\|^{p^{-1}+q^{-1}}\cdot\|E_i f\|\right)^p$$
$$\leqslant \sum_{j\in\mathbb{N}}\left(\sum_{i=n+1}^m \|A_j A_i^*\|\cdot\|E_i f\|^p\right)\left(\sum_{i=n+1}^m \|A_j A_i^*\|\right)^{pq^{-1}}$$
$$\leqslant \alpha^p \sum_{i=n+1}^m \|E_i f\|^p \to 0, n \to \infty.$$

由于 $(H_A^p, \|\cdot\|_{H_A^p})$ 是 Banach 空间, 存在 $g \in H_A^p$ 使得 PS_n 按范数 $\|\cdot\|_{H_A^p}$ 收敛于 $g \in H_A^p, n \to \infty$. 易得, PS_n 按范数 $\|\cdot\|_H$ 收敛于 $Pf, n \to \infty$. 从而 $Pf = g \in H_A^p$. 进而, $PK_E^p \subset H_A^p$. 再由注解 7.1.1 之前的分析可得 $PK_E^p = H_A^p$.

注解 7.1.2　下面说明例 7.1.4 满足定理 7.1.10 的条件. 事实上, $\forall\, f_n \in H_n$, $f_m \in H_m$ 满足 $\|f_n\| = \|f_m\| = 1$, $n, m \in \mathbb{N}$, 有

$$\max\left(\sup_{i,n\in\mathbb{N}}\sum_{m\in\mathbb{N}}\sum_{j=1}^{k}\|A_{mj}A_{ni}^*f_n\|,\ \sup_{j,m\in\mathbb{N}}\sum_{n\in\mathbb{N}}\sum_{i=1}^{k}\|A_{ni}A_{mj}^*f_m\|\right)$$

$$=\max\left(\sup_{n\in\mathbb{N}}\sum_{m\in\mathbb{N}}kk^{-1}\|E_mE_n^*f_n\|,\ \sup_{m\in\mathbb{N}}\sum_{n\in\mathbb{N}}kk^{-1}\|E_nE_m^*f_m\|\right)$$

$$\leqslant \alpha = \max\left(\sup_{n\in\mathbb{N}}\|E_nE_n^*\|,\ \sup_{m\in\mathbb{N}}\|E_mE_m^*\|\right) = \sup_{n\in\mathbb{N}}\|E_n\|^2 = 1.$$

例 7.1.5　设 $\{H_i\}_{i\in\mathbb{N}}$ 是可分 Hilbert 空间列, H 是可分 Hilbert 空间, 满足 $\dim H = \sum_{i\in\mathbb{N}} \dim H_i = \infty$, $E = \{E_i \in B(H, H_i)\}_{i\in\mathbb{N}}$ 是 H 上的相应于 $\{H_i\}_{i\in\mathbb{N}}$ 的 g-标准正交基. 令 $\{\alpha_i\}_{i\in\mathbb{N}} \subset \mathbb{C}$ 使得 $\sum_{i\in\mathbb{N}} |\alpha_i|^2 = 1$, 且 $\sum_{i\in\mathbb{N}} |\alpha_i| < \infty$, 其中 $\mathbb{C}$ 是全体复数集合 (存在性见例 7.1.3). 令 $A_{ni} = \alpha_i E_n \in B(K, H_n)$, $i, n \in \mathbb{N}$. 由例 7.1.3 可知, $\{A_{ni}\}_{n,i\in\mathbb{N}}$ 是 H 上相应于 $\{H_n\}_{n\in\mathbb{N}}$ 的 Parseval g-框架, 并且对任意 $f_n \in H_n$, $f_m \in H_m$, $\forall\, n, m \in \mathbb{N}$, 有

$$\langle A_{ni}^*f_n, A_{mj}^*f_m\rangle = \langle\overline{\alpha_i}E_n^*f_n, \overline{\alpha_j}E_m^*f_m\rangle = \overline{\alpha_i}\alpha_j\delta_{nm}\langle f_n, f_m\rangle.$$

因此, 对任意 $f_n \in H_n$, $f_m \in H_m$ 满足 $\|f_n\| = \|f_m\| = 1$, $n, m \in \mathbb{N}$, 有

$$\max\left(\sup_{i,n\in\mathbb{N}}\sum_{m\in\mathbb{N}}\sum_{j=1}^{k}\|A_{mj}A_{ni}^*f_n\|,\ \sup_{j,m\in\mathbb{N}}\sum_{n\in\mathbb{N}}\sum_{i=1}^{k}\|A_{ni}A_{mj}^*f_m\|\right)$$

$$=\max\left(\sup_{i,n\in\mathbb{N}}\sum_{m\in\mathbb{N}}\sum_{j=1}^{k}|\alpha_j\overline{\alpha_i}|\cdot\|E_mE_n^*f_n\|,\ \sup_{j,m\in\mathbb{N}}\sum_{n\in\mathbb{N}}\sum_{i=1}^{k}|\alpha_i\overline{\alpha_j}|\cdot\|E_nE_m^*f_m\|\right)$$

$$=\max\left(\sup_{i,n\in\mathbb{N}}|\overline{\alpha_i}|\sum_{j=1}^{k}|\alpha_j|\cdot\|E_nE_n^*f_n\|,\ \sup_{j,m\in\mathbb{N}}|\overline{\alpha_j}|\sum_{i=1}^{k}|\alpha_i|\cdot\|E_mE_m^*f_m\|\right)$$

$$\leqslant\max\left(\sup_{i,n\in\mathbb{N}}|\overline{\alpha_i}|\sum_{j=1}^{k}|\alpha_j|\cdot\|E_nE_n^*\|,\ \sup_{j,m\in\mathbb{N}}|\overline{\alpha_j}|\sum_{i=1}^{k}|\alpha_i|\cdot\|E_mE_m^*\|\right)$$

$$=\max\sup_{i\in\mathbb{N}}|\overline{\alpha_i}|\sum_{j=1}^{k}|\alpha_j| < \infty.$$

从而满足定理 7.1.10 的条件.

7.2 连续框架诱导的 Banach 空间

本节主要研究相应于有限测度的连续框架 F 诱导的 Banach 空间 H_F^p. 在一些特殊条件下讨论 H_F^p 的基本性质, 通过构造两个"二重积分"的广义连续框架的例子来深入探讨 H_F^p 的理解. 最后利用连续框架的提升性质来研究广义连续框架与其相应的 H_F^p 空间的提升.

集合 Ω 的子集族 Σ 称为 Ω 的 σ-代数, 如果满足: (1) 若 $E \in \Sigma$, 则 $E^c \in \Sigma$, 其中 E 是 Ω 的子集, E^c 是 E 关于 Ω 的余集; (2) 若 $E = \bigcup\limits_{n=1}^{\infty} E_n$ 且 $E_n \in \Sigma$, 任意 $n \in \mathbb{N}$, 则 $E \in \Sigma$; (3) $\Omega \in \Sigma$.

如果 Σ 是 Ω 的 σ-代数, 则称 (Ω, Σ) 是可测空间, 且 Σ 的任意元素称为 Ω 的 可测集. 更多地, 函数 $\mu\colon \Sigma \to [0, \infty]$ 称为 Σ 上的正测度, 如果满足 μ 是可数可加的, 即 $\mu(\bigcup\limits_{n=1}^{\infty} E_n) = \sum\limits_{n=1}^{\infty} \mu(E_n)$, 其中 $\{E_n\}_{n=1}^{\infty}$ 是 Σ 中互不相交的可数子集族. 一个可测空间 (Ω, Σ), 若存在定义在 Σ 上的正测度 μ, 则称 (Ω, Σ, μ) 是测度空间. 测度空间 (Ω, Σ, μ) 中的任意子集 $E \in \Sigma$, 如果存在 $\{E_n\}_{n=1}^{\infty} \subset \Sigma$ 且 $\mu(E_n) < \infty, \forall n \in \mathbb{N}$, 使得 $E = \bigcup\limits_{n=1}^{\infty} E_n$, 则称 (Ω, Σ, μ) 是 σ-有限的测度空间. 如果满足 $\mu(\Omega) < \infty$, 则称 (Ω, Σ, μ) 是有限测度空间.

设 (Ω, Σ) 是可测空间, Y 是拓扑空间, 映射 $f\colon \Omega \to Y$ 称为可测映射, 如果对任意开集 $V \subset Y$, 有 $f^{-1}(V) \subset X$ 是可测集.

7.2.1 基本性质

定义 7.2.1 设 (Ω, Σ, μ) 是测度空间, H 是 Hilbert 空间. 如果映射 $F\colon \Omega \to H$ 是弱可测的, 即对任意 $f \in H$, 函数 $\langle f, F(\cdot) \rangle\colon \Omega \to \mathbb{C}, w \to \langle f, F(w) \rangle$ 是可测映射, 且存在常数 A, B 满足 $0 < A \leqslant B < \infty$,

$$A\|f\|^2 \leqslant \int_{\Omega} |\langle f, F(w) \rangle|^2 \mathrm{d}\mu(x) \leqslant B\|f\|^2, \forall f \in H,$$

则称映射 $F: \Omega \to H$ 是 H 上的连续框架. A, B 称为其框架界, 满足条件的所有 A 的最大值、B 的最小值分别称为最优框架下界、上界. 如果 $A = B$, 则称 F 是 H 上的紧连续框架. 进一步, 若 $A = B = 1$, 则称 F 是 H 上的 Parseval 连续框架. 如果只有右边的不等式成立, 则称 F 是 H 上的 Bessel 映射, B 为 Bessel 界.

设 $F: \Omega \to H$ 是 H 上的 Bessel 映射, 定义 $\theta_F: H \to L^2(\Omega, \Sigma, \mu)$,

$$\theta_F f(w) = \langle f, F(w) \rangle, \forall\, f \in H, w \in \Omega.$$

由 Bessel 映射的定义易得, θ_F 定义有意义, 且是有界线性算子. 称 θ_F 是 F 的分析算子. 称 $S_F = \theta_F^* \theta_F$ 是 F 的框架算子. 如果 $F: \Omega \to H$ 是 H 上的连续框架, 显然 S_F 是正可逆算, 称 $S_F^{-1} F$ 是 F 的典则对偶连续框架. 更多地, 如果 $G: \Omega \to H$ 也是 H 上的连续框架, 且满足

$$\langle f, g \rangle = \int_{\Omega} \langle f, G(w) \rangle \langle F(w), g \rangle \mathrm{d}\mu(w), \forall\, f, g \in H,$$

则称 G 是 F 的对偶连续框架.

下面说明离散框架与连续框架的一些区别.

区别 1: 与离散情况不一样, 连续 Bessel 映射不一定有界.

例 7.2.1 [121, 例 2]　令

$$a(x) = \begin{cases} |x|^{-\frac{1}{4}}, & -1 < x < 1, \\ 0, & x = 0, \\ |x|^{-1}, & 1 \leqslant |x|. \end{cases}$$

易得, 函数 $a \in L^2(\mathbb{R}) \setminus L^{\infty}(\mathbb{R})$. 设 H 是 Hilbert 空间, 任意取 $h \in H$ 且 $h \neq 0$. 令 $F(x) = a(x)h$, 显然 F 是 Lebesgue 弱可测的, 并且

$$\int_{\mathbb{R}} |\langle f, F(x) \rangle|^2 \mathrm{d}x = ||a||_2^2 |\langle f, h \rangle|^2 \leqslant ||a||_2^2 ||f||^2 ||h||^2, \forall\, f \in H.$$

但是 $||F(x)|| = |a(x)| \cdot ||h||$ 无界, $\forall\, x \in \mathbb{R}$.

设 H 是 Hilbert 空间, 任意取 $h \in H$ 且 $h \neq 0$. 也可令 $\Omega = (-1, 1)$, $F(x) = |x|^{-\frac{1}{4}} h, \forall\, x \in \Omega$. 这样构造了相应于有限测度空间的无界的 Bessel 映射.

同理, 令 $\Omega = [0, 1]$, $a(x) = x^2$, $\forall\, x \in \Omega$. 设 H 是 Hilbert 空间, 任意取 $h \in H$ 且 $h \neq 0$. 令 $F(x) = a(x)h$, 则 $\|F(x)\| = |a(x)| \cdot \|h\| \leqslant \|h\|$, 即范数有界. 显然 $F: \Omega \to H$ 是 H 上的 Bessel 映射.

区别 2: 与离散情况不一样, $L^2(\Omega, \Sigma, \mu)$ 的任意闭子空间不一定是连续框架分析算子的像.

定义 7.2.2 [104, 定义 4.1]   设 (Ω, Σ, μ) 是 σ-有限的测度空间, $M \subset L^2(\Omega, \Sigma, \mu)$ 是闭子空间. 如果存在 Hilbert 空间 H, H 上的连续框架 $F: \Omega \to H$ 使得 $\theta_F H = M$, 则称 M 是一个框架像.

引理 7.2.1 [104, 命题 4.4]   设 (Ω, Σ, μ) 是 σ-有限的测度空间, 则:

(1) $L^2(\Omega, \Sigma, \mu)$ 的任意有限维子空间是框架像.

(2) 如果闭子空间 $M \subset L^2(\Omega, \Sigma, \mu)$ 是框架像, 则 M 的任意闭子空间是框架像.

(3) 如果闭子空间 $M, N \subset L^2(\Omega, \Sigma, \mu)$ 是框架像, 且 $M + N$ 是闭的, 则 $M + N$ 是框架像.

引理 7.2.2   设 (Ω, Σ, μ) 是纯原子的 σ-有限的测度空间, 任意闭子空间 $N \subset L^2(\Omega, \Sigma, \mu)$, 则存在 N 上的连续框架 $G = \{g_x\}_{x \in \Omega}$, 使得 $\theta_G N = N$.

证明: 已知 (Ω, Σ, μ) 是纯原子的, 则由引理 7.2.3, $L^2(\Omega, \Sigma, \mu)$ 是框架像, 从而由引理 7.2.1, 任意闭子空间 $N \subset L^2(\Omega, \Sigma, \mu)$ 是框架像, 即存在 Hilbert 空间 H_0, H_0 上的连续框架 F_0, 使得 $\theta_{F_0} H_0 = N$, 进而存在可逆算子 $T: H_0 \to N$. 从而 $G = T F_0$ 是 N 上的连续框架, 即 G, F_0 相似, 则由文献 [53, 命题 2.1] 得, $\theta_G N = \theta_{F_0} H_0 = N$.

区别 3: Riesz 型连续框架, 即 θ_F 是满的情况不一定存在.

设 (Ω, Σ, μ) 是 σ-有限的测度空间. 如果 $A \in \Sigma$ 满足 $0 < \mu(A) < \infty$ 且任意可测子集 $B \subset A$, 有 $\mu(B) = 0$ 或 $\mu(B) = \mu(A)$, 则 A 是一个原子. 如果两个原子相差一个零测集, 则称两个原子是相同的. 如果 $\Omega - \bigcup\{A \in \Sigma: A \text{ 是原子}\}$ 是零测集, 则称 (Ω, Σ, μ) 是纯原子的.

可测映射限制在原子上的像恒定.

事实上, 设 $f\colon \Omega \to H$ 是可测映射, $E \subset \Omega$ 是原子. 令 $E_1 = \{w \in E\colon f(w) = f_1\}$. 假设 $\mu(E_1) \neq 0$. 由于 $E_1 \subset E$, 由原子定义可得 $\mu(E_1) = \mu(E)$. 进而 $\mu(E \setminus E_1) = 0$. 即 $f|_E = f|_{E_1}$ (等价类).

显然, Ω 中有至多可数个原子, 类似于离散的情形.

事实上, 由于 (Ω, Σ, μ) 是 σ-有限的, 设 $\Omega = \bigcup\limits_{i=1}^{\infty} \Omega_i$, 其中 $\mu(\Omega_i) < \infty$ 且 $\Omega_i \bigcap \Omega_j = \varnothing, \forall\, i, j \in \mathbb{N}$. 我们只需说明 Ω_i 中只有有限个原子, $\forall\, i \in \mathbb{N}$. 假设有可数个原子. 由

$$\{A \subset \Omega_i \colon \mu(A) \neq 0\} = \bigcup_{n=1}^{\infty} \left\{ A_n \subset \Omega_i \colon \mu(A_n) \geqslant \frac{1}{n} \right\},$$

且因为原子是互不相交的及测度有可数可加性, 得

$$\infty = \sum_{n=1}^{\infty} \frac{1}{n} \leqslant \mu(\bigcup_{n=1}^{\infty} A_n)$$
$$= \sum_{n=1}^{\infty} \mu(A_n) \leqslant \mu(\Omega_i) < \infty,$$

矛盾. 从而可令 $\Omega_i = \bigcup\limits_{n=1}^{N_i} A_{in}$, 其中 $A_{in} \subset \Omega_i$ 是原子, $N_i \in \mathbb{N}, \forall\, i \in \mathbb{N}$. 从而 $\Omega = \bigcup\limits_{i=1}^{\infty} \bigcup\limits_{n=1}^{N_i} A_{in}$. 即 Ω 有至多可数个原子.

设 (Ω, Σ, μ) 是纯原子的测度空间, H 是可分 Hilbert 空间. 如果 $F\colon \Omega \to H$ 是 H 上的连续框架, 则 $\forall\, f \in H$,

$$\int_{\Omega} |\langle f, F(w) \rangle|^2 \mathrm{d}\mu(w) = \sum_{i \in \mathbb{N}} \sum_{n=1}^{N_i} \int_{A_{in}} |\langle f, F(w) \rangle|^2 \mathrm{d}\mu(w),$$

其中 $\Omega = \bigcup\limits_{i=1}^{\infty} \bigcup\limits_{n=1}^{N_i} A_{in}$, A_{in} 是原子. 又因为 $\langle f, F(w) \rangle = \langle f, F(u) \rangle, \forall\, w, u \in A_{in}$ (原子), 可记 $F_{in} = \dfrac{1}{\sqrt{\mu(A_{in})}} F(w)$, 则

$$\int_{A_{in}} |\langle f, F(w) \rangle|^2 \mathrm{d}\mu(w) = |\langle f, F_{in} \rangle|^2.$$

从而由上式可得 $A||f||^2 \leqslant \sum\limits_{i\in\mathbb{N}}\sum\limits_{n=1}^{N_i}|\langle f, F_{in}\rangle|^2 \leqslant B||f||^2$. 这样 $F\colon \Omega \to H$ 对应一个离散框架 $\{F_{in} \in H\colon n = 1, \cdots, N_i, i \in \mathbb{N}\}$.

进一步, 如果 $\mu(\Omega) < \infty$, 且 $F\colon \Omega \to H$ 是 H 上的连续框架, 由上可知, $\dim H < \infty$.

引理 7.2.3 [104, 推论 4.3] 设 (Ω, Σ, μ) 是 σ-有限的测度空间, H 是可分 Hilbert 空间, $L^2(\Omega, \Sigma, \mu)$ 是框架像当且仅当 (Ω, Σ, μ) 是纯原子的.

区别 4: 可分 Hilbert 空间上一定存在离散的框架, 但不一定存在连续框架. 下面是连续框架存在的充要条件.

引理 7.2.4 [53, 推论 2.7] 设 (Ω, Σ, μ) 是 σ-有限的测度空间, H 是可分 Hilbert 空间, 则下列结论等价:

(1) 存在映射 $F\colon \Omega \to H$ 是 H 上的连续框架.

(2) 存在映射 $F\colon \Omega \to H$ 满足 $F(w) = \sum\limits_{i\in\mathbb{J}} \psi_i(w)e_i, \forall\, w \in \Omega$, 其中 $\{e_i\}_{i\in\mathbb{J}}$ 是 H 上的 Riesz 基, $\{\psi_i(w)\}_{i\in\mathbb{J}}$ 是 $L^2(\Omega, \Sigma, \mu)$ 上的 Riesz 序列, $\mathbb{J}$ 是可数指标集.

设 (Ω, Σ, μ) 是 σ-有限的测度空间, H 是可分 Hilbert 空间. 文献 [121] 中已经说明了连续框架可以由离散框架去直接构造, 只有当 $\mu(\Omega) < \infty$ 且 $\dim H = \infty$ 时, 连续框架才不一定存在. 而这一部分我们只讨论 $\mu(\Omega) < \infty$ 且 $\dim H = \infty$ 时, 连续框架存在的情形. 我们首先给出这一情况下连续框架存在的例子.

例 7.2.2 设 $\Omega \subset \mathbb{R}^n$ 是有界的 Lebesgue 可测子集. 令 $H = L^2(\Omega)$, $F(w)(t) = \mathrm{e}^{2\pi i\langle w, t\rangle}\chi_\Omega(t), \forall\, w \in \mathbb{R}^n$, 则 $\forall\, f \in H$, 有

$$\langle f, F(w)\rangle = \int_{\mathbb{R}^n} f(t)\mathrm{e}^{-2\pi i\langle w, t\rangle}\chi_\Omega(t)\mathrm{d}t = \widehat{f}(w),$$

其中 $\widehat{f}$ 是 f 的 Fourier 变换. 进而由 Plancherel 恒等式可得,

$$\int_{\mathbb{R}^n} |\langle f, F(w)\rangle|^2\mathrm{d}w = \int_{\mathbb{R}^n} |\widehat{f}(w)|^2\mathrm{d}w = ||\widehat{f}||_2^2 = ||f||^2.$$

即 $F: \Omega \to H$ 是 H 上的 Parseval 连续框架. 特别地, $F: \Omega \to H$ 是范数有界的.

引理 7.2.5 [49, 命题 6.12]　设 (Ω, Σ, μ) 是有限测度空间, $1 \leqslant p < q \leqslant \infty$, 则 $L^q(\Omega, \Sigma, \mu) \subsetneq L^p(\Omega, \Sigma, \mu)$.

证明: $\forall f \in L^q(\Omega, \Sigma, \mu)$, 当 $q = \infty$ 时,

$$\int_\Omega |f(x)|^p \mathrm{d}\mu(x) \leqslant \|f\|_\infty^p \int_\Omega \mathrm{d}\mu(x) < \infty.$$

当 $q = \infty$ 时,

$$
\begin{aligned}
\int_\Omega |f(x)|^p \mathrm{d}\mu(x) &= \int_\Omega (|f(x)|^p)^{pq^{-1} + 1 - pq^{-1}} \mathrm{d}\mu(x) \\
&\leqslant \left[\int_\Omega (|f(x)|^p)^{p^{-1}q} \mathrm{d}\mu(x) \right]^{pq^{-1}} \left[\int_\Omega 1^{q(q-p)^{-1}} \mathrm{d}\mu(x) \right]^{1-pq^{-1}} \\
&= \mu(\Omega)^{1-pq^{-1}} \|f\|_q^p.
\end{aligned}
$$

更多地, 取 $f = \sum_{i \in \mathbb{N}} 2^{iq^{-1}} \chi_{\Omega_i}$, 其中 $\Omega_i \subset \Omega$ 互不相交, 且满足 $|\Omega_i| = 2^{-i}|\Omega|$, 则 $f \in L^p(\Omega, \Sigma, \mu)$, 但 $f \notin L^q(\Omega, \Sigma, \mu)$ [126, 习题3.5, P71].

在本部分中, 设 (Ω, Σ, μ) 是有限的测度空间, H 是可分 Hilbert 空间. 设 H 上存在关于 (Ω, Σ, μ) 的连续框架 $F: \Omega \to H$. 定义

$$H_F^p = \{f \in H: \theta_F f \in L^p(\Omega, \Sigma, \mu)\}, \forall 1 \leqslant p \leq \infty.$$

由引理 7.2.5, $1 \leqslant p \leqslant 2$ 时, $H = H_F^p$. 因此, 我们只考虑 $2 \leqslant p \leqslant \infty$ 的情况. 记 $L^p(\Omega, \Sigma, \mu)$ 上的范数为 $\|\cdot\|_p$, H 上的范数为 $\|\cdot\|$. 显然, H_F^p 是 H 的线性子空间. 但对于非平凡的情况, 即 $2 < p \leqslant \infty$ 时, H_F^p 是否是 H 的闭子空间需讨论.

7.2.2　一般性质与重构公式

首先说明 H_F^p 与 $L^p(\Omega, \Sigma, \mu)$ 的闭子空间是同构的.

定理 7.2.1　设 (Ω, Σ, μ) 是有限的测度空间, H 是可分 Hilbert 空间. 设 $F: \Omega \to H$ 是 H 上的连续框架, 则下列结论成立:

(1) $\theta_F H_F^p = \theta_F H \bigcap L^p(\Omega, \Sigma, \mu)$; $\overline{\theta_F H_F^p}^{\|\cdot\|_p} = \theta_F H_F^p, \forall 2 < p \leqslant \infty$.

(2) F 是 Riesz 型连续框架当且仅当 $\theta_F H_F^p = L^p(\Omega, \Sigma, \mu), \forall\, 2 < p < \infty$.

(3) 设 F, G 相似, 则 H_F^p, H_G^p 同构.

(4) 如果 $F\colon \Omega \to H$ 有界, 则 $H_F^p = H, \forall\, 2 < p \leqslant \infty$.

(5) 如果 $F\colon \Omega \to H$ 满足 $\|F(\cdot)\| \in L^p(\Omega, \Sigma, \mu)$, 且 $G\colon \Omega \to H$ 是 H 上的有界连续框架, 则 $G(w) \in H_F^p, \forall\, w \in \Omega$. 进而 $\overline{H_F^p} = H, \forall\, 2 < p \leqslant \infty$.

(6) 如果 $F\colon \Omega \to H$ 是 Riesz 型连续框架, 则 $\overline{H_F^p} = H, \forall\, 2 < p \leqslant \infty$.

证明: (1) 事实上, $H_F^p = \theta_F^{-1}(\theta_F H \bigcap L^p(\Omega, \Sigma, \mu)) = \theta_F^{-1}(L^p(\Omega, \Sigma, \mu))$.

取 $\{g_n\}_{n \in \mathbb{N}} \subset H_F^p$ 使得 $\{\theta_F g_n\}_{n \in \mathbb{N}} \subset L^p(\Omega, \Sigma, \mu)$ 是 Cauchy 列. 由 $L^p(\Omega, \Sigma, \mu)$ 的完备性, $\theta_F g_n \xrightarrow{\|\cdot\|_p} \xi \in L^p(\Omega, \Sigma, \mu) \subset L^2(\Omega, \Sigma, \mu), n \to \infty$. 因为 $\overline{\theta_F H}^{\|\cdot\|_2} = \theta_F H$, 则存在 $g \in H$ 使得 $\theta_F g = \xi \in L^p(\Omega, \Sigma, \mu)$, 即 $g \in H_F^p$. 从而 $\theta_F H_F^p$ 在 $L^p(\Omega, \Sigma, \mu)$ 中是闭的.

(2) 必要性. 显然 $L^p(\Omega, \Sigma, \mu) \subset L^2(\Omega, \Sigma, \mu) = \theta_F H$, 由 (1) 得,

$$\theta_F H_F^p = \theta_F H \bigcap L^p(\Omega, \Sigma, \mu) = L^p(\Omega, \Sigma, \mu).$$

只需 $L^p(\Omega, \Sigma, \mu) \subset \theta_F H$ 即可, Riesz 型条件更强.

充分性. 由于 $C(\Omega)$ (Ω 上的连续函数全体) 在 $L^p(\Omega, \Sigma, \mu)$ 中稠密, $\forall\, 1 \leqslant p < \infty$ [81, 引理 1.21]. 从而 $\forall\, 2 < p < \infty$, 有

$$L^2(\Omega, \Sigma, \mu) = \overline{C(\Omega)}^{\|\cdot\|_2} \subset \overline{L^p(\Omega, \Sigma, \mu)}^{\|\cdot\|_2} \subset L^2(\Omega, \Sigma, \mu).$$

进而,

$$L^2(\Omega, \Sigma, \mu) = \overline{L^p(\Omega, \Sigma, \mu)}^{\|\cdot\|_2} = \overline{\theta_F H_F^p}^{\|\cdot\|_2} \subset \theta_F H \subset L^2(\Omega, \Sigma, \mu),$$

即 $L^2(\Omega, \Sigma, \mu) = \theta_F H$ (满).

(3) 事实上, 由文献 [53, 命题 2.1], $\theta_F H = \theta_G H$.

由 (1) 得,

$$\theta_F H_F^p = \theta_F H \bigcap L^p(\Omega, \Sigma, \mu) = \theta_G H \bigcap L^p(\Omega, \Sigma, \mu) = \theta_G H_G^p.$$

从而由连续框架的性质可得, H_F^p, H_G^p 同构.

(4) $\forall\, w \in \Omega$, 设 $F(w) \leqslant b$, 则 $\forall\, f \in H$, 有

$$\|\theta_F f\|_p^p = \int_\Omega |\langle f, F(w)\rangle|^p \mathrm{d}\mu(w)$$
$$\leqslant \int_\Omega (\|f\| \cdot \|F(w)\|)^p \mathrm{d}\mu(w)$$
$$\leqslant \|f\|^p b^p \mu(\Omega).$$

(5) $\forall\, u \in \Omega$, 设 $G(u) \leqslant b$, 则

$$\|\theta_F G(u)\|_p^p = \int_\Omega |\langle G(u), F(w)\rangle|^p \mathrm{d}\mu(w)$$
$$\leqslant \int_\Omega (\|G(u)\| \cdot \|F(w)\|)^p \mathrm{d}\mu(w)$$
$$\leqslant b^p \||F(\cdot)|\|_p^p.$$

从而 $G(u) \in H_F^p$. 由连续框架的性质可得, $\overline{H_F^p} = H$.

(6) F 是 Riesz 型连续框架时, 由文献 [120, 推论 3.7], $\langle F(u), F(u)^*\rangle = \mu(\{u\})^{-1}, \forall\, u \in \Omega$, 其中 $F^* = S_F^{-1} F$ 是 F 的典则对偶连续框架. 进而, 由文献 [120, 定理 3.6],

$$\langle F(u), f\rangle = \int_\Omega \langle F(u), F(w)^*\rangle \langle F(w), f\rangle \mathrm{d}\mu(w)$$
$$= \int_{\Omega\backslash\{u\}} \langle F(u), F(w)^*\rangle \langle F(w), f\rangle \mathrm{d}\mu(w)$$
$$+ \mu(\{u\}) \langle F(u), F(u)^*\rangle \langle F(u), f\rangle.$$

从而 $\displaystyle\int_{\Omega\backslash\{u\}} \langle F(u), F(w)^*\rangle \langle F(w), f\rangle \mathrm{d}\mu(w) = 0, \forall\, f \in H$.

特别地, 取 $f = S_F^{-1} F(u)$, 可得

$$\int_{\Omega\backslash\{u\}} \langle F(u), S_F^{-1} F(w)\rangle \langle F(w), S_F^{-1} F(u)\rangle \mathrm{d}\mu(w)$$
$$= \int_{\Omega\backslash\{u\}} |\langle F(u), S_F^{-1} F(w)\rangle|^2 \mathrm{d}\mu(w) = 0.$$

从而 $\langle F(u), F(w)^*\rangle \xlongequal{a.e.} 0, \forall\, w \in \Omega\backslash\{u\}$.

进而,

$$\int_{\Omega} |\langle F(u), S_F^{-1} F(w)\rangle|^p \mathrm{d}\mu(w)$$

$$= \int_{\Omega\setminus\{u\}} |\langle F(u), S_F^{-1} F(w)\rangle|^p \mathrm{d}\mu(w) + \mu(\{u\})|\langle F(u), F(u)^*\rangle|^p$$

$$= \mu(\{u\})^{1-p}.$$

即 $F^*(u) \in H_F^p, \forall u \in \Omega$. 再由连续框架完备性得, $\overline{H_F^p} = H$.

定义 $\|f\|_{H_F^p} = \|\theta_F f\|_p, \forall f \in H_F^p$, 则 $(H_F^p, \|\cdot\|_{H_F^p})$ 是 Banach 空间, $\forall 2 < p \leqslant \infty$.

事实上, 由定理 7.2.1 (1), 显然. 但 $(H_F^p, \|\cdot\|)$ 不一定闭. 更多地, 我们得到

$$A^{\frac{1}{2}}\|f\| \leqslant \|\theta_F f\|_2 \leqslant \|\theta_F f\|_p = \|f\|_{H_F^p}.$$

定理 7.2.2 设 (Ω, Σ, μ) 是有限的测度空间, H 是可分 Hilbert 空间. 设 $F\colon \Omega \to H$ 是 H 上的连续框架. 如果 $G\colon \Omega \to H$ 是 F 的对偶连续框架. 设

$$\alpha = \max\left(\sup_{u\in\Omega}\operatorname{ess\,sup}_{w\in\Omega}|\langle G(u), F(w)\rangle|, \sup_{w\in\Omega}\operatorname{ess\,sup}_{u\in\Omega}|\langle G(u), F(w)\rangle|\right) < \infty,$$

则 $\forall 2 < p \leqslant \infty, \forall f \in (H_F^p)^*, \varphi \in L^p(\Omega, \Sigma, \mu) \bigcap \operatorname{ran}\theta_F$,

$$T_G\colon L^p(\Omega, \Sigma, \mu) \bigcap \operatorname{ran}\theta_F \to H_F^p, \quad \langle f, T_G\varphi\rangle = \int_{\Omega} \varphi(w)\langle f, G(w)\rangle \mathrm{d}\mu(w)$$

是有界线性算子.

证明: 事实上, 已知条件 $\theta_F G(u) \in L^\infty(\Omega, \Sigma, \mu) \subset L^p(\Omega, \Sigma, \mu)$, 则 $G(u) \in H_F^\infty \subset H_F^p, \forall u \in \Omega. \forall f \in H_F^p$,

$$\|T_G\langle f, F(\cdot)\rangle\|_{H_F^p}^p$$

$$= \int_{\Omega} \left|\int_{\Omega} \langle f, F(u)\rangle\langle G(u), F(w)\rangle d\mu(u)\right|^p \mathrm{d}\mu(w)$$

$$\leqslant \int_{\Omega} \left(\int_{\Omega} |\langle f, F(u)\rangle| \cdot |\langle G(u), F(w)\rangle|^{p^{-1}+q^{-1}} d\mu(u)\right)^p \mathrm{d}\mu(w)$$

$$\leqslant \int_{\Omega} [(\int_{\Omega} |\langle f, F(u)\rangle|^p \cdot |\langle G(u), F(w)\rangle| d\mu(u))^{p-1} \cdot$$

$$(\int_{\Omega} |\langle G(u), F(w)\rangle| d\mu(u))^{q^{-1}}]^p \mathrm{d}\mu(w)$$

$$= \int_\Omega (\int_\Omega |\langle f, F(u)\rangle|^p \cdot |\langle G(u), F(w)\rangle| \mathrm{d}\mu(u)) \cdot$$

$$(\int_\Omega |\langle G(u), F(w)\rangle| \mathrm{d}\mu(u))^{q^{-1}p} \mathrm{d}\mu(w)$$

$$\leqslant \alpha^{q^{-1}p+1} \mu(\Omega)^{q^{-1}p+1} \int_\Omega |\langle f, F(u)\rangle|^p \mathrm{d}\mu(u)$$

$$= \alpha^p \mu(\Omega)^p \|\langle f, F(\cdot)\rangle\|_p^p < \infty.$$

推论 7.2.1　设 (Ω, Σ, μ) 是有限的测度空间, H 是可分 Hilbert 空间. 设 $F: \Omega \to H$ 是 H 上的 Parseval 连续框架. 如果

$$\alpha = \sup_{u \in \Omega} \left(\operatorname*{ess\,sup}_{w \in \Omega} |\langle F(u), F(w)\rangle| \right) < \infty,$$

则对任意 $2 < p \leqslant \infty, \forall f \in (H_F^p)^*, \varphi \in L^p(\Omega, \Sigma, \mu) \bigcap \mathrm{ran}\theta_F$,

$$T_G: L^p(\Omega, \Sigma, \mu) \bigcap \mathrm{ran}\theta_F \to H_F^p, \langle f, T_G\varphi \rangle = \int_\Omega \varphi(w)\langle f, G(w)\rangle \mathrm{d}\mu(w)$$

是有界线性算子.

推论 7.2.2　设 (Ω, Σ, μ) 是有限的测度空间, H 是可分 Hilbert 空间. 设 $F: \Omega \to H$ 是 H 上的 Riesz 型连续框架, $G: \Omega \to H$ 是 F 的对偶连续框架, 则对任意 $2 < p \leqslant \infty, \forall f \in (H_F^p)^*, \varphi \in L^p(\Omega, \Sigma, \mu) \bigcap \mathrm{ran}\theta_F$,

$$T_G: L^p(\Omega, \Sigma, \mu) \bigcap \mathrm{ran}\theta_F \to H_F^p, \langle f, T_G\varphi \rangle = \int_\Omega \varphi(w)\langle f, G(w)\rangle \mathrm{d}\mu(w)$$

是有界线性算子.

证明: 事实上, 由定理 7.2.1 (6), $F^* \subset H_F^p$, 从而由定理 7.2.2 可得.

例 7.2.3　设 $\mathcal{G}$ 是拓扑群, $(\mathcal{G}, \pi, H)$ 是 $\mathcal{G}$ 在 H 上的强连续酉表示, $\xi \in H$ 是 $(\mathcal{G}, \pi, H)$ 的 Parseval 连续框架向量, 即 $\pi(\mathcal{G})\xi = \{\pi(g)\xi: g \in \mathcal{G}\}$ 是 H 上的 Parseval 连续框架, 记 $H_\xi^p := H_{\pi(\mathcal{G})\xi}^p$ [33, 34]. 设 $U \in \pi(G)' \subset B(H)$ 是酉算子, $\eta = U\xi$, 则 η 是 π 的 Parseval 连续框架向量, 且 $U: (H_\xi^p, \|\cdot\|_{H_\xi^p}) \to (H_\eta^p, \|\cdot\|_{H_\eta^p})$ 是满等距.

7.2.3　存在性

下面构造的两个例子是一类广义连续框架的情形.

例 7.2.4 设 (Ω, Σ, μ) 是有限的测度空间, H 是可分 Hilbert 空间, $E: \Omega \to H$ 是 H 上的 Parseval 连续框架. $\forall\, 2 < p \leqslant \infty$, 由 $L^p(\Omega, \Sigma, \mu) \subsetneqq L^2(\Omega, \Sigma, \mu)$, 则存在 $\alpha(\cdot): \Omega \to \mathbb{C}$, 使得 $\alpha(\cdot) \in L^2(\Omega, \Sigma, \mu)$, $\|\alpha(\cdot)\|_2 = 1$, 但 $\alpha(\cdot) \notin L^p(\Omega, \Sigma, \mu)$ (引理 7.2.5). 令 $F(x, y) = \alpha(y)E(x) \in H, \forall\, x, y \in \Omega$. $\forall\, f \in H$, 有

$$\int_\Omega \int_\Omega |\langle f, F(x, y)\rangle|^2 \mathrm{d}\mu(y)\mathrm{d}\mu(x)$$

$$= \int_\Omega \int_\Omega |\langle f, \alpha(y)E(x)\rangle|^2 \mathrm{d}\mu(y)\mathrm{d}\mu(x)$$

$$= \int_\Omega \int_\Omega |\alpha(y)|^2 \mathrm{d}\mu(y)|\langle f, E(x)\rangle|^2 \mathrm{d}\mu(x) = \|f\|^2.$$

又

$$\int_\Omega \int_\Omega |\langle f, F(x, y)\rangle|^p \mathrm{d}\mu(y)\mathrm{d}\mu(x)$$

$$= \int_\Omega \int_\Omega |\langle f, \alpha(x, y)E(x)\rangle|^p \mathrm{d}\mu(y)\mathrm{d}\mu(x)$$

$$= \int_\Omega |\alpha(x, y)|^p \mathrm{d}\mu(y) \int_\Omega |\langle f, E(x)\rangle|^p \mathrm{d}\mu(x) = \infty.$$

即 $F = \{F(x, y)\}_{x, y \in \Omega}$ 是 H 上的 Parseval 连续框架, 并且 $\theta_F H_F^p = \theta_F H \bigcap L^p(\Omega, \Sigma, \mu) = \{0\}$. 由 θ_F 是单射, 得 $H_F^p = \{0\}$.

例 7.2.5 设 (Ω, Σ, μ) 是有限的测度空间, H 是可分 Hilbert 空间, $E: \Omega \to H$ 是 H 上的有界 Parseval 连续框架. $\forall\, 2 \leqslant r < p \leqslant \infty$, 由 $L^p(\Omega, \Sigma, \mu) \subsetneqq L^2(\Omega, \Sigma, \mu)$, 则存在 $c: \Omega \to \mathbb{C}$ 使得 $c \in L^r(\Omega, \Sigma, \mu) \subset L^2(\Omega, \Sigma, \mu)$, 但 $c \notin L^p(\Omega, \Sigma, \mu)$ (引理 7.2.5). 令 $\alpha(y) = \|c\|_2^{-1} c(y), \forall\, y \in \Omega$. 令 $F(x, y) = \alpha(y)E(x)$.

由例 7.2.4, $F = \{F(x, y)\}_{x, y \in \Omega}$ 是 H 上的 Parseval 连续框架, 且 $H_F^p = \{0\}$. 下面说明 $E(x) \in H_F^r, \forall\, x \in \Omega$. 进而 $\overline{H_F^r} = H$, $F(x, y) \in H_F^r, \forall\, x, y \in \Omega$. 事实上, $\forall\, w \in \Omega$, 设 $\|E(w)\| \leqslant b$, 则

$$\int_\Omega \int_\Omega |\langle E(w), F(x, y)\rangle|^r \mathrm{d}\mu(y)\mathrm{d}\mu(x)$$

$$= \int_\Omega \int_\Omega |\langle E(w), \alpha(y)E(x)\rangle|^r \mathrm{d}\mu(y)\mathrm{d}\mu(x)$$

$$= \int_\Omega |\alpha(y)|^r \mathrm{d}\mu(y) \int_\Omega |\langle E(w), E(x)\rangle|^r \mathrm{d}\mu(x) \leqslant \|\alpha\|_r^r b^{2r} \mu(\Omega) < \infty.$$

定理 7.2.3　　设 (Ω, Σ, μ) 是有限的测度空间, H 是可分 Hilbert 空间, $E: \Omega \to H$ 是 H 上的 Parseval 连续框架, 满足 $\|E(\cdot)\| \in L^p(\Omega, \Sigma, \mu)$, 且存在有界对偶连续框架. 设 $M \subset H$ 是闭子空间, 且 $M \neq H$, 则 H 上存在 Parseval 连续框架 F 使得 $M = \overline{H_F^p}, \forall 2 < p \leqslant \infty$.

证明: 事实上, $M = \{0\}$ 时 (如例 7.2.5 中), $H_F^p = \{0\}$ 满足. 设 $M \neq \{0\}$. 由 $H = M \oplus M^\perp$, 设 $F_1 = \{F_1(x)\}_{x \in \Omega}$, $F_2 = \{F_2(x)\}_{x \in \Omega}$ 分别是 $M, M^\perp$ 上的 Parseval 连续框架且满足定理 7.2.1 (5) (事实上, 可令 $F_1(x) = PE(x)$, $F_2(x) = P^\perp E(x), \forall x \in \Omega, P\colon H \to M$ 是正交投影, 我们只需要 $\overline{M_{F_1}^p} = M$, F_2 可以任意). 同例 7.2.5, $r = 2$ 时 (或直接同例 7.2.4), 令 $F_2' = \{F_2'(x, y) := \alpha(y)F_2(x)\}_{x, y \in \Omega}$, 则 F_2' 是 $M^\perp$ 上的 Parseval 连续框架且 $(M^\perp)_{F_2'}^p = \{0\}$. 令 $F = F_1 \bigcup F_2'$, 则 F 是 H 上的 Parseval 连续框架.

事实上, $\forall f = f_1 + f_2 \in H$, 其中 $f_1 \in M, f_2 \in M^\perp$, 有

$$\int_\Omega |\langle f, F_1(x)\rangle|^2 \mathrm{d}\mu(x) + \int_\Omega \int_\Omega |\langle f, F_2'(x, y)\rangle|^2 \mathrm{d}\mu(x)\mathrm{d}\mu(y)$$

$$= \int_\Omega |\langle f_1, F_1(x)\rangle|^2 \mathrm{d}\mu(x) + \int_\Omega \int_\Omega |\langle f_2, F_2'(x, y)\rangle|^2 \mathrm{d}\mu(x)\mathrm{d}\mu(y)$$

$$= \|f_1\|^2 + \|f_2\|^2 = \|f\|^2.$$

下面说明 $H_F^p = M_{F_1}^p$.

由定义, 显然有 $M_{F_1}^p \subset H_F^p$. 反过来, 对任意 $f = f_1 + f_2 \in H$, 其中 $f_1 \in M$, $f_2 \in M^\perp$, 有

$$\|\theta_F f\|_{H_F^p}^p = \int_\Omega |\langle f_1, F_1(x)\rangle|^p \mathrm{d}\mu(x) + \int_\Omega \int_\Omega |\langle f_2, F_2'(x, y)\rangle|^p \mathrm{d}\mu(x)\mathrm{d}\mu(y)$$

$$= \|\theta_{F_1} f_1\|_p^p + \|\theta_{F_2'} f_2\|_p^p.$$

若 $f \in H_F^p$, 则 $f_1 \in M_{F_1}^p$, $f_2 \in (M^\perp)_{F_2'}^p = \{0\}$, 即 $f = f_1 \in M_{F_1}^p$. 因此, $H_F^p \subset M_{F_1}^p$.

再由定理 7.2.1 (5), $\overline{M_{F_1}^p}^{\|\cdot\|_M} = M$. 进而 $\overline{H_F^p}^{\|\cdot\|_M} = \overline{M_{F_1}^p}^{\|\cdot\|_M} = M$. 由于 $H_F^p \subset M, M$ 是闭的, 得

$$\overline{H_F^p}^{\|\cdot\|_M} = \overline{H_F^p}^{\|\cdot\|} \bigcap M = \overline{H_F^p}^{\|\cdot\|},$$

即 $M = \overline{H_F^p}^{\|\cdot\|}$.

推论 7.2.3 设 (Ω, Σ, μ) 是有限的测度空间, H 是可分 Hilbert 空间, $E\colon \Omega \to H$ 是 H 上的 Parseval 连续框架, 满足 $\alpha_y = \operatorname*{ess\,sup}_{x \in \Omega} |\langle E(y), E(x)\rangle| < \infty$, $\forall\, y \in \Omega$. 设 $M \subset H$ 是闭子空间, 且 $M \neq H$, 则 H 上存在 Parseval 连续框架 F 使得 $M = \overline{H_F^p}, \forall\, 2 < p \leqslant \infty$.

证明: 由条件易得 $E(y) \in H_E^p, \forall\, y \in \Omega$, 则 $\overline{H_E^p} = H$. 用定理 7.2.3 的证明过程易得.

推论 7.2.4 设 (Ω, Σ, μ) 是有限的测度空间, H 是可分 Hilbert 空间, $E\colon \Omega \to H$ 是 H 上的 Parseval 连续框架, 满足存在对偶连续框架 $\widetilde{E}$ 使得

$$\alpha_y = \operatorname*{ess\,sup}_{x \in \Omega} |\langle \widetilde{E}(y), E(x)\rangle| < \infty, \forall\, y \in \Omega.$$

设 $M \subset H$ 是有限维子空间, 则 H 上存在 Parseval 连续框架 F 使得 $M = H_F^p$, $2 < p \leqslant \infty$.

由定理 7.2.3, $H_F^p \subset M$ 有限维闭的, $M = \overline{H_F^p} = H_F^p$.

推论 7.2.5 设 (Ω, Σ, μ) 是有限的测度空间, H 是可分 Hilbert 空间, $E\colon \Omega \to H$ 是 H 上的有界 Parseval 连续框架. 设 $M \subset H$ 是闭子空间, 且 $M \neq H$, 则 H 上存在 Parseval 连续框架 F 使得 $M = H_F^p, 2 < p \leqslant \infty$.

由定理 7.2.1 (4) 及定理 7.2.3, 定理 7.2.3 的证明过程中 $M = M_{F_1}^p = H_F^p$, 可得.

$M = H$ 时, 由例 7.2.5, $\overline{H_F^r} = H$. 若 $\dim H < \infty$, 则 $H = H_F^r$.

定理 7.2.4 设 (Ω, Σ, μ) 是有限的测度空间, H 是可分 Hilbert 空间且 $\dim H = \infty$. 设 $M \subset M' \subset L^p(\Omega, \Sigma, \mu)$ 是线性子空间, 满足 $\dim M = \infty$, 其中 M' 是框架像 (定义 7.2.2), $2 < p \leqslant \infty$, 则下列结论等价:

(1) 存在 H 上连续框架 F, 使得 $M = \theta_F(H_F^p)$;

(2) $\overline{M}^{\|\cdot\|_2} \bigcap L^p(\Omega, \Sigma, \mu) = M$;

(3) 存在 $N \subset M'$ 是 $L^2(\Omega, \Sigma, \mu)$ 的闭子空间, 使得 $N \bigcap L^p(\Omega, \Sigma, \mu) = M$.

上述任意一个成立, 则 $\overline{M}^{\|\cdot\|_p} = M$ (由定理 7.2.1).

证明: (1) $\Rightarrow$ (2). 设 F 是 H 上的连续框架, 满足 $M = \theta_F H_F^p$, 则 $M \subset L^p(\Omega, \Sigma, \mu) \subset L^2(\Omega, \Sigma, \mu)$, $M \subset \overline{M}^{\|\cdot\|_2}$, 从而 $M \subset \overline{M}^{\|\cdot\|_2} \bigcap L^p(\Omega, \Sigma, \mu)$.

反过来, 由 $\theta_F H$ 是 $L^2(\Omega, \Sigma, \mu)$ 闭的, 则

$$\overline{M}^{\|\cdot\|_2} \bigcap L^p(\Omega, \Sigma, \mu) = \overline{\theta_F H_F^p}^{\|\cdot\|_2} \bigcap L^p(\Omega, \Sigma, \mu) \subset \theta_F H \bigcap L^p(\Omega, \Sigma, \mu)$$
$$= \theta_F H_F^p = M.$$

(倒数第二个等号由定理 7.2.1 可得)

(2) $\Rightarrow$ (3). 令 $N = \overline{M}^{\|\cdot\|_2}$.

(3) $\Rightarrow$ (1). 设存在 $N \subset M'$ 是 $L^2(\Omega, \Sigma, \mu)$ 的闭子空间, 使得 $N \bigcap L^p(\Omega, \Sigma, \mu) = M$. 由 $M \subset N$, 则 $\dim H = \dim N = \infty$. 从而存在 H 上连续框架 F, 使得 $N = \theta_F H$.

事实上, 由引理 7.2.1, N 上存在连续框架. 又因为 $\dim H = \dim N$, 则存在酉算子 $U: N \to H$. 令 $F(x) = UG(x), \forall x \in \Omega$, 其中 $G = \{G(x)\}_{x \in \Omega}$ 是 N 上的 Parseval 连续框架, 且满足 $\theta_G N = N$ (框架像). 从而 $\forall f \in H$, 有

$$\int_\Omega |\langle f, F(x) \rangle|^2 \mathrm{d}\mu(x) = \int_\Omega |\langle f, UG(x) \rangle|^2 \mathrm{d}\mu(x)$$
$$= \int_\Omega |\langle U^* f, G(x) \rangle|^2 \mathrm{d}\mu(x)$$
$$= \int_\Omega |\langle U^* f, G(x) \rangle|^2 \mathrm{d}\mu(x)$$
$$= \|U^* f\|^2 = \|f\|^2.$$

即 $F = \{F(x)\}_{x \in \Omega}$ 是 H 上的 Parseval 连续框架. 进而, 由文献 [53, 命题 2.1] (F, G 相似) 得, $\theta_F H = \theta_G N = N$. 则 $M = N \bigcap L^p(\Omega, \Sigma, \mu) = \theta_F H \bigcap L^p(\Omega, \Sigma, \mu) = \theta_F H_F^p$.

下面是有限维线性子空间的情况.

定理 7.2.5 设 (Ω, Σ, μ) 是有限的测度空间, H 是可分 Hilbert 空间且 $\dim H = \infty$, 且存在连续 Parseval 框架. 设 $M \subset L^p(\Omega, \Sigma, \mu)$ 是线性子空间, 满足 $\dim M < \infty, 2 < p \leqslant \infty$; 并且, 设存在闭子空间 $H_0 \subset H$, $G = \{G(x)\}_{x \in \Omega}$

是 $H_0^\perp$ 上的 Parseval 连续框架, 且满足 $(H_0^\perp)_G^p = \{0\}$, 其中 $\dim H_0 = \dim M$, 则存在 H 上连续框架 F, 使得 $M = \theta_F H_F^p$.

证明: 先说明存在 H_0 上的 Parseval 连续框架 $F' = \{F'(x)\}_{x \in \Omega}$, 使得 $\theta_{F'} H_0 = M$ [104, 命题 4.4].

事实上, 设 $\dim M = m$, $\{g_i\}_{i=1}^m$ 是 M 上的标准正交基, 则

$$\int_\Omega |g_i(x)|^2 \mathrm{d}\mu(x) = 1, \int_\Omega \overline{g_i(x)} g_j(x) \mathrm{d}\mu(x) = 0, i, j = 1, \cdots, m.$$

令 $F'(x) = \sum_{i=1}^m g_i(x) e_i \in H_0$, 其中 $\{e_i\}_{i=1}^m$ 是 H_0 上的标准正交基 (由于 $\dim H_0 = m$), 则 $\forall f \in H_0$, 有

$$\int_\Omega |\langle f, F'(x) \rangle|^2 \mathrm{d}\mu(x) = \int_\Omega |\langle f, \sum_{i=1}^m g_i(x) e_i \rangle|^2 \mathrm{d}\mu(x)$$

$$= \int_\Omega | \sum_{i=1}^m \overline{g_i(x)} \langle f, e_i \rangle|^2 \mathrm{d}\mu(x)$$

$$= \int_\Omega \left(\sum_{i=1}^m |g_i(x)|^2 |\langle f, e_i \rangle|^2 + 2 \sum_{\substack{i,j=1 \\ i \neq j}}^m \overline{g_i(x)} g_j(x) \langle f, e_i \rangle \overline{\langle f, e_j \rangle} \right) \mathrm{d}\mu(x)$$

$$= \sum_{i=1}^m |\langle f, e_i \rangle|^2 \int_\Omega |g_i(x)|^2 \mathrm{d}\mu(x) + 2 \sum_{\substack{i,j=1 \\ i \neq j}}^m \langle f, e_i \rangle \overline{\langle f, e_j \rangle} \int_\Omega \overline{g_i(x)} g_j(x) \mathrm{d}\mu(x)$$

$$= \sum_{i=1}^m |\langle f, e_i \rangle|^2 = \|f\|^2.$$

即 $F' = \{F'(x)\}_{x \in \Omega}$ 是 H_0 上的 Parseval 连续框架.)

因为存在 $G = \{G(x, y)\}_{x,y \in \Omega}$ 是 $H_0^\perp$ 上的 Parseval 连续框架, 且满足 $(H_0^\perp)_G^p = \{0\}$, 则 $\theta_G H_0^\perp \bigcap L^p(\Omega, \Sigma, \mu) = \theta_G (H_0^\perp)_G^p = \{0\}$. 进而有

$$\theta_G H_0^\perp \bigcap \theta_{F'} H_0 = \theta_G H_0^\perp \bigcap M \subset \theta_G H_0^\perp \bigcap L^p(\Omega, \Sigma, \mu) = \{0\}.$$

又 $\theta_G H_0^\perp + \theta_{F'} H_0 \subset L^2(\Omega, \Sigma, \mu)$ 是闭的 (闭子空间与有限维子空间的和是闭的), 即 F', G 是不相交的连续框架, 从而由文献 [53, 命题 3.2] 得, $F = F' \oplus G$ 是 $H_0 \oplus H_0^\perp = H$ 上的连续框架.

最后说明 $H_F^p = H_0, \theta_F H_F^p = M$.

事实上, 由 $\theta_{F'} H_0 = M \subset L^p(\Omega, \Sigma, \mu), \forall f \in H_0$, 有

$$\|f\|_{H_F^p}^p = \int_\Omega |\langle f, F'(x) + G(x)\rangle|^p \mathrm{d}\mu(x)$$

$$= \int_\Omega |\langle f, F'(x)\rangle|^p \mathrm{d}\mu(x)$$

$$= \|f\|_{(H_0)_{F'}^p}^p < \infty.$$

即 $f \in H_F^p$, 从而 $H_0 \subset H_F^p$, 且 $\theta_F H_0 = \theta_{F'} H_0$.

反过来, $\forall f = f_1 + f_2 \in H_F^p \subset H$, 其中 $f_1 \in H_0, f_2 \in H_0^\perp$. 从而 $f_1 \in H_0 \subset H_F^p$. 由上可知, $f_2 = f - f_1 \in H_F^p$, 从而

$$\|f_2\|_{(H_0^\perp)_G^p}^p = \int_\Omega |\langle f_2, G(x)\rangle|^p \mathrm{d}\mu(x)$$

$$= \int_\Omega |\langle f_2, F'(x) + G(x)\rangle|^p \mathrm{d}\mu(x)$$

$$= \|f_2\|_{H_F^p}^p < \infty,$$

即 $f_2 \in (H_0^\perp)_G^p$. 因为 $(H_0^\perp)_G^p = \{0\}$, 所以 $f_2 = 0$. 从而 $f = f_1 \in H_0$, 即 $H_F^p \subset H_0$. 进而 $\theta_F H_F^p = \theta_F H_0 = \theta_{F'} H_0 = M$.

7.2.4 提升问题

引理 7.2.6 [53, 定理 3.6] 设 (Ω, Σ, μ) 是 σ-有限测度空间, H, K 是可分 Hilbert 空间. 设 $F: \Omega \to H, G: \Omega \to H$ 分别是 H, K 上的连续框架, 满足 $\mathrm{ran}\theta_F \subset \mathrm{ran}\theta_G$, 则存在可分 Hilbert 空间 H_1, H_1 上的连续框架 $F_1: \Omega \to H_1$ 使得 $F \oplus F_1 := \{F(w) \oplus F_1(w)\}_{w \in \Omega}$ 是 $H \oplus H_1$ 上的连续框架, 并且与 G 相似.

连续框架的提升本质是框架像的存在问题, 以上引理是引理 7.2.1 (2) 的情况. 同理, 引理 7.2.1 (1) (3) 的情况也可以实现提升.

推论 7.2.6 设 (Ω, Σ, μ) 是 σ-有限测度空间, H 是可分 Hilbert 空间. 设 $F: \Omega \to H$ 是 H 上的连续框架.

(1) 如果 $\dim \mathrm{ran}\theta_F < \infty$, 则存在可分的 Hilbert 空间 H_1 以及 H_1 上的连

续框架 $F_1: \Omega \to H_1$ 使得

$$G := \{F(w) \oplus F_1(w)\}_{w \in \Omega}$$

是 $H \oplus H_1$ 上的连续框架 [53, 命题 3.8].

(2) 如果存在框架像 $M \subset L^2(\Omega, \Sigma, \mu)$ 使得 $M + \mathrm{ran}\theta_F$ 是闭子空间, 则存在可分 Hilbert 空间 H_1, H_1 上的连续框架 $F_1: \Omega \to H_1$ 使得 $G := \{F(w) \oplus F_1(w)\}_{w \in \Omega}$ 是 $H \oplus H_1$ 上的连续框架, 并且 $\mathrm{ran}\theta_G = M + \mathrm{ran}\theta_F$. (由引理 7.2.1 (3) 及引理 7.2.6 直接得到)

定理 7.2.6   设 (Ω, Σ, μ) 是有限测度空间, H 是可分 Hilbert 空间, $F = \{F(x)\}_{x \in \Omega}$ 是 H 上具有提升性质的 Parseval 连续框架, 则 $\forall\, 2 < p \leqslant \infty$, 有: (1) $H_F^p = K_E^p \bigcap H$; (2) $H_F^p \subset PK_E^p$, 其中 K 是可分 Hilbert 空间, 满足 $K \supset H$, $E = \{E(x)\}_{x \in \Omega}$ 是 K 上的 Parseval 连续框架, 满足 $PE(x) = F(x), \forall\, x \in \Omega$, $P: K \to H$ 是正交投影.

证明: $\forall\, f \in H_F^p \subset H$, 有

$$\int_\Omega |\langle f, E(x)\rangle|^p \mathrm{d}\mu(x) = \int_\Omega |\langle f, PE(x)\rangle|^p \mathrm{d}\mu(x)$$
$$= \int_\Omega |\langle f, F(x)\rangle|^p \mathrm{d}\mu(x)$$
$$< \infty.$$

即 $H_F^p \subset K_E^p \bigcap H$.

反过来, $\forall\, f \in K_E^p \bigcap H$,

$$\int_\Omega |\langle f, F(x)\rangle|^p \mathrm{d}\mu(x) = \int_\Omega |\langle Pf, E(x)\rangle|^p \mathrm{d}\mu(x)$$
$$= \int_\Omega |\langle f, E(x)\rangle|^p \mathrm{d}\mu(x) < \infty.$$

即 $K_E^p \bigcap H \subset H_F^p$. 进而, $H_F^p = K_E^p \bigcap H \subset K_E^p$, $H_F^p = PH_F^p \subset PK_E^p$.

定理 7.2.7 $H_F^p \subsetneqq PK_E^p$, 即 $H_F^p \neq PK_E^p$ 是可能的.

证明: 事实上, 由定理 7.2.1 (4) (5) (6) 的情况, $\overline{K_E^p}^{\|\cdot\|_K} = K$, 则

$$H = PK = P(\overline{K_E^p}^{\|\cdot\|_K}) \subset \overline{PK_E^p} \subset \overline{PK} = \overline{H} = H$$

(闭包的像包含于像的闭包), 所以 $\overline{PK_E^p} = H$. 由例 7.2.4 和例 7.2.5 的情况, $H_F^p = \{0\}$ 是可能的. 进而, 在这种情况下, 假设 $H_F^p = PK_E^p$, 则 $\overline{H_F^p} = \overline{PK_E^p} = H$. 矛盾.

下面通过构造广义连续框架来说明等号成立的情况.

设 (Ω, Σ, μ) 是有限测度空间, H 是可分 Hilbert 空间, $E = \{E(x)\}_{x \in \Omega}$ 是 Parseval 连续框架, 满足 $\overline{H_E^p} = H$.

令 $F = \{F_i(x) := k^{-\frac{1}{2}} E(x), i = 1, \cdots, k, x \in \Omega\}$, 则 $\forall f \in H$,

$$\sum_{i=1}^{k} \int_{\Omega} |\langle f, F_i(x) \rangle|^2 \mathrm{d}\mu(x) = \int_{\Omega} |\langle f, E(x) \rangle|^2 \mathrm{d}\mu(x) = \|f\|^2,$$

这样就构造了一个 H 上的广义的连续框架. 令

$$G = \{G_i(x) := a_{i1} E(x) \oplus a_{i2} E(x) \oplus \cdots \oplus a_{ik} E(x), i = 1, \cdots, k, x \in \Omega\} \in K,$$

其中 $K = \underbrace{H \oplus \cdots \oplus H}_{k \text{ 个}}, U = [a_{ij}]$ 是 $k \times k$ 酉矩阵, 满足 $a_{i1} = \dfrac{1}{\sqrt{k}}, i = 1, \cdots, k$. K 是 H 重复 k 次生成的直和 Hilbert 空间, 内积定义为

$$\langle f_1 \oplus \cdots \oplus f_k, h_1 \oplus \cdots \oplus h_k \rangle = \sum_{j=1}^{k} \langle f_j, h_j \rangle, \forall f_j, h_j \in H, j = 1, \cdots, k.$$

把 H 与 $H \oplus \underbrace{\{0\} \oplus \cdots \oplus \{0\}}_{k-1 \text{ 个}} \subset K$ 等同, 令 $P \colon K \to H$ 是正交投影, 易得:

(1) G 是 K 上的广义的 Parseval 连续框架.

(2) $PG_i(x) = F_i(x), \forall i = 1, \cdots, k, x \in \Omega$.

(3) $PK_G^p = H_E^p = H_F^p, \forall 1 \leqslant p \leqslant 2$.

证明: $\forall i, j = 1, \cdots, k, x, y \in \Omega$, 显然有

$$\langle G_i(x), G_j(y) \rangle = \langle a_{i1} E(x) \oplus a_{i2} E(x) \oplus \cdots \oplus a_{ik} E(x),$$
$$a_{j1} E(y) \oplus a_{j2} E(y) \oplus \cdots \oplus a_{jk} E(y) \rangle$$
$$= \sum_{l=1}^{k} a_{il} \overline{a_{jl}} \langle E(x), E(y) \rangle.$$

$i \neq j$ 时, 上式为 0; $i = j$ 时, 上式为 $\langle E(x), E(y) \rangle$.

$\forall\, f_1 \oplus \cdots \oplus f_k \in K,$

$$\int_\Omega \sum_{i=1}^k |\langle f_1 \oplus \cdots \oplus f_k, G_i(x)\rangle|^2 \mathrm{d}\mu(x)$$

$$= \int_\Omega \sum_{i=1}^k \langle f_1 \oplus \cdots \oplus f_k, G_i(x)\rangle \langle G_i(x), f_1 \oplus \cdots \oplus f_k\rangle \mathrm{d}\mu(x)$$

$$= \sum_{i=1}^k \sum_{j=1}^k \sum_{l=1}^k \overline{a_{ij}} a_{il} \int_\Omega \langle f_j, E(x)\rangle \langle E(x), f_l\rangle \mathrm{d}\mu(x)$$

$$= \sum_{j=1}^k (\sum_{i=1}^k |a_{ij}|^2 \int_\Omega |\langle f_j, E(x)\rangle|^2 \mathrm{d}\mu(x) +$$

$$\sum_{i=1, l\neq j}^k \overline{a_{ij}} a_{il} \int_\Omega \langle f_j, E(x)\rangle \langle E(x), f_l\rangle \mathrm{d}\mu(x))$$

$$= \sum_{j=1}^k \left(\int_\Omega |\langle f_j, E(x)\rangle|^2 \mathrm{d}\mu(x) \right)$$

$$= \sum_{j=1}^k \|f_j\|^2 = \|f_1 \oplus \cdots \oplus f_k\|^2.$$

由 F 的定义可知, $\forall\, f \in H,$

$$\sum_{i=1}^k \int_\Omega |\langle f, F_i(x)\rangle|^p \mathrm{d}\mu(x) = k^{(1-\frac{1}{2}p)} \int_\Omega |\langle f, E(x)\rangle|^p \mathrm{d}\mu(x).$$

显然有 $H_F^p = H_E^p.$

$$\int_\Omega \sum_{i=1}^k |\langle f_1 \oplus \cdots \oplus f_k, G_i(x)\rangle|^p \mathrm{d}\mu(x)$$

$$= \int_\Omega \sum_{i=1}^k |\langle f_1 \oplus \cdots \oplus f_k, a_{i1}E(x) \oplus a_{i2}E(x) \oplus \cdots \oplus a_{ik}E(x)\rangle|^p \mathrm{d}\mu(x)$$

$$= \sum_{i=1}^k \int_\Omega \left| \sum_{j=1}^k \overline{a_{ij}} \langle f_j, E(x)\rangle \right|^p \mathrm{d}\mu(x).$$

因为 $\theta_E f_j = \langle f_j, E(x)\rangle,\, i, j = 1, \cdots, k, \forall\, x \in \Omega,$ 从而

$$\left\| \sum_{j=1}^k \overline{a_{ij}} \theta_E f_j \right\|_p^p = \int_\Omega \left| \sum_{j=1}^k \overline{a_{ij}} \theta_E f_j \right|^p \mathrm{d}\mu(x).$$

因此, 我们得到

$$\int_\Omega \sum_{i=1}^k |\langle f_1 \oplus \cdots \oplus f_k, G_i(x)\rangle|^p \mathrm{d}\mu(x) = \sum_{i=1}^k \left\| \sum_{j=1}^k \overline{a_{ij}} \theta_E f_j \right\|_p^p.$$

令 $\Lambda_i = \sum_{j=1}^k \overline{a_{ij}} \theta_E f_j$, $i, j = 1, \cdots, k$.

由 $\boldsymbol{U} = [a_{ij}]_{k \times k}$ 的性质得,

$$
\begin{pmatrix}
\overline{a_{11}} & \overline{a_{12}} & \cdots & \overline{a_{1,k-1}} & \overline{a_{1k}} \\
\overline{a_{21}} & \overline{a_{22}} & \cdots & \overline{a_{2,k-1}} & \overline{a_{2k}} \\
\vdots & \vdots & \ddots & \vdots & \vdots \\
\overline{a_{k-1,1}} & \overline{a_{k-2,2}} & \cdots & \overline{a_{k-1,k-1}} & \overline{a_{k-1,k}} \\
\overline{a_{k1}} & \overline{a_{k2}} & \cdots & \overline{a_{k,k-1}} & \overline{a_{kk}}
\end{pmatrix}
\begin{pmatrix}
\theta_E f_1 \\
\theta_E f_2 \\
\vdots \\
\theta_E f_{k-1} \\
\theta_E f_k
\end{pmatrix}
$$

$$
= \boldsymbol{G} =
\begin{pmatrix}
\Lambda_1 \\
\Lambda_2 \\
\vdots \\
\Lambda_{k-1} \\
\Lambda_k
\end{pmatrix}
$$

显然 $\theta_E f_i = \sum_{j=1}^k b_{ij} \Lambda_j$, 其中 $\overline{\boldsymbol{U}^{-1}} = [b_{ij}]_{k \times k}$, $i = 1, \cdots, k$. 从而,

$$\int_\Omega \sum_{i=1}^k |\langle f_1 \oplus \cdots \oplus f_k, G_i(x)\rangle|^p \mathrm{d}\mu(x) < \infty,$$

当且仅当 $\Lambda_j \in L^p(\Omega, \Sigma, \mu)$, 当且仅当 $\theta_E f_i \in L^p(\Omega, \Sigma, \mu)$, 等价于 $f_i \in H_E^p = H_F^p$, $i, j = 1, \cdots, k$. 于是, 如果 $f_1 \oplus \cdots \oplus f_k \in K_G^p$, 则 $f_1 \in H_F^p$. 因此, $PK_G^p \subset H_F^p$. 由定理 7.2.6 可得, $PK_G^p = H_F^p$.

第 8 章　g-框架与 X_d-框架的对偶原理

对偶原理在 Gabor 分析理论中对分析 Gabor 系统有重要作用. 文献 [20] 中, 作者引入了满足一定条件的向量值序列的 Riesz 对偶序列的概念, 并且说明了给定向量值序列与其 Riesz 序列保持了很多"同步"的框架性质. 对于给定的框架, 其 Riesz 对偶序列成为 Riesz 序列的条件在文献 [25] 中做了一定的讨论. 近几年, g-框架理论被广泛研究 [62, 61, 63, 88, 131, 105, 79], 本章, 我们主要研究 g-框架的对偶原理. 在文献 [46] 中, 给出了 g-框架的 g-Riesz 对偶序列 (简称 g-R-对偶) 的定义, 分析了一些给定算子与其 R-对偶的相关性质. 在 8.1 节将给出给定算子序列的 R-对偶的定义, 定义的条件比文献 [46] 中更弱一些, 并且用分析算子来刻画其相关的框架性质. 关于 g-R-对偶的 Schauder 基性质, 即 g-完备性、g-w-线性无关性、g-极小性将在 8.2 节给出说明. 8.3 节我们将用另一种思路, 用给定的算子列和其 g-Riesz 序列来构造另一个相关序列, 研究它与给定序列的"同步"性质.

8.1　g-框架的 g-R-对偶的若干性质

定义 8.1.1 [131, 定义 3.1]　设 $\{A_i \in B(H, H_i)\}_{i \in \mathbb{N}}$, 若满足:

(1) $\langle A_i^* g_i, A_j^* g_j \rangle = \delta_{ij} \langle g_i, g_j \rangle, \forall k \in \mathbb{N}, g_k \in H_k$, 即 $\{A_i\}_{i \in \mathbb{N}}$ 是 g-双正交序列;

(2) $\overline{\operatorname{span}}\{A_i^* H_i\}_{i \in \mathbb{N}} = H$,

则称 $\{A_i\}_{i \in \mathbb{N}}$ 是 H 上的 g-标准正交基. 若只有 (1) 成立, 则称 $\{A_i\}_{i \in \mathbb{N}}$ 是 H 上的 g-双正交序列.

注: 由文献 [62, 推论 4.4] 可知, 在 (1) 条件下, (2) 等价于 $\{A_i\}_{i \in \mathbb{N}}$ 是 Parseval g-框架.

引理 8.1.1 [131, 推论 3.3]　设 $\{A_i \in B(H, H_i)\}_{i \in \mathbb{N}}$ 是 H 上的 g-Riesz 基, 则 $\langle A_i^* g_i, \widetilde{A}_j^* g_j \rangle = \delta_{ij}\langle g_i, g_j \rangle, \forall\, k \in \mathbb{N}, g_k \in H_k$. 即 $\{A_i\}_{i \in \mathbb{N}}$ 与其典则对偶 g-Riesz 基 $\{\widetilde{A}_i\}_{i \in \mathbb{N}}$ 是 g-双正交的.

引理 8.1.2 [62, 定理 3.1]　存在 $\{\Gamma_i \in B(H, H_i)\}_{i \in \mathbb{N}}$ 是 H 上的 g-标准正交基当且仅当 $\dim H = \sum\limits_{i \in \mathbb{N}} \dim H_i$.

定义 8.1.2　设序列 $\{A_i \in B(H, H_i)\}_{i \in \mathbb{N}}$, 若 $\sum\limits_{i \in \mathbb{N}} A_i^* g_i = 0, \forall\, \{g_i\}_{i \in \mathbb{N}} \in \bigoplus\limits_{i \in \mathbb{N}} H_i$, 则 $g_i = 0, \forall\, i \in \mathbb{N}$. 称 $\{A_i\}_{i \in \mathbb{N}}$ 是 g-w-线性无关的.

定义 8.1.3 [61, 定义 2.7]　设 $\{A_i \in B(H, H_i)\}_{i \in \mathbb{N}}$, 若对任意 $f \in H$, 存在唯一 $\{g_i\}_{i \in \mathbb{N}}$ 满足 $g_i \in H_i, \forall\, i \in \mathbb{N}$, 使得 $f = \sum\limits_{i \in \mathbb{N}} A_i^* g_i$, 则称 $\{A_i\}_{i \in \mathbb{N}}$ 是 H 上的 g-基. 若 $\{A_i\}_{i \in \mathbb{N}}$ 是 $\overline{\mathrm{span}}\{A_i^* H_i\}_{i \in \mathbb{N}}$ 上的 g-基, 则称 $\{A_i\}_{i \in \mathbb{N}}$ 是 H 上的 g-基本列.

8.1.1　g-R-对偶序列的定义及其框架性质的刻画

我们需要一些引理来定义算子列的 g-R-对偶.

引理 8.1.3 [61, 定理 4.4]　设 $\{\Gamma_i \in B(H, H_i)\}_{i \in \mathbb{N}}$ 是 H 上的 g-标准正交基, 则 $\sum\limits_{i \in \mathbb{N}} \Gamma_i^* g_i$ 收敛当且仅当 $\{g_i\}_{i \in \mathbb{N}} \in \bigoplus\limits_{i \in \mathbb{N}} H_i$.

引理 8.1.4　设 $\{A_i \in B(H, H_i)\}_{i \in \mathbb{N}}$, 则 $\{A_i\}_{i \in \mathbb{N}}$ 是 H 上的 g-Bessel 序列当且仅当 $\sum\limits_{i \in \mathbb{N}} A_i^* g_i$ 收敛, $\forall\, \{g_i\}_{i \in \mathbb{N}} \in \bigoplus\limits_{i \in \mathbb{N}} H_i$; 也等价于 $\sum\limits_{i \in \mathbb{N}} \|A_i f\|^2 < \infty$, $\forall\, f \in H$ (Banach 空间一致有界原理).

证明: 设 $\sum\limits_{i \in \mathbb{N}} A_i^* g_i$ 收敛, $\forall\, \{g_i\}_{i \in \mathbb{N}} \in \bigoplus\limits_{i \in \mathbb{N}} H_i$. $\forall\, n \in \mathbb{N}$, 定义

$$T_n \colon \bigoplus_{i \in \mathbb{N}} H_i \to H, \quad T_n\{g_i\} = \sum_{i=1}^{n} A_i^* g_i.$$

令 $a_n = \max\limits_{i=1,\cdots,n} \|A_i\|$.

$$\|T_n\{g_i\}_{i \in \mathbb{N}}\|^2 = \left\| \sum_{i=1}^{n} A_i^* g_i \right\|^2 \leqslant \left(\sum_{i=1}^{n} \|A_i^*\| \|g_i\| \right)^2 \leqslant a_n \|\{g_i\}_{i \in \mathbb{N}}\|^2.$$

即 T_n 有界. 由条件知, $\{T_n\}_{n\in\mathbb{N}}$ 强收敛 (即 $\{\sum_{i=1}^{n} A_i^* g_i\}_{n\in\mathbb{N}}$ 是收敛点列, 从而是有界点列), 从而

$$\sup_n ||T_n\{g_i\}_{i\in\mathbb{N}N}|| \leqslant \infty, \ \forall \{g_i\}_{i\in\mathbb{N}} \in \underset{i\in\mathbb{N}}{\oplus} H_i.$$

由 Banach 空间一致有界原理知, $\sup_{n\in\mathbb{N}} ||T_n|| \leqslant \infty$. 设 $T_n \to T$ (强收敛), 其中 $T\{g_i\}_{i\in\mathbb{N}} = \sum_{i\in\mathbb{N}} A_i^* g_i$, 从而 T 有界.

设 $\{A_i \in B(H, H_i)\}_{i\in\mathbb{N}}$ 是 H 上的 g-Bessel 序列, 本章中, 我们用 θ_A 表示其分析算子.

定义 8.1.4 设 $\{\Lambda_i \in B(H, H_i)\}_{i\in\mathbb{N}}, \{\Gamma_i \in B(H, H_i)\}_{i\in\mathbb{N}}$ 是 H 上的 g-标准正交基. 设 $\{A_i \in B(H, H_i)\}$ 满足 $\sum_{i\in\mathbb{N}} ||A_i\Lambda_j^* g_j||^2 < \infty, \forall j \in \mathbb{N}, g_j \in H_j$. 定义

$$\mathcal{A}_j^* g_j = \sum_{i\in\mathbb{N}} \Gamma_i^* A_i \Lambda_j^* g_j.$$

称 $\{\mathcal{A}_i\}_{i\in\mathbb{N}}$ 是 $\{A_i\}_{i\in\mathbb{N}}$ 的 g-Riesz 对偶序列, 简称 g-R-对偶.

注解 由引理 8.1.3, $\mathcal{A}_j$ 定义有意义当且仅当 $\{A_i\Lambda_j^* g_j\}_{i\in\mathbb{N}} \in \underset{i\in\mathbb{N}}{\oplus} H_i, \forall j \in \mathbb{N}, g_j \in H_j$. 即 $\{A_iQ_jf\}_{i\in\mathbb{N}} \in \underset{i\in\mathbb{N}}{\oplus} H_i$, 其中 $Q_j: H \to \overline{\mathrm{ran}\Lambda_j^*}$ 是正交投影. 由引理 8.1.4, 显然, $\{A_iQ_j\}_{i\in\mathbb{N}}$ 是 $\overline{\mathrm{ran}\Lambda_j^*}$ 上的 g-Bessel 序列 (也是 H 上的 g-Bessel 序列, 但是与 j 有关), 用 a_j 表示 $\{A_iQ_jf\}_{i\in\mathbb{N}}$ 的上界, $\forall j \in \mathbb{N}$. 但是对所有 $j \in \mathbb{N}$ 可能没有公共上界. 更一般地, 对于一般序列 $\{A_i\}_{i\in\mathbb{N}}$, 在 H 的子空间 M 上是 g-Bessel 序列, 不一定在 H 上是 g-Bessel, 除非 $M = \overline{\mathrm{span}}\{A_i^* H_i\}_{i\in\mathbb{N}}$.

从而 $\{A_i\}_{i\in\mathbb{N}}$ 不一定是 g-Bessel 序列. 这样, 定义 8.1.4 等价于 $\mathcal{A}_j = \sum_{i\in\mathbb{N}} \Lambda_j A_i^* \Gamma_i$ (强收敛), $\forall j \in \mathbb{N}$. 由定义 8.1.1, 得 $\Gamma_k\mathcal{A}_j^* = A_k\Lambda_j^*, \forall i, k \in \mathbb{N}$.

下面提到的 $\{A_i\}_{i\in\mathbb{N}}, \{\mathcal{A}_i\}_{i\in\mathbb{N}}$ 都满足定义 8.1.4. 下面的结果说明算子列 $\{A_i\}_{i\in\mathbb{N}}$ 与其 g-R-对偶 $\{\mathcal{A}_i\}_{i\in\mathbb{N}}$ 的一些"同步"性质. 类似的结论参见 [46, 定理 2.2].

定理 8.1.1 设 $\{A_i\}_{i\in\mathbb{N}}$ 满足定义 8.1.4，$\{\mathcal{A}_i\}_{i\in\mathbb{N}}$ 是其 g-R-对偶，则 $\{A_i\}_{i\in\mathbb{N}}$ 是 H 上的 g-Bessel 序列当且仅当 $\{\mathcal{A}_i\}_{i\in\mathbb{N}}$ 是 H 上的 g-Bessel 序列且界相同.

证明： 由于 $\{\Lambda_i\}_{i\in\mathbb{N}}, \{\Gamma_i\}_{i\in\mathbb{N}}$ 是 H 上的 g-标准正交基，则 $\theta_\Lambda, \theta_\Gamma\colon H \to \bigoplus\limits_{i\in\mathbb{N}} H_i$ 是酉算子. $\forall \{g_i\}_{i\in\mathbb{N}} \in \bigoplus\limits_{i\in\mathbb{N}} H_i$，令

$$f = \sum_{i\in\mathbb{N}} \Lambda_i^* g_i, \quad h = \sum_{i\in\mathbb{N}} \Gamma_i^* g_i.$$

设 $\{A_i\}_{i\in\mathbb{N}}$ 是 H 上的 g-Bessel 序列，界为 b，则

$$\left\| \sum_{j\in\mathbb{N}} \mathcal{A}_j^* g_j \right\|^2 = \left\| \sum_{j\in\mathbb{N}} \theta_\Gamma^* \theta_\Gamma \mathcal{A}_j^* g_j \right\|^2 = \left\| \sum_{j\in\mathbb{N}} \sum_{i\in\mathbb{N}} \Gamma_i^* \Gamma_i \mathcal{A}_j^* g_j \right\|^2$$

$$= \left\| \sum_{j\in\mathbb{N}} \sum_{i\in\mathbb{N}} \Gamma_i^* A_i \Lambda_j^* g_j \right\|^2 = \left\| \sum_{j\in\mathbb{N}} \Gamma_i^* A_i f \right\|^2$$

$$= \|\theta_\Gamma^* \theta_A f\|^2 = \|\theta_A f\|^2 \leqslant b\|f\|^2$$

$$= b\|\theta_\Gamma^* \{g_i\}_{i\in\mathbb{N}}\|^2 = b\|\{g_i\}_{i\in\mathbb{N}}\|^2.$$

由引理 8.1.4，$\{\mathcal{A}_i\}_{i\in\mathbb{N}}$ 是 H 上的 g-Bessel 序列，界为 b.

反过来，设 $\{\mathcal{A}_i\}_{i\in\mathbb{N}}$ 是 H 上的 g-Bessel 序列，界为 b. 同理得，

$$\left\| \sum_{j\in\mathbb{N}} A_j^* g_j \right\|^2 = \left\| \sum_{j\in\mathbb{N}} \theta_\Lambda^* \theta_\Lambda A_j^* g_j \right\|^2$$

$$= \left\| \sum_{j\in\mathbb{N}} \sum_{i\in\mathbb{N}} \Lambda_i^* \Lambda_i A_j^* g_j \right\|^2$$

$$= \left\| \sum_{j\in\mathbb{N}} \sum_{i\in\mathbb{N}} \Lambda_i^* \mathcal{A}_i \Gamma_j^* g_j \right\|^2 = \left\| \sum_{i\in\mathbb{N}} \Lambda_i^* \mathcal{A}_i h \right\|^2$$

$$= \|\theta_\Lambda^* \theta_\mathcal{A} h\|^2 = \|\theta_\mathcal{A} h\|^2 \leqslant b\|h\|^2$$

$$= b\|\theta_\Lambda^* \{g_i\}_{i\in\mathbb{N}}\|^2 = b\|\{g_i\}\|^2.$$

即 $\{A_i\}_{i\in\mathbb{N}}$ 是 H 上的 g-Bessel 序列，界为 b.

对于 g-Bessel 序列 $\{A_i \in B(H, H_i)\}_{i\in\mathbb{N}}$，下面刻画其 g-R-对偶序列 $\{\mathcal{A}_i \in B(H, H_i)\}_{i\in\mathbb{N}}$ 与 $\{\Lambda_i S_A^{\frac{1}{2}}\}_{i\in\mathbb{N}}$ 的酉等价性.

定理 8.1.2   设 $\{A_i\}_{i\in\mathbb{N}}$ 是 H 上的 g-Bessel 序列, $\{\mathcal{A}_i\}_{i\in\mathbb{N}}$ 是其 g-R-对偶序列, 则:

(1) $\langle \mathcal{A}_i^* g_i, \mathcal{A}_j^* g_k\rangle = \langle S_A^{\frac{1}{2}}\Lambda_j^* g_j, S_A^{\frac{1}{2}}\Lambda_i^* g_i\rangle, \forall\, k\in\mathbb{N}, g_k\in H_k.$

(2) $\left\|\sum_{i\in\mathbb{N}}\mathcal{A}_i^* g_i\right\| = \left\|\sum_{i\in\mathbb{N}}S_A^{\frac{1}{2}}\Lambda_i^* g_i\right\|, \forall\,\{g_i\}_{i\in\mathbb{N}}\in\bigoplus_{i\in\mathbb{N}}H_i.$

(3) 存在满等距算子 $T\colon \overline{\operatorname{ran}}S_A^{\frac{1}{2}}\theta_\Lambda^* \to \overline{\operatorname{ran}}\theta_{\mathcal{A}}^*$ 使得 $\mathcal{A}_i T = \Lambda_i S_A^{\frac{1}{2}}, \forall\, i\in\mathbb{N}.$

证明: (1) 因为 $\{A_i\}_{i\in\mathbb{N}}$ 是 H 上的 g-Bessel 序列, 由定理 8.1.1, $\{\mathcal{A}_i\}_{i\in\mathbb{N}}$ 也是 g-Bessel 序列. 从而对任意 $k\in\mathbb{N}, g_k\in H_k$ 有

$$\langle \mathcal{A}_i^* g_i, \mathcal{A}_j^* g_k\rangle = \langle \theta_{\mathcal{A}}^*\{\delta_{ik}g_i\}_{k\in\mathbb{N}}, \theta_{\mathcal{A}}^*\{\delta_{jk}g_j\}_{k\in\mathbb{N}}\rangle$$
$$= \langle \theta_\Gamma^*\theta_A\theta_\Lambda^*\{\delta_{ik}g_i\}_{k\in\mathbb{N}}, \theta_\Gamma^*\theta_A\theta_\Lambda^*\{\delta_{jk}g_j\}_{k\in\mathbb{N}}\rangle$$
$$= \langle S_A^{\frac{1}{2}}\theta_\Lambda^*\{\delta_{ik}g_i\}_{k\in\mathbb{N}}, S_A^{\frac{1}{2}}\theta_\Lambda^*\{\delta_{jk}g_j\}_{k\in\mathbb{N}}\rangle$$
$$= \langle S_A^{\frac{1}{2}}\Lambda_i^* g_i, S_A^{\frac{1}{2}}\Lambda_j^* g_j\rangle.$$

(2) 同理, $\forall\,\{g_i\}_{i\in\mathbb{N}}\in\bigoplus_{i\in\mathbb{N}}H_i,$

$$\left\|\sum_{i\in\mathbb{N}}\mathcal{A}_i^* g_i\right\|^2 = \langle \theta_{\mathcal{A}}^*\{g_i\}_{i\in\mathbb{N}}, \theta_{\mathcal{A}}^*\{g_i\}_{i\in\mathbb{N}}\rangle$$
$$= \langle \theta_\Gamma^*\theta_A\theta_\Lambda^*\{g_i\}_{i\in\mathbb{N}}, \theta_\Gamma^*\theta_A\theta_\Lambda^*\{g_i\}_{i\in\mathbb{N}}\rangle$$
$$= \langle \theta_A\theta_\Lambda^*\{g_i\}_{i\in\mathbb{N}}, \theta_A\theta_\Lambda^*\{g_i\}_{i\in\mathbb{N}}\rangle$$
$$= \left\|\sum_{i\in\mathbb{N}}S_A^{\frac{1}{2}}\Lambda_i^* g_i\right\|^2.$$

(3) 定义算子 $T^*\colon \operatorname{ran}\theta_{\mathcal{A}}^* \to \operatorname{ran}S_A^{\frac{1}{2}}$, $T^*(\sum_{i\in\mathbb{N}}\mathcal{A}_i^* g_i) = \sum_{i\in\mathbb{N}}S_A^{\frac{1}{2}}\Lambda_i^* g_i, \forall\,\{g_i\}_{i\in\mathbb{N}}\in\bigoplus_{i\in\mathbb{N}}H_i$, 则 T^* 有意义.

事实上, 设 $f = \sum_{i\in\mathbb{N}}\mathcal{A}_i^* g_i = \sum_{i\in\mathbb{N}}\mathcal{A}_i^* g_i'$, 任意取 $h = \sum_{i\in\mathbb{N}}\mathcal{A}_i^* g_i''$, 其中 $\{g_i\}_{i\in\mathbb{N}}, \{g_i'\}_{i\in\mathbb{N}}, \{g_i''\}_{i\in\mathbb{N}}\in\bigoplus_{i\in\mathbb{N}}H_i$, 则由上可得,

$$\langle f, h\rangle = \langle \sum_{i\in\mathbb{N}}\mathcal{A}_i^* g_i, \sum_{i\in\mathbb{N}}\mathcal{A}_i^* g_i''\rangle = \langle \sum_{i\in\mathbb{N}}S_A^{\frac{1}{2}}\Lambda_i^* g_i, \sum_{i\in\mathbb{N}}S_A^{\frac{1}{2}}\Lambda_i^* g_i''\rangle.$$

同理,

$$\langle f, h\rangle = \langle \sum_{i\in\mathbb{N}} \mathcal{A}_i^* g_i', \sum_{i\in\mathbb{N}} \mathcal{A}_i^* g_i''\rangle = \langle \sum_{i\in\mathbb{N}} S_A^{\frac{1}{2}} \Lambda_i^* g_i', \sum_{i\in\mathbb{N}} S_A^{\frac{1}{2}} \Lambda_i^* g_i''\rangle.$$

由 $\{g_i''\}_{i\in\mathbb{N}}$ 的任意性得, $\sum\limits_{i\in\mathbb{N}} S_A^{\frac{1}{2}} \Lambda_i^* g_i = \sum\limits_{i\in\mathbb{N}} S_A^{\frac{1}{2}} \Lambda_i^* g_i'$, 从而 T 有意义. 进而, 可以延拓到闭包上的满等距, 为了方便, 仍记为 T.

8.1.2　g-R-对偶的 Schauder 基性质的刻画

设 $\{A_i\}_{i\in\mathbb{N}}$ 是 g-Bessel 序列, 其 g-R-对偶序列为 $\{\mathcal{A}_i\}_{i\in\mathbb{N}}$. 下面用 $\{A_i\}_{i\in\mathbb{N}}$ 的性质来研究 $\{\mathcal{A}_i\}_{i\in\mathbb{N}}$ 的类似 Schauder 基的一些性质 (g-完备性、g-w-无关性、g-极小性).

定理 8.1.3　设 $\{A_i\}_{i\in\mathbb{N}}$ 是 H 上的 g-Bessel 序列, $\{\mathcal{A}_i\}_{i\in\mathbb{N}}$ 是其 g-R-对偶序列, 则下列结论等价:

(1) $\{A_i\}_{i\in\mathbb{N}}$ 是 g-完备的.

(2) $\{\mathcal{A}_i\}_{i\in\mathbb{N}}$ 是 g-w-无关性.

(3) 若 $\lim\limits_{n\to\infty} \|\theta_A x_n\|^2 = 0$, 则 $\{g_i\} = 0$. 其中对任意 $\{g_i\}_{i\in\mathbb{N}} \in \bigoplus\limits_{i\in\mathbb{N}} H_i$, 令 $x_n = \sum\limits_{i=1}^n \Lambda_i^* g_i \in H, \forall n\in\mathbb{N}$.

证明: (1) 和 (2) 等价. 由定义 8.1.4 和定理 8.1.1 知, $\theta_{\mathcal{A}}^* = \theta_\Gamma^* \theta_A \theta_\Lambda^*$. 对于任意 $\{g_i\}_{i\in\mathbb{N}} \in \bigoplus\limits_{i\in\mathbb{N}} H_i$, 易得 $\{g_i\}_{i\in\mathbb{N}} \in \ker\theta_{\mathcal{A}}^*$ 当且仅当 $\theta_\Lambda^*\{g_i\}_{i\in\mathbb{N}} \in \ker\theta_A$. 由 g-完备定义及定义 8.1.2, $\{A_i\}_{i\in\mathbb{N}}$ 是 g-完备的当且仅当 $\ker\theta_{\mathcal{A}}^* = \{0\}$, 即 $\{\mathcal{A}_i\}_{i\in\mathbb{N}}$ 是 g-w-线性无关的.

(2) 和 (3) 等价. $\|\theta_A x_n\|^2 = \|\theta_{\mathcal{A}}^* \theta_\Lambda x_n\|^2$, 显然.

由文献 [61, 定理 5.2], 若 $\{A_i\}_{i\in\mathbb{N}}$ 是 H 上的 g-框架序列, g-双正交序列的存在性意味着 $\{\mathcal{A}_i\}_{i\in\mathbb{N}}$ 是 g-极小的.

定理 8.1.4　设 $\{A_i\}_{i\in\mathbb{N}}$ 是 H 上的 g-Bessel 序列, $\{\mathcal{A}_i\}_{i\in\mathbb{N}}$ 是其 g-R- 对偶序列. 若 $\{\mathcal{A}_i\}_{i\in\mathbb{N}}$ 存在双正交序列 $\{\Delta_i \in B(H, H_i)\}_{i\in\mathbb{N}}$, Δ_i^* 是单射, $\forall i\in\mathbb{N}$, 则:

(1) 存在常数 $0 < c_i \leqslant 1, \forall\, i \in \mathbb{N}$ 使得 $||c_i g_i|| \leqslant \left\| \sum\limits_{j \in \mathbb{N}} \mathcal{A}_j^* g_j \right\|,$ $\forall\, \{g_i\}_{i \in \mathbb{N}} \in \bigoplus\limits_{i \in \mathbb{N}} H_i.$

(2) 存在常数 $0 < a_i, \forall\, i \in \mathbb{N}$ 使得 $||\{a_i g_i\}_{i \in \mathbb{N}}||^2 \leqslant \sum\limits_{j \in \mathbb{N}} ||A_j \theta_\Lambda^* \{g_i\}_{i \in \mathbb{N}}||^2,$ $\forall\, \{g_i\}_{i \in \mathbb{N}} \in \bigoplus\limits_{i \in \mathbb{N}} H_i.$

进而, (1) 和 (2) 等价.

证明: $\forall\, i \in \mathbb{N}$, 取 $h_i \in H_i$ 且 $||h_i|| = 1$. 取 $c_i = \min\left\{1, \dfrac{1}{||\Delta_i||}\right\}$. 因为 $\langle \mathcal{A}_i^* g_i, \Delta_j^* g_j \rangle = \delta_{ij} \langle g_i, g_j \rangle, \forall\, k \in \mathbb{N}, g_k \in H_k$. 我们有

$$\left\| \sum_{j \in \mathbb{N}} \mathcal{A}_j^* g_j \right\| = \sup_{||f||=1, f \in H} \left| \left\langle \sum_{j \in \mathbb{N}} \mathcal{A}_j^* g_j, f \right\rangle \right|$$

$$\geqslant \left| \left\langle \sum_{j \in \mathbb{N}} \mathcal{A}_j^* g_j, \frac{1}{||\Delta_i^* h_i||} \Delta_i^* h_i \right\rangle \right|$$

$$\geqslant \left| \left\langle \sum_{j \in \mathbb{N}} \mathcal{A}_j^* g_j, \frac{1}{||\Delta_i||} \Delta_i^* h_i \right\rangle \right|$$

$$\geqslant |c_i| \left| \left\langle \sum_{j \in \mathbb{N}} \mathcal{A}_j^* g_j, \Delta_i^* h_i \right\rangle \right|$$

$$= |c_i| |\langle g_i, h_i \rangle|.$$

由于 h_i 的任意性, 上式对 h_i 取上确界可得 (1), 即 $|c_i| ||g_i|| \leqslant \left\| \sum\limits_{j \in \mathbb{N}} \mathcal{A}_j^* g_j \right\|.$

(1)$\Rightarrow$(2). $\forall\, i \in \mathbb{N}$, 取 $a_i = \dfrac{c_i}{2^i}$. $\forall\, \{g_i\}_{i \in \mathbb{N}} \in \bigoplus\limits_{i \in \mathbb{N}} H_i$, 有

$$||\{a_i g_i\}_{i \in \mathbb{N}}||^2 = \sum_{i \in \mathbb{N}} \left\| \frac{c_i}{2^i} g_i \right\|^2 = \sum_{i \in \mathbb{N}} \frac{1}{2^{2i}} ||c_i g_i||^2$$

$$\leqslant \sum_{i \in \mathbb{N}} \frac{1}{2^{2i}} \sup_{i \in \mathbb{N}} ||c_i g_i||^2$$

$$\leqslant \left\| \sum_{j \in \mathbb{N}} \mathcal{A}_j^* g_j \right\| = \sum_{j \in \mathbb{N}} ||A_j \theta_\Lambda^* \{g_i\}_{i \in \mathbb{N}}||^2.$$

(2)⇒(1). 由于 $||a_ig_i||^2 \leqslant ||\{a_ig_i\}_{i\in\mathbb{N}}||^2, \forall\, i \in \mathbb{N}$, 显然.

下面用 g-Bessel 序列 $\{A_i\}_{i\in\mathbb{N}}$ 的性质来刻画其 g-R-对偶序列 $\{\mathcal{A}_i\}_{i\in\mathbb{N}}$, 使得 $\{\mathcal{A}_i\}_{i\in\mathbb{N}}$ 是 g-基本列, 从另一个方面说明定理 8.1.6. 可以理解为是 $\{\mathcal{A}_i\}_{i\in\mathbb{N}}$ 的 g-完备性.

定理 8.1.5　设 $\{A_i\}_{i\in\mathbb{N}}$ 是 H 上的 g-框架序列, $\{\mathcal{A}_i\}_{i\in\mathbb{N}}$ 是其 g-R-对偶序列. 令 $P_n\colon H \to N_n := \overline{\mathrm{span}}\{\Lambda_i^*H_i\}_{i=1}^n, \forall\, n \in \mathbb{N}$, 则下列结论等价:

(1) $\{\mathcal{A}\}_{i\in\mathbb{N}}$ 是 H 上的一个 g-基本列.

(2) 存在常数 $0 < b < \infty$, 使得 $\sum\limits_{i\in\mathbb{N}} ||A_iP_nf||^2 \leqslant b\sum\limits_{i\in\mathbb{N}} ||A_if||^2, \forall\, n \in \mathbb{N}$, $\forall\, f \in H$.

(3) 存在常数 $0 < b < \infty$, 使得 $S_{AP_n} \leqslant bS_A, \forall\, n \in \mathbb{N}$, 其中 S_{AP_n} 是 g-Bessel 序列 $\{A_iP_n\}_{i\in\mathbb{N}}$ 的框架算子.

进而, $\mathrm{ran}\theta_A^* = \overline{\mathrm{span}}\{\Lambda_i^*g_i\colon \sum\limits_{i\in\mathbb{N}} ||A_i\Lambda_i^*g_i||^2 \neq 0, \forall\, i \in \mathbb{N}, g_i \in H_i\}$.

(注: $\theta f \neq 0$ 不能推出 $f \in (\ker\theta)^\perp$, 例如: $f = f_1 + f_2$, 其中 $f_1 \in (\ker\theta)^\perp$, $f_2 \in \ker\theta$.)

证明: 令 $\mathbb{I} = \{j \in \mathbb{N}: \mathcal{A}_j^* = \theta_\Gamma^*\theta_A\Lambda_j^* \neq 0\}$. 不失一般性, 我们可以设 $\mathcal{A}_i \neq 0$, $\forall\, i \in \mathbb{N}$.

由文献 [61, 定理 3.3], $\{\mathcal{A}\}_{i\in\mathbb{N}}$ 是 H 的一个 g-基本列当且仅当存在常数 $0 < B < \infty$, 对任意 $n, m \in \mathbb{N}$, 且 $n \leqslant m, \forall\, \{g_i\}_{i\in\mathbb{N}} \in \bigoplus\limits_{i\in\mathbb{N}} H_i$ 有

$$\left\|\sum_{i=1}^n \mathcal{A}_i^*g_i\right\|^2 \leqslant b\left\|\sum_{i=1}^m \mathcal{A}_i^*g_i\right\|^2 = b\left\|\sum_{i=1}^m \theta_\Gamma^*\theta_A\Lambda_i^*g_i\right\|^2 = b\sum_{i\in\mathbb{N}} ||A_ix||^2,$$

其中 $x = \sum\limits_{i=1}^m \Lambda_i^*g_i$. 由于 $P_n\Lambda_i^* = 0, \forall\, i \in \mathbb{N}$, 且 $n < i \leqslant m$, 从而 $\sum\limits_{i=1}^n \Lambda_i^*g_i = P_nx$. 同理得, $\left\|\sum\limits_{i=1}^n \mathcal{A}_i^*g_i\right\|^2 = \sum\limits_{i\in\mathbb{N}} ||A_iP_nx||^2$. 即 (1) (2) 等价.

又 (2) 等价于 $\langle S_{AP_n}f, f\rangle = \langle\theta_AP_nf, \theta_AP_nf\rangle \leqslant b\langle Sf, f\rangle$. (2) (3) 等价性显然.

由文献 [61, 引理 2.16], $\{\mathcal{A}_i\}_{i\in\mathbb{N}}$ 是 g-Riesz 序列, 从而对任意 $i\in\mathbb{N}$, $\mathcal{A}_i\neq 0$. 由定义 8.1.4 得, $\mathcal{A}_i^* = \theta_\Gamma^*\theta_A\Lambda_i^*$. 从而 $\forall i\in\mathbb{N}$, $\theta_A\Lambda_i^*\neq 0$, 即 $\sum_{i\subset\mathbb{N}}||A_i\Lambda_i^*g_i||^2\neq 0$, $\forall i\in\mathbb{N}$, $g_i\in H_i$. 得

$$\overline{\text{span}}\{\Lambda_i^*g_i\colon \sum_{i\in\mathbb{N}}||A_i\Lambda_i^*g_i||^2\neq 0, \forall i\in\mathbb{N}, g_i\in H_i\} = H.$$

则只需说明 $\{A_i\}_{i\in\mathbb{N}}$ 在 H 上 g-完备 (是 g-框架).

假设存在 $f\in H$, $f\neq 0$, 使得 $\langle A_i^*g_i, f\rangle = 0$, $\forall i\in\mathbb{N}$, $g_i\in H_i$. 显然存在 $\{f_i\}\in\underset{i\in\mathbb{N}}{\oplus}H_i$ 使得 $f = \sum_{i\in\mathbb{N}}\Lambda_i^*f_i$. 设 $k\in\mathbb{N}$ 是满足 $f_i\neq 0$ 的最小的数, 从而 $P_kf = \Lambda_k^*f_k$. 从而 $0\neq \sum_{i\in\mathbb{N}}||A_i\Lambda_k^*f_k||^2 = \sum_{i\in\mathbb{N}}||A_iP_kf||^2 \leqslant b\sum_{i\in\mathbb{N}}||A_if||^2 = 0$. 矛盾.

8.1.3 g-框架的对偶性

当 $\{A_i\}_{i\in\mathbb{N}}$ 是 H 上的 g-框架序列时, 可以用分析算子刻画其 g-R-对偶 $\{\mathcal{A}_i\}_{i\in\mathbb{N}}$ 的性质. 下面的定理在文献 [46, 推论 2.6] 中有类似的结论.

定理 8.1.6 设 $\{A_i\}_{i\in\mathbb{N}}$ 满足定义 8.1.4, $\{\mathcal{A}_i\}_{i\in\mathbb{N}}$ 是其 g-R-对偶. 则 $\{A_i\}_{i\in\mathbb{N}}$ 是 H 上的 g-框架序列当且仅当 $\{\mathcal{A}_i\}_{i\in\mathbb{N}}$ 是 H 上的 g-框架序列且界相同. 特别地, 下列结论等价:

(1) $\{A_i\}_{i\in\mathbb{N}}$ 是 H 上的 g-框架, 界为 a_A, b_A.

(2) $\{\mathcal{A}_i\}_{i\in\mathbb{N}}$ 是 H 上的 g-Riesz 序列, 界为 a_A, b_A.

(3) 存在 $0 < b < \infty$ 使得 $\sum_{i\in\mathbb{N}}||A_iPf||^2 \leqslant b\sum_{i\in\mathbb{N}}||A_if||^2$, $\forall f\in H$, P 是 H 上任意的正交投影, 且 $\{A_i\}_{i\in\mathbb{N}}$ 是 H 上的 g-框架序列.

(4) 存在 $0 < b < \infty$ 使得 $\sum_{i\in\mathbb{N}}||A_iP_nf||^2 \leqslant b\sum_{i\in\mathbb{N}}||A_if||^2$, $\forall f\in H$, $\forall n\in\mathbb{N}$, $P_n\colon H\to\overline{\text{span}}\{\Lambda_i^*H_i\}_{i=1}^n$ 是正交投影, 且 $\{A_i\}_{i\in\mathbb{N}}$ 是 H 上的 g-框架序列.

证明: Bessel 上界的情况由定理 8.1.1 可得. 下面只需说明下界的情况. 同定理 8.1.1 的证明, $\theta_\Lambda, \theta_\Gamma\colon H\to\underset{i\in\mathbb{N}}{\oplus}H_i$ 是酉算子.

(1) 因为 $\{A_i\}_{i\in\mathbb{N}}$, $\{\mathcal{A}_i\}_{i\in\mathbb{N}}$ 是 g-Bessel 列, 易得 $\theta_A = \theta_\Gamma \theta_{\mathcal{A}}^* \theta_\Lambda$. 进而 $\forall\, g \in \ker\theta_A$ 当且仅当 $g \in \ker\theta_{\mathcal{A}}^* \theta_\Lambda$. 也等价于 $\theta_\Lambda g \in \ker\theta_{\mathcal{A}}^*$.

$\forall\, f \in H$, 令 $f = f_1 + f_2$, 其中 $f_1 \in \ker\theta_A$, $f_2 \in (\ker\theta_A)^\perp$. 我们由上得到 $\theta_\Lambda f_1 \in \ker\theta_{\mathcal{A}}^*$. 又因为 θ_Λ 是酉算子, 从而 $\theta_\Lambda f_2 \in (\ker\theta_{\mathcal{A}}^*)^\perp$. 即 $g \in (\ker\theta_A)^\perp$ 当且仅当 $\theta_\Lambda g \in (\ker\theta_{\mathcal{A}}^*)^\perp$.

$\{\mathcal{A}_i\}_{i\in\mathbb{N}}$ 是 H 上的 g-框架序列当且仅当对于 $\forall\, f \in \operatorname{ran}\theta_A^*$ 满足

$$a_A \|f\|^2 \leqslant \sum_{i\in\mathbb{N}} \|A_i f\|^2 = \|\theta_A f\|^2 \leqslant b_A \|f\|^2.$$

上式成立当且仅当

$$
\begin{aligned}
a_A \|\theta_\Lambda f\|^2 = a_A \|f\|^2 &\leqslant \|\theta_\Gamma \theta_{\mathcal{A}}^* \theta_\Lambda f\|^2 \\
&= \|\theta_{\mathcal{A}}^* \theta_\Lambda f\|^2 \leqslant b_A \|f\|^2 \\
&= b_A \|\theta_\Lambda f\|^2.
\end{aligned}
$$

因此, $\theta_\Lambda \colon \operatorname{ran}\theta_A^* \to (\ker\theta_{\mathcal{A}}^*)^\perp$ 是酉算子. 从而可得 $\{\mathcal{A}_i\}_{i\in\mathbb{N}}$ 是 H 上的 g- 框架序列. 反过来, 同理可证.

(2) 设 $\{A_i\}_{i\in\mathbb{N}}$ 是 H 上的 g-框架, 下界为 a_A. $\forall\, \{g_i\}_{i\in\mathbb{N}} \in \underset{i\in\mathbb{N}}{\oplus} H_i$, 由定理 8.1.1,

$$\left\| \sum_{j\in\mathbb{N}} \mathcal{A}_j^* g_j \right\|^2 = \|\theta_A f\|^2 = \sum_{i\in\mathbb{N}} \|A_i f\|^2 \geqslant a_A \|f\|^2 = a_A \|\{g_i\}_{i\in\mathbb{N}}\|^2.$$

反过来, 同理可证.

(1)$\Rightarrow$(3). 设 $\{A_i\}_{i\in\mathbb{N}}$ 是 H 上的 g-框架, P 是 H 上任意正交投影, $\forall\, f = f_1 + f_2 \in H$, 其中 $f_1 \in \operatorname{ran} P$, $f_2 \in \ker P$, 则

$$\sum_{i\in\mathbb{N}} \|A_i P f\|^2 = \sum_{i\in\mathbb{N}} \|A_i f_1\|^2 \leqslant b_A \|f_1\|^2 \leqslant b_A \|f\|^2 \leqslant a_A^{-1} b_A \sum_{i\in\mathbb{N}} \|A_i f\|^2.$$

取 $b = a_A^{-1} b_A$.

(3)$\Rightarrow$(4). 显然. ((3) 条件为任意投影, P_n 显然是其中一种)

(4)$\Rightarrow$(3). 由定理 8.1.5 知, $\{\mathcal{A}_i\}_{i\in\mathbb{N}}$ 是 H 上的 g-Riesz 序列.

事实上, 从 (1) 的证明可以看出, $\theta_\Lambda: (\mathrm{ran}\theta_A^*)^\perp \to \ker\theta_A^*$ 是酉算子. g-Bessel 序列 $\{A_i\}$ 是 H 上的 g-框架当且仅当 $\mathrm{ran}\theta_A^* = H$. 进而, 当且仅当 θ_A^* 下有界, 即 g-Bessel 序列 $\{\mathcal{A}_i\}$ 是 H 上的 g-Riesz 序列. 也就是说, 由 (1) 得到 (2).

下面刻画 g-框架成为 g-Riesz 基的等价条件.

定理 8.1.7　设 $\{A_i\}_{i\in\mathbb{N}}$ 是 H 上的 g-框架, 则下列结论等价:

(1) $\{A_i\}_{i\in\mathbb{N}}$ 是 H 上的 g-基.

(2) $\{A_i\}_{i\in\mathbb{N}}$ 是 H 上的 g-w 无关的.

(3) $\{A_i\}_{i\in\mathbb{N}}$ 是 H 上的 g-Riesz 基.

(4) $\{\mathcal{A}_i\}_{i\in\mathbb{N}}$ 是 H 上的 g-Riesz 基, 其中 $\{\mathcal{A}_i\}_{i\in\mathbb{N}}$ 是 $\{A_i\}_{i\in\mathbb{N}}$ 的 g-R-对偶.

(5) 若 $\lim\limits_{n\to\infty}\sum\limits_{i\in\mathbb{N}}||\mathcal{A}_i x_n||^2 = 0$, 则 $\{g_i\}_{i\in\mathbb{N}} = 0$, 其中 $\forall\, \{g_i\}_{i\in\mathbb{N}} \in \bigoplus\limits_{i\in\mathbb{N}} H_i$, 令

$$x_n = \sum_{i=1}^{n} \Gamma_i^* g_i, \forall\, n \in \mathbb{N}.$$

(6) $\{A_i\}_{i\in\mathbb{N}}$ 是恰当 g-框架 (少一个 A_i, $\forall\, i \in \mathbb{N}$ 就不是 g-框架), 且与其典则对偶 g-框架是双正交的.

证明: (1) (2) (3) 的等价性由文献 [61, 引理 2.16] 可得. (3) (6) 的等价性由文献 [105, 推论 2.6] 可得. 由于 $\{A_i\}_{i\in\mathbb{N}}$ 是 g-框架, 显然 $\sum\limits_{i\in\mathbb{N}}||\mathcal{A}_i x_n||^2 = ||\theta_A^*\theta_\Gamma x_n||^2$. 从而 (5) 等价于 θ_A^* 单射, 即等价于 (3).

由定义 8.1.4, $\theta_\mathcal{A} = \theta_\Lambda\theta_A^*\theta_\Gamma$. $\forall\, f \in H$, 得 $f \in \ker\theta_\mathcal{A}$ 当且仅当 $\theta_\Gamma f \in \ker\theta_A^*$. 从而, 由定理 8.1.6 (2), 可得 (3) (4) 的等价性.

下面引理在文献 [46, 定理 4.1] 中已给出证明, 这里我们用分析算子来说明.

引理 8.1.5　设 $\{A_i \in B(H, H_i)\}_{i\in\mathbb{N}}$, $\{B_i \in B(H, H_i)\}_{i\in\mathbb{N}}$ 是 H 上的 g-框架, $\{\mathcal{A}_i\}_{i\in\mathbb{N}}$, $\{\mathcal{B}_i\}_{i\in\mathbb{N}}$ 分别是它们的 g-R-对偶, 则 $\{A_i\}_{i\in\mathbb{N}}$, $\{B_i\}_{i\in\mathbb{N}}$ 是 g-对偶框架当且仅当 $\langle \mathcal{A}_i^* g_i, \mathcal{B}_j^* g_j\rangle = \delta_{ij}\langle g_i, g_j\rangle$, $\forall\, k \in \mathbb{N}$, $g_k \in H_k$.

证明: 由定义 8.1.4 可得, $\theta_\mathcal{A} = \theta_\Lambda\theta_A^*\theta_\Gamma$, $\theta_\mathcal{B} = \theta_\Lambda\theta_B^*\theta_\Gamma$. 进而 $\theta_\mathcal{A}\theta_\mathcal{B}^* = $

$\theta_A \theta_A^* \theta_\Gamma \theta_\Gamma^* \theta_B \theta_A^* = \theta_A \theta_A^* \theta_B \theta_A^*$. 显然 $\theta_A^* \theta_B = I$ 当且仅当 $\theta_A \theta_B^* = I_{\underset{i \in \mathbb{N}}{\oplus} H_i}$ 等价于 $\langle \mathcal{A}_i^* g_i, \mathcal{B}_j^* g_j \rangle = \delta_{ij} \langle g_i, g_j \rangle, \forall\, k \in \mathbb{N}, g_k \in H_k$.

在文献 [46, 定理 4.4] 中作者已经给出对偶 g-框架的 g-R-对偶的刻画. 下面我们来说明典则对偶 g-框架的 g-R-对偶是所有交错对偶 g- 框架的 g-R-对偶中 "最小" 的, 并且是与 $\{\mathcal{A}_i\}_{i \in \mathbb{N}}$ "距离最近" 的. 进一步完善文献 [46, 定理 4.5] 的结果.

定理 8.1.8　设 $\{A_i\}_{i \in \mathbb{N}}$ 是 H 上的 g-框架, $\{\widetilde{A}_i\}_{i \in \mathbb{N}}$ 是 $\{A_i\}_{i \in \mathbb{N}}$ 的典则对偶 g-框架, $\{B_i\}_{i \in \mathbb{N}}$ 是 $\{A_i\}_{i \in \mathbb{N}}$ 的对偶 g-框架, $\{\mathcal{A}_i\}_{i \in \mathbb{N}}, \{\mathcal{B}_i\}_{i \in \mathbb{N}}$ 分别是 $\{A_i\}_{i \in \mathbb{N}}$, $\{B_i\}_{i \in \mathbb{N}}$ 的 g-R-对偶, 则下列结论等价:

(1) $B_i = \widetilde{A}_i, \forall\, i \in \mathbb{N}$.

(2) $\|\mathcal{B}^* g_i\| \leqslant \|\mathcal{C}_i^* g_i\|, \forall\, i \in \mathbb{N}, g_i \in H_i$, 其中 $\{C_i\}_{i \in \mathbb{N}}$ 是 $\{A_i\}_{i \in \mathbb{N}}$ 的任意对偶 g-框架, $\{\mathcal{C}_i\}_{i \in \mathbb{N}}$ 是 $\{C_i\}_{i \in \mathbb{N}}$ 的 g-R-对偶.

(3) $\|\mathcal{B}_i^* g_i - \mathcal{A}_i^* g_i\| \leqslant \|\mathcal{C}_i^* g_i - \mathcal{A}_i^* g_i\|, \forall\, i \in \mathbb{N}, g_i \in H_i$, 其中 $\{C_i\}_{i \in \mathbb{N}}$ 是 $\{A_i\}_{i \in \mathbb{N}}$ 的任意对偶 g-框架, $\{\mathcal{C}_i\}_{i \in \mathbb{N}}$ 是 $\{C_i\}_{i \in \mathbb{N}}$ 的 g-R-对偶.

证明: (1) (2) 等价. 由文献 [46, 定理 4.4], $\mathcal{B}_i = \widetilde{\mathcal{A}}_i + \Delta_i, \forall\, i \in \mathbb{N}$, 其中 $\{\mathcal{B}_i\}_{i \in \mathbb{N}}, \{\widetilde{\mathcal{A}}_i\}_{i \in \mathbb{N}}$ 分别是 $\{B_i\}_{i \in \mathbb{N}}, \{\widetilde{A}_i\}_{i \in \mathbb{N}}$ 的 g-R-对偶, $\{\Delta_i \in B(H, H_i)\}_{i \in \mathbb{N}}$ 是 g-Bessel 序列且满足 $\mathrm{ran}\theta_\Delta^* \subset (\mathrm{ran}\theta_A^*)^\perp$, 从而对任意 $\{g_i\}_{i \in \mathbb{N}} \in \underset{i \in \mathbb{N}}{\oplus} H_i$, 有

$$\|\theta_\mathcal{B}^* \{g_i\}_{i \in \mathbb{N}}\|^2 = \|\theta_{\widetilde{\mathcal{A}}}^* \{g_i\}_{i \in \mathbb{N}} + \theta_\Delta^* \{g_i\}_{i \in \mathbb{N}}\|^2 \geqslant \|\theta_{\widetilde{\mathcal{A}}}^* \{g_i\}_{i \in \mathbb{N}}\|^2.$$

特别地, 取 $\{\delta_{ij} g_i\}_{j \in \mathbb{N}}$, 得 $\|\mathcal{B}_i^* g_i\| \geqslant \|\widetilde{\mathcal{A}}_i^* g_i\|$. $\{B_i\}_{i \in \mathbb{N}}$ 是典则对偶 g-框架当且仅当 $\Delta_i = 0, \forall\, i \in \mathbb{N}$.

(2) (3) 等价. 由引理 8.1.5,

$$\|\mathcal{B}_i^* g_i - \mathcal{A}_i^* g_i\|^2 = \|\mathcal{B}_i^* g_i\|^2 + \|\mathcal{A}_i^* g_i\|^2 - 2.$$

同理, $\|\widetilde{\mathcal{A}}_i^* g_i - \mathcal{A}_i^* g_i\| = \|\widetilde{\mathcal{A}}_i^* g_i\|^2 + \|\mathcal{A}_i^* g_i\|^2 - 2$.

8.1.4　g-R-对偶的刻画与特殊算子序列的构造

设 $\{\Lambda_i \in B(H, H_i)\}_{i \in \mathbb{N}}$ 是 H 上的 g-标准正交基. 本小节主要探讨 H 上的

g-Riesz 序列 $\{\mathcal{A}_i\}_{i\in\mathbb{N}}$ 成为 H 上的 g-框架 $\{\Lambda_i\}_{i\in\mathbb{N}}$ 的 g-R-对偶的条件. 下面用 $\{\widetilde{\mathcal{A}}_i\}_{i\in\mathbb{N}}$ 表示 $\{\mathcal{A}_i\}_{i\in\mathbb{N}}$ 的典则对偶 g-Riesz 序列. 定义 $C_i = A_i\theta_{\Lambda}^*\theta_{\widetilde{\mathcal{A}}}, \forall\, i\in\mathbb{N}$, 则有

$$C_i^*g_i = \sum_{j\in\mathbb{N}}\widetilde{\mathcal{A}}_j^*\Lambda_j A_i^*g_i, \forall\, g_i\in H_i.$$

显然 $\{C_i\}_{i\in\mathbb{N}}$ 是 H 上的 g-Bessel 序列. 令 $M = \mathrm{ran}\theta_{\mathcal{A}}^*$, 有 $\mathrm{ran}\theta_C^* \subset M$. 由引理 8.1.1, 我们还可以得到 $\mathcal{A}_j C_i^* = \Lambda_j A_i^*, \forall\, i\in\mathbb{N}$.

命题 8.1.1 设 $\{\Lambda_i \in B(H, H_i)\}_{i\in\mathbb{N}}$ 是 H 上的 g-标准正交基, $\{\mathcal{A}_i \in B(H, H_i)\}_{i\in\mathbb{N}}$ 是 M 上的 g-Riesz 基, $\{\widetilde{\mathcal{A}}_i\}_{i\in\mathbb{N}}$ 是 $\{\mathcal{A}_i\}_{i\in\mathbb{N}}$ 在 M 上的典则对偶 g-Riesz 基, 其中 $M \subset H$ 是闭子空间. 任意序列 $\{A_i \in B(H, H_i)\}_{i\in\mathbb{N}}$, 有:

(1) 存在 $\{\Gamma_i' \in B(H, H_i)\}_{i\in\mathbb{N}}$ 使得 $A_i = \Gamma_i'\theta_{\mathcal{A}}^*\theta_{\Lambda}, \forall\, i\in\mathbb{N}$, 即 $A_i^*g_i = \sum_{j\in\mathbb{N}}\Lambda_j^*\mathcal{A}_j{\Gamma_i'}^*g_i, \forall\, g_i\in H_i$.

(2) 满足 $\forall\, i\in\mathbb{N}$, $A_i = \Gamma_i'\theta_{\mathcal{A}}^*\theta_{\Lambda}$ 的 $\{\Gamma_i'\}_{i\in\mathbb{N}}$ 可以被刻画为 $\Gamma_i' = C_i + D_i$, $\forall\, i\in\mathbb{N}$. 其中 $C_i = A_i\theta_{\Lambda}^*\theta_{\widetilde{\mathcal{A}}}$, $D_i \in B(H, H_i)$ 且 $\mathrm{ran}D_i^* \subset M^\perp$.

(3) 若 $H = M$, 则满足 $\forall\, i\in\mathbb{N}$, $A_i = \Gamma_i'\theta_{\mathcal{A}}^*\theta_{\Lambda}$ 的 $\{\Gamma_i'\}_{i\in\mathbb{N}}$ 有唯一解 $\Gamma_i' = C_i$, $\forall\, i\in\mathbb{N}$, 其中 $C_i = A_i\theta_{\Lambda}^*\theta_{\widetilde{\mathcal{A}}}$.

证明: (1) 由于 $A_i^*g_i = \sum_{j\in\mathbb{N}}\Lambda_j^*\Lambda_j A_i^*g_i, \forall\, i\in\mathbb{N}, g_i\in H_i$. 又 $\mathcal{A}_j C_i^* = \Lambda_j A_i^*$, 可得 $A_i^*g_i = \sum_{j\in\mathbb{N}}\Lambda_j^*\mathcal{A}_j C_i^*g_i$. 取 $\Gamma_i' = C_i$ 即可.

(另证: 由于 $P = \theta_{\mathcal{A}}\theta_{\widetilde{\mathcal{A}}}^*$ 是投影, 则 $P = I_{\underset{i\in\mathbb{N}}{\oplus}H_i}$, 则 $C_i\theta_{\mathcal{A}}^*\theta_{\Lambda} = A_i\theta_{\Lambda}^*\theta_{\widetilde{\mathcal{A}}}\theta_{\mathcal{A}}^*\theta_{\Lambda} = A_i$. 令 $\Gamma_i' = C_i$ 即可.)

(2) $\forall\, i\in\mathbb{N}$, 取 $D_i \in B(M^\perp, H_i)$. 显然 $\mathrm{ran}D_i^* \subset M^\perp$. 令 $\Gamma_i' = C_i + D_i$. 由于 $M = \mathrm{ran}\theta_{\mathcal{A}}^*$, 由 (1) 可得,

$$\Gamma_i'\theta_{\mathcal{A}}^*\theta_{\Lambda} = (C_i + D_i)\theta_{\mathcal{A}}^*\theta_{\Lambda} = C_i\theta_{\mathcal{A}}^*\theta_{\Lambda} = A_i.$$

反过来, 设 $A_i = \Gamma_i'\theta_{\mathcal{A}}^*\theta_{\Lambda}, \forall\, i\in\mathbb{N}$. 由 (1), $C_i\theta_{\mathcal{A}}^*\theta_{\Lambda} = A_i$. 令 $D_i = \Gamma_i' - C_i$, 得 $D_i\theta_{\mathcal{A}}^*\theta_{\Lambda} = 0$. 又 $M = \mathrm{ran}\theta_{\mathcal{A}}^*$, 则 $M \subset \ker D_i$, 从而 $\mathrm{ran}D_i^* \subset M^\perp$.

(3) 若 $H = M$, 由 (2) 可得 $D_i = 0, \forall i \in \mathbb{N}$.

命题 8.1.1 中对 $\{A_i\}_{i \in \mathbb{N}}$ 不作任何要求, $\{A_i\}_{i \in \mathbb{N}}$, $\{\mathcal{A}_i\}_{i \in \mathbb{N}}$ 也不要求有任何联系. 由命题 8.1.1 (3), $\Gamma_i' = C_i, \forall i \in \mathbb{N}$, 从而满足命题 8.1.1 (1) 的 $\{\Gamma_i'\}_{i \in \mathbb{N}}$ 是 g-标准正交基可能不存在.

下面是以上定义的序列 $\{C_i\}_{i \in \mathbb{N}}$ 与 $\{A_i\}_{i \in \mathbb{N}}$ "同步" 的几个性质.

命题 8.1.2　设 $\{\Lambda_i \in B(H, H_i)\}_{i \in \mathbb{N}}$ 是 H 上的 g-标准正交基, $\{\mathcal{A}_i\}_{i \in \mathbb{N}}$ 是 M 上 g-Riesz 基, 界为 c, d, $\{\widetilde{\mathcal{A}}_i\}_{i \in \mathbb{N}}$ 是 $\{\mathcal{A}_i\}_{i \in \mathbb{N}}$ 在 M 上的典则对偶 g-Riesz 基, 其中 $M \subset H$ 是闭子空间. 对序列 $\{A_i \in B(H, H_i)\}_{i \in \mathbb{N}}$, 定义 $C_i = A_i \theta_\Lambda^* \theta_{\widetilde{\mathcal{A}}}$, $\forall i \in \mathbb{N}$, 有:

(1) 若 $\{A_i \in B(H, H_i)\}_{i \in \mathbb{N}}$ 是 H 上的 g-Bessel 序列, 界为 b, 则 $\{C_i\}_{i \in \mathbb{N}}$ 是 H 上的 g-Bessel 序列, 界为 bc^{-1}.

(2) 若 $\{A_i \in B(H, H_i)\}_{i \in \mathbb{N}}$ 是 H 上的 g-Bessel 序列, 则对于任意 $\{g_i\}_{i \in \mathbb{N}} \in \underset{i \in \mathbb{N}}{\oplus} H_i$ 有 $c \left\| \sum\limits_{i \in \mathbb{N}} C_i^* g_i \right\|^2 \leqslant \left\| \sum\limits_{i \in \mathbb{N}} A_i^* g_i \right\|^2 \leqslant d \left\| \sum\limits_{i \in \mathbb{N}} C_i^* g_i \right\|^2$. 特别地, $\{A_i\}_{i \in \mathbb{N}}$ 是 g-w-线性无关的当且仅当 $\{C_i\}_{i \in \mathbb{N}}$ 是 g-w-线性无关的.

(3) 若 $\{A_i \in B(H, H_i)\}_{i \in \mathbb{N}}$ 是 H 上的 g-框架, 界为 a, b, 则 $\{C_i\}_{i \in \mathbb{N}}$ 是 M 上的 g-框架, 界为 ad^{-1}, bc^{-1}.

(4) 若 $\{A_i \in B(H, H_i)\}_{i \in \mathbb{N}}$ 是 H 上的 g-Riesz 基, 界为 a, b, 则 $\{C_i\}_{i \in \mathbb{N}}$ 是 M 上的 g-Riesz 基, 界为 ad^{-1}, bc^{-1}.

证明: (1) 由定义 $C_i = A_i \theta_\Lambda^* \theta_{\widetilde{\mathcal{A}}}, \forall i \in \mathbb{N}$, 从而对 $\forall f \in H$, 由条件得

$$\sum_{i \in \mathbb{N}} \|C_i f\|^2 = \sum_{i \in \mathbb{N}} \|A_i \theta_\Lambda^* \theta_{\widetilde{\mathcal{A}}} f\|^2$$

$$\leqslant b \|\theta_\Lambda^* \theta_{\widetilde{\mathcal{A}}} f\|^2 \leqslant bc^{-1} \|f\|^2.$$

(2) 由 (1) 得, $\{C_i\}_{i \in \mathbb{N}}$ 是 g-Bessel 序列, 则 $\theta_C^* = \theta_{\widetilde{\mathcal{A}}}^* \theta_\Lambda \theta_A^*$. 进而, 对于任意 $\{g_i\}_{i \in \mathbb{N}} \in \underset{i \in \mathbb{N}}{\oplus} H_i$, 有

$$\left\| \sum_{i \in \mathbb{N}} C_i^* g_i \right\|^2 = \left\| \sum_{i \in \mathbb{N}} \widetilde{\mathcal{A}}_i^* \theta_\Lambda \theta_A^* g_i \right\|^2 \leqslant c^{-1} \left\| \sum_{i \in \mathbb{N}} A_i^* g_i \right\|^2.$$

由 $\{C_i\}_{i\in\mathbb{N}}$ 的定义, 易得 $\theta_A^* = \theta_\Lambda^* \theta_{\mathcal{A}} \theta_C^*$. 对于任意 $\{g_i\}_{i\in\mathbb{N}} \in \underset{i\in\mathbb{N}}{\oplus} H_i$, 可得

$$\left\| \sum_{i\in\mathbb{N}} A_i^* g_i \right\|^2 = \sum_{i\in\mathbb{N}} \|\mathcal{A}_i \theta_C^* g_i\|^2 \leqslant d \left\| \sum_{i\in\mathbb{N}} C_i^* g_i \right\|^2.$$

显然 $\{A_i\}_{i\in\mathbb{N}}$ 是 g-w-线性无关的当且仅当 $\{C_i\}_{i\in\mathbb{N}}$ 是 g-w-线性无关的.

(3) g-Bessel 序列的情况 (1) 已证. 同 (1), $\forall f \in M$, 则

$$ad^{-1}\|f\|^2 \leqslant a\|\theta_\Lambda^* \theta_{\widetilde{\mathcal{A}}} f\|^2 \leqslant \sum_{i\in\mathbb{N}} \|A_i \theta_\Lambda^* \theta_{\widetilde{\mathcal{A}}} f\|^2 = \sum_{i\in\mathbb{N}} \|C_i f\|^2.$$

(4) 由 (3) 得, $\{C_i\}_{i\in\mathbb{N}}$ 是 M 上的 g-框架. 由 (2) 得, $\{C_i\}_{i\in\mathbb{N}}$ 是 g-w-线性无关的, 从而 $\theta_{C^*}: \underset{i\in\mathbb{N}}{\oplus} H_i \to M$ 可逆. 由文献 [61, 引理 2.16] 或 [79, 引理 2.1], $\{C_i\}_{i\in\mathbb{N}}$ 是 M 上的 g-Riesz 基. $\{C_i\}_{i\in\mathbb{N}}$ 的界由 (2) (3) 可得.

命题 8.1.3 设 $\{\Lambda_i \in B(H, H_i)\}_{i\in\mathbb{N}}$ 是 H 上的 g-标准正交基, $\{\mathcal{A}_i \in B(H, H_i)\}_{i\in\mathbb{N}}$ 是 M 上 g-Riesz 基, 界为 c, d, $\{\widetilde{\mathcal{A}}_i\}_{i\in\mathbb{N}}$ 是 $\{\mathcal{A}_i\}_{i\in\mathbb{N}}$ 在 M 上的典则对偶 g-Riesz 基, 其中 $M \subset H$ 是闭子空间. 对序列 $\{A_i \in B(H, H_i)\}_{i\in\mathbb{N}}$, 定义 $C_i = A_i \theta_\Lambda^* \theta_{\widetilde{\mathcal{A}}}, \forall i \in \mathbb{N}$, 则:

(1) 若 $\{C_i \in B(H, H_i)\}_{i\in\mathbb{N}}$ 是 H 上的 g-Bessel 序列, 界为 b_1, 则 $\{A_i\}_{i\in\mathbb{N}}$ 是 H 上的 g-Bessel 序列, 界为 $b_1 d$.

(2) 若 $\{C_i \in B(H, H_i)\}_{i\in\mathbb{N}}$ 是 M 上的 g-框架, 界为 a_1, b_1, 则 $\{A_i\}_{i\in\mathbb{N}}$ 是 H 上的 g-框架, 界为 $a_1 c, b_1 d$.

(3) 若 $\{C_i \in B(H, H_i)\}_{i\in\mathbb{N}}$ 是 M 上的 g-Riesz 基, 界为 a_1, b_1, 则 $\{A_i\}_{i\in\mathbb{N}}$ 是 H 上的 g-Riesz 基, 界为 $a_1 c, b_1 d$.

证明: (1) 由定义 $C_i \theta_{\mathcal{A}}^* \theta_\Lambda = A_i, \forall i \in \mathbb{N}$, 从而任意 $f \in H$, 由条件得

$$\sum_{i\in\mathbb{N}} \|A_i f\|^2 = \sum_{i\in\mathbb{N}} \|C_i \theta_{\mathcal{A}}^* \theta_\Lambda f\|^2 \leqslant b_1 \|\theta_{\mathcal{A}}^* \theta_\Lambda f\|^2 \leqslant b_1 d \|f\|^2.$$

(2) g-Bessel 序列 (1) 已证. 同 (1), $\forall f \in M$,

$$a_1 c\|f\|^2 \leqslant a_1 \|\theta_{\mathcal{A}}^* \theta_\Lambda f\|^2 \leqslant \sum_{i\in\mathbb{N}} \|C_i \theta_{\mathcal{A}}^* \theta_\Lambda f\|^2 = \sum_{i\in\mathbb{N}} \|A_i f\|^2.$$

(3) 由 (2) 得, $\{A_i\}_{i\in\mathbb{N}}$ 是 H 上的 g-框架. 由命题 8.1.2 (2) 可得, $\{A_i\}_{i\in\mathbb{N}}$ 是 g-w-线性无关的, 从而 $\theta_{A^*}\colon \underset{i\in\mathbb{N}}{\oplus} H_i \to H$ 可逆. 由文献 [61, 引理 2.16] 或 [79, 引理 2.1], $\{A_i\}_{i\in\mathbb{N}}$ 是 H 上的 g-Riesz 基. $\{A_i\}_{i\in\mathbb{N}}$ 的界由 (2) 可得.

序列 $\{C_i\}_{i\in\mathbb{N}}$, $\{A_i\}_{i\in\mathbb{N}}$ 性质"同步"但是界不相同, 在特定情况下可以有相同的界.

推论 8.1.1 设 $\{\Lambda_i \in B(H, H_i)\}_{i\in\mathbb{N}}$ 是 H 上的 g-标准正交基, $\{\mathcal{A}_i \in B(H, H_i)\}_{i\in\mathbb{N}}$ 是 M 上的 g-标准正交基, 其中 $M \subset H$ 是闭子空间, 序列 $\{A_i \in B(H, H_i)\}_{i\in\mathbb{N}}$, $C_i = A_i\theta_\Lambda^*\theta_{\widetilde{\mathcal{A}}}, \forall i \in \mathbb{N}$, 则:

(1) $\{C_i \in B(H, H_i)\}_{i\in\mathbb{N}}$ 是 H 上的 g-Bessel 序列当且仅当 $\{A_i\}_{i\in\mathbb{N}}$ 是 H 上的 g-Bessel 序列, 界相同.

(2) $\{C_i \in B(H, H_i)\}_{i\in\mathbb{N}}$ 是 M 上的 g-框架当且仅当 $\{A_i\}_{i\in\mathbb{N}}$ 是 H 上的 g-框架, 界相同.

(3) $\{C_i \in B(H, H_i)\}_{i\in\mathbb{N}}$ 是 M 上的 g-Riesz 基当且仅当 $\{A_i\}_{i\in\mathbb{N}}$ 是 H 上的 g-Riesz 基, 界相同.

证明: 命题 8.1.2 和命题 8.1.3 中 $c = d = 1$, 可以直接得到.

设 $\{\mathcal{A}_i \in B(H, H_i)\}_{i\in\mathbb{N}}$ 是 M 上的 g-Riesz 基, 其中 $M \subset H$ 是闭子空间. 令 $\mathscr{A}_i = \mathcal{A}_i S_{\mathcal{A}}^{-\frac{1}{2}}, \forall i \in \mathbb{N}$, 其中 $S_{\mathcal{A}}$ 是 $\{\mathcal{A}_i\}_{i\in\mathbb{N}}$ 的框架算子, 易得 $\{\mathscr{A}_i\}_{i\in\mathbb{N}}$ 是 M 上的 g-标准正交基 (或 g-Riesz 基且是 Parseval g-框架). 我们要求 H 上存在 g-标准正交基 $\{\Lambda_i\}_{i\in\mathbb{N}}$. 令 $\Theta = \theta_\Lambda^*\theta_{\mathscr{A}}$, 显然, $\Theta\colon M \to H$ 是酉算子, 并且 $\mathscr{A}_i = \Lambda_i\Theta$. 我们可以得到以下结论.

命题 8.1.4 设 $\{\Lambda_i \in B(H, H_i)\}_{i\in\mathbb{N}}$ 是 H 上的 g-标准正交基, $\{\mathcal{A}_i \in B(H, H_i)\}_{i\in\mathbb{N}}$ 是 M 上的 g-Riesz 基, 界为 c, d, 其中 $M \subset H$ 是闭子空间. 设 $\{A_i\}_{i\in\mathbb{N}}$ 是 H 上的 g-框架, 界为 a, b, $C_i = A_i\theta_\Lambda^*\theta_{\widetilde{\mathcal{A}}}, \forall i \in \mathbb{N}$, 则下列结论等价:

(1) $\{C_i\}_{i\in\mathbb{N}}$ 是 M 上的 Parseval g-框架.

(2) $S_{\mathcal{A}} = \Theta^*S_A\Theta$, 其中 $\Theta = \theta_\Lambda^*\theta_{\widetilde{\mathcal{A}}}S_{\mathcal{A}}^{\frac{1}{2}}$.

证明: 由命题 8.1.2 得, $\{C_i\}_{i\in\mathbb{N}}$ 是 M 上的 g-框架. 进而由定义,

$\theta_C = \theta_A \theta_\Lambda^* \theta_{\tilde{\mathcal{A}}}$. 由于 $\theta_{\tilde{\mathcal{A}}} = \theta_{\mathscr{A}} S_{\mathcal{A}}^{-\frac{1}{2}} = \theta_\Lambda \Theta S_{\mathcal{A}}^{-\frac{1}{2}}$, 有 $S_C = \theta_{\tilde{\mathcal{A}}}^* \theta_\Lambda S_A \theta_\Lambda^* \theta_{\tilde{\mathcal{A}}} = S_{\mathcal{A}}^{-\frac{1}{2}} \Theta^* S_A \Theta S_{\mathcal{A}}^{-\frac{1}{2}}$. 显然 $S_C = P$ 当且仅当 $S_{\mathcal{A}} = \Theta^* S_A \Theta$, 其中 $P\colon H \to M$ 是正交投影.

若 $\{A_i\}_{i\in\mathbb{N}}$ 是 H 上的 a-紧 g-框架, $\{\mathcal{A}_i\}_{i\in\mathbb{N}}$ 是 M 上的 a-紧 g-Riesz 基, 则 $S_A = aI$, $S_{\mathcal{A}} = aP$. 命题 8.1.4 (2) 显然成立. 即 $\{C_i\}_{i\in\mathbb{N}}$ 是 M 上的 Parseval g-框架. 从而可以直接得到下面的命题.

命题 8.1.5　设 $\{\Lambda_i \in B(H, H_i)\}_{i\in\mathbb{N}}$ 是 H 上的 g-标准正交基, $\{\mathcal{A}_i \in B(H, H_i)\}_{i\in\mathbb{N}}$ 是 M 上 g-Riesz 基, 其中 $M \subset H$ 是闭子空间. 设 $\{A_i\}_{i\in\mathbb{N}}$ 是 H 上的 g-框架, $C_i = A_i \theta_\Lambda^* \theta_{\tilde{\mathcal{A}}}, \forall\, i \in \mathbb{N}$, 则下列结论等价:

(1) $\{\mathcal{A}_i\}_{i\in\mathbb{N}}$ 是相应于 g-标准正交基 $\{\Lambda_i\}_{i\in\mathbb{N}}$、$\{\Gamma_i\}_{i\in\mathbb{N}}$ 以及 g-框架 $\{A_i\}_{i\in\mathbb{N}}$ 的 g-R-对偶.

(2) 存在 H 上的 g-标准正交基 $\{\Gamma_i\}_{i\in\mathbb{N}}$ 使得 $A_i = \Gamma_i \theta_{\mathcal{A}}^* \theta_\Lambda, \forall\, i \in \mathbb{N}$.

(3) 存在 H 上的 g-标准正交基 $\{\Gamma_i\}_{i\in\mathbb{N}}$ 使得 $C_i = \Gamma_i P$, $P\colon H \to M$ 是正交投影, $\forall\, i \in \mathbb{N}$.

(4) $\{C_i\}_{i\in\mathbb{N}}$ 是 M 上的 Parseval g-框架, 且 $\dim\ker\theta_C^* = \dim M^\perp$.

(5) $S_{\mathcal{A}} = \Theta^* S_A \Theta$ 且 $\dim\ker\theta_C^* = \dim M^\perp$, 其中 $\Theta = \theta_\Lambda^* \theta_{\tilde{\mathcal{A}}} S_{\mathcal{A}}^{\frac{1}{2}}$.

证明: (1)$\Rightarrow$ (2). 由定义 8.1.4, $\mathcal{A}_i^* = \theta_\Gamma^* \theta_A \Lambda_i^*$, 则 $\theta_{\mathcal{A}}^* = \theta_\Gamma^* \theta_A \theta_\Lambda^*$. 进而, $A_i = \Gamma_i \theta_{\mathcal{A}}^* \theta_\Lambda, \forall\, i \in \mathbb{N}$.

(2)$\Rightarrow$ (1). 显然满足定义 8.1.4. (2) (3) 的等价性由命题 8.1.1 可得. 下面证明 (3) (4) 的等价性.

(3)$\Rightarrow$ (4). $\forall\, \{g_i\}_{i\in\mathbb{N}} \in \underset{i\in\mathbb{N}}{\oplus} H_i$, $\theta_C^* \{g_i\}_{i\in\mathbb{N}} = \sum_{i\in\mathbb{N}} C_i^* g_i = \sum_{i\in\mathbb{N}} P\Gamma_i^* g_i = P\theta_\Gamma^* \{g_i\}_{i\in\mathbb{N}}$. 显然 $\{g_i\}_{i\in\mathbb{N}} \in \ker\theta_C^*$ 当且仅当 $\theta_\Gamma^* \{g_i\}_{i\in\mathbb{N}} \in M^\perp$. 即 $\theta_{\Gamma^*}\colon \ker\theta_C^* \to M^\perp$. 从而 $\dim\ker\theta_C^* = \dim M^\perp$. $\{C_i\}_{i\in\mathbb{N}}$ 是 M 上的 Parseval g-框架, 显然.

(4)$\Rightarrow$ (3). 由 $\{C_i\}_{i\in\mathbb{N}}$ 是 M 上的 Parseval g-框架, 令 $K = M \oplus (\mathrm{ran}\theta_C)^\perp$, $T_i = C_i \oplus P_i Q^\perp, \forall\, i \in \mathbb{N}$, 其中 Q, P_i 分别是 $\underset{i\in\mathbb{N}}{\oplus} H_i$ 到 $\mathrm{ran}\theta_C$, H_i 的正交投影, 易

证 $\{T_i\}_{i\in\mathbb{N}}$ 是 K 上的 g-标准正交基 [79, 定理 4.1].

又 $\dim\ker\theta_C^* = \dim M^\perp$, 则存在酉算子 $V\colon M^\perp \to \ker\theta_C^*$. 令 $\Gamma_i = T_i(P \oplus V) = C_i \oplus P_iQ^\perp V, \forall\, i \in \mathbb{N}$. 由于 $P \oplus V\colon M \oplus M^\perp \to M \oplus (\operatorname{ran}\theta_C)^\perp$ 是酉算子, 易得 $\{\Gamma_i\}_{i\in\mathbb{N}}$ 是 H 上的 g-标准正交基 [63, 定理 3.5]. 显然有 $C_i = \Gamma_iP$.

由命题 8.1.4, (4) (5) 的等价性是显然的.

我们由命题 8.1.5 可以得到一个文献 [46, 定理 2.7] 已证的一个结论.

推论 8.1.2　设 $\{\Lambda_i \in B(H, H_i)\}_{i\in\mathbb{N}}$ 是 H 上的 g-标准正交基, $\{\mathcal{A}_i \in B(H, H_i)\}_{i\in\mathbb{N}}$ 是 M 上 g-Riesz 基且是 a-紧 g- 框架, 其中 $M \subset H$ 是闭子空间. 设 $\{A_i\}_{i\in\mathbb{N}}$ 是 H 上的 a-紧 g-框架, 则存在 H 上的 g-标准正交基 $\{\Gamma_i\}_{i\in\mathbb{N}}$ 使得 $\{\mathcal{A}_i\}_{i\in\mathbb{N}}$ 是相应于 g-标准正交基 $\{\Lambda_i\}_{i\in\mathbb{N}}, \{\Gamma_i\}_{i\in\mathbb{N}}$ 的 $\{A_i\}_{i\in\mathbb{N}}$ 的 g-R-对偶, 当且仅当 $\dim\ker\theta_C^* = \dim M^\perp$, 其中 $C_i = A_i\theta_\Lambda^*\theta_{\widetilde{\mathcal{A}}}, \forall\, i \in \mathbb{N}$.

证明: 由命题 8.1.2 (3), $\{C_i\}_{i\in\mathbb{N}}$ 是 M 上的 Parseval g-框架. 由命题 8.1.5 中 (1) (4) 的等价性易得.

推论 8.1.3　设 $\{\Lambda_i \in B(H, H_i)\}_{i\in\mathbb{N}}$ 是 H 上的 g-标准正交基, $\{\mathcal{A}_i \in B(H, H_i)\}_{i\in\mathbb{N}}$ 是 M 上的 g-Riesz 基, $\{\widetilde{\mathcal{A}}_i\}_{i\in\mathbb{N}}$ 是其在 M 上的典则对偶 g-Riesz 基, 其中 $M \subset H$ 是闭子空间. 设 $\{A_i \in B(H, H_i)\}_{i\in\mathbb{N}}$ 是 H 上的 g-框架, $C_i = A_i\theta_\Lambda^*\theta_{\widetilde{\mathcal{A}}}, \forall\, i \in \mathbb{N}$. $\forall\, \{g_i\}_{i\in\mathbb{N}} \in \underset{i\in\mathbb{N}}{\oplus} H_i$, 令 $g = \theta_\Lambda^*\{g_i\}_{i\in\mathbb{N}} \in H$, $h = \theta_{\mathcal{A}}^*\{g_i\}_{i\in\mathbb{N}} \in M$, 则存在 g-标准正交基 $\{\Gamma_i\}_{i\in\mathbb{N}}$ 使得 $\{\mathcal{A}_i\}_{i\in\mathbb{N}}$ 是相应于 g-标准正交基 $\{\Lambda_i\}_{i\in\mathbb{N}}, \{\Gamma_i\}_{i\in\mathbb{N}}$ 的 $\{A_i\}_{i\in\mathbb{N}}$ 的 g-R-对偶, 当且仅当 $\sum\limits_{i\in\mathbb{N}} \|A_ig\|^2 = \|h\|^2$, 且 $\dim\ker\theta_C^* = \dim M^\perp$.

证明: 由命题 8.1.5 (1) (2) 的等价性, 存在 g-标准正交基 $\{\Gamma_i\}_{i\in\mathbb{N}}$ 使得 $\{\mathcal{A}_i\}_{i\in\mathbb{N}}$ 是相应于 g-标准正交基 $\{\Lambda_i\}_{i\in\mathbb{N}}, \{\Gamma_i\}_{i\in\mathbb{N}}$ 的 $\{A_i\}_{i\in\mathbb{N}}$ 的 g-R-对偶, 当且仅当存在 g-正交基 $\{\Gamma_i\}_{i\in\mathbb{N}}$ 使得 $A_i = \Gamma_i\theta_{\mathcal{A}}^*\theta_\Lambda, \forall\, i \in \mathbb{N}$, 则 $\sum\limits_{i\in\mathbb{N}} \|A_ig\|^2 = \|\theta_A\theta_\Lambda^*\{g_i\}_{i\in\mathbb{N}}\|^2 = \|\theta_{\mathcal{A}}^*\{g_i\}_{i\in\mathbb{N}}\|^2 = \|h\|^2$. 由命题 8.1.5 中 (1)$\Rightarrow$(4) 可知, $\dim\ker\theta_C^* = \dim M^\perp$, 显然.

反过来, 因为 $\sum_{i\in\mathbb{N}}||C_ih||^2 = ||\theta_A\theta_\Lambda^*\theta_{\tilde{\Lambda}}\theta_{\tilde{A}}^*\{g_i\}_{i\in\mathbb{N}}||^2 = ||\theta_Ag||^2$. 由 $\{g_i\}_{i\in\mathbb{N}}$ 任意性可得, $\{C_i\}_{i\in\mathbb{N}}$ 是 H 上的 Parseval g-框架. 由命题 8.1.5 中 (4)⇒(1) 可得.

在文献 [25, 定理 3.2] 中, 用数学归纳法可以找到正交序列 $\{h_i\}_{i\in\mathbb{N}}$, 具体方法如下:

设 H 是 Hilbert 空间, $W \subset H$ 是闭子空间, $\{n_i\}_{i\in\mathbb{N}} \subset W$. 如果 $\dim W^\perp = \infty$, 则存在 $\{m_i\}_{i\in\mathbb{N}} \subset W^\perp$ 使得 $\langle m_i, m_j\rangle = -\langle n_i, n_j\rangle, \forall i \neq j$. 即 $\{h_i\}_{i\in\mathbb{N}}$ 是正交系, 其中 $h_i = n_i + m_i, \forall i \in \mathbb{N}$. (可用数学归纳法构造 m_i)

证明: 任意单位向量 $\varepsilon_1 \in W^\perp$, 总存在标准正交系 $\{\varepsilon_i\}_{i\in\mathbb{N}} \subset W^\perp$ (即 Gram-Schimidt 正交化). 令 $m_1 = \varepsilon_1$. $a_{ij} = -\langle n_i, n_j\rangle$.

令 $m_2 = x_{21}\varepsilon_1 + \varepsilon_2$. 若 $\langle m_2, m_1\rangle = a_{21}$, 则 $x_{21} = a_{21}$.

令 $m_3 = x_{31}\varepsilon_1 + x_{32}\varepsilon_2 + \varepsilon_3$. 若 $\langle m_3, m_1\rangle = a_{31}$, $\langle m_3, m_2\rangle = a_{32}$, 则 $x_{31} = a_{31}, x_{32} = a_{32} - a_{31}\overline{a_{21}}$. 即

$$\begin{pmatrix} 1 & 0 \\ \overline{x_{21}} & 1 \end{pmatrix}\begin{pmatrix} x_{31} \\ x_{32} \end{pmatrix} = \begin{pmatrix} a_{31} \\ a_{32} \end{pmatrix}.$$

假设对于任意的 $k \in \mathbb{N}, m_k$ 的系数已求得, 则对于 $m_{k+1} = \sum_{i=1}^{k} x_{k+1,i}\varepsilon_i$, 若满足 $\langle m_{k+1}, m_j\rangle = a_{k+1,j}, j = 1, \cdots, k$, 即

$$\begin{pmatrix} 1 & & & \\ \overline{x_{21}} & 1 & & \\ \vdots & & \ddots & \\ \overline{x_{k1}} & \overline{x_{k2}} & \cdots & 1 \end{pmatrix}\begin{pmatrix} x_{k+1,1} \\ x_{k+1,2} \\ \vdots \\ x_{k+1,k} \end{pmatrix} = \begin{pmatrix} a_{k+1,1} \\ a_{k+1,2} \\ \vdots \\ a_{k+1,k} \end{pmatrix},$$

解唯一, 从而 m_{k+1} 可求.

可以用类似的方法构造满足命题 8.1.1 (1) 中 $A_i = \Gamma_i'\theta_{\tilde{A}}^*\theta_\Lambda$ 的 g-正交序列 $\{\Gamma_i'\}_{i\in\mathbb{N}}$.

命题 8.1.6 设 H 是可分 Hilbert 空间, $\{A_i \in B(H, H_i)\}_{i\in\mathbb{N}}$ 是 M 上的 g-Riesz 基, $\{\tilde{A}_i \in B(H, H_i)\}_{i\in\mathbb{N}}$ 是其在 M 上的对偶 g-Riesz 基, 其中 $M \subset H$

是闭子空间. 若满足

$$\dim H = \dim M = \dim M^\perp = \sum_{i\in\mathbb{N}}\dim H_i = \infty$$

(g-基存在的充要条件), 设 $\{\Lambda_i\}_{i\in\mathbb{N}}$ 是 H 上的 g-标准正交基, 则:

(1) 对任意序列 $\{A_i \in B(H, H_i)\}_{i\in\mathbb{N}}$, 存在 g-w-线性无关序列 $\{\Gamma_i' \in B(H, H_i)\}_{i\in\mathbb{N}}$ 满足 $A_i = \sum_{j\in\mathbb{N}} \Gamma_j' \widetilde{\mathcal{A}}_j^* \Lambda_j, \forall\, i \in \mathbb{N}$.

(2) 对任意 Bessel 序列 $\{A_i \in B(H, H_i)\}_{i\in\mathbb{N}}$, 存在有界 g-w-线性无关序列 $\{\Gamma_i' \in B(H, H_i)\}_{i\in\mathbb{N}}$ 满足 $A_i = \sum_{j\in\mathbb{N}} \Gamma_i' \widetilde{\mathcal{A}}_j^* \Lambda_j, \forall\, i \in \mathbb{N}$.

(3) 对任意序列 $\{A_i \in B(H, H_i)\}_{i\in\mathbb{N}}$, 存在 g-正交序列 (orthogonal) (不满足余等距) $\{\Gamma_i' \in B(H, H_i)\}_{i\in\mathbb{N}}$ 满足 $A_i = \sum_{j\in\mathbb{N}} \Gamma_i' \widetilde{\mathcal{A}}_j^* \Lambda_j, \forall\, i \in \mathbb{N}$.

证明: (1) 因为 $\dim M^\perp = \sum_{i\in\mathbb{N}}\dim H_i$, 由文献 [62, 定理 3.1], $M^\perp$ 上存在 g-标准正交基 $\{E_i \in B(M^\perp, H_i)\}_{i\in\mathbb{N}}$. 令 $W_i = \overline{\mathrm{ran}}\,E_i^*$, 则由定义可知, $M^\perp = \bigoplus_{i\in\mathbb{N}} W_i$ 且 $E_i\colon W_i \to H_i$ 是酉算子 (E_i^* 等距). 令 $C_i = A_i\theta_\Lambda^*\theta_{\widetilde{\mathcal{A}}}, \forall\, i \in \mathbb{N}$. 又由条件可知 $\mathcal{A}_i E_j^* = 0$, 进而有 $C_i E_j^* = \sum_{k\in\mathbb{N}} A_i\Lambda_k^*\widetilde{\mathcal{A}}_k E_j^* = 0, \forall\, i, j \in \mathbb{N}$.

$\forall\, i \in \mathbb{N}$, 由于 W_i, H_i 同构, 则存在可逆算子 $D_i\colon W_i \to H_i$. 从而

$$D_i E_i^* + C_i E_i^* = D_i E_i^* \in B(H, H_i)$$

可逆. 令 $\Gamma_i' = D_i + C_i \in B(H, H_i)$, 显然 $\Gamma_i' \neq 0$.

$\forall\, \{g_i\}_{i\in\mathbb{N}} \in \bigoplus_{i\in\mathbb{N}} H_i$, 若 $\sum_{i\in\mathbb{N}} \Gamma_i'^* g_i = 0$, 则对任意 $j \in \mathbb{N}$, 有

$$E_j \sum_{i\in\mathbb{N}} \Gamma_i'^* g_i = \sum_{i\in\mathbb{N}}(E_j C_i^* + E_j D_i^*)g_i = E_j D_j^* g_j = 0.$$

从而有 $g_j = 0$ (定义 8.1.2).

(2) 由 (1) 可知, 可取 $\|D_i\| = 1$ (取 $\dfrac{D_i}{\|D_i\|}$), $\forall\, i \in \mathbb{N}$. 由命题 8.1.2, 因为 $\{A_i\}_{i\in\mathbb{N}}$ 是 g-Bessel 列, 则 $\{C_i\}_{i\in\mathbb{N}}$ 是 g-Bessel 列. 设 $\{C_i\}_{i\in\mathbb{N}}$ 的 Bessel 界为 b, 则 $\|C_i\| \leqslant b$. $\forall\, i \in \mathbb{N}, g_i \in H_i$,

$$\|\Gamma_i'^* g_i\|^2 = \|C_i^* g_i\|^2 + \|D_i^* g_i\|^2 \leqslant (b^2+1)\|g_i\|^2.$$

(3) 由命题 8.1.1, 满足 $A_i = \sum\limits_{j\in\mathbb{N}} \Gamma_i' \widetilde{\mathcal{A}}_j^* \Lambda_j = \Gamma_i' \theta_{\widetilde{\mathcal{A}}}^* \theta_\Lambda$ 的序列 $\{\Gamma_i'\}_{i\in\mathbb{N}}$ 可以被分解为 $\Gamma_i' = C_i + D_i$, 其中 $C_i = A_i \theta_\Lambda^* \theta_{\widetilde{\mathcal{A}}}$, $\overline{\mathrm{ran}}D_i^* \subset M^\perp, \forall i \in \mathbb{N}$. 从而对于任意 $k \in \mathbb{N}, g_k \in H_k$,

$$\langle \Gamma_i'^* g_i, \Gamma_j'^* g_j \rangle = 0, i \neq j \text{ 当且仅当 } \langle C_i^* g_i, C_j^* g_j \rangle + \langle D_i^* g_i, D_j^* g_j \rangle = 0, i \neq j.$$

下面构造 $\{D_i\}_{i\in\mathbb{N}}$ 满足 $\overline{\mathrm{ran}}D_i^* \subset M^\perp$ 且 $D_j D_i^* = -C_j C_i^*, \forall i \neq j, i, j \in \mathbb{N}$. 令 $T_{ij} = -C_i C_j^* \in B(H_j, H_i)$, 显然 $T_{ij}^* = T_{ji}$. 令 $X_{ij} \in B(H_i, H_j)$. 只需求得所需 X_{ij} 即可. 令 I_i 是 H_i 上的单位算子.

1) 令 $D_1^* = E_1^*$.

2) 令 $D_2^* = E_1^* X_{12}^* + E_2^*$, 其中 $X_{12}^* = T_{12}$.

显然, $D_1 D_2^* = E_1 E_1^* X_{12}^* + E_1 E_2^* = T_{12}$, 得到 $\Gamma_1' \Gamma_2'^* = 0$.

3) 令 $D_3^* = E_1^* X_{13}^* + E_2^* X_{23}^* + E_3^*$.

若 $D_1 D_3^* = T_{13}$, 得 $X_{13}^* = T_{13}$. 若 $D_2 D_3^* = T_{23}$, 得

$$X_{23}^* = T_{23} - X_{12} X_{13}^* = T_{23} - T_{21} T_{13}.$$

即 $\begin{pmatrix} I_1 & 0 \\ X_{12} & I_2 \end{pmatrix} \begin{pmatrix} X_{13}^* \\ X_{23}^* \end{pmatrix} = \begin{pmatrix} T_{13} \\ T_{23} \end{pmatrix}.$

$\forall k \in \mathbb{N}$, 假设存在 $X_{i,k} \in B(H_i, H_k), i = 1, \cdots, k-1$ 使得

$$D_k^* = \sum_i^{k-1} E_i^* X_{i,k}^* + E_k^*.$$

则对于 $k+1$, $D_{k+1}^* = \sum_i^k E_i^* X_{i,k+1}^* + E_{k+1}^*.$

即

$$\begin{pmatrix} I_1 & & & \\ X_{12} & I_2 & & \\ \vdots & & \ddots & \\ X_{1k} & X_{2k} & \cdots & I_k \end{pmatrix} \begin{pmatrix} X_{1,k+1}^* \\ X_{2,k+1}^* \\ \vdots \\ X_{k,k+1}^* \end{pmatrix} = \begin{pmatrix} T_{1,k+1} \\ T_{2,k+1} \\ \vdots \\ T_{k,k+1} \end{pmatrix}.$$

显然, $X_{i,k+1} \in B(H_i, H_k + 1), i = 1, \cdots, k$ 存在. 这样我们构造出 $\{\Gamma_i' \in B(H, H_i)\}_{i\in\mathbb{N}}$ 满足 $\Gamma_i' \Gamma_j'^* = 0, \forall i \neq j, i, j \in \mathbb{N}$.

8.1.5　g-R-对偶与 R-对偶的关系

由文献 [131], 设 $\{A_i \in B(H, H_i)\}_{i \in \mathbb{N}}$, $\{\varepsilon_{ij}\}_{j \in \mathbb{N}}$ 是 H_i 上的标准正交基, $\forall i \in \mathbb{N}$. 令 $x_{ij} = A_i^* \varepsilon_{ij}$, $\forall i, j \in \mathbb{N}$. 显然对于任意 $f \in H$,

$$A_i f = \sum_{j \in \mathbb{N}} \langle A_i f, \varepsilon_{ij} \rangle \varepsilon_{ij} = \sum_{j \in \mathbb{N}} \langle f, x_{ij} \rangle \varepsilon_{ij}.$$

利用这一关系得到 $\{A_i\}_{i \in \mathbb{N}}$ 与 $\{x_{ij}\}_{i,j \in \mathbb{N}}$ "同步" 的结论. $\{x_{ij}\}_{i,j \in \mathbb{N}}$ 称为 $\{A_i\}_{i \in \mathbb{N}}$ 诱导的序列.

引理 8.1.6 [131, 定理 3.1]　(1) $\{A_i\}_{i \in \mathbb{N}}$ 是 g-Bessel 序列、g-框架、紧 g-框架、Parseval g-框架、g-Riesz 基、g-标准正交基当且仅当 $\{x_{ij}\}_{i,j \in \mathbb{N}}$ 是 Bessel 序列、框架、紧-框架、Parseval 框架、Riesz 基、标准正交. 其界相同, 框架算子相同.

(2) $\{A_i\}_{i \in \mathbb{N}}$, $\{B_i\}_{i \in \mathbb{N}}$ 是对偶 g-框架当且仅当 $\{x_{ij} := A_i^* \varepsilon_{ij}\}_{i,j \in \mathbb{N}}$, $\{y_{ij} := B_i^* \varepsilon_{ij}\}_{i,j \in \mathbb{N}}$ 是对偶框架.

设 $\{\Lambda_i \in B(H, H_i)\}_{i \in \mathbb{N}}$, $\{\Gamma_i \in B(H, H_i)\}_{i \in \mathbb{N}}$ 是 g-标准正交基, 则当且仅当 $\{e_{ij} := \Lambda_i^* \varepsilon_{ij}\}_{i,j \in \mathbb{N}}$, $\{h_{ij} := \Gamma_i^* \varepsilon_{ij}\}_{i,j \in \mathbb{N}}$ 是标准正交基.

设序列 $\{x_{ij}\}_{i,j \in \mathbb{N}}$ 满足 $\sum\limits_{i,j \in \mathbb{N}} |\langle e_{kl}, x_{ij} \rangle|^2 < \infty$, $\forall k, l \in \mathbb{N}$, 则 $w_{ij} = \sum\limits_{i,j \in \mathbb{N}} \langle e_{kl}, x_{ij} \rangle h_{ij}$ 有意义. $\{w_{ij}\}_{i,j \in \mathbb{N}}$ 是 $\{x_{ij}\}_{i,j \in \mathbb{N}}$ 相应于标准正交基 $\{e_{ij}\}_{i,j \in \mathbb{N}}$, $\{h_{ij}\}_{i,j \in \mathbb{N}}$ 的 R-对偶. 进而

$$\sum_{i \in \mathbb{N}} \sum_{j \in \mathbb{N}} \langle \Lambda_k^* \varepsilon_{kl}, A_i^* \varepsilon_{ij} \rangle \Gamma_i^* \varepsilon_{ij} = \sum_{i \in \mathbb{N}} \Gamma_i^* \sum_{j \in \mathbb{N}} \langle A_i \Lambda_k^* \varepsilon_{kl}, \varepsilon_{ij} \rangle \varepsilon_{ij}$$

$$= \sum_{i \in \mathbb{N}} \Gamma_i^* A_i \Lambda_k^* \varepsilon_{kl}.$$

如果设 $\sum\limits_{i \in \mathbb{N}} \|A_i \Lambda_k^* g_k\|^2 < \infty$, $\forall k \in \mathbb{N}$, $g_k \in H_k$, 则 $\mathcal{A}_k^* g_k = \sum\limits_{i \in \mathbb{N}} \Gamma_i^* A_i \Lambda_k^* g_k$, 称 $\{\mathcal{A}_i^*\}_{i \in \mathbb{N}}$ 是 $\{A_i\}_{i \in \mathbb{N}}$ 的 g-对偶.

综上所述, 如果要求 $\sum\limits_{i,j \in \mathbb{N}} |\langle f^k, x_{ij} \rangle|^2 < \infty$, $\forall k \in \mathbb{N}$, $f^k \in \overline{\mathrm{span}}\{e_{kl}\}_{l \in \mathbb{N}}$, 显然, 即 $\sum\limits_{i \in \mathbb{N}} \|A_i \Lambda_k^* g_k\|^2 < \infty$, $\forall k \in \mathbb{N}$, $g_k \in H_k$. 这样显然有 $w_{ij} = \mathcal{A}_i^* \varepsilon_{ij}$, $\forall i, j \in$

$\mathbb{N}$. 从而, $\{w_{ij}\}_{i,j\in\mathbb{N}}$ 是 $\{x_{ij}\}_{i,j\in\mathbb{N}}$ 的 R-对偶当且仅当 $\{\mathcal{A}_i^*\}_{i\in\mathbb{N}}$ 是 $\{A_i\}_{i\in\mathbb{N}}$ 的 g-R-对偶.

8.2　刻画 X_d-框架的 R-对偶性

本节研究 Banach 空间上相应于 BK-空间的 R-对偶原理. 我们主要定义 Banach 空间上的新的序列来刻画 R-对偶序列, 并且构造了类似基的序列, 具有与 R-对偶相关的性质.

Hilbert 空间的对偶原理是由 P. Casazza 等在文献 [20] 中提出的, 目的是将 Gabor 分析中 Gabor 框架的对偶原理推广到抽象 Hilbert 空间. 在文献 [46]中, 作者将对偶原理推广到了 Hilbert 空间上的 g-框架; 文献 [29, 134]中, 对偶原理更是被推广到了 Bananch 空间, 并进行了深入研究. 在本章中, 定义了一个新的序列 $\{n_i\}_{i\in\mathbb{N}} \subset X^*$, 而后用这一序列来分析 Banach 空间上相应于 BK-空间 X_d 的 R-对偶序列的性质. 我们对序列 $\{n_i\}_{i\in\mathbb{N}}$ 与给定序列的 R-对偶的关系做了一些探讨. 最后, 构造了一个特殊的序列, 其具有相应于 R-对偶的基的性质, 但是并不是基.

在本节中, X 是可分 Banach 空间, X^* 是 X 的对偶空间, $\mathbb{N}$ 是全体自然数的集合. 本文中对 X 做了一些假设, 文中可以看到, 在假设条件下 X 显然是自反的.

回忆: 一个以 $\mathbb{N}$ 作为指标集的序列空间 X_d 称为 BK-空间, 如果它是 Banach 空间, 并且 X_d 上的坐标泛函是连续的, 即 $P_k: X_d \to \mathbb{F}$ 连续 (K-性质), $\forall\, k \in \mathbb{N}$, $\{x_i\}_{i\in\mathbb{N}} \in X_d$. 由文献 [127] 可知, BK-空间 X_d 的对偶空间 X_d^* 也是一个 BK-空间, 并且满足 $a^*(a) = \sum_{i\in\mathbb{N}} a_i a_i^*$, $\forall\, a \in X_d$, $a^* \in X_d^*$. 如果 X_d 是自反的则 BK-空间 X_d 称为 RB-空间; 如果满足 $e_i(j) = \delta_{ij}$, $\forall\, i, j \in \mathbb{N}$, 的典则单位向量 $\{e_i\}_{i\in\mathbb{N}}$ 是 X_d 的 Schauder 基, 则称为 CB-空间; 如果是自反的 CB-空间, 则称为 RBC-空间. 令 X_d 是 RCB-空间, 且令 $\{e_i^*\}_{i\in\mathbb{N}}$ 表示典则基 $\{e_i\}_{i\in\mathbb{N}}$ 的系数

泛函序列, 则 $\{e_i^*\}_{i\in\mathbb{N}}$ 是 X_d^* 的 Schauder 基[81].

例如: $l^p(\mathbb{N})$ ($1 \leqslant p \leqslant \infty$) 是 BK-空间; $l^p(\mathbb{N})$ ($1 < p < \infty$) 是 RCB-空间 ($l^1 \subsetneq (l^\infty)^*$).

本节中 X_d 总是表示以 $\mathbb{N}$ 为指标集的 RCB-空间.

定义 8.2.1 [127, 定义 3.1]   设 X 是可分 Banach 空间, X_d 是 CB-空间, 序列 $\{x_i\}_{i\in\mathbb{N}} \subset X$ 满足 $\overline{\mathrm{span}}\{x_i\}_{i\in\mathbb{N}} = X$ (完备), 并且存在常数 $0 < A \leqslant B < \infty$ 使得

$$A\|\{a_i\}_{i\in\mathbb{N}}\|_{X_d} \leqslant \left\|\sum_{i\in\mathbb{N}} a_i x_i\right\|_X \leqslant B\|\{a_i\}_{i\in\mathbb{N}}\|_{X_d}, \forall \{a_i\}_{i\in\mathbb{N}} \in X_d,$$

则称 $\{x_i\}_{i\in\mathbb{N}}$ 是 X 的 X_d-Riesz 基. A, B 分别是 X_d-Riesz 基的下界, 上界. 如果 A 是所有下界的最大值, B 是所有上界中的最小值, 则称为最优界.

定义 8.2.2 [127, 定义 4.1]   设 X_d 是 BK-空间, X 是可分 Banach 空间, 则称 $\{f_i^*\}_{i\in\mathbb{N}} \subset X^*$ 是 X 上的 X_d-框架, 框架下界为 A, 框架上界为 B. 如果 $0 < A \leqslant B < \infty$, 且对任意 $f \in X$ 有:

(1) $\{f_i^*(f)\}_{i\in\mathbb{N}} \in X_d$;

(2) $A\|f\|_X \leqslant \|\{f_i^*(f)\}_{i\in\mathbb{N}}\|_{X_d} \leqslant B\|f\|^2$,

如果只有 (1) 和 (2) 中右边不等式成立, 则称 $\{f_i^*\}_{i\in\mathbb{N}} \subset X^*$ 是 X 上的 X_d-Bessel 序列, Bessel 上界是 B.

注解 8.2.1 [127, 注释 4.4]   设 X_d 是 RBK-空间, X 是可分 Banach 空间. 如果存在 $\{f_i^*\}_{i\in\mathbb{N}} \subset X^*$ 是 X 上的 X_d-框架, 则 $X = X^{**}$ (自反).

X_d^*-Riesz 基与 X_d-框架之间有下列密切关系.

引理 8.2.1 [127, 命题 4.7, 定理 4.8]   设 X_d 是 RCB-空间, X 是可分 Banach 空间, $\{f_i^*\}_{i\in\mathbb{N}} \subset X^*$, 则下列结论等价:

(1) $\{f_i^*\}_{i\in\mathbb{N}}$ 是 X 上的 X_d-框架, 界为 A, B, 且是 X_d^*-w- 线性无关的;

(2) $\{f_i^*\}_{i\in\mathbb{N}}$ 是 X^* 上的 X_d^*-Riesz 基, 界为 A, B.

任意 X_d-Riesz 基可以诱导 X, X^* 中元素的级数展开.

引理 8.2.2 [127, 命题 4.9]　设 X_d 是 RCB-空间, X 是可分 Banach 空间. 若 $\{e_i^*\}_{i\in\mathbb{N}} \subset X^*$ 是 X^* 上的 X_d^*-Riesz 基, 界为 B^{-1}, A^{-1}, 则存在唯一 X_d-Riesz 基 $\{e_i\}_{i\in\mathbb{N}} \subset X$ 使得

$$x = \sum_{i\in\mathbb{N}} e_i^*(x)e_i, \forall\, x \in X;\ x^* = \sum_{i\in\mathbb{N}} x^*(e_i)e_i^*, \forall\, x^* \in X^*.$$

$\{e_i\}_{i\in\mathbb{N}}$ 是 $\{e_i^*\}_{i\in\mathbb{N}}$ 唯一的双正交序列, 称为 $\{e_i^*\}_{i\in\mathbb{N}}$ 的对偶, 界为 A, B.

由注解 8.2.1 可知, 引理 8.2.2 条件中, X 自反. 进而, 由引理 8.2.2, 因为 $\{e_i\}_{i\in\mathbb{N}} \subset X^{**} = X$ 是 $X^{**} = X$ 的 X_d-Riesz 基, 界为 A, B, 则 $\{e_i^*\} \subset X^*$ 是唯一的 X^* 上的 X_d^*-Riesz 基且满足

$$x = \sum_{i\in\mathbb{N}} e_i^*(x)e_i, \forall\, x \in X^{**};\ x^* = \sum_{i\in\mathbb{N}} x^*(e_i)e_i^*, \forall\, x^* \in X^*.$$

$\{e_i^*\}_{i\in\mathbb{N}}$ 是 $\{e_i\}_{i\in\mathbb{N}}$ 唯一的双正交序列, 为 $\{e_i\}_{i\in\mathbb{N}}$ 的对偶, 界为 B^{-1}, A^{-1}.

由文献 [127, 注释 3.5], 当 X_d 是 RCB-空间时, 只有 X 是自反的 Banach 空间时, 才可能存在 X_d-Riesz 基. 所以本文只考虑 X 是自反的情况.

下列重要引理在本节中反复被引用.

引理 8.2.3 [127, 引理 3.2]　设 X_d 是 CB-空间, X 是可分 Banach 空间, $\{e_i\}_{i\in\mathbb{N}} \subset X$ 是 X 的闭子空间上的 X_d-Riesz 基, 则 $\sum_{i\in\mathbb{N}} a_i e_i$ 收敛当且仅当 $\{a_i\}_{i\in\mathbb{N}} \in X_d$.

定义 8.2.3　设 X_d 是 RCB-空间, X 是可分、自反的 Banach 空间, $\{e_i\}_{i\in\mathbb{N}}, \{h_i\}_{i\in\mathbb{N}} \subset X$ 是 X 上的两个 X_d-Riesz 基. 如果 $\{f_i^*\}_{i\in\mathbb{N}} \subset X^*$ 满足 $\|\{f_i^*(e_j)\}_{i\in\mathbb{N}}\|_{X_d} < \infty$, 即 $\{f_i^*(e_j)\}_{i\in\mathbb{N}} \in X_d, \forall\, j \in \mathbb{N}$, 定义

$$w_j = \sum_i f_i^*(e_j)h_i, \forall\, j \in \mathbb{N},$$

则称 $\{w_j\}_{j\in\mathbb{N}} \subset X$ 是 $\{f_i^*\}_{i\in\mathbb{N}}$ 关于 $\{e_i\}_{i\in\mathbb{N}}, \{h_i\}_{i\in\mathbb{N}}$ 的 R-对偶.

由引理 8.2.3 可知, 定义 8.2.3 是有意义的.

下面说明如果 $\{w_j\}_{j\in\mathbb{N}}$ 是 $\{f_i^*\}_{i\in\mathbb{N}}$ 的 R-对偶, 则 $\{f_i^*\}_{i\in\mathbb{N}}$ 也是 $\{w_j\}_{j\in\mathbb{N}}$ 的 R-对偶.

引理 8.2.4　设 X_d 是 RCB-空间, X 是可分、自反的 Banach 空间, $\{e_i\}_{i\in\mathbb{N}}$, $\{h_i\}_{i\in\mathbb{N}} \subset X$ 是 X 上的两个 X_d-Riesz 基, $\{e_i^*\}_{i\in\mathbb{N}}$, $\{h_i^*\}_{i\in\mathbb{N}} \subset X^*$ 分别是其对偶基 (引理 8.2.2). 如果 $\{f_i^*\}_{i\in\mathbb{N}} \subset X^*$ 满足 $\{f_i^*(e_j)\}_{i\in\mathbb{N}} \in X_d, \forall\, j\in\mathbb{N}$, 则

$$f_i^* = \sum_{j\in\mathbb{N}} h_i^*(w_j)e_j^*, \forall\, i\in\mathbb{N}.$$

即 $\{f_i^*\}_{i\in\mathbb{N}}$ 是 $\{w_j\}_{j\in\mathbb{N}}$ 关于 $\{e_i^*\}_{i\in\mathbb{N}}$, $\{h_i^*\}_{i\in\mathbb{N}}$ 的 R-对偶.

证明: 因为 $f_i^* = \sum_{j\in\mathbb{N}} f_i^*(e_j)e_j^*, \forall\, i\in\mathbb{N}$, 又由引理 8.2.2 和定义 8.2.3 可知, $h_i^*(w_j) = f_i^*(e_j), \forall\, i,j\in\mathbb{N}$. 显然.

注: 由引理 8.2.3 和引理 8.2.4, $\{h_i^*(w_j)\}_{j\in\mathbb{N}} = \{f_i^*(e_j)\}_{j\in\mathbb{N}} \in X_d^*$ 是显然的.

设 X 是 Banach 空间, $M\subset X, N\subset X^*$. 定义 M 的零化子:

$$M^\perp = \{f^* \in X^*: f^*(f) = 0, \forall\, f\in M\subset X\}.$$

定义 N 的预零化子:

$$N_\perp = \{f\in X: f^*(f), \forall\, f^*\in N\subset X^*\}.$$

N 的零化子:

$$N^\perp = \{f^{**} \in X^{**}: f^{**}(f^*) = f^*(f) = 0, \forall\, f^*\in N\subset X^*\}.$$

显然, $N_\perp \subset N^\perp$, X 自反, 则 $N_\perp = N^\perp$.

由文献 [125, 定理 4.7] 中的双极定理 (bipolar) 知, $\overline{M}^{\|\cdot\|} = (M^\perp)_\perp$; $\overline{N}^{w^*} = (N_\perp)^\perp$.

特别地, $((M^\perp)_\perp)^\perp = M^\perp, ((N_\perp)^\perp)_\perp = N_\perp$.

我们用上述泛函分析基本理论来证明下面引理. 下面引理是文献 [135, P20] 或 [32, 推论 3.6.14, P81] 中 Hahn-Banach 定理的推论.

引理 8.2.5　设 X 是赋范线性空间.

(1) 序列 $\{f_i\}_{i\in\mathbb{N}} \subset X$ 在 X 中稠密, 即 $X = \overline{\mathrm{span}}^{\|\cdot\|_X}\{f_i\}_{i\in\mathbb{N}}$, 当且仅当对任意 $f^*\in X^*$, 如果满足 $f^*(f_i) = 0, \forall\, i\in\mathbb{N}$, 则有 $f^* = 0$.

(2) 如果 X 自反 Banach 空间, 序列 $\{f_i^*\}_{i\in\mathbb{N}} \subset X^*$ 在 X^* 中稠密, 即 $X^* = \overline{\text{span}}^{\|\cdot\|_{X^*}}\{f_i^*\}_{i\in\mathbb{N}}$, 当且仅当对任意 $f \in X^{**} = X$, 如果满足 $f_i^*(f) = 0, \forall\, i \in \mathbb{N}$, 则有 $f = 0$.

证明: (1) 令 $M = \text{span}\{f_i\}_{i\in\mathbb{N}} \subset X$. 由文献 [125, 定理 4.7] 中的双极定理 (bipolar), $\overline{M}^{\|\cdot\|} = (M^\perp)_\perp$. 显然 $X = (M^\perp)_\perp$ 当且仅当 $M^\perp = \{0\}$.

(2) 同理, 令 $N = \text{span}\{f_i^*\}_{i\in\mathbb{N}} \subset X^*$. 由文献 [125, 定理 4.7] 中的双极定理 (bipolar), $\overline{N}^{w^*} = (N_\perp)^\perp$. 由于 X 自反, 由文献 [32, 推论 5.4.2, P132] (弱拓扑与弱-* 拓扑一致), 得 $\overline{N}^{\|\cdot\|_{X^*}} = \overline{N}^{w^*}$. 从而 $X^* = (N_\perp)^\perp$ 当且仅当 $N_\perp = \{0\}$.

引理 8.2.6 [127, 命题 4.2] 设 X_d 是 RCB-空间, X 是可分 Banach 空间, 则 $\{f_i^*\}_{i\in\mathbb{N}} \subset X^*$ 是 X 上的 X_d-Bessel 序列, Bessel 界为 B_1 当且仅当

$$T\colon X_d^* \to X^*, T\{a_i\} = \sum_{i\in\mathbb{N}} a_i f_i^*, \forall\, \{a_i\}_{i\in\mathbb{N}} \in X_d^*,$$

定义有意义、有界, 且 $\|T\| \leqslant B_1$.

设 X_d 是 RCB-空间, X 是自反、可分的 Banach 空间. $\{e_i\}_{i\in\mathbb{N}} \subset X$ 是 X 上的 X_d-Riesz 基, $\{e_i^*\}_{i\in\mathbb{N}} \subset X^*$ 是其对偶 X_d^*-Riesz 基 (引理 8.2.2). 在本节中, 令 $M \subset X$ 是闭子空间 (自反空间的闭子空间自反). 令 $\{w_i\}_{i\in\mathbb{N}} \subset M$ 是 M 上的 X_d-Riesz 基, $\{w_i^*\}_{i\in\mathbb{N}} \subset M^*$ 是其对偶 X_d^*-Riesz 基. 由文献 [133, 定理 3.1] 中的 Hanh-Banach 定理, 或文献 [32, 推论 3.6.5, P79] 得, 对于任意 $g^* \in M^*$, 存在 $f^* \in X^*$ 使得 $f^*(g) = g^*(g)$ 且 $\|f^*\| = \|g^*\|, \forall\, g \in M$. 从而本文可设 $\{w_i^*\}_{i\in\mathbb{N}} \subset X^*$. 由于 X 是自反的, 由引理 8.2.1 得, $\{e_i\}_{i\in\mathbb{N}} \subset X$ 是 X^* 上的 X_d^*-框架. 从而

$$\|\{f^*(e_i)\}_{i\in\mathbb{N}}\|_{X_d^*} \leqslant B\|f^*\|, \forall\, f^* \in X^*,$$

其中 B 为 $\{e_i\}_{i\in\mathbb{N}}$ 的最优上界. 也可以由引理 8.2.2 得, $f^* = \sum_{i\in\mathbb{N}} f^*(e_i)e_i^*$, $\forall\, f^* \in X^*$. 再由引理 8.2.3 可知 $\{f^*(e_i)\}_{i\in\mathbb{N}} \in X_d^*$. 再利用引理 8.2.3, 得 $\sum_{i\in\mathbb{N}} f^*(e_i)w_i^*$ 在 X^* 中收敛. 对任意 $\{f_i^*\}_{i\in\mathbb{N}} \subset X^*$, 定义

$$n_j^* = \sum_{i\in\mathbb{N}} f_j^*(e_i)w_i^*, \forall\, j \in \mathbb{N}.$$

由上可知定义有意义. 从而我们定义了一个序列 $\{n_i^*\}_{i \in \mathbb{N}} \subset X^*$. 进而我们得到 $n_j^*(w_i) = f_j^*(e_i), \forall i, j \in \mathbb{N}$.

下面我们首先刻画给定的 Bessel 序列 $\{f_i^*\}_{i \in \mathbb{N}} \subset X^*$ 的 R-对偶. 由引理 8.2.4, 其 R-对偶正好是满足存在两个 X_d^*-Riesz 基 $\{e_i^*\}_{i \in \mathbb{N}}$, $\{h_i^*\}_{i \in \mathbb{N}}$ 使得 $f_i^* = \sum_{j \in \mathbb{N}} h_i^*(w_j)e_j^*, \forall i \in \mathbb{N}$ 的序列 $\{w_i\}_{i \in \mathbb{N}} \subset X$. 我们的方法是给定 X_d-Riesz 基 $\{e_i\}_{i \in \mathbb{N}} \subset X$, 然后刻画能替代 X_d^*-Riesz 基 $\{h_i^*\}_{i \in \mathbb{N}}$ 的满足 $f_i^* = \sum_{j \in \mathbb{N}} h_i'^*(w_j)e_j^*$, $\forall i \in \mathbb{N}$ 的序列 $\{h_i'^*\}_{i \in \mathbb{N}} \subset X^*$. 我们的目的是至少构造出一个 $\{h_i'^*\}_{i \in \mathbb{N}} \subset X^*$ 是 X_d^*-Riesz 基.

命题 8.2.1 设 X_d 是 RCB-空间, X 是自反、可分的 Banach 空间. $\{e_i\}_{i \in \mathbb{N}} \subset X$ 是 X 上的 X_d-Riesz 基, $\{e_i^*\}_{i \in \mathbb{N}} \subset X^*$ 是其对偶 X_d^*-Riesz 基 (引理 8.2.2). 令 $M \subset X$ 是闭子空间. 设 $\{w_i\}_{i \in \mathbb{N}} \subset M$ 是 M 上的 X_d-Riesz 基, $\{w_i^*\} \subset X^*$ 是 $\{w_i\}_{i \in \mathbb{N}}$ 在 M^* 上的对偶 X_d^*-Riesz 基. 对任意序列 $\{f_i^*\}_{i \in \mathbb{N}} \subset X^*$, 有以下结论:

(1) 存在序列 $\{d_i^*\}_{i \in \mathbb{N}} \subset X^*$ 使得 $f_i^* = \sum_{j \in \mathbb{N}} d_i^*(w_j)e_j^*, \forall i \in \mathbb{N}$.

(2) 任意序列 $\{d_i^*\}_{i \in \mathbb{N}} \subset X^*$ 满足 $f_i^* = \sum_{j \in \mathbb{N}} d_i^*(w_j)e_j^*, \forall i \in \mathbb{N}$, 当且仅当 $d_i^* = n_i^* + m_i^*$, 其中 $n_i^* = \sum_{j \in \mathbb{N}} f_i^*(e_j)w_j^*$ (由上可知有意义), $m_i^* \in X^*$ 且 $m_i^*(f) = 0, \forall f \in M, \forall i \in \mathbb{N}$.

(3) 如果 $\{w_i\}_{i \in \mathbb{N}}$ 是 X 上的 X_d-Riesz 基, 则 $d_i^* = n_i^*, \forall i \in \mathbb{N}$ 是满足 $f_i^* = \sum_{j \in \mathbb{N}} d_i^*(w_j)e_j^*$ 的唯一解.

证明: (1) 由引理 8.2.2 得, $f_j^* = \sum_{i \in \mathbb{N}} f_j^*(e_i)e_i^*, \forall i \in \mathbb{N}$. 又由上可知, $n_j^*(w_i) = f_j^*(e_i), \forall i, j \in \mathbb{N}$. 从而取 $d_i^* = n_i^*, \forall i \in \mathbb{N}$ 即可.

(2) 由于对任意 $i \in \mathbb{N}$, $f_i^* = \sum_{j \in \mathbb{N}} d_i^*(w_j)e_j^*$, 且 $f_i^* = \sum_{j \in \mathbb{N}} n_i^*(w_j)e_j^*$, 由 $\{e_i^*\}_{i \in \mathbb{N}} \subset X^*$ 是 X_d^*-Riesz 基, 我们可以得到 $d_i^*(w_j) = n_i^*(w_j), \forall i, j \in \mathbb{N}$.

令 $m_i^* = d_i^* - n_i^*, \forall i \in \mathbb{N}$, 显然 $\{m_i^*\}_{i\in\mathbb{N}} \subset X^*$. 又因为 $\{w_i\}_{i\in\mathbb{N}} \subset X$ 是 M 上的 X_d-Riesz 基, 则对任意 $f \in M$, 存在 $\{a_i\}_{i\in\mathbb{N}} \in X_d$ 使得 $f = \sum\limits_{i\in\mathbb{N}} a_i w_i$. 进而, $\forall i \in \mathbb{N}$, 有

$$m_i^*(f) = m_i^*\left(\sum_{j\in\mathbb{N}} a_j w_j\right) = \sum_{j\in\mathbb{N}} a_j(d_i^*(w_j) - n_i^*(w_j)) = 0.$$

另一方面, 如果 $d_i^* = n_i^* + m_i^*$, 其中 $n_i^* = \sum\limits_{j\in\mathbb{N}} f_i^*(e_j)w_j^*$ (由上可知有意义), $m_i^* \in X^*$ 且 $m_i^*(f) = 0, \forall f \in M, \forall i \in \mathbb{N}$, 则 $m_i^*(w_j) = 0, \forall i, j \in \mathbb{N}$. 从而对任意 $i \in \mathbb{N}$, $f_i^* = \sum\limits_{j\in\mathbb{N}} n_i^*(w_j)e_j^* = \sum\limits_{j\in\mathbb{N}} d_i^*(w_j)e_j^*$.

(3) 如果 $\{w_i\}_{j\in\mathbb{N}}$ 是 X 上的 X_d-Riesz 基, 则 $M = X$. 由引理 8.2.5 知, $^\perp M = \{0\}$, 即 $m_i = 0, \forall i \in \mathbb{N}$.

定理 8.2.1 设 X_d 是 RCB-空间, X 是自反、可分的 Banach 空间. $\{e_i\}_{i\in\mathbb{N}} \subset X$ 是 X 上的 X_d-Riesz 基, 界为 A, B. $\{e_i^*\}_{i\in\mathbb{N}} \subset X^*$ 是其对偶 X_d^*-Riesz 基 (引理 8.2.2). 令 $M \subset X$ 是闭子空间. 设 $\{w_i\}_{i\in\mathbb{N}} \subset M$ 是 M 上的 X_d-Riesz 基, 界为 C, D. $\{w_i^*\}_{i\in\mathbb{N}} \subset X^*$ 是 $\{w_i\}_{i\in\mathbb{N}}$ 在 M^* 上的对偶 X_d^*-Riesz 基. 对任意序列 $\{f_i^*\}_{i\in\mathbb{N}} \subset X^*$, 同上, 定义 $n_j^* = \sum\limits_{i\in\mathbb{N}} f_j^*(e_i)w_i^*, \forall j \in \mathbb{N}$. 有以下结论:

(1) 若 $\{f_i^*\}_{i\in\mathbb{N}} \subset X^*$ 是 X 上的 X_d-Bessel 列, Bessel 界为 B_1, 则 $\{n_i^*\}_{i\in\mathbb{N}} \subset M^*$ 是 M 上的 X_d-Bessel 列, Bessel 界为 B_1BC^{-1}. 特别地, $\forall \{a_i\}_{i\in\mathbb{N}} \in X_d^*$, 有

$$\left\|\sum_{i\in\mathbb{N}} a_i n_i^*\right\| \leqslant BC^{-1}\left\|\sum_{i\in\mathbb{N}} a_i f_i^*\right\| \leqslant A^{-1}BC^{-1}D\left\|\sum_{i\in\mathbb{N}} a_i n_i^*\right\|.$$

即 $\{f_i^*\}_{i\in\mathbb{N}}$ 是 X_d^*-w-线性无关的当且仅当 $\{n_i^*\}_{i\in\mathbb{N}}$ 是 X_d^*-w-线性无关的.

(2) 若 $\{f_i^*\}_{i\in\mathbb{N}} \subset X^*$ 是 X 上的 X_d-框架, 框架界分别为 A_1, B_1, 则 $\{n_i^*\}_{i\in\mathbb{N}} \subset M^*$ 是 M 上的 X_d-框架, 框架界分别为 A_1AD^{-1}, B_1BC^{-1}.

(3) 若 $\{f_i^*\}_{i\in\mathbb{N}}$ 是 X^* 上的 X_d^*-Riesz 基, Riesz 界为 A_1, B_1, 则 $\{n_i^*\} \subset M^*$ 是 M^* 上的 X_d^*-Riesz 基, Riesz 界为 A_1AD^{-1}, B_1BC^{-1}.

证明: 因为 $\{w_i^*\}_{i\in\mathbb{N}} \subset X^*$ 是 M^* 上的 X_d^*-Riesz 基, 界为 D^{-1}, C^{-1} (引理 8.2.2), 由引理 8.2.1, $\{w_i^*\}_{i\in\mathbb{N}} \subset X^*$ 是 M 上的 X_d-框架, 界为 D^{-1}, C^{-1}. 从而 $\{w_j^*(f)\}_{j\in\mathbb{N}} \in X_d$ 且对任意 $f \in M$, 有

$$D^{-1}\|f\| \leqslant \|\{w_j^*(f)\}_{j\in\mathbb{N}}\|_{X_d} \leqslant C^{-1}\|f\|.$$

进而由引理 8.2.3, $\sum\limits_{j\in\mathbb{N}} w_j^*(f)e_j$ 在 X 上收敛. 令 $\sum\limits_{j\in\mathbb{N}} w_j^*(f)e_j = g \in X$, 又由 $n_j^* = \sum\limits_{i\in\mathbb{N}} f_j^*(e_i)w_i^*, \forall\, j \in \mathbb{N}$, 对任意 $f \in M$, 得

$$\begin{aligned}
\|\{n_i^*(f)\}_{i\in\mathbb{N}}\|_{X_d} &= \left\|\Big\{\sum_{j\in\mathbb{N}} f_i^*(e_j)w_j^*(f)\Big\}_{i\in\mathbb{N}}\right\|_{X_d} \\
&= \left\|\Big\{f_i^*\Big(\sum_{i\in\mathbb{N}} w_j^*(f)e_j\Big)\Big\}_{i\in\mathbb{N}}\right\|_{X_d} \\
&= \|\{f_i^*(g)\}_{i\in\mathbb{N}}\|_{X_d}.
\end{aligned}$$

(1) 若 $\{f_i^*\}_{i\in\mathbb{N}} \subset X^*$ 是 X 上的 X_d-Bessel 列, 界为 B_1, 则

$$\begin{aligned}
\|\{f_i^*(g)\}_{i\in\mathbb{N}}\|_{X_d} &\leqslant B_1\|g\| = B_1 \left\|\sum_{j\in\mathbb{N}} w_j^*(f)e_j\right\| \\
&\leqslant B_1 B\|\{w_j^*(f)\}_{j\in\mathbb{N}}\|_{X_d} \\
&\leqslant B_1 B C^{-1}\|f\|.
\end{aligned}$$

另外, $\forall\, \{a_i\}_{i\in\mathbb{N}} \in X_d^*$, 由引理 8.2.6, $\left\|\sum\limits_{i\in\mathbb{N}} a_i f_i^*\right\| \leqslant B_1\|\{a_i\}_{i\in\mathbb{N}}\|_{X_d^*}$. 令 $\sum\limits_{i\in\mathbb{N}} a_i f_i^* = g^* \in X^*$, 从而

$$\begin{aligned}
\left\|\sum_{i\in\mathbb{N}} a_i n_i^*\right\| &= \left\|\sum_{i\in\mathbb{N}} a_i \sum_{j\in\mathbb{N}} f_i^*(e_j)w_j^*\right\| = \left\|\sum_{j\in\mathbb{N}} \Big(\sum_{i\in\mathbb{N}} a_i f_i^*(e_j)\Big) w_j^*\right\| \\
&= \left\|\sum_{j\in\mathbb{N}} g^*(e_j)w_j^*\right\|.
\end{aligned}$$

由引理 8.2.2, 对于 $g^* \in X^*$, 有 $g^* = \sum\limits_{i\in\mathbb{N}} g^*(e_i)e_i^*$. 再由引理 8.2.3, $\{g^*(e_i)\}_{i\in\mathbb{N}} \in$

X_d^*. 又

$$D^{-1}\|\{g^*(e_i)\}_{i\in\mathbb{N}}\|_{X_d^*} \leqslant \left\|\sum_{i\in\mathbb{N}}(g^*(e_i))w_i^*\right\| \leqslant C^{-1}\|\{g^*(e_i)\}_{i\in\mathbb{N}}\|_{X_d^*},$$

由引理 8.2.1, $\{e_i\}_{i\in\mathbb{N}}$ 是 X^* 上的 X_d^*-框架, 从而 $A\|g^*\| \leqslant \|\{g^*(e_i)\}_{i\in\mathbb{N}}\|_{X_d^*} \leqslant B\|g^*\|$. 综上所述,

$$D^{-1}A\left\|\sum_{i\in\mathbb{N}}a_if_i^*\right\| \leqslant \left\|\sum_{i\in\mathbb{N}}a_in_i^*\right\| \leqslant C^{-1}B\left\|\sum_{i\in\mathbb{N}}a_if_i^*\right\|.$$

由上式, 显然 $\{f_i^*\}_{i\in\mathbb{N}}$ 是 X_d^*-w-线性无关的当且仅当 $\{n_i^*\}_{i\in\mathbb{N}}$ 是 X_d^*-w-线性无关的.

(2) 若 $\{f_i^*\}_{i\in\mathbb{N}} \subset X^*$ 是 X 上的 X_d-框架, 界为 A_1, B_1, 由上可知,

$$\|\{f_i^*(g)\}_{i\in\mathbb{N}}\|_{X_d} \geqslant A_1\|g\| = A_1\left\|\sum_{j\in\mathbb{N}}w_j^*(f)e_j\right\|$$

$$\geqslant A_1A\|\{w_j^*(f)\}_j\|_{X_d}$$

$$\geqslant A_1AD^{-1}\|f\|.$$

连同 (1), 即 $A_1AD^{-1}\|f\| \leqslant \|\{n_i^*(f)\}_{i\in\mathbb{N}}\|_{X_d} \leqslant B_1BC^{-1}\|f\|$.

(3) 若 $\{f_i^*\}_{i\in\mathbb{N}}$ 是 X^* 上的 X_d^*-Riesz 基, 界为 A_1, B_1, 由引理 8.2.1, $\{f_i^*\}_{i\in\mathbb{N}} \subset X^*$ 是 X 上的 X_d-框架, 界为 A_1, B_1 且 X_d^*-w-线性无关的. 由 (2) 可知, $\{n_i^*\}_{i\in\mathbb{N}} \subset M^*$ 是 M 上的 X_d-框架, 界为 A_1AD^{-1}, B_1BC^{-1}. 由 (1) 知, $\{n_i^*\}_{i\in\mathbb{N}}$ 是 X_d^*-w-线性无关的. 进而, 再由引理 8.2.1, $\{n_i^*\}_{i\in\mathbb{N}} \subset M^*$ 是 M^* 上的 X_d^*-Riesz 基, 界为 A_1AD^{-1}, B_1BC^{-1}.

在定理 8.2.1 相同的条件下, 也可以用 $\{n_i^*\}_{i\in\mathbb{N}}$ 对 $\{f_i^*\}_{i\in\mathbb{N}}$ 做相同的刻画.

定理 8.2.2 设 X_d 是 RCB-空间, X 是自反、可分的 Banach 空间, $\{e_i\}_{i\in\mathbb{N}} \subset X$ 是 X 上的 X_d-Riesz 基, 界为 A, B. $\{e_i^*\}_{i\in\mathbb{N}} \subset X^*$ 是其对偶 X_d^*-Riesz 基 (引理 8.2.2). 令 $M \subset X$ 是闭子空间. 设 $\{w_i\}_{i\in\mathbb{N}} \subset M$ 是 M 上的 X_d-Riesz 基, 界为 C, D. $\{w_i^*\}_{i\in\mathbb{N}} \subset X^*$ 是 $\{w_i\}_{i\in\mathbb{N}}$ 在 M^* 上的对偶 X_d^*-Riesz 基. 对任意序列 $\{f_i^*\}_{i\in\mathbb{N}} \subset X^*$, 同上, 定义 $n_j^* = \sum_{i\in\mathbb{N}}f_j^*(e_i)w_i^*, \forall j \in \mathbb{N}$, 有以下结论:

(1) 若 $\{n_i^*\}_{i\in\mathbb{N}} \subset X^*$ 是 M 上的 X_d-Bessel 列, Bessel 界为 B_2, 则 $\{f_i^*\}_{i\in\mathbb{N}} \subset X^*$ 是 X 上的 X_d-Bessel 列, Bessel 界为 B_2DA^{-1}. 特别地, $\forall\,\{a_i\}_{i\in\mathbb{N}} \in X_d^*$, 有

$$B^{-1}C\left\|\sum_{i\in\mathbb{N}}a_in_i^*\right\| \leqslant \left\|\sum_{i\in\mathbb{N}}a_if_i^*\right\| \leqslant A^{-1}D\left\|\sum_{i\in\mathbb{N}}a_in_i^*\right\|,$$

即 $\{f_i^*\}_{i\in\mathbb{N}}$ 是 X_d^*-w-线性无关的当且仅当 $\{n_i^*\}_{i\in\mathbb{N}}$ 是 X_d^*-w-线性无关的.

(2) 若 $\{n_i^*\}_{i\in\mathbb{N}} \subset X^*$ 是 M 上的 X_d-框架, 界为 A_2, B_2, 则 $\{f_i^*\}_{i\in\mathbb{N}} \subset X^*$ 是 X 上的 X_d-框架, 界为 A_2CB^{-1}, B_2DA^{-1}.

(3) 若 $\{n_i^*\}_{i\in\mathbb{N}}$ 是 M^* 上的 X_d^*-Riesz 基, 界为 A_1, B_1, 则 $\{f_i^*\}_{i\in\mathbb{N}} \subset X^*$ 是 X^* 上的 X_d^*-Riesz 基, 界为 A_2CB^{-1}, B_2DA^{-1}.

证明: 因为 $\{e_i^*\}_{i\in\mathbb{N}} \subset X^*$ 是 X^* 上的 X_d^*-Riesz 基, 界为 B^{-1}, A^{-1} (引理 8.2.2). 由引理 8.2.1, $\{e_i^*\}_{i\in\mathbb{N}} \subset X^*$ 是 X 上的 X_d-框架, 界为 B^{-1}, A^{-1}. 从而 $\{e_j^*(f)\}_{j\in\mathbb{N}} \in X_d$ 且对任意 $f \in X$, 有

$$B^{-1}\|f\| \leqslant \|\{e_j^*(f)\}_{j\in\mathbb{N}}\|_{X_d} \leqslant A^{-1}\|f\|.$$

进而, 由引理 8.2.3, $\sum_{j\in\mathbb{N}}e_j^*(f)w_j$ 在 M 上收敛. 令 $\sum_{j\in\mathbb{N}}e_j^*(f)w_j = g \in M$, 又由 $n_j^* = \sum_{i\in\mathbb{N}}f_j^*(e_i)w_i^*, \forall\,j \in \mathbb{N}$, 我们得 $n_j^*(w_i) = f_j^*(e_i), \forall\,i,j \in \mathbb{N}$, 进而

$$f_j^* = \sum_{i\in\mathbb{N}}f_j^*(e_i)e_i^* = \sum_{i\in\mathbb{N}}n_j^*(w_i)e_i^*.$$

对任意 $f \in X$, 得

$$\|\{f_i^*(f)\}_{i\in\mathbb{N}}\|_{X_d} = \left\|\left\{\sum_{j\in\mathbb{N}}n_i^*(w_j)e_j^*(f)\right\}_{i\in\mathbb{N}}\right\|_{X_d} = \left\|\left\{n_i^*\left(\sum_{j\in\mathbb{N}}e_j^*(f)w_j\right)\right\}_{i\in\mathbb{N}}\right\|_{X_d}$$

$$= \|\{n_i^*(g)\}_{i\in\mathbb{N}}\|_{X_d}.$$

(1) 若 $\{n_i^*\}_{i\in\mathbb{N}} \subset X^*$ 是 M 上的 X_d-Bessel 列, 界为 B_2, 则

$$\|\{n_i^*(g)\}_{i\in\mathbb{N}}\|_{X_d} \leqslant B_2\|g\| = B_1\left\|\sum_{j\in\mathbb{N}}e_j^*(f)w_j\right\|$$

$$\leqslant B_2D\|\{e_j^*(f)\}_{j\in\mathbb{N}}\|_{X_d}$$

$$\leqslant B_2DA^{-1}\|f\|.$$

X_d^*-w-线性无关可由定理 8.2.1 直接得到, 也可以如下证明:

另外, $\forall \{a_i\}_{i\in\mathbb{N}} \in X_d^*$, 由引理 8.2.6, $\left\|\sum\limits_{i\in\mathbb{N}} a_i n_i^*\right\| \leqslant B_2\|\{a_i\}_{i\in\mathbb{N}}\|_{X_d^*}$. 令 $\sum\limits_{i\in\mathbb{N}} a_i n_i^* = g^* \in M^*$, 从而

$$\left\|\sum_{i\in\mathbb{N}} a_i f_i^*\right\| = \left\|\sum_{i\in\mathbb{N}} a_i \sum_{j\in\mathbb{N}} n_i^*(w_j) e_j^*\right\|$$

$$= \left\|\sum_{j\in\mathbb{N}} (\sum_{i\in\mathbb{N}} a_i n_i^*(w_j)) e_j^*\right\|$$

$$= \left\|\sum_{j\in\mathbb{N}} g^*(w_j) e_j^*\right\|.$$

由引理 8.2.2, 对于 $g^* \in M^*$, 有 $g^* = \sum\limits_{i\in\mathbb{N}} g^*(w_i) w_i^*$. 再由引理 8.2.3, $\{g^*(w_i)\}_{i\in\mathbb{N}} \in X_d^*$. 又

$$B^{-1}\|\{g^*(w_i)\}_{i\in\mathbb{N}}\|_{X_d^*} \leqslant \left\|\sum_{j\in\mathbb{N}} g^*(w_j) e_j^*\right\| \leqslant A^{-1}\|\{g^*(w_i)\}_{i\in\mathbb{N}}\|_{X_d^*},$$

由引理 8.2.1可知, $\{w_i\}_{i\in\mathbb{N}}$ 是 M^* 上的 X_d^*-框架, 从而可得 $C\|g^*\| \leqslant \|\{g^*(w_i)\}_{i\in\mathbb{N}}\|_{X_d^*} \leqslant D\|g^*\|$. 综上所述,

$$B^{-1}C\left\|\sum_{i\in\mathbb{N}} a_i n_i^*\right\| \leqslant \left\|\sum_{i\in\mathbb{N}} a_i f_i^*\right\| \leqslant A^{-1}D\left\|\sum_{i\in\mathbb{N}} a_i n_i^*\right\|.$$

由上式, 显然 $\{f_i^*\}_{i\in\mathbb{N}}$ 是 X_d^*-w-线性无关的当且仅当 $\{n_i^*\}_{i\in\mathbb{N}}$ 是 X_d^*-w-线性无关的.

(2) 若 $\{n_i^*\}_{i\in\mathbb{N}} \subset M^*$ 是 M 上的 X_d-框架, 界为 A_2, B_2. 由上可知,

$$\|\{n_i^*(g)\}_{i\in\mathbb{N}}\|_{X_d} \geqslant A_2\|g\| = A_2 \left\|\sum_{j\in\mathbb{N}} e_j^*(f) w_j\right\|$$

$$\geqslant A_2 C\|\{e_j^*(f)\}_{j\in\mathbb{N}}\|_{X_d}$$

$$\geqslant A_2 C B^{-1}\|f\|.$$

连同 (1), 即 $A_2CB^{-1}||f|| \leqslant ||\{f_i^*(f)\}_{i\in\mathbb{N}}||_{X_d} \leqslant B_2DA^{-1}||f||$.

(3) 若 $\{n_i^*\}_{i\in\mathbb{N}}$ 是 M^* 上的 X_d^*-Riesz 基, 界为 A_2, B_2, 由引理 8.2.1, $\{n_i^*\}_{i\in\mathbb{N}} \subset M^*$ 是 M 上的 X_d-框架, 界为 A_2, B_2 且 X_d^*-w-线性无关的. 由 (2) 可知, $\{f_i^*\}_{i\in\mathbb{N}} \subset X^*$ 是 X 上的 X_d-框架, 界为 A_2CB^{-1}, B_2DA^{-1}. 由 (1) 知, $\{f_i^*\}_{i\in\mathbb{N}}$ 是 X_d^*-w-线性无关的. 进而, 再由引理 8.2.1, $\{f_i^*\}_{i\in\mathbb{N}} \subset X^*$ 是 X^* 上的 X_d^*-Riesz 基, 界为 A_2CB^{-1}, B_2DA^{-1}.

一般情况下, $\{n_i^*\}_{i\in\mathbb{N}}$ 与 $\{f_i^*\}_{i\in\mathbb{N}}$ 虽然分享共同的框架性质, 但是界不相同. 在以下条件下, 可以得到相同的界.

推论 8.2.1 设 X_d 是 RCB-空间, X 是自反、可分的 Banach 空间. $\{e_i\}_{i\in\mathbb{N}} \subset X$ 是 X 上的 X_d-Riesz 基, 界为 A, B, $\{e_i^*\}_{i\in\mathbb{N}} \subset X^*$ 是其对偶 X_d^*-Riesz 基 (引理 8.2.2). 令 $M \subset X$ 是闭子空间. 设 $\{w_i\}_{i\in\mathbb{N}} \subset M$ 是 M 上的 X_d-Riesz 基, 界为 C, D. $\{w_i^*\}_{i\in\mathbb{N}} \subset X^*$ 是 $\{w_i\}_{i\in\mathbb{N}}$ 在 M^* 上的对偶 X_d^*-Riesz 基. 对任意序列 $\{f_i^*\}_{i\in\mathbb{N}} \subset X^*$, 同上, 定义 $n_j^* = \sum_{i\in\mathbb{N}} f_j^*(e_i)w_i^*, \forall j \in \mathbb{N}$. 如果满足 $A = B = C = D$, 则有以下结论:

(1) $\{n_i^*\}_{i\in\mathbb{N}} \subset X^*$ 是 M 上的 X_d-Bessel 列当且仅当 $\{f_i^*\}_{i\in\mathbb{N}} \subset X^*$ 是 X 上的 X_d-Bessel 列, 且界相同.

特别地, $\forall \{a_i\}_{i\in\mathbb{N}} \in X_d^*$, 有 $\left\|\sum_{i\in\mathbb{N}} a_i n_i^*\right\| = \left\|\sum_{i\in\mathbb{N}} a_i f_i^*\right\|$.

(2) $\{n_i^*\}_{i\in\mathbb{N}} \subset X^*$ 是 M 上的 X_d-框架当且仅当 $\{f_i^*\}_{i\in\mathbb{N}} \subset X^*$ 是 X 上的 X_d- 框架, 且界相同.

(3) $\{n_i^*\}_{i\in\mathbb{N}}$ 是 M^* 上的 X_d^*-Riesz 基当且仅当 $\{f_i^*\}_{i\in\mathbb{N}} \subset X^*$ 是 X^* 上的 X_d^*- Riesz 基, 且界相同.

例 8.2.1 设 X_d 是 RCB-空间, 设其典则基为 $\{e_i\}_{i\in\mathbb{N}}$, 即 $e_i = \{\delta_{ij}\}_{j\in\mathbb{N}}$, $\forall i \in \mathbb{N}$. 显然 $\forall \{a_i\}_{i\in\mathbb{N}} \in X_d$, 有 $\left\|\sum_{i\in\mathbb{N}} a_i e_i\right\|_{X_d} = ||\{a_i\}_{i\in\mathbb{N}}||_{X_d}$, 即 $\{e_i\}_{i\in\mathbb{N}}$ 是界为 1 的 X_d-Riesz 基.

在文献 [29, 例 2.6] 中构造了不满足界为 1 的 p-Riesz 基. 即并不是所有的 X_d-Riesz 基都是界为 1 的, 推论 8.2.1 的条件只能在特殊情况下成立.

定理 8.2.3　设 X_d 是 RCB-空间, X 是自反、可分的 Banach 空间. $\{e_i\}_{i\in\mathbb{N}} \subset X$ 是 X 上的 X_d-Riesz 基, $\{e_i^*\}_{i\in\mathbb{N}} \subset X^*$ 是其对偶 X_d^*-Riesz 基 (引理 8.2.2). 令 $M \subset X$ 是闭子空间. 设 $\{w_i\}_{i\in\mathbb{N}} \subset M$ 是 M 上的 X_d-Riesz 基. $\{w_i^*\}_{i\in\mathbb{N}} \subset X^*$ 是 $\{w_i\}_{i\in\mathbb{N}}$ 在 M^* 上的对偶 X_d^*-Riesz 基. 如果 $\{f_i^*\}_{i\in\mathbb{N}} \subset X^*$ 是 X 上的 X_d-框架, 同上, 定义 $n_j^* = \sum_{i\in\mathbb{N}} f_j^*(e_i)w_i^*, \forall\, j \in \mathbb{N}$, 则下列结论等价:

(1) 存在 X_d-Riesz 基 $\{h_i\}_{i\in\mathbb{N}} \subset X$ 使得 $\{w_i\}_{i\in\mathbb{N}}$ 是 $\{f_i^*\}_{i\in\mathbb{N}}$ 相应于 X_d-Riesz 基 $\{e_i\}_{i\in\mathbb{N}}, \{h_i\}_{i\in\mathbb{N}}$ 的 R-对偶.

(2) 存在 X^* 上的 X_d^*-Riesz 基 $\{d_i^*\}_{i\in\mathbb{N}}$ 满足 $f_i^* = \sum_{j\in\mathbb{N}} d_j^*(w_j)e_i^*, \forall\, i \in \mathbb{N}$.

证明: (1) $\Rightarrow$ (2). 由引理 8.2.4, $f_i^* = \sum_{j\in\mathbb{N}} h_i^*(w_j)e_j^*, \forall\, i \in \mathbb{N}$, 其中 $\{h_i^*\}_{i\in\mathbb{N}} \subset X^*$ 是 $\{h_i\}_{i\in\mathbb{N}}$ 的对偶 X_d^*-Riesz 基. 取 $d_i^* = h_i^*, \forall\, i \in \mathbb{N}$ 即可.

(2) $\Rightarrow$ (1). (2) 意味着 $\{f_i^*\}_{i\in\mathbb{N}}$ 是 $\{w_i\}_{i\in\mathbb{N}}$ 相应于 X_d^*-Riesz 基 $\{e_i^*\}_{i\in\mathbb{N}}$, $\{d_i^*\}_{i\in\mathbb{N}}$ 的 R-对偶. 进而, $\{w_i\}_{i\in\mathbb{N}}$ 是 $\{f_i^*\}_{i\in\mathbb{N}}$ 的 R-对偶, 显然.

最后的结论需要满足一定的假设条件, 下面是相关的定义.

定义 8.2.4　设 M 是可分 Banach 空间 X 的闭子空间. 如果存在序列 $\{g_i\}_{i\in\mathbb{N}} \subset X$ 使得:

(1) $\{g_i\}_{i\in\mathbb{N}}$ 是线性无关的, 即任意有限子集是线性无关的;

(2) $X = M \oplus Y$, 其中 $Y = \overline{\mathrm{span}}\{g_i\}_{i\in\mathbb{N}}$,

则称 M 有无限冗余 (即可补的, 补空间为无穷维的).

定理 8.2.4　设 X_d 是 RCB-空间, X 是自反、可分的 Banach 空间. $\{e_i\}_{i\in\mathbb{N}} \subset X$ 是 X 上的 X_d-Riesz 基, $\{e_i^*\}_{i\in\mathbb{N}} \subset X^*$ 是其对偶 X_d^*-Riesz 基 (引理 8.2.2). 设 $M \subset X$ 是闭子空间, 且具有无限冗余. $\{w_i\}_{i\in\mathbb{N}} \subset M$ 是 M 上的 X_d-Riesz 基. 对任意序列 $\{f_i^*\}_{i\in\mathbb{N}} \subset X^*$, 同上, 定义 $n_j^* = \sum_i f_j^*(e_i)w_i^*, \forall\, j \in \mathbb{N}$,

则以下结论成立:

(1) 存在线性无关序列 $\{d_i^*\}_{i \in \mathbb{N}} \subset X^*$ 使得 $f_i^* = \sum\limits_{j \in \mathbb{N}} d_i^*(w_j)e_j^*$, $\forall\, i \in \mathbb{N}$.

(2) 如果 $\{f_i^*\}_{i \in \mathbb{N}}$ 是 X 上的 X_d-Bessel 序列, 界为 B_1, 则存在范数有界且线性无关序列 $\{d_i^*\}_{i \in \mathbb{N}} \subset X^*$ 使得 $f_i^* = \sum\limits_{j \in \mathbb{N}} d_i^*(w_j)e_j^*$, $\forall\, i \in \mathbb{N}$.

证明: (1) 由定义 8.2.4, 由于 M 在 X 上可补, 则存在投影 $P\colon X \to M$. 令 $\{w_i'^*\}_{i \in \mathbb{N}} \subset M^*$ 是 $\{w_i\}_{i \in \mathbb{N}}$ 的对偶 X_d^*-Riesz 基 (引理 8.2.2). 对于任意 $f \in X$, 令 $w_i^*(x) = w_i'^*(Px)$, $\forall\, i \in \mathbb{N}$, 其中 $w_i^* \in X^*$, 显然 $w_i^*(x) = w_i'^*(x)$, $\forall\, i \in \mathbb{N}$, $\forall\, f \in M$. 这样我们定义了 $\{w_i^*\}_{i \in \mathbb{N}} \subset X^*$ 是 M^* 上的 X_d^*-Riesz 基, 且是 $\{w_i\}_{i \in \mathbb{N}}$ 的对偶基.

令 $X = M \oplus Y$, 其中 $Y = \overline{\operatorname{span}}\{g_i\}_{i \in \mathbb{N}}$, $\{g_i\}_{i \in \mathbb{N}}$ 是线性无关的 (定义 8.2.4). 由 $\{w_i^*\}_{i \in \mathbb{N}}$ 的定义, $w_i^*(g_j) = w_i'^*(Pg_j) = 0$, $\forall\, i, j \in \mathbb{N}$. 进而, $\forall\, j, k \in \mathbb{N}$, 有

$$n_j^*(g_k) = \sum_i f_j^*(e_i)w_i^*(g_k) = 0.$$

下面用归纳法构造所需序列.

1) 令 $M_1 = M$. 由文献 [133, 定理 3.4], 存在 $x_1^* \in X^*$ 使得 $\|x_1^*\| = 1$, $x_1^*(g_1) = \inf\limits_{x \in M_1} \|x - g_1\| > 0$, 且 $x_1^*(x) = 0$, 任意 $x \in M_1$ (M_1 零化子).

取 $m_1^* = x_1^* \in X^*$, 则有 $m_1^*(x) = 0, \forall\, x \in M_1$,

$$m_1^*(g_1) + n_1^*(g_1) = x_1^*(g_1) > 0,$$

且 $\|m_1^*\| = \|x_1^*\| = 1$. 令 $d_1^* = m_1^* + n_1^*$, 显然 $d_1^* \in X^*$ 且 $d_1^* \neq 0$ (d_1^* 线性无关满足).

2) 令 $M_2 = M \oplus \overline{\operatorname{span}}\{g_1\}$. 用同样的方法, 我们可以取 $m_2^* \in X^*$, 满足 $m_2^*(x) = 0, \forall\, x \in M_2$,

$$m_2^*(g_2) + n_2^*(g_2) = m_2^*(g_2) \neq 0,$$

且 $\|m_2^*\| = 1$. 令 $d_2^* = m_1^* + n_1^*$.

$\forall\, a_1, a_2 \in \mathbb{C}$, 其中 $\mathbb{C}$ 为复数域. 如果满足 $a_1 d_1^* + a_2 d_2^* = 0$, 特别地, 我们有 $a_1 d_1^*(g_i) + a_2 d_2^*(g_i) = 0, i = 1, 2$.

即

$$
\begin{pmatrix} m_1^*(g_1) & m_2^*(g_1) \\ m_1^*(g_2) & m_2^*(g_2) \end{pmatrix} \begin{pmatrix} a_1 \\ a_2 \end{pmatrix} = \begin{pmatrix} 0 \\ 0 \end{pmatrix}.
$$

由于 $g_1 \in M_2$, 则 $m_2^*(g_1) = 0$, 方程组系数矩阵行列式等于 $m_1^*(g_1) m_2^*(g_2) \neq 0$, 则只有零解, 即 $a_1 = a_2 = 0$. d_1, d_2 线性无关.

3) 一般地, $\forall k \in \mathbb{N}, k > 1$, 令

$$
M_k = M \oplus \operatorname{span}\{g_1, g_2, \cdots, g_{k-1}\}.
$$

同上, 我们可以取到 $m_k^* \in X^*$, 满足 $m_k^*(x) = 0, \forall x \in M_k$ (这一条件说明 $m_k^*(g_i) = 0, \forall i = 1, \cdots, k-1$), $m_k^*(g_k) + n_k^*(g_k) = m_k^*(g_k) \neq 0$, 且 $\|m_k^*\| = 1$. 令 $d_k^* = m_k^* + n_k^*$. 任取 $a_i \in \mathbb{C}, i = 1, \cdots, k$. 如果满足

$$
\sum_{i=1}^{k} a_i d_i^* = 0,
$$

特别地, $\forall j = 1, \cdots, k$, 有

$$
\sum_{i=1}^{k} a_i d_i^*(g_j) = \sum_{i=1}^{k} a_i m_i^*(g_j) = 0.
$$

由上可知, $m_i^*(g_j) = 0, i > j$, 且 $m_i^*(g_i) \neq 0, i = 1, \cdots, k$. 于是得

$$
\begin{pmatrix} m_1^*(g_1) & 0 & \cdots & 0 \\ m_1^*(g_2) & m_2^*(g_2) & \cdots & 0 \\ \vdots & \vdots & \ddots & \vdots \\ m_1^*(g_k) & m_2^*(g_k) & \cdots & m_k^*(g_k) \end{pmatrix} \begin{pmatrix} a_1 \\ a_2 \\ \vdots \\ a_k \end{pmatrix} = \begin{pmatrix} 0 \\ 0 \\ \vdots \\ 0 \end{pmatrix}.
$$

由系数矩阵行列式等于 $m_1^*(g_1) m_2^*(g_2) \cdots m_k^*(g_k) \neq 0$, 可知方程组只有零解, 即 $a_1 = a_2 = \cdots = a_k = 0$, $\{d_i^*\}_{i=1}^{k}$ 线性无关.

(2) 由 (1), 可知 $\|m_i^*\| = 1, \forall i \in \mathbb{N}$. 由于 $\{f_i^*\}_{i \in \mathbb{N}}$ 是 X 上的 X_d-Bessel 序列, 界为 B_1, 由引理 8.2.6, $\forall \{a_i\}_{i \in \mathbb{N}} \in X_d^*$ 有 $\left\| \sum_{i \in \mathbb{N}} a_i f_i^* \right\| \leqslant B_1 \|\{a_i\}_{i \in \mathbb{N}}\|_{X_d^*}$.

取 $\{a_i\}_{i\in\mathbb{N}} = \{\delta_{ij}\}_{i\in\mathbb{N}}$, $\forall\, j \in \mathbb{N}$, 得 $\|f_j^*\| \leqslant B_1$. 由定理 8.2.1, $\{n_i^*\}_{i\in\mathbb{N}} \subset X^*$ 是 M 上的 X_d-Bessel 序列, 设界为 B_2. 同理可得, $\|n_i^*\| \leqslant B_2$, $\forall\, i \in \mathbb{N}$. 从而 $\|d_i^*\| = \|n_i^* + m_i^*\| \leqslant \|n_i^*\| + \|m_i^*\| \leqslant B_2 + 1$.

参考文献

[1] N. Abbas, M. Faroughi and A. Rahimi. G-frames and Stability of g-frames in Hilbert spaces. Methods Funct [J]. Anal. Topology, 2008, 14 (3): 271-268.

[2] M. Abdollahpour. Dilation of a family of g-frames [J]. Wavelets and Linear Algebra, 2014, 1: 9-18.

[3] M. Abdollahpour. Dilation of dual g-frames to dual g-Riesz bases [J]. Banach J. Math. Anal., 2015, 9 (1): 54-66.

[4] J. Antezana, G. Corach, M. Ruiz and D. Stojanoff. Oblique projections and frames [J]. Proc. Amer. Math. Soc., 2006, 134 (4): 1031-1037.

[5] M. S. Asgari and A. Khosravi. Frames and bases of subspaces in Hilbert spaces [J]. J. Math. Anal. Appl., 2005, 308 (2): 541-553.

[6] A. Askari-Hemmat, M. A. Dehghan and M. Radjablipour. Generalized frames and their redundancy [J]. Proc. Amer. Math. Soc., 2001, 129 (4): 1143-1147.

[7] S. T. Ali, J. P. Antoine and J. P. Gazeau. Continuous frames in Hilbert space [J]. Ann. Phys., 1993, 222 (1): 1-37.

[8] D. Bakic and T. Beric. Finite extensions of Bessel sequences [J]. Banach J. Math. Anal., 2015, 9 (4): 1-13.

[9] S. Bishop, C. Heil, Y. Koo and J. Lim. Invariances of frame sequences under perturbations [J]. Linear Algebra Appl., 2010, 432 (6): 1501-1514.

[10] H. Bölcskel, F. Hlawatsch and H. G. Feichtinger. Frame-theoretic analysis of oversampled filter banks [J]. IEEE Trans. Signal Process., 1998, 46 (12): 3256-3268.

[11] H. Cao, L. Li and Q. Chen. (p, Y)-Operator frames for a Banach space [J]. J. Math. Anal. Appl., 2008, 347 (2) : 583-591.

[12] N. Carothers. A short course on Banach space theory [M]. Cambridge, Cambridge University Press, 2005.

[13] P. G. Casazza. The art of frame theory [J]. Taiwan. J. Math., 2000, 4 (2): 129-202.

[14] P. G. Casazza and O. Christensen. Perturbation of operators and applications to frame theory [J]. J. Fourier Anal. Appl., 1997, 3 (5): 543-557.

[15] P. Casazza, O. Christensen and D. Stoeva. Frame expansions in separable Banach spaces [J]. J. Math. Anal. Appl., 2005, 307 (2): 710-723.

[16] P. Casazza, D. Han and D. Larson. Frames for Banach spaces [J]. Contemp. Math., 1999, 247: 149-182.

[17] P. G. Casazza, and J. Kovaĉević. Equal-norm tight frames with erasures [J]. Adv. Comput. Math., 2003, 18 (2-4): 387-430.

[18] P. G. Casazza and G. Kutyniok. Frames of subspaces [J]. Contemp. Math., 2004, 345: 87-113.

[19] P. G. Casazza, G. Kutyniok and S. Li. Fusion frames and distributed processing [J]. Appl. Comput. Harmon. Anal., 2008, 25 (1): 114-132.

[20] P. Casazza, G. Kutyniok and M. Lammers. Duality principles in frame theory [J]. J. Fourier Anal. Appl., 2004, 10 (4): 383-408.

[21] P. G. Casazza and J. C. Tremain. The Kadison-Singer problem in mathematics and engineering [J]. Proc. Natl. Acad. Sci. U. S. A., 2006, 103 (7): 2032-2039.

[22] O. Christensen. Frames and pseudo-inverses [J]. J. Math. Anal. Appl., 1995, 195 (2): 401-414.

[23] O. Christensen. An Introduction to Frames and Riesz Bases [M]. Boston, Birkhäuser, 2003.

[24] O. Christensen and Y.C. Eldar. Oblique dual frames and shift-invariant spaces [J]. Appl. Comput. Harmon. Anal., 2004, 17 (1): 48-68.

[25] O. Christensen, H. Kim and R. Kim. On the duality principle by Casazza, Kutyniok, and Lammers [J]. J. Fourier Anal. Appl., 2011, 17 (4): 640-655.

[26] O. Christensen, H. Kim and R. Kim. Extensions of Bessel sequences to dual pairs of frames [J]. Appl. Comput. Harmon. Anal. 2013, 34 (2): 224-233.

[27] O. Christensen, C. Lennard and C. Lewis: Perturbation of frames for a subspace of a Hilbert Space [J]. Rocky Mt. J. Math., 2000, 30 (4): 1237-1249.

[28] O. Christensen and D. T. Stoeva. p-frames in separable Banach spaces [J]. Adv. Comput. Math., 2003, 18 (2-4) : 117-126.

[29] O. Christensen, X. Xiao and Y. Zhu. Characterizing R-duality in Banach spaces [J]. Acta. Math. Sin.-English Ser., 2013, 29 (1) : 75-84.

[30] Z. Chuang and J. Zhao. On equivalent conditions of two sequences to be R-dual [J]. J. Inequal. Appl., 2015, 2015 (1) : 1-8.

[31] C. K. Chui. An Introduction to Wavelets [M]. Acad. Press, Boston, 1992.

[32] J. Conway. A Course in Functional Analysis, Second Edition [M]. New York, Springer, 1990.

[33] S. Dahlke, G. Steidl and G. Teschke. Coorbit spaces and Banach frames on homogeneous spaces with applications to the sphere [J]. Adv. Comput. Math., 2004, 21 (1-2): 147-180.

[34] S. Dahlke, G. Steidl and G. Teschke. Weighted coorbit spaces and Banach frames on homogeneous spaces [J]. J. Fourier Anal. Appl., 2004, 10 (5): 507-539.

[35] X. Dai and D. Larson. Wandering vectors for unitary systems and orthogonal wavelets [J]. Mem. Amer. Math. Soc., 1998, 134 (640), 68 pages.

[36] B. Dastourian and M. Janfada. Frames for operators in Banach spaces via semi-inner products [J]. Int. J. Wavelets Multiresolut. Inf., 2016, 14 (3), 20 pages.

[37] I. Daubechies. The wavelet transform, time-frequency localization and signal analysis [J]. IEEE Trans. Inf. Theory, 1990, 36 (5): 961-1005.

[38] I. Daubechies. Ten Lectures on Wavelets [M]. Philadelphia, SIAM Press, 1992.

[39] M. A. Dehghan and M. A. Hasankhani Fard. G-continuous frames and coorbit spaces [J]. Acta Math. Acad. Paedagog. Nyházi. (N.S.), 2008, 24: 373-383.

[40] J. Dixmier. Von Neumann Algebras [M]. North-Holland Publishing Company, 1981.

[41] R. G. Douglas. On majorization, factorization and range inclusion of operators on Hilbert space [J]. Proc. Amer. Math. Soc., 1966, 17 (2): 413-415.

[42] H. K. Du and J. C. Hou. The equivalence of three forms of the Putnam-Fuglede theorem, and some related results [J]. Chinese Ann. Math. Ser. (A), 1985, 6 (2): 215-224.

[43] R. J. Duffin and A. C. Schaeffer. A class of nonharmonic Fourier seriers [J]. Trans. Amer. Math. Soc., 1952, 72 (2): 341-366.

[44] D. Dutkay, D. Han and G. Picioroaga. Parseval frames for ICC groups [J]. J. Funct. Anal., 2009, 256 (9): 3071-3090.

[45] D. Dutkay, D. Han and D. Larson. A duality principle for groups [J]. J. Funct. Anal., 2009, 257 (4): 1133-1143.

[46] F. Enayati and M. Asgari. Duality properties for generalized frames [J]. Banach J. Math. Anal., 2017, 11 (4): 880-898.

[47] M. Fard. Localization of frames [J]. Numer. Funct. Anal. Optim., 2015, 36 (9): 1153-1162.

[48] H. Feichtinger, and K. Gröchenig. Banach spaces related to integrable group representations and their atomic decompositions I [J]. J. Funct. Anal., 1989, 86 (2): 307-340.

[49] G. B. Folland, Real Analysis, Second Edition [M]. New York, Wiley, 1999.

[50] M. Fornasier and H. Rauhut. Continuous frames, function spaces, and the discretization problem [J]. J. Fourier Anal. Appl., 2005, 11 (3): 245-287.

[51] M. Frank and D. R. Larson. Frames in Hilbert C^*-modules and C^*-algebras [J]. J. Operator Theory, 2002, 48 (2): 273-314.

[52] J. Gabardo and D. Han. Subspace Weyl-Heisenberg frames [J]. J. Fourier Anal. Appl., 2001, 7 (4): 419-433.

[53] J. Gabardo and D. Han: Frames associated with measurable space [J]. Adv. Comput. Math., 2003, 18 (2-4): 127-147.

[54] J. Gabardo and D. Han. Frame representations for group-like unitary systems [J]. J. Operator Theory, 2003, 49 (2): 223-244.

[55] J. Gabardo and D. Han. The uniqueness of the dual of Weyl-Heisenberg subspace frames [J]. Appl. Comput. Harmon. Anal., 2004, 17 (2): 226-240.

[56] D. Gabor. Theory of communication [J]. J. Inst. Electr. Eng., 1946, 93: 429-457.

[57] L. Găvruta. Frames for operators [J]. Appl. Comput. Harmon. Anal., 2012, 32 (1): 139-144.

[58] P. Găvruta. On the duality of fusion frames [J]. J. Math. Anal. Appl., 2007, 333 (2): 871-879.

[59] T. N. T. Goodman, S. L. Lee and W. S. Tang. Wavelets in wandering subspaces [J]. Trans. Amer. Math. Soc., 1993, 338 (2): 639-654.

[60] V. K. Goyal, J. Kovačević and J.A. Kelner. Quantized frame expansions with erasures [J]. Appl. Comput. Harmon. Anal., 2001, 10 (3): 203-233.

[61] X. Guo. G-Bases in Hilbert Spaces [J]. Abstr. Appl. Anal., Volume 2012, Article ID 923729, 14 pages.

[62] 郭训香. Hilbert 空间中的广义正交基 [J]. 中国科学 (数学), 2013, 43 (10): 1047-1058.

[63] X. Guo. Operator parameterizations of g-frames [J]. Taiwan. J. Math., 2014, 18 (1): 313-328.

[64] X. Guo. Wandering operators for unitary systems of Hilbert spaces [J]. Complex Anal. Oper. Theory, 2016, 10 (4): 703-723.

[65] X. Guo. Similarity and parameterizations of dilations of pairs of dual group frame in Hilbert spaces [J]. Acta. Math. Sin. English Ser., 2017, 33 (12): 1671-1683.

[66] X. Guo. Operator characerizations, rigidity and constructions of (Ω, μ)-frames [J]. Numer. Funct. Anal. Optim., 2018, 39 (3): 346-360.

[67] X. Guo and D. Han. Joint similarities and parameterizations for Naimark complementary frames [J]. J. Math. Anal. Appl., 2018, 462 (1): 148-156.

[68] Y. Ha, H. Ryu, and I. Shin. Angle criteria for frame sequences and frames containing a Riesz basis [J]. J. Math. Anal. Appl., 2008, 347 (1): 90-95.

[69] D. Han. Approximations for Gabor and wavelet frames [J]. Trans. Amer. Math. Soc., 2003, 355 (8): 3329-3342.

[70] D. Han. Dilations and Completions for Gabor Systems [J]. J. Fourier Anal. Appl., 2009, 15 (2): 201-217.

[71] D. Han. Frame representations and Parseval duals with applications to Gabor frames [J]. Trans. Amer. Math. Soc., 2008, 360 (6): 3307-3326.

[72] D. Han. The existence of tight Gabor duals for Gabor frames and subspace Gabor frames [J]. J. Funct. Anal., 2009, 256 (1): 129-148.

[73] D. Han. Wandering vectors for irrational rotation unitary systems [J]. Trans. Amer. Math. Soc., 1998, 350 (1): 309-320.

[74] D. Han, K. Kornelson, D. Larson, and E. Weber. Frames for undergraduates [M]. Providence, American Mathematical Society, 2007.

[75] D. Han and D. Larson. Frames, bases and group representation [J]. Mem. Amer. Math. Soc., 2000, 147 (697): 1-94.

[76] D. Han and D. Larson. Wandering vector multipliers for unitary groups [J]. Trans. Amer. Math. Soc., 2001, 353 (8): 3347-3370.

[77] D. Han and D. Larson. Frame duality properties for projective unitary representations [J]. Bull. London Math. Soc., 2008, 40: 685-695.

[78] D. Han, D. Larson, B. Liu and R. Liu. Operator-valued measures, dilations and the theory of frames [J]. Mem. Amer. Math. Soc., 2014, 229 (1075): 1-84.

[79] D. Han, P. Li, B. Meng and W. Tang. Operator valued frames and structured quantum channels [J]. Sci. China-Math., 2011, 54 (11): 2361-2372.

[80] D. Han, P. Li and W. Tang. Frames and their associated H_F^p-subspaces [J]. Adv. Comput. Math., 2011, 34 (2): 185-200.

[81] C. Heil. A Basis Theory Primer [M]. New York, Birkhäuser, 2011.

[82] C. Heil, Y. Y. Koo and J. K. Lim. Duals of frame sequences [J]. Acta Appl. Math., 2009, 107 (1-3): 75-90.

[83] A. Hemmat and J. Gabardo. The uniqueness of shift-generated duals for frames in shift-invariant subspaees [J]. J. Fourier Anal. Appl., 2007, 13 (5): 589-606.

[84] R. B. Holmes and V. I. Paulsen. Optimal frames for erasures [J]. Linear Algebra. Appl., 2004, 377 (1): 31-51.

[85] J. R. Holub. Pre-frame operators, Besselian frames and near-Riesz bases in Hilbert spaces [J]. Proc. Amer. Math. Soc., 1994, 122 (3): 779-785.

[86] R. V. Kadison and J. R. Ringrose. Fundamentals of the Theory of Operator Algebras, vol. I [M]. New York, Acad. Press, 1983.

[87] R. V. Kadison and J. R. Ringrose. Fundamentals of the Theory of Operator Algebras, vol. II [M]. New York, Acad. Press, 1986.

[88] V. Kaftal, D. Larson and S. Zhang. Operator-valued frames [J]. Trans. Amer. Math. Soc., 2009, 361 (12): 6349-6385.

[89] A. Khosravi and K. Musazadeh. Fusion frames and g-frames [J]. J. Math. Anal. Appl., 2008, 342 (2): 1068-1083.

[90] H. Kim, Y.Y. Koo and J. K. Lim. Applications of parameterizations of oblique duals of a frame sequence [J]. Numer. Funct. Anal. Optim., 2013, 34 (8): 896-913.

[91] Y.Y. Koo and J. K. Lim. Existence of Parseval oblique duals of a frame sequence [J]. J. Math. Anal. Appl., 2013, 404 (2): 470-476.

[92] Y.Y. Koo and J. K. Lim. Sum and direct sum of frame sequence [J]. Linear Multilinear Algebra, 2013, 61 (7): 856-870.

[93] Y. Y. Koo and J. K. Lim. Extension of Bessel sequences to oblique dual frame sequences and the minimal projection [J]. Electron. J. Linear Algebra, 2015, 30: 51-65.

[94] J. Kraus, D. R. Larson. Reflexivity and distance formulae [J]. Proc. London Math. Soc., 1986, 53 (3): 340-356.

[95] G. Kutyniok, A. Pezeshki, A. R. Calderbank and T. Liu. Robust dimension reduction, fusion frames, and Grassmannian packings [J]. Appl. Comput. Harmon. Anal., 2009, 26 (1): 64-76.

[96] J. Leng and D. Han. Optimal dual frames for erasures II [J]. Linear Algebra. Appl., 2011, 435 (6): 1464-1472.

[97] C. Li. Operator frames for Banach spaces [J]. Complex Anal. Oper. Theory, 2012, 6 (1): 1-21.

[98] 李登峰, 薛明志. Banach 空间上的基和框架 [M]. 北京: 科学出版社, 2007.

[99] Z. Li and D. Han. Frame vector multipliers for finite group representations [J]. Linear Algebra. Appl., 2017, 519: 191-207.

[100] S. Li and H. Qgawa. Pseudo-duals of frames with applications [J]. Appl. Comput. Harmon. Anal., 2001, 11 (2): 289-304.

[101] S. Li, and H. Ogawa. Pseudoframes for subspaces with applications [J]. J. Fourier Anal. Appl., 2004, 10 (4): 409-431.

[102] F. Li and P. Li. Radon-Nikodým theorems for operator valued measures and continuous generalized frames [J]. Banach J. Math. Anal., 2017, 11 (2): 363-381.

[103] F. Li, P. Li and D. Han. Continuous framings for Banach spaces [J]. J. Funct. Anal., 2016, 271 (4): 992-1021.

[104] F. Li, P. Li and A. Liu. Decomposition of analysis operators and frame ranges for continuous frames [J]. Numer. Funct. Anal. Optim., 2016, 37 (2): 238-252.

[105] J. Li and Y. Zhu. Exact g-frames in Hilbert spaces [J]. J. Math. Anal. Appl. 2011, 374 (1): 201-209.

[106] L. Li and P. Li. Characterizing the R-duality of g-frames [J]. J. Inequal. Appl., 2019, 69, 16 pages.

[107] L. Li and P. Li. Characterizations of the dilation of frame generator dual pairs for group [J]. J. Inequal. Appl. 2019, 258 pages.

[108] L. Li and P. Li. Dilations of dual g-frame generators for an abstract wavelet system [J]. Indian J. Pure Appl. Math., 2020, 51: 589-610.

[109] A. Liu and P. Li. Wandering subspaces and fusion frame generators for unitary systems [J]. Banach J. Math. Anal., 2016, 10 (4): 848-863.

[110] A. Liu and P. Li. K-fusion frames and the corresponding generators for unitary systems [J]. Acta. Math. Sin.-English Ser., 2018, 34: 843-854.

[111] B. Liu, R. Liu and B. Zheng. Parseval p-frames and the Feichtinger conjecture [J]. J. Math. Anal. Appl., 2015, 424 (1): 248-259.

[112] J. Lopez and D. Han. Optimal dual frames for erasures [J]. Linear Algebra. Appl., 2010, 432 (1): 471-482.

[113] S. Mallat. A theory for multiresolution signal decomposition: the wavelet representation [J]. IEEE Trans. Pattern Anal. Mach. Intell., 1989, 11 (7): 674-693.

[114] S. Mallat. Multifrequency channel decomposition of images and wavelet models [J]. IEEE Transactions on Acoustics, Speech and Signal Processing, 1989, 37 (12): 2091-2110.

[115] S. Mallat. Multiresolution appromiximations and wavelet orthonormal bases of $L^2(\mathbb{R})$ [J]. Trans. Am. Math. Soc., 1989, 315: 69-87.

[116] B. Meng. Operator-valued frame generators for group-like unitary systems [J]. Oper. Matrices, 2013, 7 (2): 441-464.

[117] G. J. Murphy. C^*-Algebras and Operator Theory [M]. Acad. Press, New York, 1990.

[118] A. Najati, M. Faroughi and A. Rahimi. G-frame and stability of G-frames in Hilbert spaces [J]. Methods Funct. Anal. Topology, 2008, 14 (3): 271-286.

[119] S. Obeidat, S. Samarah, P. G. Casazza and J.C. Tremain. Sums of Hilbert space frames [J]. J. Math. Anal. Appl. 2009, 351 (2): 579-585.

[120] A. Rahimi, A. Najati, and Y. Dehghan. Continuous Frames in Hilbert Spaces [J]. Methods Funct. Anal. Topology, 2006, 12 (12): 170-182.

[121] A. Rahimi, B. Daraby and Z. Darvishi. Construction of Continuous Frames in Hilbert spaces [J]. Azerbaijan Journal of Mathematics, 2017, 7 (1): 49-58.

[122] J. B. Robertson. On wandering subspaces for unitary operators [J]. Proc. Amer. Math. Soc., 1965, 16 (2): 233-236.

[123] H. L. Royden and P. M. Fitzpatrick. Real analysis [M]. Pearson Education Asia Ltd. and China Machine Press, China, 2010.

[124] M. A. Ruiz and D. Stojanoff. Some properties of frames of subspaces obtained by operator theory methods [J]. J. Math. Anal. Appl., 2008, 343 (1): 366-378.

[125] W. Rudin. Functional Analysis, Second Edition [M]. New York, McGraw Hill, 1991.

[126] W. Rudin. Real and Complex Analysis, Third Edition [M]. New York, McGraw Hill, 1991.

[127] D. Stoeva: X_d-Riesz bases in separable Banach spaces [J]. "Collection of paper, ded. to the 60th Anniv. of M. Konstantinov", BAS Publ. House, 2008, 9 pages.

[128] D. Stoeva. On Frames, dual frames, and the duality principle [J]. Novi Sad J. Math., 2015, 45 (1): 183-200.

[129] D. Stoeva and O.Christensen. On R-duals and the duality principle in Gabor analysis [J]. J. Fourier Anal. Appl., 2015, 21 (2): 383-400.

[130] D. Stoeva and O. Christensen. On Various R-duals and the Duality Principle [J]. Integr. Equ. Oper. Theory, 2016, 84 (4): 577-590.

[131] W. C. Sun. G-frames and g-Riesz bases [J]. J. Math. Anal. Appl., 2006, 322 (1): 437-452.

[132] W. C. Sun. Stability of g-frames [J]. J. Math. Anal. Appl., 2007, 326 (2): 858-868.

[133] A. Taylor and D. Lay. Introduction to Functional Analysis [M]. New York, John Wiley and Sons, 1980.

[134] 肖雪梅, 朱玉灿. Banach 空间中框架的对偶原理 [J]. 数学物理学报, 2009, 29 (1): 94-102.

[135] R. Young. An introduction to Nonharmonic Fourier Series [M]. New York, Academic Press, 1980.

[136] H. Zhang and J. Zhang. Frames, Riesz bases, and sampling expansions in Banach spaces via semi-inner products [J]. Appl. Comput. Harmon. Anal., 2011, 31 (1): 1-25.